软件开发魔典

MySQL
从入门到项目实践（超值版）

聚慕课教育研发中心　编著

清華大学出版社
北　京

内容简介

本书采取"基础知识→核心应用→核心技术→高级应用→行业应用→项目实践"结构和"由浅入深，由深到精"的学习模式进行讲解。全书分为 6 篇 29 章。首先讲解 MySQL 的安装与配置、MySQL 数据库的基础知识、MySQL 管理工具的使用、数据表的基本操作、视图、MySQL 的数据类型和运算符、MySQL 函数、查询语句、数据与索引、存储过程与存储函数以及触发器，然后讲解数据库权限管理与恢复、数据库的复制、日志管理、结构分布式应用、查询缓存、错误代码和消息的使用等，最后在项目实践环节重点介绍 MySQL 数据库在金融银行、互联网、信息资讯等行业开发中的应用，另外通过论坛管理系统、企业会员管理系统和新闻发布系统的开发实践展现项目开发的全过程。

本书旨在从多角度、全方位帮助读者快速掌握软件开发技能，构建从高校到社会的就职桥梁，让有志于从事软件开发的读者轻松步入职场。本书由于赠送的资源比较多，我们在本书前言部分对资源包的具体内容、获取方式以及使用方法等做了详细说明。

本书适合 MySQL 入门者，也适合 MySQL 数据库管理员以及想全面学习 MySQL 数据库技术以提升实战技能的人员阅读，还可作为正在进行软件专业毕业设计的学生以及大专院校和培训学校的参考用书。

图书在版编目（CIP）数据

MySQL 从入门到项目实践：超值版 / 聚慕课教育研发中心编著. —北京：清华大学出版社，2018（2022 6 重印）
（软件开发魔典）

ISBN 978-7-302-50155-8

Ⅰ. ①M… Ⅱ. ①聚… Ⅲ. ①SQL 语言－程序设计－职业教育－教材 Ⅳ. ①TP311.132.3

中国版本图书馆 CIP 数据核字（2018）第 112375 号

责任编辑：张 敏
封面设计：杨玉兰
责任校对：徐俊伟
责任印制：沈 露

出版发行：清华大学出版社
    网   址：http://www.tup.com.cn, http://www.wqbook.com
    地   址：北京清华大学学研大厦 A 座   邮   编：100084
    社 总 机：010-83470000   邮   购：010-62786544
    投稿与读者服务：010-62776969, c-service@tup.tsinghua.edu.cn
    质量反馈：010-62772015, zhiliang@tup.tsinghua.edu.cn
印 装 者：三河市龙大印装有限公司
经   销：全国新华书店
开   本：203mm×260mm   印   张：30   字   数：887 千字
版   次：2018 年 9 月第 1 版   印   次：2022 年 6 月第 5 次印刷
定   价：89.90 元

产品编号：075015-01

前言
PREFACE

丛书说明

本套"软件开发魔典"系列图书，是专门为编程初学者量身打造的编程基础学习与项目实践用书。

本套丛书针对"零基础"和"入门"级读者，通过案例引导读者深入技能学习和项目实践。为满足初学者在基础入门、扩展学习、编程技能、行业应用、项目实践 5 个方面的职业技能需求，特意采用"基础知识→核心应用→核心技术→高级应用→行业应用→项目实践"的结构和"由浅入深，由深到精"的学习模式进行讲解。

MySQL 数据库最佳学习线路

本书以 MySQL 最佳的学习模式来分配内容结构，第 1～4 篇可使读者掌握 MySQL 数据库基础知识、应用技能，第 5～6 篇可使读者拥有多个行业项目开发经验。读者如果遇到问题，可观看本书同步微视频，也可以通过在线技术支持让老程序员答疑解惑。

本书内容

全书分为 6 篇 29 章。

第 1 篇（第 1～4 章）为基础知识，主要讲解 MySQL 的安装与配置、MySQL 数据库的基础知识、MySQL 管理工具的使用以及数据库的基本操作等。读者在学完本篇后将会了解 MySQL 数据库的基本概念，掌握 MySQL 数据库的基本操作及应用方法，为后面更好地学习 MySQL 数据库编程打好基础。

第 2 篇（第 5～12 章）为核心应用，主要讲解数据表的基本操作、视图、MySQL 的数据类型和运算符、MySQL 函数、查询语句、数据与索引、存储过程与存储函数以及触发器等。通过本篇的学习，读者将对使用 MySQL 数据库进行基础编程具有一定的水平。

第 3 篇（第 13～18 章）为核心技术，主要讲解数据库权限管理与恢复、数据库的复制、日志管理、结构分布式应用、查询缓存、错误代码和消息的使用等。学完本篇，读者将对 MySQL 数据库的管理、恢复、日志管理以及使用 MySQL 数据库进行综合性编程具有一定的综合应用能力。

第 4 篇（第 19～21 章）为高级应用，主要讲解 C#、Java 以及 PHP 软件在软件开发中与 MySQL 数据库的应用连接等。学好本篇内容，读者可以进一步提高在多种编程语言中运用 MySQL 数据库进行编程的能力。

第 5 篇（第 22～25 章）为行业应用，主要讲解 MySQL 数据库在金融银行、互联网、信息资讯等行业开发中的应用。学好本篇内容，读者将能够贯通前面所学的各项知识和技能，学会在不同行业开发中应用 MySQL 数据库的技能。

第 6 篇（第 26～29 章）为项目实战，主要讲解论坛管理系统、企业会员管理系统和新闻发布系统 3 个实战案例。通过本篇的学习，读者将对 MySQL 数据库编程在项目开发中的实际应用拥有切身的体会，为日后进行软件开发积累下项目管理及实践开发经验。

全书不仅融入了作者丰富的工作经验和多年的使用心得，还提供了大量来自工作现场的实例，具有较强的实战性和可操作性，读者系统学习后可以掌握 MySQL 数据库基础知识，拥有全面的 MySQL 数据库编程能力、优良的团队协同技能和丰富的项目实战经验。编写本书的目标就是让初学者、应届毕业生快速成长为一名合格的初级程序员，通过演练积累项目开发经验和团队合作技能，在未来的职场中获取一个较高的起点，并能迅速融入软件开发团队中。

本书特色

1．结构科学，易于自学

本书在内容组织和范例设计中充分考虑到初学者的特点，由浅入深，循序渐进，无论您是否接触过 Java 语言，都能从本书中找到最佳的起点。

2．视频讲解，细致透彻

为降低学习难度，提高学习效率。本书录制了同步微视频（模拟培训班模式），通过视频除了能轻松学会专业知识外，还能获取老师的软件开发经验。使学习变得更轻松有效。

3．超多、实用、专业的范例和实践项目

本书结合实际工作中的应用范例逐一讲解 MySQL 数据库的各种知识和技术，在项目实战篇中更以 4 个项目实战来总结本书前 21 章介绍的知识和技能，使您在实践中掌握知识，轻松拥有项目开发经验。

4．随时检测自己的学习成果

每章首页中，均提供了"学习指引"和"重点导读"，以指导读者重点学习及学后检查；章后的"就业面试技巧与解析"根据当前最新求职面试（笔试）题精选而成，读者可以随时检测自己的学习成果，做到融会贯通。

5．专业创作团队和技术支持

本书由聚慕课教育研发中心编著和提供在线服务。您在学习过程中遇到任何问题，均可登录 http://www.jumooc.com 网站或加入图书读者（技术支持）QQ 群（674741004）进行提问，作者和资深程序员将为您在线答疑。

本书附赠超值王牌资源库

本书附赠了极为丰富超值的王牌资源库，具体内容如下：

（1）王牌资源 1：随赠本书"配套学习与教学"资源库，提升读者的学习效率。

- 本书同步 316 节教学微视频录像（扫描二维码观看），总时长 15.5 学时。
- 本书中 9 个大型项目案例以及 325 个实例源代码。

- 本书配套上机实训指导手册及本书教学 PPT 课件。

（2）王牌资源 2：随赠"职业成长"资源库，突破读者职业规划与发展瓶颈。

- 求职资源库：206 套求职简历模板库、680 套毕业答辩与学术开题报告 PPT 模板库。
- 面试资源库：程序员面试技巧、100 例常见面试（笔试）题库、200 道求职常见面试（笔试）真题与解析。
- 职业资源库：100 例常见错误及解决方案、210 套岗位竞聘模板、MySQL 数据库开发技巧查询手册、程序员职业规划手册、开发经验及技巧集、软件工程师技能手册。

（3）王牌资源 3：随赠"MySQL 软件开发魔典"资源库，拓展读者学习本书的深度和广度。

- 案例资源库：120 套 MySQL 经典案例库。
- 项目资源库：40 套大型完整 MySQL 项目案例库。
- 软件开发文档模板库：10 套 8 大行业 MySQL 项目开发文档模板库。
- 编程水平测试系统：计算机水平测试、编程水平测试、编程逻辑能力测试、编程英语水平测试。
- 软件学习必备工具及电子书资源库：MySQL 远程监控与管理速查手册、MySQL 常用命令速查手册、MySQL 中文版参考手册、MySQL 安全配置与数据维护速查手册、MySQL 常用维护管理工具速查手册、MySQL 数据库优化技巧速查手册、MySQL 数据库运维方案与技巧速查手册、MySQL 数据库连接方案与技巧速查手册、MySQL 服务器端错误代码速查手册、MySQL 客户端错误代码速查手册。

（4）王牌资源 4：编程代码优化纠错器。

- 本助手能让软件开发更加便捷和轻松，无须安装配置复杂的软件运行环境即可轻松运行程序代码。
- 本助手能一键格式化，让凌乱的程序代码更加规整美观。
- 本助手能对代码精准纠错，让程序查错不再难。

上述资源获取及使用

注意：由于本书不配送光盘，书中所用及上述资源均需借助网络下载才能使用。

1. 资源获取

采用以下任意途径，均可获取本书所附赠的超值王牌资源库。

（1）加入本书微信公众号"聚慕课 jumooc"，下载资源或者咨询关于本书的任何问题。

（2）登录网站 www.jumooc.com，搜索本书并下载相应资源。

（3）加入本书图书读者服务（技术支持）QQ 群（674741004），读者可以打开群"文件"中对应的 Word 文件，获取网络下载地址和密码。

2. 使用资源

读者可通过以下途径学习和使用本书微视频和资源。

（1）通过电脑端、App 端、微信端以及平板端学习本书微视频。

（2）将本书资源下载到本地硬盘，根据学习需要选择性使用。

本书适合哪些读者阅读

本书非常适合以下人员阅读。

- 没有任何 MySQL 数据库基础的初学者。

- 有一定的 MySQL 数据库基础，想精通 MySQL 数据库编程的人员。
- 有一定的 MySQL 数据库编程基础，没有项目实践经验的人员。
- 正在进行软件专业相关毕业设计的学生。
- 大中专院校及培训学校的老师和学生。

创作团队

本书由聚慕课教育研发中心组织编写，参与本书编写的人员主要有王湖芳、张开保、贾文学、张翼、白晓阳、李伟、李欣、樊红、徐明华、白彦飞、卜良、常鲁、陈诗谦、崔怀奇、邓伟奇、凡旭、高增、郭永、何旭、姜晓东、焦宏恩、李春亮、李团辉、刘二有、王朝阳、王春玉、王发运、王桂军、王平、王千、王小中、王玉超、王振、徐利军、姚玉中、于建斌、张俊锋、张晓杰、张在有等。

在编写过程中，我们尽己所能将最好的讲解呈现给读者，但也难免有疏漏和不妥之处，敬请读者不吝指正。若读者在学习中遇到困难或疑问，或有何建议，可发邮件至 zhangmin2@tup.tsinghua.edu.cn。另外，读者也可以登录网站 http://www.jumooc.com 进行交流以及免费下载学习资源。

作　者

CONTENTS 目录

第1篇

基础知识

本篇从 MySQL 数据库的基本概念、基础知识、常用管理工具以及数据的基本操作讲起，引领读者步入 MySQL 数据库世界。

读者在学完本篇后将会了解 MySQL 数据库的基本概念，掌握数据库的基本操作及应用方法，为后面更好地学习 MySQL 打好基础。

- 第 1 章 步入 MySQL 数据库世界——Hello MySQL
- 第 2 章 数据库初探
- 第 3 章 MySQL 常用管理工具的使用
- 第 4 章 MySQL 数据库的基本操作

第1章

步入 MySQL 数据库世界——Hello MySQL

◎ 本章教学微视频：10 个　29 分钟

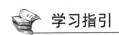 学习指引

　　MySQL 数据库体积小、速度快、总体拥有成本低，尤其是开放源码，因此目前被广泛地应用在 Internet 上的中小型网站中。MySQL 支持多种平台，不同平台下的安装与配置过程不同。在 Windows 平台下可以使用二进制的安装软件包或免安装版的软件包进行安装，二进制的安装包提供了图形化的安装向导过程，免安装版直接解压缩即可使用。在 Linux 平台下使用命令行安装 MySQL，但由于 Linux 是开源操作系统，有众多的分发版，因此不同的 Linux 平台需要下载相应的 MySQL 安装包。通过本章的学习，读者能够掌握 MySQL 的安装过程，以及了解如何配置 MySQL 数据库。

重点导读

- 认识 MySQL 数据库。
- 熟悉下载 MySQL 数据库的方法。
- 掌握在 Windows 环境下安装 MySQL 数据库的方法。
- 掌握在 Linux 环境下安装 MySQL 数据库的方法。
- 掌握测试安装环境的方法。
- 掌握配置环境变量的方法。
- 掌握卸载 MySQL 数据库的方法。

1.1　认识 MySQL 数据库

　　MySQL 是一个关系型数据库管理系统，由瑞典的 MySQL AB 公司开发，目前属于 Oracle 旗下产品。

1.1.1　MySQL 系统特性

　　MySQL 是最流行的关系型数据库管理系统之一，在 Web 应用方面，MySQL 是最好的 RDBMS（Relational

Database Management System，关系数据库管理系统）应用软件。

MySQL 是一种关系数据库管理系统，关系数据库将数据保存在不同的表中，而不是将所有数据放在一个大仓库内，这样就增加了速度并提高了灵活性。

MySQL 所使用的 SQL 语言是用于访问数据库的最常用的标准化语言。MySQL 软件采用了双授权政策，分为社区版和商业版，由于其体积小、速度快、总体拥有成本低，尤其是开放源码，一般中小型网站的开发都选择 MySQL 作为网站数据库。

总的来说，MySQL 主要有以下特性。

（1）速度：运行速度快。

（2）价格：MySQL 对多数个人用户来说是免费的。

（3）容易使用：与其他大型数据库的设置和管理相比，其复杂程度较低，易于学习。

（4）可移植性：能够工作在众多不同的系统平台上，例如 Windows、Linux、UNIX、Mac OS 等。

（5）丰富的接口：提供了用于 C、C++、Eiffel、Java、Perl、PHP、Python、Ruby 和 Tcl 的 API。

（6）支持查询语言：MySQL 可以利用标准 SQL 语法编写支持 ODBC（开放式数据库连接）的应用程序。

（7）安全性和连接性：十分灵活和安全的权限和密码系统，允许基于主机的验证。当连接到服务器时，所有的密码传输均采用加密形式，从而保证了密码安全。由于 MySQL 是网络化的，因此可以在因特网上的任何地方访问，提高了数据共享的效率。

1.1.2　MySQL 的版本

针对不同用户，MySQL 分为两个版本。

（1）MySQL Community Server：社区版，该版本完全免费，但是官方不提供技术支持。

（2）MySQL Enterprise Server：企业版服务器，它能够高性价比地为企业提供数据仓库应用，支持 ACID 事务处理，提供完整的提交、回滚、崩溃恢复和行级锁定功能，但是该版本需付费使用，官方提供了电话技术支持。

注意：官方提供了 MySQL Cluster 工具，该工具用于架设集群服务器，需要在社区版或企业版的基础上使用，有兴趣的读者在学习完本书的内容之后可以查阅相关资料了解该工具。

在 MySQL 开发过程中同时存在多个发布系列，每个发布版本处在成熟度的不同阶段。

（1）MySQL 5.7 是最新开发的发布系列，是将执行新功能的系列，在不久的将来可以使用，以便感兴趣的用户进行广泛的测试，目前还在开发过程中。

（2）MySQL 5.6 是当前的稳定（GA）发布系列，只针对漏洞修复重新发布，没有增加会影响稳定性的新功能。

对于 MySQL 版本的命名，新的命名机制是由 3 个数字和后缀组成版本号，例如 mysql-5.7.20-m3。

（1）第一个数字（5）是主版本号，描述了文件格式，所有版本 5 的发行版都有相同的文件格式。

（2）第二个数字（7）是发行级别，主版本号和发行级别合在一起便构成了发行序列号。

（3）第三个数字（20）是在此发行系列的版本号，随每个新分发版本递增，通常选择已经发行的最新版本。

对于每一个次要的更新，版本字符串的最后一个数字递增。当有主要的新功能或有微小的不兼容性时版本字符串的第二个数字递增，当文件格式变化时第一个数字递增。

版本名称还包括一个后缀，表示发布的 MySQL 版本的稳定水平。通过一系列的发布进展，后缀指示稳定水平的提高，可能的后缀如下。

（1）mN：例如 m1、m2、m3 等，表示里程碑数量。MySQL 的开发使用一个里程碑式的模型，每一个里程碑过程中的各个版本都集中包含了一小部分被彻底测试的重点功能。

下一个里程碑以前一个为基础，并增加另外一部分被彻底测试的功能集。里程碑发布版本中的功能被用于将来发布的 MySQL 产品中。

（2）RC：表明一个发布的候选版本，该版本被认为可能是稳定的，已经通过了所有的 MySQL 内部测试，修复了所有已知的致命错误。但是该版本没有经过广泛的使用验证已经修复了所有的 bugs，该版本只增加了很小的修复。

（3）没有后缀：意味着该版本为通用版本（GA）或产品发布版。GA 版本已经成功经过早期不同的发布阶段，在很多地方运行了一段时间，而且没有非平台特定的缺陷报告，被认为是稳定的，并且没有重大缺陷报告。该版本只增加了关键漏洞修复。

1.2　下载 MySQL 软件

在下载 MySQL 数据库之前首先需要分析自己计算机的操作系统，然后根据不同的系统下载对应的 MySQL 软件。

下面以 32 位 Windows 操作系统为例进行讲解，具体操作步骤如下。

步骤 1：打开 IE 浏览器，在地址栏中输入网址 "http://dev.mysql.com/downloads/mysql/#downloads"，然后单击"转到"按钮，打开 MySQL Community Server 5.7.20 下载页面，选择 Generally Available(GA) Releases 类型的安装包，如图 1-1 所示。

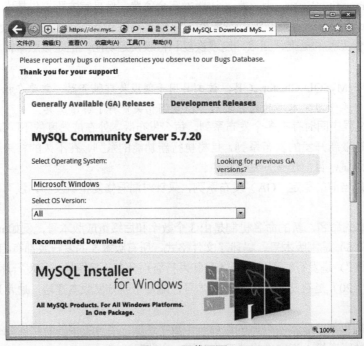

图 1-1　下载页面

步骤 2：在下拉列表框中选择用户的操作系统平台，这里选择 Microsoft Windows 选项，如图 1-2 所示。

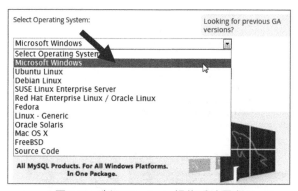

图 1-2　选择 Windows 操作系统平台

步骤 3：根据操作系统选择 32 位或者 64 位安装包，在这里选择 Windows(x86,32-bit) 选项，单击 Go to Download Page 按钮，如图 1-3 所示。

图 1-3　选择操作系统位数

步骤 4：进入下载页面中，选择需要的版本后单击 Download 按钮，如图 1-4 所示。

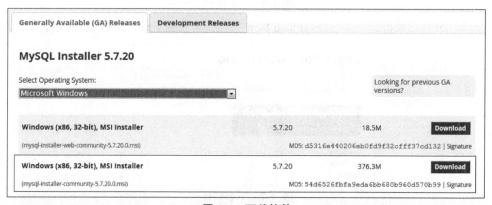

图 1-4　下载软件

注意：MySQL 每隔几个月就会发布一个新版本，读者在上述页面中找到的 MySQL 均为最新发布的版本，如果读者希望与本书中使用的 MySQL 版本完全一样，可以在官方的历史版本页面中查找。

步骤 5：在下载页面中单击 Login 按钮进行用户登录，如图 1-5 所示。如果没有账号可以重新注册一个免费的用户账号。

图 1-5　软件下载页面

步骤 6：弹出用户登录页面，输入用户名和密码后单击"登录"按钮，如图 1-6 所示。

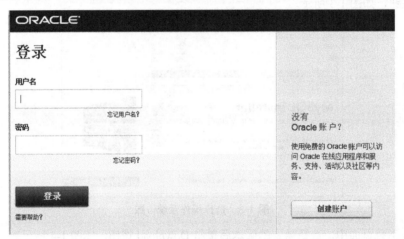

图 1-6　登录用户

步骤 7：弹出开始下载页面，单击 Download Now 按钮即可开始下载，如图 1-7 所示。

图 1-7　下载软件

1.3　在 Windows 系统环境下安装 MySQL

在 MySQL 下载完成后找到下载文件，双击进行安装，具体操作步骤如下。

步骤 1：双击下载的 mysql-installer-community-5.7.20.msi 文件，打开 License Agreement 窗口，选中 I accept the license terms 复选框，单击 Next 按钮，如图 1-8 所示。

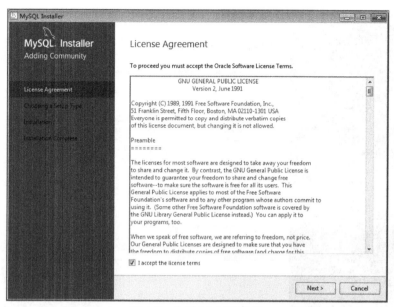

图 1-8　安装 MySQL 软件

步骤 2：打开 Choosing a Setup Type 窗口，在其中列出了 5 种安装类型，分别是 Developer Default、Server only、Client only、Full 和 Custom。这里选择 Custom 单选按钮，单击 Next 按钮，如图 1-9 所示。

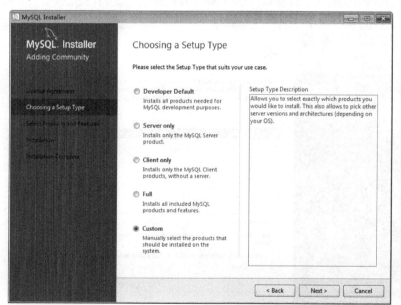

图 1-9　选择自定义安装类型

提示：安装类型共有 5 种，其中 Developer Default 是默认安装类型，Server only 是仅作为服务器，Client only 是仅作为客户端，Full 是完全安装，Custom 是自定义安装类型。

步骤 3：打开 Select Products and Features 窗口，选择 MySQL Server 5.7.20-x86 后单击"添加"按钮 ➡，

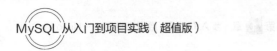

即可选择安装 MySQL 服务器。然后采用同样的方法添加 MySQL Documentation 5.7.20-x86 和 Samples and Examples 5.7.20-x86，单击 Next 按钮继续安装，如图 1-10 所示。

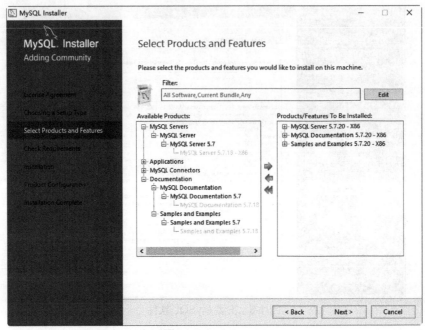

图 1-10　添加安装选项

步骤 4：进入 Check Requirements 窗口，单击 Next 按钮开始安装 MySQL 文件，如图 1-11 所示。

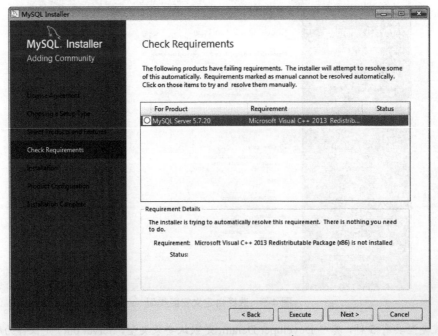

图 1-11　Check Requirements 窗口

步骤 5：安装完成后在 Status 列表下将显示软件的安装状态——Complete（完整的），如图 1-12 所示，单击 Next 按钮进入 MySQL 数据库配置窗口。

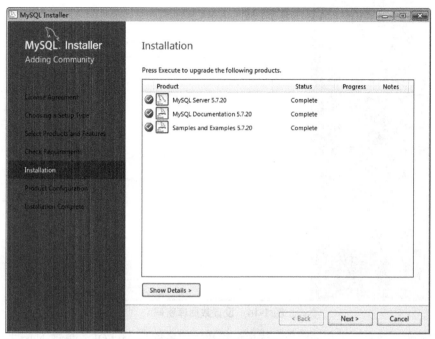

图 1-12 软件安装状态

步骤 6：在 MySQL 数据库配置窗口中采用默认设置，单击 Next 按钮，如图 1-13 所示。

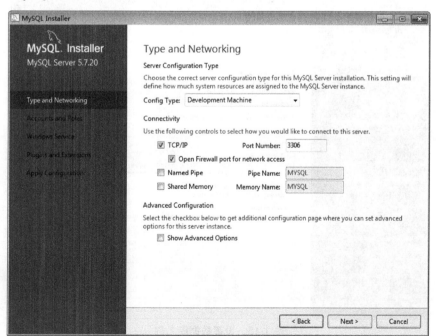

图 1-13 MySQL 数据库配置窗口

步骤 7：在打开的设置数据库密码的窗口中重复输入两次同样的登录密码，然后单击 Next 按钮进行数据库名称的设置，如图 1-14 所示。

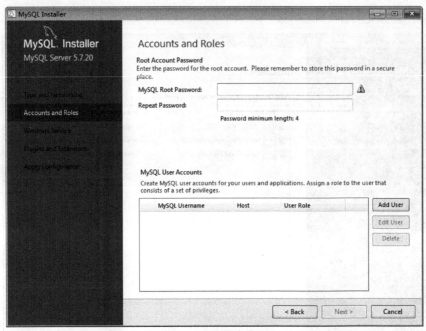

图 1-14　设置数据库密码

步骤 8：打开设置数据库名称的窗口，这里设置数据库名称为 MySQL，单击 Next 按钮，如图 1-15 所示。

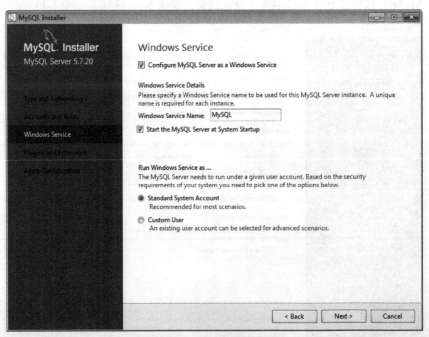

图 1-15　设置数据库名称

步骤 9：打开 Apply Configuration 窗口，单击 Execute 按钮使数据库配置生效，如图 1-16 所示。

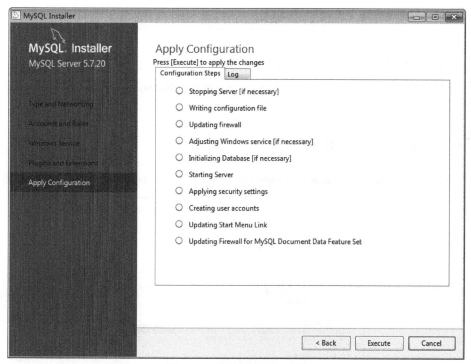

图 1-16 使数据库配置生效

步骤 10：系统自动配置 MySQL 数据库，配置完成后单击 Finish 按钮，如图 1-17 所示，即可完成数据库的配置。

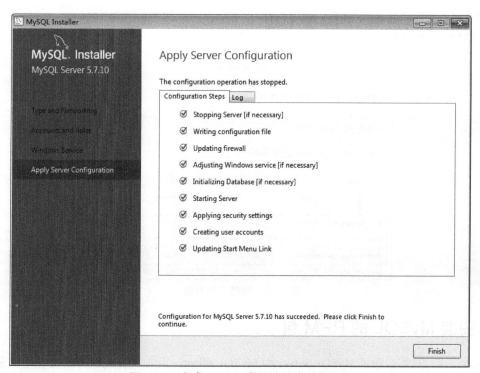

图 1-17 完成 MySQL 数据库的安装与配置

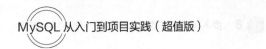

1.4 在 Linux 系统环境下安装 MySQL

Linux 操作系统有众多的发行版，在不同的平台上需要安装不同的 MySQL 版本，MySQL 主要支持的 Linux 版本有 SUSE Linux Enterprise Server 和 Red Hat & Oracle Enterprise Linux。本节将介绍 Linux 平台下 MySQL 的安装过程。

1.4.1 下载 MySQL 的 RPM 包

在下载页面 http://dev.mysql.com/downloads/mysql/中选择 SUSE Linux Enterprise Server，如图 1-18 所示。

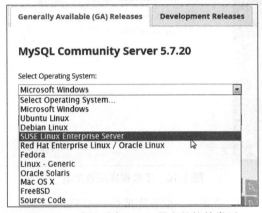

图 1-18　选择适合 Linux 平台的软件类型

下载服务器端和客户端的 RPM 包，其中 MySQL Server 代表服务器端的 RPM 包，Client Utilities 代表客户端的 RPM 包，如图 1-19 所示。

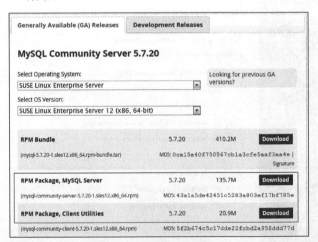

图 1-19　软件下载界面

1.4.2 安装 MySQL 的 RPM 包

对于标准安装，只需要安装 MySQL-server 和 MySQL-client，下面开始通过 RPM 包进行安装。

步骤 1：下载完成后解压下载的 tar 包。

```
[root@localhost share]#tar -xvf MySQL-5.7.20-1.rhel5.i386.tar
MySQL-client-5.7.20-1.rhel5.i386.rpm
MySQL-devel-5.7.20-1.rhel5.i386.rpm
MySQL-embedded-5.7.20-1.rhel5.i386.rpm
MySQL-server-5.7.20-1.rhel5.i386.rpm
MySQL-shared-5.7.20-1.rhel5.i386.rpm
MySQL-test-5.7.20-1.rhel5.i386.rpm
```

步骤 2：切换到 root 用户。

```
[root@localhost share]$su - root
```

步骤 3：安装 MySQL Server。

```
[root@localhost share]# rpm -ivh MySQL-server-5.7.20-1.rhel5.i386.rpm
Preparing...               ########################################### [100%]
1:MySQL-server             ########################################### [100%]
PLEASE REMEMBER TO SET A PASSWORD FOR THE MySQL root USER !
To do so, start the server, then issue the following commands:

/usr/bin/mysqladmin -u root password 'new-password'
/usr/bin/mysqladmin -u root -h localhost.localdomain password 'new-password'

Alternatively you can run:
/usr/bin/mysql_secure_installation

which will also give you the option of removing the test
databases and anonymous user created by default.  This is
strongly recommended for production servers.

See the manual for more instructions.

Please report any problems with the /usr/bin/mysqlbug script!
```

如果看到这些，说明 MySQL Server 安装成功了。在安装之前要查看计算机上是否已经装有旧版的 MySQL，如果有，最好先把旧版的 MySQL 卸载，否则可能会产生冲突。

步骤 4：启动服务，输入命令如下。

```
[root@localhost share]# service mysql restart
MySQL server PID file could not be found!          [失败]
Starting MySQL...                                  [确定]
```

服务启动成功。

步骤 5：安装客户端，输入命令如下。

```
[root@localhost share]# rpm -ivh MySQL-client-5.7.20-1.rhel5.i386.rpm
Preparing...               ########################################### [100%]
1:MySQL-client             ########################################### [100%]
```

步骤 6：安装成功之后使用命令行登录。

```
[root@localhost share]# mysql -uroot -hlocalhost
Welcome to the MySQL monitor.  Commands end with ; or \g.
Your MySQL connection id is 1
Server version: 5.7.20 MySQL Community Server (GPL)

Copyright (c) 2000, 2017, Oracle and/or its affiliates. All rights reserved.

Oracle is a registered trademark of Oracle Corporation and/or its
affiliates. Other names may be trademarks of their respective
owners.

Type 'help;' or '\h' for help. Type '\c' to clear the current input statement.
```

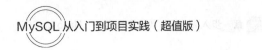

读者如果看到上面的信息说明登录成功，接下来就可以对 MySQL 数据库进行操作了。

1.5 测试安装环境

在 MySQL 安装完毕之后需要测试环境是否安装成功，本节将介绍如何检查 MySQL 服务是否启动和登录 MySQL 的方法。

1.5.1 检查 MySQL 服务是否启动

在前面的配置过程中已经将 MySQL 安装为 Windows 服务，当 Windows 启动、停止时 MySQL 也自动启动、停止。不过，用户还可以使用图形服务工具来控制 MySQL 服务或从命令行使用 NET 命令。

用户可以通过 Windows 的服务管理器查看，具体的操作步骤如下。

步骤 1：单击"开始"按钮，在搜索框中输入 services.msc，按 Enter 键确认，如图 1-20 所示。

步骤 2：打开 Windows 的服务管理器，在其中可以看到名为 MySQL 的服务项，其右边状态为"已启动"，表明该服务已经启动，如图 1-21 所示。

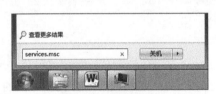

图 1-20 启动数据库

图 1-21 数据库启动状态

由于设置了 MySQL 为自动启动，在这里可以看到服务已经启动，而且启动类型为自动。如果没有"已启动"字样，说明 MySQL 服务未启动。启动方法为单击"开始"按钮，在搜索框中输入 cmd，按 Enter 键确认。弹出命令提示符界面，然后输入 net start MySQL，按 Enter 键，就能启动 MySQL 服务了，停止 MySQL 服务的命令为 net stop MySQL，如图 1-22 所示。

图 1-22 在命令行中启动和停止 MySQL

用户也可以直接双击 MySQL 服务，打开"MySQL 的属性"对话框，在其中通过单击"启动"或"停止"按钮来更改服务状态，如图 1-23 所示。

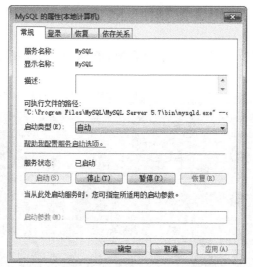

图 1-23　"MySQL 的属性"对话框

1.5.2　登录 MySQL 数据库

当 MySQL 服务启动完成后便可以通过客户端来登录 MySQL 数据库，在 Windows 操作系统下可以通过两种方式登录 MySQL 数据库。

1. 以 Windows 命令行方式登录

其具体的操作步骤如下。

步骤 1：单击"开始"按钮，在搜索框中输入 cmd，按 Enter 键确认，如图 1-24 所示。

图 1-24　启动命令行

步骤 2：打开 DOS 命令窗口，输入命令并按 Enter 键确认，如图 1-25 所示。

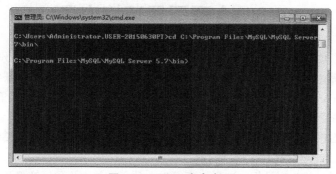

图 1-25　DOS 命令窗口

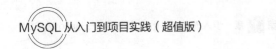
步骤 3：在 DOS 窗口中可以通过登录命令连接到 MySQL 数据库，输入如下命令。

```
mysql -h localhost -u root -p
```

按 Enter 键，系统会提示输入密码，这里输入在前面配置向导中设置的密码，验证正确后即可登录到 MySQL 数据库，如图 1-26 所示。

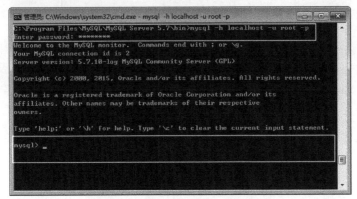

图 1-26　Windows 命令行登录窗口

2. 使用 MySQL Command Line Client 登录

单击"开始"按钮，依次选择"所有程序"→MySQL→MySQL Server 5.7→MySQL 5.7 Command Line Client 命令，进入密码输入窗口，如图 1-27 所示。

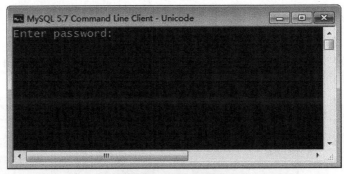

图 1-27　登录数据库

输入正确的密码之后就可以登录到 MySQL 数据库了。

1.6　合理配置环境变量

在前面登录 MySQL 数据库的时候不能直接输入 MySQL 登录命令，这是因为没有把 MySQL 的 bin 目录添加到系统的环境变量中，所以不能直接使用 MySQL 命令。如果每次登录都需要输入"cd C:\Program Files\MySQL\MySQL Server 5.7\bin"才能使用 MySQL 等其他命令工具，这样比较麻烦。

下面介绍怎样手动配置 Path 变量，具体的操作步骤如下。

步骤 1：在桌面上右击"计算机"图标，在弹出的快捷菜单中选择"属性"命令，然后在打开的窗口中单击"高级系统设置"选项，如图 1-28 所示。

步骤 2：打开"系统属性"对话框，选择"高级"选项卡，单击"环境变量"按钮，如图 1-29 所示。

图 1-28　单击"高级系统设置"选项

图 1-29　"系统属性"对话框

步骤 3：打开"环境变量"对话框，在"系统变量"列表中选择 Path 变量，如图 1-30 所示。

步骤 4：单击"编辑"按钮，在"编辑系统变量"对话框中将 MySQL 应用程序的 bin 目录（C:\Program Files\ MySQL\MySQL Server 5.7\bin）添加到变量值中，注意用分号将其与其他路径分隔开，如图 1-31 所示。

图 1-30　"环境变量"对话框

图 1-31　"编辑系统变量"对话框

步骤 5：添加完成之后单击"确定"按钮，这样就完成了配置 Path 变量的操作，然后就可以直接输入 MySQL 命令登录数据库了，如图 1-32 所示。

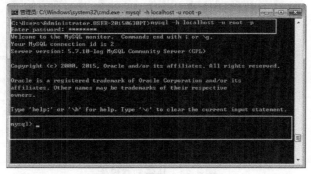

图 1-32　配置 Path 变量

1.7 卸载 MySQL 数据库

如果 SQL Server 2014 在使用的过程中有问题，可以将其卸载，具体操作步骤如下。

步骤 1：在 Windows 7 操作系统中单击"开始"按钮，在弹出的快捷菜单中选择"控制面板"命令，然后在打开的"控制面板"窗口中单击"卸载程序"选项，如图 1-33 所示。

图 1-33　单击"卸载程序"

步骤 2：打开"程序和功能"窗口，右击 MySQL Server 5.7 选项，然后在弹出的快捷菜单中选择"卸载"命令，如图 1-34 所示。

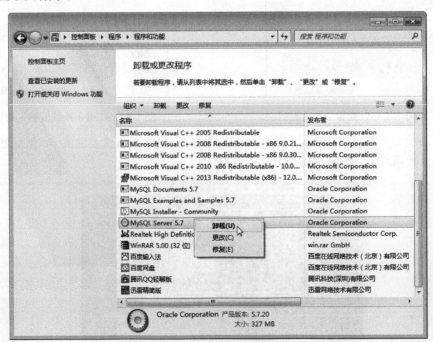

图 1-34　执行卸载操作

步骤 3：在弹出的对话框中单击"是"按钮，即可卸载 MySQL Server 5.7，如图 1-35 所示。

步骤 4：卸载完成后删除安装目录下的 MySQL 文件夹及程序数据文件夹，例如"C:\Program Files (x86)"下的 MySQL 和"C:\ProgramData"下的 MySQL。

图 1-35　确认卸载程序

步骤 5：在"运行"对话框中输入"regedit"，进入注册表，将所有的 MySQL 注册表内容完全清除，具体清除内容如下。

```
HKEY_LOCAL_MACHINE\SYSTEM\ControlSet001\Services\Eventlog\Application\MySQL
HKEY_LOCAL_MACHINE\SYSTEM\ControlSet002\Services\Eventlog\Application\MySQL
HKEY_LOCAL_MACHINE\SYSTEM\CurrentControlSet\Services\Eventlog\Application\My
```

步骤 6：上述操作完成后重新启动计算机，即可完全清除 MySQL。

1.8　就业面试技巧与解析

1.8.1　面试技巧与解析（一）

面试官：重新安装 MySQL 卡在最后一步，怎么解决？

应聘者：第一次安装完 MySQL，由于各种原因需要重新安装是经常遇到的问题，解决方案如下。

（1）在注册表里搜索 MySQL 删除相关记录。

（2）删除 MySQL 安装目录下的 MySQL 文件。

（3）删除"C:/ProgramData"目录下的 MySQL 文件夹，然后重新安装，安装成功。

1.8.2　面试技巧与解析（二）

面试官：使用 MySQL Command Line Client 登录时窗口闪一下就消失了，怎么解决？

应聘者：第一次使用 MySQL Command Line Client 有可能会出现窗口闪一下然后就消失的情况，下面就来讲解如何处理这种情况。

打开路径"C:\Program Files\MySQL\MySQL Server 5.7"，复制文件 my-default.ini，然后将副本命名为 my.ini，完成上面的操作后即可解决窗口闪一下就消失的问题。

1.8.3　面试技巧与解析（三）

面试官：在 MySQL 数据库中查询出的中文数据是乱码，怎么解决？

应聘者：在安装好数据库后导入数据，由于之前的数据使用 gbk 编码，而在安装 MySQL 的过程中使用 utf-8 编码，所以查询出的中文数据是乱码。其解决方法是登录 MySQL，使用 set names gbk 命令，然后再次查询，中文显示正常。

第2章

数据库初探

◎ 本章教学微视频：14 个　38 分钟

 学习指引

在学习 MySQL 数据库操作之前，读者需要了解数据库的相关知识，包括数据库的基础知识、数据库的技术构成、什么是关系型数据库模型、数据依赖与范式、常见关系型数据库管理系统的区别、MySQL 体系结构等，本章就来分别介绍。

 重点导读

- 了解数据库的基本概念。
- 熟悉数据库的技术构成。
- 熟悉关系型数据模型。
- 理解关系型数据模型中的数据依赖与范式。
- 熟悉常见的关系型数据库管理系统。
- 理解 MySQL 体系结构。

2.1　快速认识数据库

数据库是由一批数据构成的有序集合，这些数据被存放在结构化的数据表里。数据表之间相互关联，反映了客观事物间的本质联系。数据库系统提供对数据的安全控制和完整性控制。本节将介绍数据库中的一些基本概念，包括数据库的定义、数据表的定义和数据类型等。

2.1.1　什么是数据库

数据库的概念诞生于 60 年前，随着信息技术和市场的快速发展，数据库技术层出不穷，随着应用的拓展和深入，数据库的数量和规模越来越大，其诞生和发展给计算机信息管理带来一场巨大的革命。

数据库的发展大致划分为人工管理阶段、文件系统阶段、数据库系统阶段和高级数据库阶段。其种类大概有 3 种，即层次式数据库、网络式数据库和关系式数据库。不同种类的数据库按不同的数据结构来联系和组织。

对于数据库的概念，没有一个完全固定的定义，随着数据库历史的发展，定义的内容也有很大的差异，其中一种比较普遍的观点认为数据库（Database，DB）是一个长期存储在计算机内的、有组织的、有共享的、统一管理的数据集合。它是一个按数据结构来存储和管理数据的计算机软件系统，即数据库包含两层含义——保管数据的"仓库"以及数据管理的方法和技术。

数据库的特点包括实现数据共享，减少数据冗余；采用特定的数据类型；具有较高的数据独立性；具有统一的数据控制功能。

2.1.2 数据库的原理

数据库（Database）是一些相关数据的集合，用户可以用一定的原则与方法添加、编辑和删除数据的内容，进而对所有数据进行搜索、分析及对比，取得可用的信息，产生所需的结果。

在一个数据库中不是只能保存一种简单的数据，可以将不同的数据内容保存在同一个数据库中，例如在进销存管理系统中，可以同时将货物数据与厂商数据保存在同一个数据库文件中，这样在归类及管理时较为方便。

若不同类的数据之间有关联，还可以彼此使用。例如，可以查询出某种产品的名称、规格及价格，而且可以利用其厂商编号查询到厂商名称及联系电话。通常称保存在数据库中的不同类别的记录集合为数据表（Table），在一个数据库中可以保存多个数据表，而每个数据表之间并不是互不相干的，如果有关联，可以协同作业、彼此合作。数据库关联如图 2-1 所示。

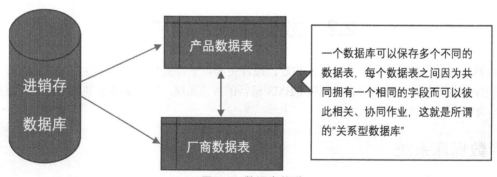

图 2-1 数据库关联

每一个数据表都由一个个字段组合起来，例如，在产品数据表中可能会有产品编号、产品名称和产品价格等字段，只要按照一个个字段的设置输入数据即可完成一个完整的数据库，如图 2-2 所示。

产品编号	产品名称	产品价格
a 00001	鼠标	￥90
a 00002	键盘	￥150

图 2-2 数据库表

这里有一个很重要的概念，一般人认为数据库是保存数据的地方，这是不对的，其实数据表才是真正保存数据的地方，数据库是放置数据表的场所。

2.1.3　数据表

在关系型数据库中，数据库表是一系列二维数组的集合，用来存储数据和操作数据的逻辑结构。它由纵向的列和横向的行组成，行被称为记录，是组织数据的单位；列被称为字段，每一列表示记录的一个属性，都有相应的描述信息，例如数据类型、数据宽度等。

2.1.4　数据类型

数据类型决定了数据在计算机中的存储格式，代表不同的信息类型。常用的数据类型有整数数据类型、浮点数数据类型、精确小数类型、二进制数据类型、日期/时间数据类型、字符串数据类型。

表中的每一个字段就是某种指定数据类型，例如 student 表中的"学号"字段为整数数据，"性别"字段为字符型数据。

2.1.5　主键

主键（PRIMARY KEY）又称主码，用于唯一地标识表中的每一条记录。用户可以定义表中的一列或多列为主键，注意主键列上不能有两行相同的值，也不能为空值。假如定义 student 表，该表给每一个学生分配一个"学号"，该编号作为数据表的主键，如果出现相同的值，将提示错误，系统不能确定查询的究竟是哪一条记录；如果把学生的"姓名"作为主键，则不能出现重复的名字，这与现实不相符，因此"姓名"字段不适合作为主键。

2.2　数据库技术构成

数据库系统由硬件部分和软件部分共同构成，硬件主要用于存储数据库中的数据，包括计算机、存储设备等；软件部分则主要包括 DBMS、支持 DBMS 运行的操作系统，以及支持多种语言进行应用开发的访问技术等。本节将介绍数据库的技术构成。

2.2.1　数据库系统

数据库系统有以下 3 个主要组成部分。

- 数据库：用于存储数据的地方。
- 数据库管理系统：用于管理数据库的软件。
- 数据库应用程序：为了提高数据库系统的处理能力所使用的管理数据库的软件补充。

数据库（Database System）提供了一个存储空间用于存储各种数据，可以将数据库视为一个存储数据的容器。一个数据库中可能包含许多文件，一个数据库系统中通常包含许多数据库。

数据库管理系统（Database Management System，DBMS）是用户创建、管理和维护数据库时所使用的软件，位于用户与操作系统之间，对数据库进行统一管理。DBMS 能定义数据存储结构，提供数据的操作机制，维护数据库的安全性、完整性和可靠性。

数据库应用程序（Database Application）虽然已经有了 DBMS，但是在很多情况下 DBMS 无法满足对数据管理的要求。数据库应用程序的使用可以满足对数据管理的更高要求，还可以使数据管理过程更加直观和友好。数据库应用程序负责与 DBMS 进行通信，访问和管理 DBMS 中存储的数据，允许用户插入、修改、删除数据库中的数据。

数据库系统如图 2-3 所示。

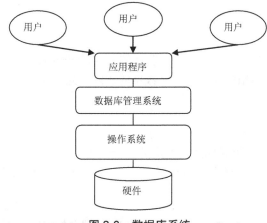

图 2-3　数据库系统

2.2.2　SQL 语言

对数据库进行查询和修改操作的语言叫 SQL，SQL 的含义是结构化查询语言（Structured Query Language）。SQL 有许多不同的类型，有 3 个主要的标准：对 ANSI（美国国家标准机构）SQL 修改后在 1992 年采纳的标准，称为 SQL-92 或 SQL2。最近的 SQL-99 标准，SQL-99 标准从 SQL2 扩充而来并增加了对象关系特征和许多其他新功能；各大数据库厂商提供不同版本的 SQL，这些版本的 SQL 不仅能包括原始的 ANSI 标准，而且在很大程度上支持新推出的 SQL-92 标准。

SQL 语言包含以下 4 个部分。

（1）数据定义语言（DDL）：DROP、CREATE、ALTER 等语句。

（2）数据操作语言（DML）：INSERT（插入）、UPDATE（修改）、DELETE（删除）语句。

（3）数据查询语言（DQL）：SELECT 语句。

（4）数据控制语言（DCL）：GRANT、REVOKE、COMMIT、ROLLBACK 等语句。

2.2.3　数据库访问技术

不同的程序设计语言会有各自不同的数据库访问技术，程序语言通过这些技术执行 SQL 语句，进行数据库管理，下面介绍几种主要的数据库访问技术。

1. ODBC

ODBC（Open Database Connectivity，开放数据库互连）技术为访问不同的 SQL 数据库提供了一个共同的接口。ODBC 使用 SQL 作为访问数据的标准，这一接口提供了最大限度的互操作性：一个应用程序可以通过共同的一组代码访问不同的 SQL 数据库管理系统（DBMS）。

一个基于 ODBC 的应用程序对数据库的操作不依赖任何 DBMS，不直接与 DBMS 打交道，所有的数据库操作由对应的 DBMS 的 ODBC 驱动程序完成。也就是说，不论是 Access、MySQL 还是 Oracle 数据库，均可用 ODBC API 进行访问。由此可见，ODBC 的最大优点是能以统一的方式处理所有的数据库。

2. JDBC

JDBC（Java Database Connectivity，Java 数据库连接）是用于 Java 应用程序连接数据库的标准方法，是一种用于执行 SQL 语句的 Java API，可以为多种关系型数据库提供统一访问，它由一组用 Java 语言编写的类和接口组成。

3. ADO.NET

ADO.NET 是微软公司在.NET 框架下开发设计的一组用于和数据源进行交互的面向对象类库。ADO.NET 提供了对关系数据、XML 和应用程序数据的访问，允许和不同类型的数据源以及数据库进行交互。

4. PDO

PDO（PHP Data Object）为 PHP 访问数据库定义了一个轻量级的、一致性的接口，它提供了一个数据访问抽象层，这样无论使用什么数据库都可以通过一致的函数执行查询和获取数据。

2.3 关系型数据模型

MySQL 数据库属于关系型数据库，所以读者需要了解关系型数据模型的相关知识。

2.3.1 关系型数据模型的结构

建立数据库系统离不开数据模型。模型是对现实世界的抽象，在数据库技术中用模型的概念描述数据库的结构与语义，对现实世界进行抽象，能表示实体类型及实体间联系的模型称为"数据模型"。

数据模型的种类有很多，目前被广泛使用的可分为两种类型。一种是独立于计算机系统的数据模型，完全不涉及信息在计算机中的表示，只是用来描述某个特定组织所关心的信息结构，这种模型称为"概念数据模型"。概念数据模型是按用户的观点对数据建模，强调其语义表达能力，概念应该简单、清晰、易于用户理解，它是对现实世界的第一层抽象，是用户和数据库设计人员之间进行交流的工具。其典型代表就是著名的"实体-关系模型"。

另一种数据模型是直接面向数据库的逻辑结构，它是对现实世界的第二层抽象。这种模型直接与数据库管理系统有关，称为"逻辑数据模型"，包括层次模型、网状模型、关系模型和面向对象模型。逻辑数据模型应该包含数据结构、数据操作和数据完整性约束 3 个部分，通常有一组严格定义的无二义性语法和语义的数据库语言，人们可以用这种语言来定义、操作数据库中的数据。

在逻辑数据模型的 4 种模型中，层次模型和网状模型已经很少应用，而面向对象模型比较复杂，尚未达到关系模型数据库的普及程度。目前理论成熟、使用普及的模型就是关系模型。

关系模型是由若干个关系模式组成的集合，关系模式的实例称为关系，每个关系实际上是一张二维表格。关系模型用键导航数据，其表格简单，用户只需用简单的查询语句就可以对数据库进行操作，并不涉及存储结构、访问技术等细节。SQL 语言是关系数据库的代表性语言，已经得到了广泛的应用。典型的关系数据库产品有 DB2、Oracle、Sybase、SQL Server 等。

关系数据库是以关系模型为基础的数据库，是根据表、元组、字段之间的关系进行组织和访问数据的一种数据库，它通过若干个表来存取数据，并且通过关系将这些表联系在一起。关系数据库是目前应用最广泛的数据库。关系数据是支持关系模型的数据库，下面先介绍关系数据模型。

目前，在实际数据库系统中支持的数据模型主要有 3 种，即层次模型（Hierarchical Model）、网状模型（Network Model）和关系模型（Relational Model）。自 20 世纪 80 年代以来，计算机厂商推出的数据库管理系统几乎都是支持关系模型的数据库系统，关系模型已经占领市场主导地位。

关系模型有 3 个组成部分，即数据结构、数据操作和完整性规则。

关系模型建立在严格的数学概念的基础之上，它用二维表来描述实体与实体间的联系。

例如在一个有关学生信息的名为 student 的表中，每个列包含所有作者的某个特定类型的信息，比如姓名，而每行包含了某个特定作者的所有信息，比如学号、姓名、性别、专业，如图 2-4 所示。

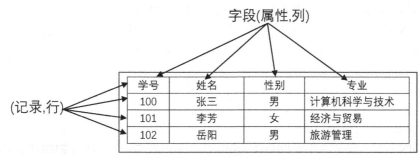

图 2-4　数据库字段

关系模型的基本术语如下。

- 关系（Relation）：一个二维表就是一个关系。
- 元组（Tuple）：二维表中的一行即为一个元组。
- 属性（Attribute）：二维表中的一列即为一个属性，给每个属性取一个名称即属性名。
- 域（Domain）：属性的取值范围。

关系模式是对关系的描述，可表示为关系名（属性 1，属性 2，…，属性 n）。例如上面的关系可以描述为学生（学号，姓名，性别，专业）。

一个关系模型是若干个关系模式的集合。在关系模型中，实体以及实体间的联系都用关系来表示。例如学生、课程、学生与课程之间的多对多联系在关系模型中可以如下表示：

学生（学号，姓名，性别，专业）

课程（课程号，课程名，学分）

选修（学号，课程号，成绩）

由于关系模型概念简单、清晰、易懂、易用，并有严密的数学基础以及在此基础上发展起来的关系数据理论，简化了程序开发及数据库建立的工作量，因而迅速获得了广泛的应用，并在数据库系统中占据了统治地位。

2.3.2　关系型数据模型的操作与完整性

关系模型提供了一组完备的高级关系运算，以支持对数据库的各种操作。关系数据库的数据操作语言（DML）的语句分为查询语句和更新语句两大类，查询语句用于描述用户的各类检索要求；更新语句用于描述用户的插入、修改和删除等操作。关系数据操作语言建立在关系代数的基础之上，具有以下特点。

（1）以关系为单位进行数据操作，操作的结果也是关系。

（2）非过程性强：很多操作只需指出做什么，而无须步步引导怎么去做。

（3）以关系代数为基础，借助于传统的集合运算和专门的关系运算，使关系数据语言具有很强的数据操作能力。

下面介绍在数据操作语言中对数据库进行查询和更新等操作的语句。

- SELECT…INTO 语句：用于创建一个查询表。
- INSERT INTO 语句：用于向一个表中添加一个或多个记录。
- SELECT 语句：按指定的条件在一个数据库中查询的结果，返回的结果被看作记录的集合。
- UPDATE 语句：用于创建一个更新查询，根据指定的条件更改指定表中的字段值。UPDATE 语句不生成结果集，而且在使用更新查询更新记录之后不能取消这次操作。
- DELETE 语句：用于创建一个删除查询，可以从列在 FROM 子句之中的一个或多个表中删除记录，且该子句满足 WHERE 子句中的条件，可以使用 DELETE 删除多个记录。
- INNER JOIN 操作：用于组合两个表中的记录，只要在公共字段之中有相符的值即可。用户可以在任何 FROM 子句中使用 INNER JOIN 运算。这是最普通的连接类型，只要在这两个表的公共字段之中有相符的值，内部连接就将组合两个表中的记录。
- LEFT JOIN 操作：用于在任何 FROM 子句中组合来源表的记录。使用 LEFT JOIN 运算创建一个左边外部连接。左边外部连接将包含从第一个（左边）开始的两个表中的全部记录，即使在第二个（右边）表中并没有相符值的记录。
- RIGHT JOIN 操作：用于在任何 FROM 子句中组合来源表的记录。使用 RIGHT JOIN 运算创建一个右边外部连接。右边外部连接将包含从第二个（右边）表开始的两个表中的全部记录，即使在第一个（左边）表中并没有相符值的记录。
- PARAMETERS 声明：用于声明参数查询中的每一个参数的名称及数据类型。PARAMETERS 声明是可选的，但是当使用时需要置于任何其他语句之前，包括 SELECT 语句。
- UNION 操作：用于创建一个联合查询，它组合了两个或更多的独立查询或表的结果。所有在一个联合运算中的查询都需要请求相同数目的字段，但是字段不必大小相同或数据类型相同。

根据关系数据理论和 Codd 准则的定义，一种语言必须能处理与数据库的所有通信问题，这种语言有时也称为“综合数据专用语言”。该语言在关系型数据库管理系统中就是 SQL。SQL 的使用主要通过数据操作、数据定义和数据管理来实现。其中 Codd 提出了 RDBMS 的 12 项准则。

- 信息准则：关系数据库中的所有信息都应在逻辑一级上用一种方法，即表中的值显示的表示。
- 保证访问准则：依靠于表名、主键和列名，保证能以逻辑的方式访问数据库中的每个数据项。
- 空值的系统化处理：RDBMS 支持空值（不同于空的字符串或空白字符串，并且不为 0）系统化地表示缺少的信息，且与数据类型无关。
- 基于关系模型的联机目录：数据库的描述在逻辑上应该和普通数据采用同样的方式，使得授权用户可以使用查询一般数据所用的关系语言来查询数据库的描述信息。
- 统一的数据子语言准则：一个关系系统可以具有多种语言和多种终端使用方式（例如表格填空方式、命令行方式等），但是必须有一种语言，它的语句可以表示为具有严格语法规定的字符串，并能全面地支持数据定义、视图定义、数据操作（交互式或程序式）、完整约束、授权、事务控制（事务开始、提交、撤销）等功能。
- 视图更新准则：所有理论上可更新的视图也应该允许由系统更新。
- 高阶的插入、更新和删除：把一个基本关系或导出关系作为一个操作对象进行数据的检索以及插入、更新和删除。
- 数据的物理独立性：无论数据库的数据在存储表示上或存取方法上做任何变化，应用程序和终端活动要都保持逻辑上的不变性。
- 数据的逻辑独立性：当基本表中进行理论上信息不受损害的任何变化时，应用程序和终端活动都要保持逻辑上的不变性。

- 数据完整性的独立性：关系数据库的完整性约束必须是用数据子语言定义并存储在目录中的，而不是在应用程序中加以定义的。至少要支持以下两种约束：实体完整性，即主键中的属性不允许为 NULL；参照完整性，即对于关系数据库中每个不同的非空的外码值必须存在一个取自同一个域匹配的主键值。
- 分布的独立性：一个 RDBMS 应该具有分布独立性。分布独立性是指用户不必了解数据库是否为分布式的。
- 无破坏准则：如果 RDBMS 有一个低级语言（一次处理一个记录），这一低级语言不能违背或绕过完整性准则以及高级关系语言（一次处理若干记录）表达的约束。

数据库管理系统是对数据进行管理的大型系统软件，它是数据库系统的核心组成部分，用户在数据库系统中的一切操作（包括数据定义、查询、更新及各种控制）都是通过 DBMS 进行的。

关系模型的完整性规则是对数据的约束。关系模型提供了 3 类完整性规则，即实体完整性规则、参照完整性规则和用户定义的完整性规则。其中，实体完整性规则和参照完整性规则是关系模型必须满足的完整性约束条件，称为关系完整性规则。

- 实体完整性约束：约束关系的主键中属性值不能为空值。空值（null）就是指不知道或者不能使用的值，它与数值 0 和空字符串的意义都不一样。
- 参照完整性约束：关系之间的基本约束。如果关系的外键 R1 与关系 R2 的主键相符，那么外键的每个值必须在关系 R2 的主键的值中找到或者是空值。
- 用户定义的完整性约束：它反映了具体应用中数据的语义要求，针对某一具体的实际数据库的约束条件。它由应用环境所决定，反映某一具体应用所涉及的数据必须满足的要求。关系模型提供了定义和检验这类完整性的机制，以便用统一的、系统的方法处理，而不必由应用程序承担这一功能。

2.3.3　关系型数据模型的存储结构

关系型数据模型是以关系数学理论为基础的，用二维表结构来表示实体以及实体之间联系的模型称为关系模型。在关系模型中把数据看成是二维表中的元素，操作的对象和结果都是二维表，一张二维表就是一个关系。关系模型与层次模型、网状模型的本质区别在于数据描述的一致性，模型概念单一。在关系型数据库中，每一个关系都是一个二维表，无论是实体本身还是实体间的联系均用称为"关系"的二维表来表示，它由表名、行和列组成。表的每一行代表一个元组，每一列称为一个属性，这使得描述实体的数据本身能够自然地反映它们之间的联系。传统的层次和网状模型数据库是使用链接指针来存储和体现联系的。尽管关系型数据库管理系统比层次型和网状型数据库管理系统的出现晚了很多年，但关系型数据库以其完备的理论基础、简单的模型、说明性的查询语言和使用方便等优点得到了最广泛的应用。

2.4　关系型数据模型中的数据依赖与范式

在数据库中，数据之间存在着密切的联系。关系数据库由相互联系的一组关系组成，每个关系包括关系模式和关系值两个方面。关系模式是对关系的抽象定义，给出关系的具体结构；关系的值是关系的具体内容，反映关系在某一时刻的状态。一个关系包含许多元组，每个元组都是符合关系模式结构的一个具体值，并且都分属于相应的属性。在关系数据库中每个关系都需要进行规范化，使之达到一定的规范化程度，从而提高数据的结构化、共享性、一致性和可操作性。

关系模型原理的核心内容就是规范化概念，规范化是把数据库组织成在保持存储数据完整性的同时最小化冗余数据的结构的过程。规范化的数据库必须符合关系模型的范式规则。范式可以防止在使用数据库时出现不一致的数据，并防止数据丢失。关系模型的范式有第一范式、第二范式、第三范式和 BCNF 范式等多种。

在这些定义中，高级范式根据定义属于所有低级的范式，例如第三范式中的关系属于第二范式，第二范式中的关系属于第一范式。下面介绍规范化的过程。

1. 第一范式

第一范式是第二和第三范式的基础，是最基本的范式。第一范式包括下列指导原则：

- 数据组的每个属性只可以包含一个值。
- 关系中的每个数组必须包含相同数量的值。
- 关系中的每个数组一定不能相同。

如果关系模式 R 中的所有属性值都是不可再分解的原子值，那么就称此关系 R 是第一范式（First Normal Form，1NF）的关系模式。在关系型数据库管理系统中涉及的研究对象都是满足 1NF 的规范化关系，不是 1NF 的关系称为非规范化的关系。

2. 第二范式

第二范式（2NF）规定关系必须在第一范式中，并且关系中的所有属性依赖于整个候选键。候选键是一个或多个唯一标识每个数据组的属性集合。

3. 第三范式

第三范式（3NF）和 2NF 一样依赖于关系的候选键。为了遵循 3NF 的指导原则，关系必须在 2NF 中，非键属性相互之间必须无关，并且必须依赖于键。

对于关系设计，理想的设计目标是按照规范化规则存储数据。但是，在数据库实现的现实世界中将数据解规范化却是通用的惯例，也就是要专门违反规范化规则，尤其是违反第二范式和第三范式。当过于规范化的结构使实现方式复杂化时，解规范化主要用于提高性能或减少复杂性。尽管如此，规范化的目标仍然是确保数据的完整性，在解规范化时应该注意。

2.5 常见的关系型数据库管理系统

常见的关系型数据库管理系统产品有 Oracle、SQL Server、Sybase、DB2、Access 等。

1. Oracle

Oracle 是 1983 年推出的世界上第一个开放式商品化关系型数据库管理系统。它采用标准的 SQL 结构化查询语言，支持多种数据类型，提供面向对象存储的数据支持，具有第四代语言开发工具，支持 UNIX、Windows NT、OS/2、Novell 等多种平台。除此之外，它还具有很好的并行处理功能。Oracle 产品主要由 Oracle 服务器产品、Oracle 开发工具、Oracle 应用软件组成，也有基于微机的数据库产品，主要满足对银行、金融、保险等企业和事业开发大型数据库的需求。

2. SQL Server

SQL 即结构化查询语言（Structured Query Language，SQL）。SQL Server 最早出现在 1988 年，当时只能在 OS/2 操作系统上运行。2000 年 12 月微软公司发布了 SQL Server 2000，该软件可以运行在 Windows NT/2000/XP 等多种操作系统之上，是支持客户机/服务器结构的数据库管理系统，它可以帮助各种规模的企业管理数据。

随着用户群的不断增大，SQL Server 在易用性、可靠性、可收缩性、支持数据仓库、系统集成等方面日趋完美，特别是 SQL Server 的数据库搜索引擎，可以在绝大多数的操作系统之上运行，并针对海量数据的查询进行了优化。目前 SQL Server 已经成为应用最广泛的数据库产品之一。

由于使用 SQL Server 不仅要掌握 SQL Server 的操作，还要熟练掌握 Windows NT/2000 Server 的运行机制以及 SQL 语言，所以非专业人员学习和使用有一定的难度。

3. Sybase

1987 年推出的大型关系型数据库管理系统 Sybase 能运行于 OS/2、UNIX、Windows NT 等多种平台，它支持标准的关系型数据库语言 SQL，使用客户机/服务器模式，采用开放体系结构，能实现网络环境下各节点上服务器的数据库互访操作，技术先进、性能优良，是开发大中型数据库的工具。Sybase 产品主要由服务器产品 Sybase SQL Server、客户产品 Sybase SQL Toolset 和接口软件 Sybase Client/Server Interface 组成，还有著名的数据库应用开发工具 PowerBuilder。

4. DB2

DB2 是基于 SQL 的关系型数据库产品。在 20 世纪 80 年代初期 DB2 的重点放在大型的主机平台上，到 90 年代初，DB2 发展到中型机、小型机以及微机平台。DB2 适用于各种硬件与软件平台。各种平台上的 DB2 有共同的应用程序接口，运行在一种平台上的程序可以很容易地移植到其他平台。DB2 的用户主要分布在金融、商业、铁路、航空、医院、旅游等各个领域，以金融系统的应用最为突出。

5. Access

Access 是在 Windows 操作系统下工作的关系型数据库管理系统。它采用了 Windows 程序设计理念，以 Windows 特有的技术设计查询、用户界面、报表等数据对象，内嵌了 VBA（全称为 Visual Basic Application）程序设计语言，具有集成的开发环境。Access 提供图形化的查询工具和屏幕、报表生成器，用户建立复杂的报表、界面无须编程和了解 SQL 语言，它会自动生成 SQL 代码。

Access 被集成到 Office 中，具有 Office 系列软件的一般特点，例如菜单、工具栏等。与其他数据库管理系统软件相比，它更加简单易学，一个普通的计算机用户，即使没有程序语言基础，仍然可以快速地掌握和使用它。最重要的一点是，Access 的功能比较强大，足以应付一般的数据管理及处理需要，适用于中小型企业数据管理的需求。当然，在数据定义、数据安全可靠、数据有效控制等方面，它比前面几种数据库产品要逊色不少。

2.6　MySQL 体系结构

了解 MySQL 必须牢牢记住其体系结构图，MySQL 是由 SQL 接口、解析器、优化器、缓存、存储引擎组成的，如图 2-5 所示。

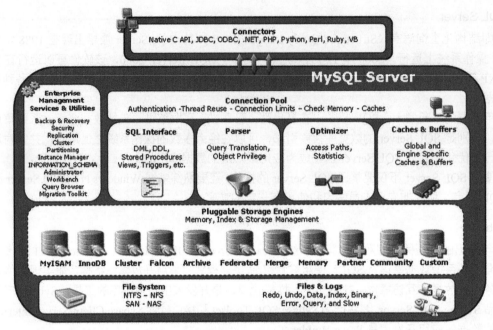

图 2-5　MySQL 体系结构

体系结构中各个结构的含义如下。

（1）Connectors：指的是不同语言中与 SQL 的交互。

（2）Enterprise Management Services & Utilities：系统管理和控制工具。

（3）Connection Pool：连接池。管理缓冲用户连接、线程处理等需要缓存的需求。

（4）SQL Interface：SQL 接口。接受用户的 SQL 命令，并且返回用户需要查询的结果。例如 SELECT FROM 就是调用 SQL Interface。

（5）Parser：解析器。在 SQL 命令传递到解析器的时候会被解析器验证和解析，解析器是由 Lex 和 YACC 实现的，是一个很长的脚本。

其主要功能如下：

- 将 SQL 语句分解成数据结构，并将这个结构传递到后续步骤，以后 SQL 语句的传递和处理就是基于这个结构的。
- 如果在分解构成中遇到错误，那么就说明这个 SQL 语句是不合理的。

（6）Optimizer：查询优化器。SQL 语句在查询之前会使用查询优化器对查询进行优化。它使用 "选取-投影-连接" 策略进行查询。

例如：

```
SELECT id,name FROM student WHERE gender = "女";
```

这个 SELECT 查询先根据 WHERE 语句进行选取，而不是将表全部查询出来以后再进行 gender 过滤。

这个 SELECT 查询先根据 id 和 name 进行属性投影，而不是将属性全部取出以后再进行过滤，将这两个查询条件连接起来生成最终查询结果。

（7）Caches & Buffers：查询缓存。如果查询缓存有命中的查询结果，查询语句就可以直接去查询缓存中取数据。这个缓存机制是由一系列小缓存组成的，比如表缓存、记录缓存、key 缓存、权限缓存等。

（8）Pluggable Storage Engines：存储引擎。存储引擎是 MySQL 中具体与文件打交道的子系统，也是 MySQL 最具特色的一个地方。从 MySQL 5.5 之后，InnoDB 就是 MySQL 的默认事务引擎。

2.7　就业面试技巧与解析

2.7.1　面试技巧与解析（一）

面试官：什么是客户机-服务器软件？

应聘者：主从式架构（Client-Server Model）或客户/服务器（Client/Server）结构简称 C/S 结构，它是一种网络架构，在该网络架构下软件通常分为客户端（Client）和服务器（Server）。

服务器是整个应用系统资源的存储与管理中心，多个客户端则各自处理相应的功能，共同实现完整的应用。在客户/服务器结构中，客户端用户的请求被传送到数据库服务器，数据库服务器进行处理后将结果返回给用户，从而减少了网络数据的传输量。

用户在使用应用程序时，首先启动客户端通过有关命令告知服务器进行连接以完成各种操作，而服务器按照此请示提供相应的服务。每一个客户端软件的实例都可以向一个服务器或应用程序服务器发出请求。

这种系统的特点就是客户端和服务器程序不在同一台计算机上运行，这些客户端和服务器程序通常归属不同的计算机。

主从式架构通过不同的途径应用于很多不同类型的应用程序，比如现在人们最熟悉的在因特网上用的网页。当顾客想要在当当网站上买书的时候，计算机和网页浏览器就被当作一个客户端，同时组成当当网的计算机、数据库和应用程序就被当作服务器。当顾客的网页浏览器向当当网请求搜寻数据库相关的图书时，当当网服务器从当当网的数据库中找出所有该类型的图书信息，组合成一个网页，再发送回顾客的浏览器。服务器端一般使用高性能的计算机，并配合使用不同类型的数据库，例如 Oracle、Sybase 或者 MySQL 等；客户端需要安装专门的软件，例如浏览器。

2.7.2　面试技巧与解析（二）

面试官：MySQL 服务器端实用工具有哪些？

应聘者：MySQL 服务器端实用工具如下。

（1）mysqld：SQL 后台程序（即 MySQL 服务器进程）。该程序运行之后客户端才能通过连接服务器访问数据库。

（2）mysqld_safe：服务器启动脚本。在 UNIX 和 NetWare 中推荐使用 mysqld_safe 来启动 mysqld 服务器。mysqld_safe 增加了一些安全特性，例如当出现错误时重启服务器并向错误日志文件写入运行时间信息。

（3）mysql.server：服务器启动脚本。该脚本用于使用包含为特定级别的运行启动服务的脚本的运行目录的系统。它调用 mysqld_safe 来启动 MySQL 服务器。

（4）mysqld_multi：服务器启动脚本，可以启动或停止系统上安装的多个服务器。

（5）myisamchk：用来描述、检查、优化和维护 MyISAM 表的实用工具。

（6）mysql.server：服务器启动脚本。UNIX 中的 MySQL 分发版包括 mysql.server 脚本。

（7）mysqlbug：MySQL 缺陷报告脚本。它可以用来向 MySQL 邮件系统发送缺陷报告。

（8）mysql_install_db：该脚本用默认权限创建 MySQL 授权表，通常只在系统上首次安装 MySQL 时执行一次。

第3章

MySQL 常用管理工具的使用

◎ 本章教学微视频：11 个　40 分钟

 学习指引

在安装完 MySQL 数据库之后，读者会发现该软件并没有提供图形化管理工具，对于初学者来说有一定的难度，所以本章介绍目前最为流行的图形化管理工具，包括 phpMyAdmin、Navicat for MySQL、MySQL Workbench 等工具，另外还介绍了访问权限、用户账户管理等基本的设置维护。通过本章的学习，读者能够掌握几种常用的 MySQL 管理工具并能熟练应用。

 重点导读

- 了解 phpMyAdmin 的基本功能。
- 掌握 phpMyAdmin 的基本操作。
- 了解 Navicat for MySQL 的基本功能。
- 掌握 Navicat for MySQL 的基本操作。
- 了解 MySQL Workbench 的基本功能。
- 掌握 MySQL Workbench 的基本操作。
- 掌握 MySQL 用户账户管理。
- 掌握 MySQL 权限系统。
- 掌握解决 MySQL 安全性问题的方法。

3.1　phpMyAdmin

phpMyAdmin 是一款使用 PHP 开发的 B/S 模式的 MySQL 管理软件，该工具是基于 Web 跨平台的管理程序，并且支持简体中文。有了该工具，PHP 开发者就不必通过命令来操作 MySQL 数据库，可以像 SQL Server 那样通过可视化的图形来操作数据库。

3.1.1　基本功能介绍

在浏览器中输入 phpMyAdmin 的官方网站地址 https://www.phpmyadmin.net/即可下载最新版本的

phpMyAdmin，如图 3-1 所示。

　　下载并完成安装后即可启动 phpMyAdmin，输入 phpMyAdmin 访问地址 http://localhost:8088/phpmyadmin/
即可打开登录界面，如图 3-2 所示。

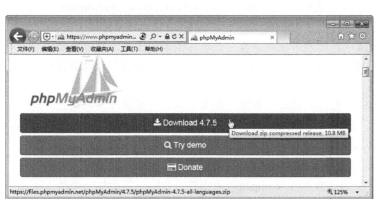

图 3-1　下载页面

图 3-2　登录界面

　　输入正确的用户名和密码即可进入 phpMyAdmin 的主界面，用户只需要单击 New 链接即可创建新的数
据库，如图 3-3 所示。

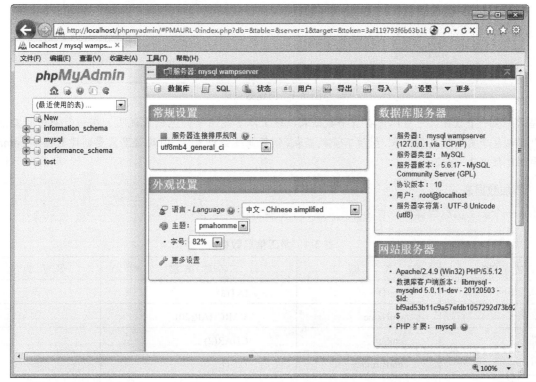

图 3-3　phpMyAdmin 的主界面

　　phpMyAdmin 可以运行在各种版本的 PHP 及 MySQL 下，可以对数据库进行操作，例如创建、修改和
删除数据库、数据表及数据等。

3.1.2 管理数据库

phpMyAdmin 是一套使用 PHP 程序语言开发的管理程序，它采用网页形式的管理界面。如果要正确地执行这个管理程序，必须要在网站服务器上安装 PHP 与 MySQL 数据库。

在 MySQL 数据库安装完毕之后会有 4 个内置数据库，即 information_schema、mysql、performance_schema 和 test。

（1）mysql 数据库是系统数据库，在 24 个数据表中保存了整个数据库的系统设置，十分重要。

（2）information_schema 包括数据库系统中的库、表、字典、存储过程等所有对象信息和进程访问、状态信息。

（3）performance_schema 新增一个存储引擎，主要用于收集数据库服务器性能参数，包括锁、互斥变量、文件信息；保存历史的事件汇总信息，为提供 MySQL 服务器性能做出详细的判断，对于新增和删除监控事件点非常容易，并可以随意改变 MySQL 服务器的监控周期。

（4）test 数据库是让用户测试用的数据库，可以在里面添加数据表来测试。

这里以在 MySQL 中创建一个企业员工管理数据库 company 为例进行介绍，并添加一个员工信息表 employee。在文本框中输入要创建数据库的名称 company，然后单击"创建"按钮即可，如图 3-4 所示。

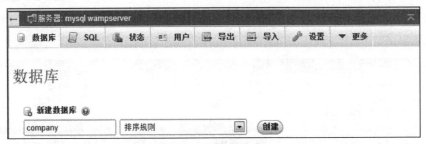

图 3-4　创建数据库

提示：在一个数据库中可以保存多个数据表，这里以本页所举的范例来说明。在一个企业员工管理数据库中可以包含员工信息数据表、岗位工资数据表、销售业绩数据表等，因此这里需要创建数据库 company，还需要创建数据表 employee。

1. 添加数据表

添加一个员工信息数据表，表 3-1 所示为这个数据表的字段规划。

表 3-1　员工信息数据表

名　称	字　段	名　称　类　型	是　否　为　空
员工编号	cmID	INT(8)	否
姓名	cmName	VARCHAR(20)	否
性别	cmSex	CHAR(2)	否
生日	cmBirthday	DATE	否
电子邮件	cmEmail	VARCHAR(100)	是
电话	cmPhone	VARCHAR(50)	是
住址	cmAddress	VARCHAR(100)	是

在其中有以下几个要注意的地方：

- 员工编号（cmID）为这个数据表的主索引字段，基本上它是数值类型保存的数据。在添加数据时数据库能自动为学生编号，所以在字段上加入了 auto_increment（自动编号）的特性。
- 姓名（cmName）属于文本字段，一般不会超过 10 个中文字，也就是不会超过 20 Bytes，所以这里设置为 VARCHAR(20)。
- 性别（cmSex）属于文本字段，因为只保存一个中文字（男或女），所以设置为 CHAR(2)，其默认值为 "男"。
- 生日（cmBirthday）属于日期时间格式，设置为 DATE。
- 电子邮件（cmEmail）和住址（cmAddress）都是文本字段，设置为 VARCHAR(100)，最多可保存100 个英文字符，50 个中文字。
- 电话（cmPhone）设置为 VARCHAR(50)。

因为每个人不一定有电子邮件、电话和住址，所以这 3 个字段允许为空。

接着回到 phpMyAdmin 的管理界面，为 MySQL 中的 company 数据库添加数据表。在左侧列表中选择创建的 company 数据库，输入添加的数据表名称和字段数，然后单击 "执行" 按钮，如图 3-5 所示。

图 3-5　添加数据表

按照表 3-1 中的内容设置数据表，图 3-6 所示为添加的数据表字段。

图 3-6　添加数据表字段

在设置的过程中要注意以下 4 点：
- 设置 cmID 为整数；
- 设置 cmID 为自动编号；
- 设置 cmID 为主键列；
- 允许 cmEmail、cmPhone、cmAddress 为空。

在设置完毕之后单击"保存"按钮，在打开的界面中可以查看完成的 employee 数据表，如图 3-7 所示。

图 3-7　完成数据表的创建

2. 添加数据

在添加数据表后还需要添加具体的数据，操作步骤如下。

步骤 1：选择 employee 数据表，单击"插入"链接，然后依照字段顺序将对应的数值依次输入，再单击"执行"按钮，即可插入数据，如图 3-8 所示。

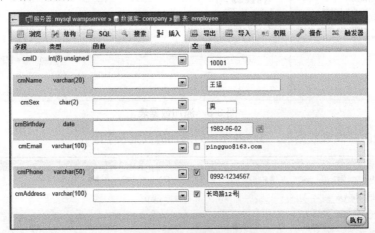

图 3-8　添加数据

步骤 2：按照图 3-9 所示的数据，重复执行上一步操作，将数据输入到数据表中。

cmID	cmName	cmSex	cmBirthday	cmEmail	cmPhone	cmAddress
10001	王猛	男	1982-06-02	pingguo@163.com	0992-1234567	长鸣路12号
10002	王小敏	女	1972-06-02	wangxiaomin@163.com	0992-1234560	西华街19号
10003	张华	男	1970-06-02	zhanghua@163.com	0992-1234561	长安路20号
10004	王菲	女	1982-03-02	wangfei@163.com	0992-1234562	兴隆街11号
10005	杨康	男	1978-06-02	yangkang@163.com	0992-1234568	长安街20号
10006	冯菲菲	女	1982-03-20	fengfeifei@163.com	0992-1234512	长安街42号

图 3-9　添加数据到数据表

3. 数据库的备份

用户可以使用 phpMyAdmin 的管理程序将数据库中的所有数据表导出成一个单独的文本文件。当数据库受到损坏或者要在新的 MySQL 数据库中加入这些数据时，只要将这个文本文件插入即可。

以本章所使用的文件为例，先进入 phpMyAdmin 的管理界面，接下来就可以备份数据库了，具体的操作步骤如下。

步骤 1：选择需要导出的数据库，单击"导出"链接，进入下一页，如图 3-10 所示。

图 3-10　导出备份数据库

步骤 2：选择导出方式为"快速-显示最少的选项"，单击"执行"按钮，如图 3-11 所示。

图 3-11　执行导出数据库的操作

步骤 3：打开"另存为"对话框，在其中输入保存文件的名称，并设置保存的类型及位置，如图 3-12 所示。

4. 数据库的还原

还原数据库的操作步骤如下。

步骤 1：在执行数据库的还原之前必须将原来的数据表删除，单击 employee 数据表右侧的"删除"链接，如图 3-13 所示。

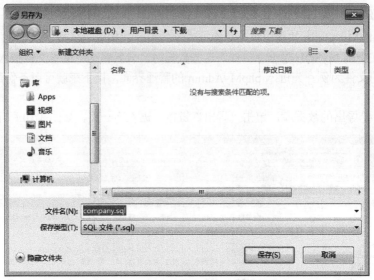

图 3-12　设置数据库导出位置及名称

步骤 2：此时会显示一个询问对话框，单击"确定"按钮，如图 3-14 所示。

图 3-13　执行删除原数据库表

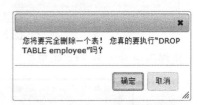

图 3-14　确认删除原数据库表

步骤 3：回到原界面，可以发现该数据表已经被删除了，如图 3-15 所示。

步骤 4：导入刚才备份的 company.sql 文件，还原该数据表。单击"导入"链接，打开要导入文件的页面，如图 3-16 所示。

图 3-16　数据库导入页面

图 3-15　原数据库表已被删除

步骤 5：单击"浏览"按钮，打开"选择要加载的文件"对话框，然后选择上面保存的文本文件 company.sql，单击"打开"按钮，如图 3-17 所示。

图 3-17　选择要导入的数据库

步骤 6：单击 "执行" 按钮，系统即会读取 company.sql 文件中所记录的指令与数据，将数据表恢复，如图 3-18 所示。

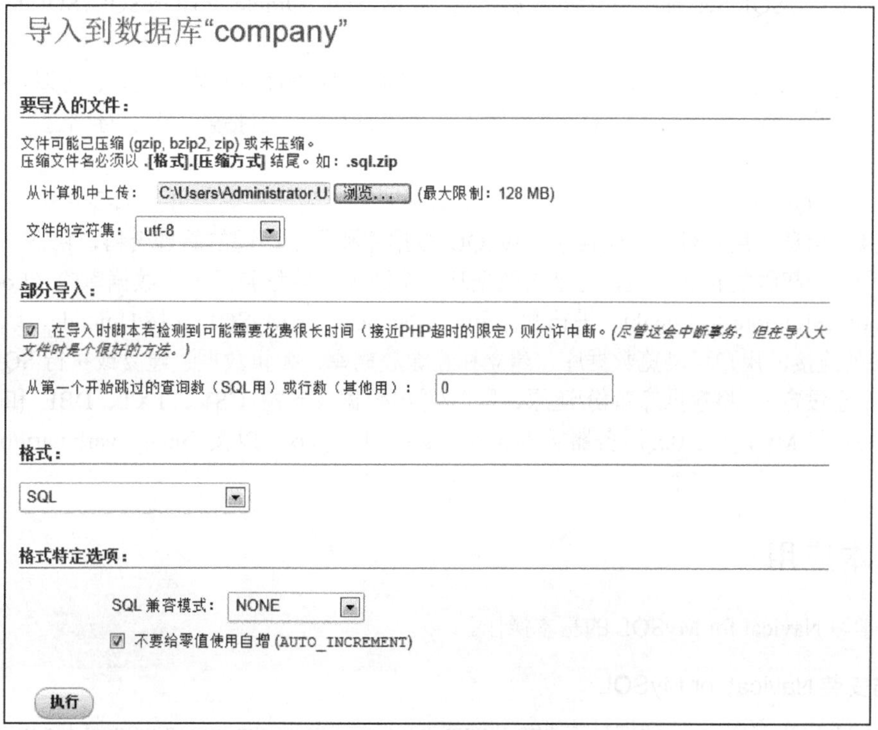

导入到数据库 "company"

要导入的文件：

文件可能已压缩 (gzip, bzip2, zip) 或未压缩。
压缩文件名必须以 **.[格式].[压缩方式]** 结尾。如：**.sql.zip**

从计算机中上传：　C:\Users\Administrator.U [浏览...] (最大限制：128 MB)

文件的字符集：　utf-8

部分导入：

☑ 在导入时脚本若检测到可能需要花费很长时间（接近PHP超时的限定）则允许中断。*(尽管这会中断事务，但在导入大文件时是个很好的方法。)*

从第一个开始跳过的查询数（SQL用）或行数（其他用）：　0

格式：

SQL

格式特定选项：

SQL 兼容模式：　NONE

☑ 不要给零值使用自增 (AUTO_INCREMENT)

[执行]

图 3-18　执行数据库恢复命令

步骤 7：在执行完毕后 company 数据库中又出现了一个数据表 employee，如图 3-19 所示。

图 3-19　完成数据库的恢复

3.2　Navicat for MySQL

Navicat for MySQL 是一款强大的 MySQL 数据库管理和开发工具，它为专业开发者提供了一套强大的足够尖端的工具，但新用户仍然易于学习。

3.2.1　基本功能介绍

Navicat Premium 是一个可多重连接的数据库管理工具，它可以让用户以单一程序同时连接到 MySQL、Oracle、PostgreSQL、SQLite 及 SQL Server 数据库，让管理不同类型的数据库更加方便。Navicat Premium 结合了其他 Navicat 成员的功能。有了不同数据库类型的连接能力，Navicat Premium 支持在 MySQL、Oracle、PostgreSQL、SQLite 及 SQL Server 之间传输数据。它支持 MySQL、Oracle、PostgreSQL、SQLite 及 SQL Server 的大部分功能。

Navicat for MySQL 是一套专为 MySQL 设计的高性能数据库管理及开发工具。它可以用于 3.21 或以上的 MySQL 数据库服务器，并支持 MySQL 最新版本的大部分功能，包括触发器、存储过程、函数、事件、视图、管理用户等。

Navicat for MySQL 使用了极好的图形用户界面（GUI），可以用一种安全且更加容易的方式快速地创建、组织、存取和共享信息。用户可以完全控制 MySQL 数据库和显示不同的管理资料，包括一个多功能的图形化管理用户和访问权限的管理工具，方便将数据从一个数据库转移到另一个数据库中（Local to Remote、Remote to Remote、Remote to Local），进行数据备份。Navicat for MySQL 支持 Unicode，以及本地或远程 MySQL 服务器的连接，用户可浏览数据库、建立和删除数据库、编辑数据、建立或执行 SQL Queries、管理用户权限（安全设定）、将数据库备份/还原、导入/导出数据（支持 CSV、TXT、DBF 和 XML 数据格式）等。软件与任何 MySQL 5.0.x 服务器版本兼容，支持 Triggers，以及 binary varbinary/bit 数据格式等的规范。

3.2.2　基本应用

本节继续学习 Navicat for MySQL 的基本操作。

1. 下载与安装 Navicat for MySQL

Navicat for MySQL 的官方下载地址为 http://www.navicat.com.cn/download/navicat-for-mysql，如图 3-20 所示。

下载完成后即可进行安装，具体操作步骤如下：

步骤 1：双击安装程序，打开欢迎安装窗口，然后单击"下一步"按钮，如图 3-21 所示。

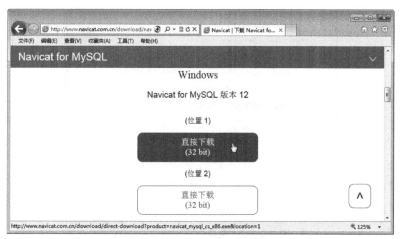

图 3-20　Navicat for MySQL 下载页面

图 3-21　欢迎安装窗口

步骤 2：进入"许可证"窗口，选中"我同意"单选按钮，单击"下一步"按钮，如图 3-22 所示。

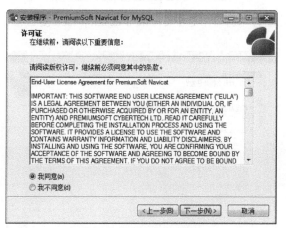

图 3-22　"许可证"窗口

步骤 3：进入"选择安装文件夹"窗口，如果需要更改安装路径，可以单击"浏览"按钮，然后选择新的安装路径。这里采用默认的安装路径，直接单击"下一步"按钮，如图 3-23 所示。

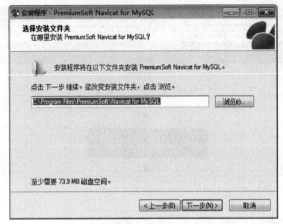

图 3-23 "选择安装文件夹"窗口

步骤 4：进入"选择 开始 目录"窗口，选择在哪里创建快捷方式。这里采用默认的路径，单击"下一步"按钮，如图 3-24 所示。

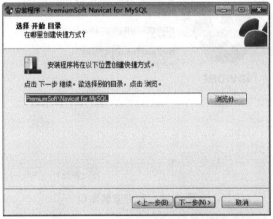

图 3-24 设置在哪里创建快捷方式

步骤 5：进入"选择额外任务"窗口，选中 Create a desktop icon 复选框，单击"下一步"按钮，如图 3-25 所示。

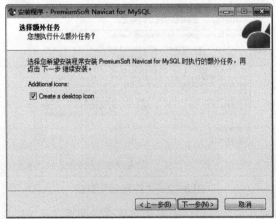

图 3-25 设置桌面快捷方式

步骤 6：进入"准备安装"窗口，单击"安装"按钮，如图 3-26 所示。

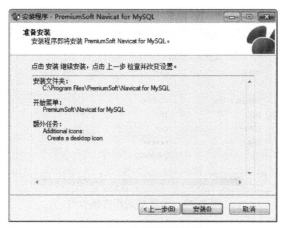

图 3-26　开始安装软件

步骤 7：安装完成后单击"完成"按钮即可，如图 3-27 所示。

图 3-27　完成软件安装

2. 连接 MySQL 服务器

步骤 1：打开 Navicat for MySQL，选择"文件"→"新建连接"→MySQL 命令，如图 3-28 所示。

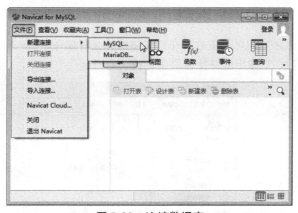

图 3-28　连接数据库

步骤 2：打开 "MySQL-新建连接" 对话框，输入连接名，然后使用 root 连接到本机的 MySQL 即可执行相关数据库的操作，如图 3-29 所示。

图 3-29　设置数据库连接参数

步骤 3：单击 "确定" 按钮，即可连接到 MySQL 服务器，如图 3-30 所示。

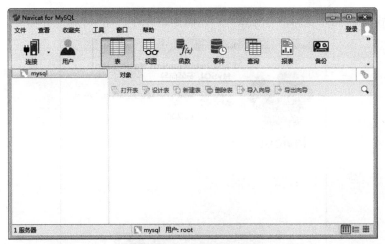

图 3-30　完成数据库连接

连接成功后，在左边的树形目录中会出现此连接。注意，在 Navicat 中每个数据库的信息是单独获取的，没有获取的数据库的图标会显示为灰色。一旦 Navicat 执行了某些操作，获取了数据库信息之后，相应的图标就会显示成彩色。

3. 创建数据库

在连接到 MySQL 服务器之后即可创建数据库，具体操作步骤如下。

步骤 1：右击 mysql 选项，在弹出的快捷菜单中选择 "打开连接" 命令，如图 3-31 所示。

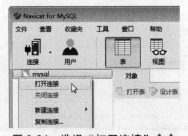

图 3-31　选择 "打开连接" 命令

步骤 2：这里只是获取了 MySQL 服务器的信息，数据库并没有获取，所以显示为灰度。这样做可以提高 Navicat 的运行速度，因为它只打开需要使用的内容。例如这里单击 world 数据库后显示为彩色，如图 3-32 所示。

图 3-32　展开数据库表

提示：Navicat 的界面与 SQL Server 的数据库管理工具非常相似，左边是树形目录，用于查看数据库中的对象。每一个数据库的树形目录下都有表、视图、存储过程、查询、报表、备份和计划任务等节点，单击节点可以对该对象进行管理。

步骤 3：在左边列表中的空白处右击，并在弹出的快捷菜单中选择"新建数据库"命令，如图 3-33 所示。

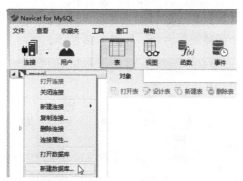

图 3-33　选择"新建数据库"命令

步骤 4：打开"新建数据库"对话框，输入数据库的名称 test，然后单击"确定"按钮，如图 3-34 所示。

图 3-34　命名新建数据库

步骤 5：至此成功创建一个数据库，接下来可以在该数据库中创建表、视图等，如图 3-35 所示。

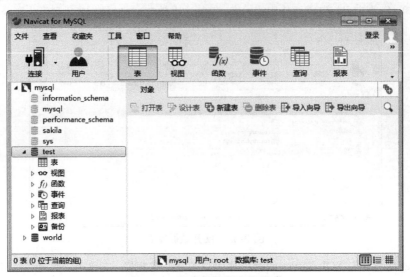

图 3-35　完成新数据库的创建

4. 创建数据表

在数据库创建完成后即可创建数据表，具体操作步骤如下。

步骤 1：在窗口上方的工具栏中选择"表"，然后单击"新建表"按钮，或者在右侧列表中右击"表"选项，在弹出的快捷菜单中选择"新建表"命令，如图 3-36 所示。

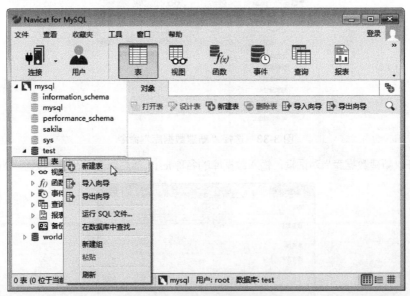

图 3-36　执行"新建表"命令

步骤 2：进入创建数据表的页面。在创建表的过程中有一个地方需要特别注意，那就是"栏位"，对于栏位，初次使用 Navicat 的新手比较陌生，其含义是我们通常所说的"字段"，工具栏中的"添加栏位"即添加字段，在添加完所有的字段以后要根据需求设置相应的"主键"。

用户可以使用工具栏中的工具进行栏位的添加、主键的设置、栏位的顺序调整等操作，如图 3-37 所示。

图 3-37　数据表工具栏

步骤 3：在这里创建的数据表包含 3 个栏位的表，其中 id 为主键，如图 3-38 所示。

图 3-38　添加数据表栏位

步骤 4：单击"保存"按钮，打开"表名"对话框，输入数据表的名称为 student，然后单击"确定"按钮，如图 3-39 所示。

如果数据库比较复杂，可以根据需要重复前面的相关设置，在"栏位"选项卡右侧还有"索引""外键""触发器"等选项卡供用户使用，在"SQL 预览"选项卡中是 SQL 语句。如果需要对表结构进行修改，在工具栏中选择"表"，然后选中要修改的表并右击，在弹出的快捷菜单中选择"设计表"命令，如图 3-40 所示。

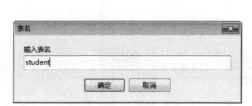

图 3-39　命名数据表

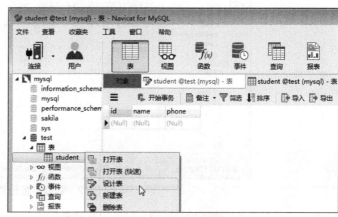

图 3-40　修改数据表

5. 添加数据

在左边的结构树中单击"表"，找到要添加数据的表，例如 test，然后双击；或者在工具栏中选择

"表"，然后选中要插入数据的表，单击"打开表"按钮。在窗口右边将打开添加数据的页面，可以在其中直接输入相关数据，如图 3-41 所示。

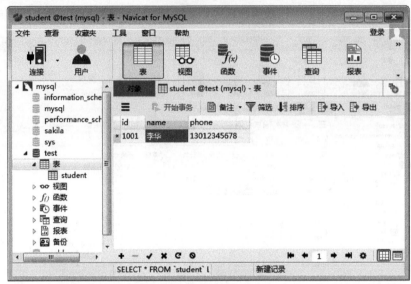

图 3-41　添加数据到数据表

6. 数据库的备份和还原

备份和还原数据库的具体操作步骤如下。

步骤 1：在窗口上方的工具栏中单击"备份"按钮，或者在左边的结构树中单击要备份数据库下的"备份"选项，打开备份页面，如图 3-42 所示。

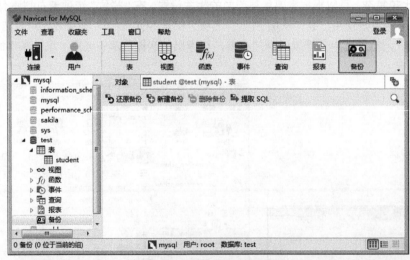

图 3-42　数据库备份页面

步骤 2：单击"新建备份"按钮，打开"新建备份"窗口，在其中设置备份数据库的相关信息，例如在"常规"选项卡中添加注释信息，在"对象选择"选项卡中选择要备份的表，在"高级"选项卡中选择是否压缩、是否使用指定文件名等，在"信息日志"选项卡中显示备份过程，如图 3-43 所示。

步骤 3：设置完成后单击"开始"按钮，即可开始备份并显示备份的结果，如图 3-44 所示。

图 3-43　"新建备份"窗口

图 3-44　开始备份数据库

步骤 4：单击"保存"按钮，命名并保存备份数据库，如图 3-45 所示。

步骤 5：在备份结束之后产生备份文件，若数据库发生新的变化需要再次备份，经过多次备份后会产生多个不同时间的备份文件，如图 3-46 所示。

图 3-45　设置文件名

图 3-46　数据库备份记录

步骤 6：当需要将数据库还原到某个时间点时选择相应时间，单击"还原备份"按钮，进入"还原备份"窗口，如图 3-47 所示。

步骤 7：单击"开始"按钮，弹出警告对话框，在其中单击"确定"按钮，如图 3-48 所示。

图 3-47　还原备份

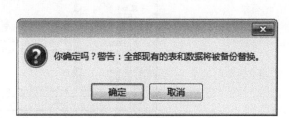

图 3-48　还原数据库时的警告

步骤 8：系统开始自动还原数据，并显示还原后的结果，完成后单击"关闭"按钮即可，如图 3-49 所示。

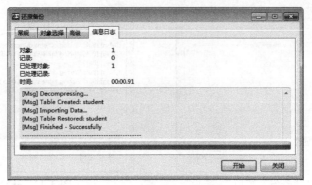

图 3-49　还原数据库日志

7. 查询数据

这里简单介绍一下查询的命令行功能，单击窗口上方工具栏中的"查询"按钮，如图 3-50 所示。

图 3-50　查询数据

单击"新建查询"按钮，在"查询编辑器"中输入要执行的 SQL 语句，然后单击"运行"按钮，在窗口下方将显示结果、概况、状态等信息，如图 3-51 所示。

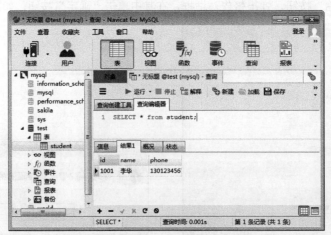

图 3-51　查询编辑器

3.3　MySQL Workbench

MySQL Workbench 是 MySQL 图形界面管理工具，和其他数据库图形界面管理工具一样，该工具可以对数据库进行创建数据库表、增加数据库表、删除数据库和修改数据库等操作。

3.3.1　MySQL Workbench 的概述

MySQL Workbench 是一款为用户提供了用于创建、修改、执行和优化 SQL 的可视化工具，使用它开发人员可以很轻松地管理数据，并且该工具提供给开发者一整套可视化的用于创建、编辑和管理 SQL 查询以及管理数据库连接的操作。在可视化 SQL 编辑工作模式下，用户创建表、删除表、修改表信息等只需要使用简单的可编辑列表就能完成。

MySQL Workbench 在数据库管理方面也提供了可视化的操作，例如管理用户、授予和收回用户权限，并且在数据库管理中可以查看到数据库的状态，其中包括数据库中开启了多少个客户端、数据库缓存的大小以及管理数据库日志等信息。

MySQL Workbench 在数据库管理中导入、导出数据库信息方面提供了比较方便的操作。

另外，MySQL Workbench 提供了数据库建模管理设计，可以说是著名的数据库设计工具 DBDesigner4 的继承者，用户可以使用该工具设计和创建新的数据库物理模型。该工具可以说是下一代数据库可视化设计管理工具的佼佼者，目前 MySQL Workbench 提供了开源和商业化两个版本，同时支持 Windows 和 Linux 系统。

3.3.2　MySQL Workbench 的优势

目前流行的 MySQL GUI Tools 有很多，常见的有 MySQL Query Brower、MySQL Administrator 和 MySQL System Tray Monitor 等工具，MySQL Workbench 和大部分 MySQL 管理工具一样，提供了 MySQL 语法校验，在可视化操作下创建数据 Schema、表和视图等数据库对象。

除此之外，MySQL Workbench 管理工具在 MySQL 管理方面独树一帜，提供了对数据库服务的启动/停止的管理，以及查看用户连接次数和数据库健康状况。

用户通常认为 MySQL Workbench 是一个 MySQL 数据库 E-R 模型设计的工具，可以说是专门为 MySQL 数据库提供的数据库设计工具，用户使用 MySQL Workbench 可以很容易地设计、编辑数据库 E-R 模型。这一功能可以说是 MySQL Workbench 的一大亮点。

3.3.3　SQL Development 的基本操作

在 MySQL Workbench 工作空间的 SQL Development 工作模式下可以创建一个新的数据库连接，编辑并运行 SQL 语句，和其他数据库管理软件一样，用户可以在图形化界面中管理数据库表的基本信息，本节将学习通过 MySQL Workbench 在图形化界面中如何创建并管理数据库信息。

1. 创建数据库连接

在 MySQL Workbench 工作空间下对数据库数据进行管理之前需要先创建数据库连接，具体操作步骤如下。

步骤 1：在 MySQL Workbench 工作空间中单击 New Connection 按钮，如图 3-52 所示。

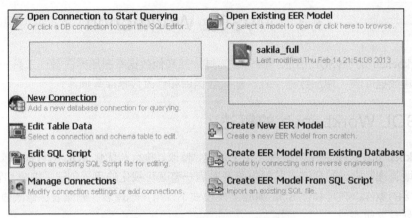

图 3-52　MySQL Workbench 的工作空间

步骤 2：在所打开对话框的 Connection Name 文本框中输入数据库连接的名称，然后输入 MySQL 服务器的 IP 地址、用户名和密码，如图 3-53 所示。

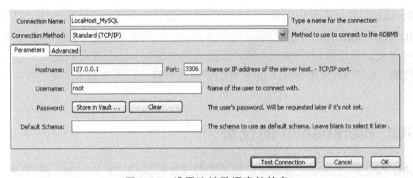

图 3-53　设置连接数据库的信息

步骤 3：单击 OK 按钮，即可连接到 MySQL 服务器，左侧展示的是 test 库中的 Tables、Views 以及 Routines；Query 1 窗口是用来执行 SQL 语句的窗口；右侧的 SQL Additions 窗口是用来帮助用户写 SQL 语句的提示窗口，如图 3-54 所示。

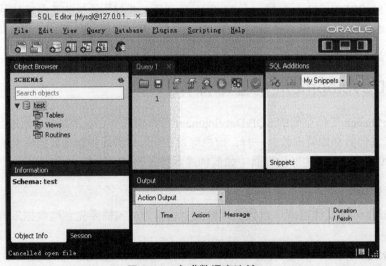

图 3-54　完成数据库连接

2. 创建数据库

成功创建数据库连接之后，在左侧的 SCHEMAS 下面可以看到 test 数据库。用户可以创建新的数据库，具体操作步骤如下。

步骤 1：单击工具栏上面创建数据库的小图标，如图 3-55 所示。

图 3-55　新建数据库

步骤 2：输入新的数据库名，在这里输入的是 crm，然后单击 Apply 按钮，如图 3-56 所示。

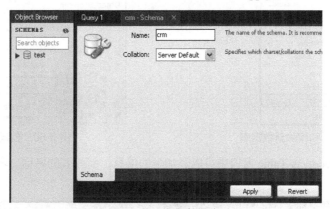

图 3-56　命名数据库

步骤 3：此时即可看到创建数据库的语句，单击 Apply 按钮，如图 3-57 所示。

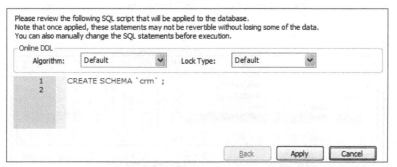

图 3-57　创建数据库的语句

步骤 4：单击 Finish 按钮，完成创建数据库的操作，如图 3-58 所示。

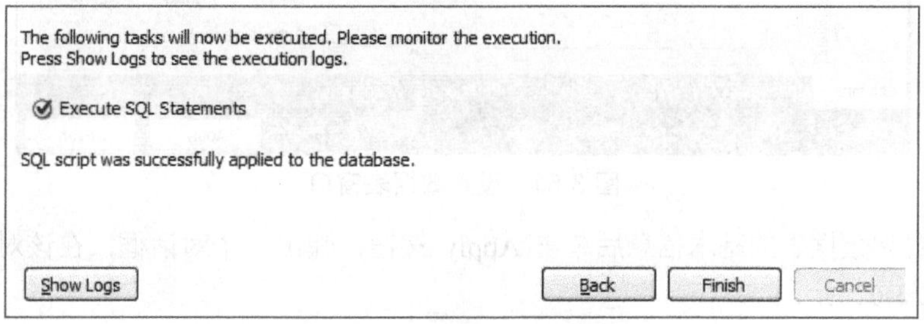

图 3-58　完成数据库的创建

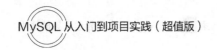

步骤 5：在 SCHEMAS 下面即可看到 crm 数据库。如果想删除该数据库，可以选中后右击，在弹出的快捷菜单中选择 Drop Schema 命令，如图 3-59 所示。

3．创建和删除新的数据表

在成功创建 crm 数据库之后即可创建、编辑和删除数据表，具体操作步骤如下。

步骤 1：在左侧的 SCHEMAS 列表中展开 crm 节点，选择 Tables 选项并右击，在弹出的快捷菜单中选择 Create Table 命令，如图 3-60 所示。

图 3-59　查看和删除新数据库

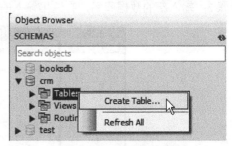

图 3-60　创建数据表

步骤 2：在弹出的 products-Table 窗口中可以添加表的信息，例如表的名称、表中各列的相关信息，如图 3-61 所示。

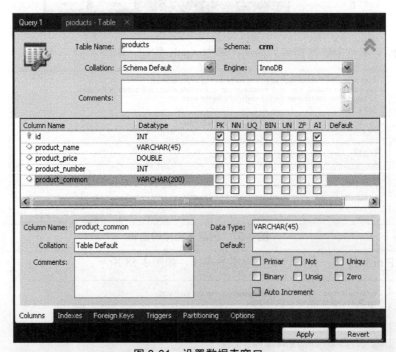

图 3-61　设置数据表窗口

步骤 3：在设置完数据表的基本信息后单击 Apply 按钮，弹出一个对话框，在该对话框上有自动生成的 SQL 语句，如图 3-62 所示。

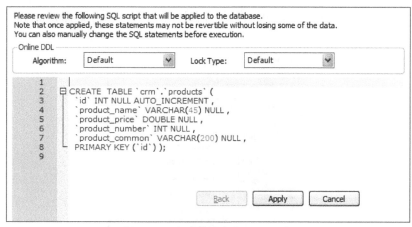

图 3-62 生成数据表的 SQL 语句

步骤 4：确定无误后单击 Apply 按钮，然后在弹出的对话框中单击 Finish 按钮，即可完成创建数据表的操作，如图 3-63 所示。

图 3-63 完成创建数据表的操作

步骤 5：至此完成 products 表的创建，在 Tables 节点下面展现出来，如图 3-64 所示。

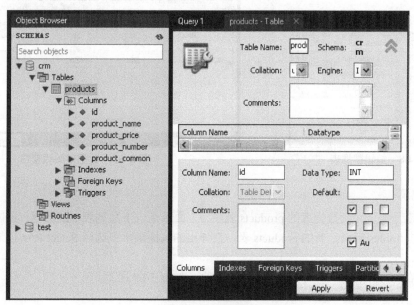

图 3-64 展开数据表

步骤 6：如果想删除表，可以右击需要删除的表，并在弹出的快捷菜单中选择 Drop Table 命令，如图 3-65 所示。

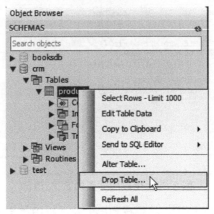

图 3-65　删除表

4. 添加、修改表记录

用户可以通过执行添加表记录的 SQL 语句来添加数据，也可以在 Query 1 窗口中执行 SQL 语句来添加，但这两种方法效率不高，下面介绍使用 MySQL Workbench 在图形界面下对数据库表进行维护，这种操作方式非常方便，具体操作步骤如下。

步骤 1：右击 Tables 节点下面的 products 表，在弹出的快捷菜单中选择 Edit Table Data 命令，如图 3-66 所示。

步骤 2：在弹出的窗口中编辑数据表中的数据，编辑完成后单击 Apply 按钮，如图 3-67 所示。

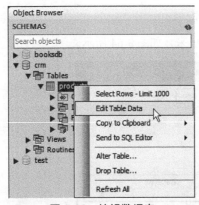

图 3-66　编辑数据表

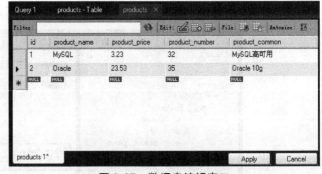

图 3-67　数据表编辑窗口

5. 查询表记录

以上添加了若干条记录到数据库的 products 表中，下面查询一下数据表中的数据，具体操作步骤如下。

步骤 1：右击 Tables 节点下面的 products 表，在弹出的快捷菜单中选择 Select Rows-Limit 1000 命令，如图 3-68 所示。

步骤 2：在右侧打开的窗口中查询数据表中的数据，如图 3-69 所示。

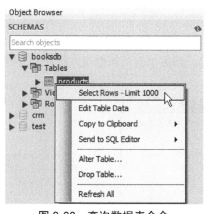

图 3-68　查询数据表命令

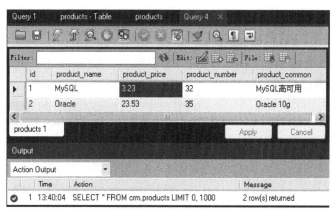

图 3-69　数据信息

6. 修改表结构

用户可以根据工作的实际需求修改表结构，具体操作步骤如下。

步骤 1：右击 Tables 节点下面的 products 表，在弹出的快捷菜单中选择 Alter Table 命令，如图 3-70 所示。

步骤 2：在右侧打开的窗口中即可修改数据表的结构。在修改某列数据类型的时候，比如将 VARCHAR(45) 改成 VARCHAR(200)，可以直接在下面的框中修改成 VARCHAR(200)，如图 3-71 所示。

图 3-70　修改数据表结构命令

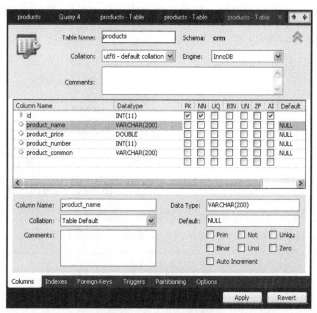

图 3-71　修改数据类型

3.4　MySQL 用户账户管理

MySQL 用户账户管理通常包括用户账户的创建和删除，下面以使用图形化管理工具 phpMyAdmin 为例 进行讲解。

1. 创建用户

其具体操作步骤如下。

步骤 1：在 phpMyAdmin 主界面的工具栏中单击"账户"按钮，然后单击"新增用户账户"链接，如图 3-72 所示。

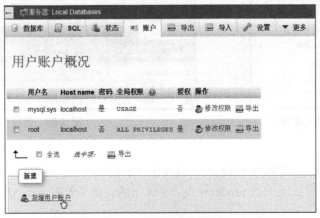

图 3-72　新增用户账户

步骤 2：在"新增用户账户"页面中输入用户名 myroot。这里有两个选项——任意用户和使用文本域，它们之间没有明显区别，推荐选择"使用文本域"，如图 3-73 所示。

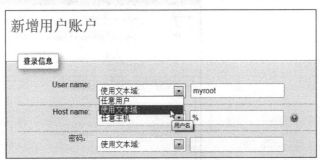

图 3-73　设置用户账户名

步骤 3：在 Host name 下拉列表框中选择"本地"选项。这里有 4 个选项，即任意主机、本地、使用主机表、Use text field（也就是使用文本域），如图 3-74 所示。

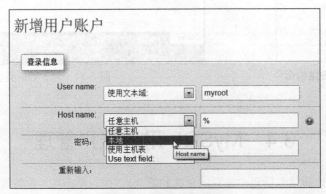

图 3-74　设置主机信息

步骤 4：密码类型选择为"使用文本域"，然后输入两次相同的密码，如图 3-75 所示。

图 3-75　设置用户密码

步骤 5：单击"执行"按钮，即可创建一个新用户，如图 3-76 所示。

图 3-76　完成用户的添加

步骤 6：在工具栏中单击"账户"按钮，即可看到新添加的用户 myroot，如图 3-77 所示。

图 3-77　查看新添加的用户

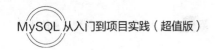

2．删除用户

对于不再需要的账户，可以直接删除。在 phpMyAdmin 主界面的工具栏中单击"账户"按钮，然后选择需要删除的账户。如果需要删除和用户名称一样的数据库，可以选中"删除与用户同名的数据库"复选框，然后单击"执行"按钮完成删除用户的操作，如图 3-78 所示。

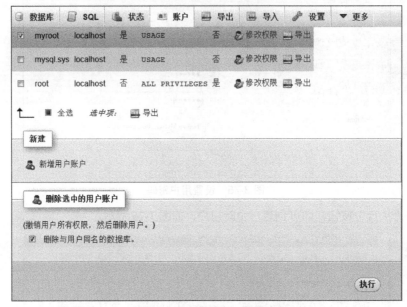

图 3-78　删除用户及数据库

3.5　MySQL 权限系统

1. MySQL 权限系统的作用

MySQL 权限系统用于对用户执行的操作进行限制。用户的身份由用户用于连接的主机名和使用的用户名来决定。在连接后，对于用户的每一个操作，系统都会根据用户的身份判断该用户是否有执行该操作的权限，例如 SELECT、INSERT、UPDATE 和 DELETE 权限。其附加的功能包括匿名用户对于 MySQL 特定功能（例如 LOAD DATA INFILE）进行授权及管理操作的能力。

2. MySQL 权限系统的工作原理

MySQL 存取控制包括下面两个阶段。

（1）阶段 1：服务器检查是否允许连接。

（2）阶段 2：假定允许连接，服务器需要检查用户发出的每个请求，判断是否有足够的权限。例如，如果用户从数据表中选择行或从数据库中删除表，服务器需要确定用户对表有 SELECT 权限或对数据库有 DROP 权限。

服务器在存取控制的两个阶段使用 MySQL 数据库中的 user、db 和 host 表。user 表中的范围列决定是否允许或拒绝到来的连接，对于允许的连接，user 表授予的权限指出用户的全局（超级用户）权限，这些权限适用于服务器上的 all 数据库。db 表中的范围列决定用户能从哪个主机存取哪个数据库，权限列决定允许哪个操作，授予的数据库级别的权限适用于数据库和它的表。

除了 user、db 和 host 授权表，如果请求涉及表，服务器还可以参考 tables_priv 和 columns_priv 表。tables_priv 和 columns_priv 表类似于 db 表，但是更精致。它们是在表和列级应用而非在数据库级，授予表级别的权限适用于表和它的所有列，授予列级别的权限只适用于专用列。另外，为了对涉及保存程序的请求进行验证，服务器将查阅 procs_priv 表。procs_priv 表适用于保存的程序，授予程序级别的权限只适用于单个程序。

3. MySQL 权限系统提供的权限

GRANT 和 REVOKE 语句所用的涉及权限的名称、在授权表中每个权限的表列名称以及每个权限相关的对象如表 3-2 所示。

表 3-2　MySQL 权限系统提供的权限

权　　限	列	对　　象
CREATE	Create_priv	数据库、表或索引
DROP	Drop_priv	数据库或表
GRANT OPTION	Grant_priv	数据库、表或保存的程序
REFERENCES	References_priv	数据库或表
ALTER	Alter_priv	表
DELETE	Delete_priv	表
INDEX	Index_priv	表
INSERT	Insert_priv	表
SELECT	Select_priv	表
UPDATE	Update_priv	表
CREATE VIEW	Create_view_priv	视图
SHOW VIEW	Show_view_priv	视图
ALTER ROUTINE	Alter_routine_priv	保存的程序
CREATE ROUTINE	Create_routine_priv	保存的程序
EXECUTE	Execute_priv	保存的程序
FILE	File_priv	服务器主机上的文件访问
CREATE TEMPORARY TABLES	Create_tmp_table_priv	服务器管理
LOCK TABLES	Lock_tables_priv	服务器管理
CREATE USER	Create_user_priv	服务器管理
PROCESS	Process_priv	服务器管理
RELOAD	Reload_priv	服务器管理
REPLICATION CLIENT	Repl_client_priv	服务器管理
REPLICATION SLAVE	Repl_slave_priv	服务器管理
SHOW DATABASES	Show_db_priv	服务器管理
SHUTDOWN	Shutdown_priv	服务器管理
SUPER	Super_priv	服务器管理

　　在 MySQL 图形化管理工具中都有权限管理模块，下面以 phpMyAdmin 为例简单介绍如何给用户账号授权，具体操作步骤如下。

　　步骤 1：在 phpMyAdmin 主界面的工具栏中单击"账户"按钮，然后选择需要授权账户右侧的"修改权限"链接，如图 3-79 所示。

图 3-79　修改账户权限

　　步骤 2：进入 Global 界面，在这里可以设置具体的权限，也可以直接选中"全局权限"复选框，该权限包括数据、结构和管理 3 个方面的权限，如图 3-80 所示。

图 3-80　权限设置

　　步骤 3：选择"数据库"选项，进入"数据库"界面，然后选择需要的数据库，这里选择 company 数据库，如图 3-81 所示。

图 3-81　选择数据库

步骤 4：单击"执行"按钮，即可完成为用户 myroot 添加权限的操作，如图 3-82 所示。

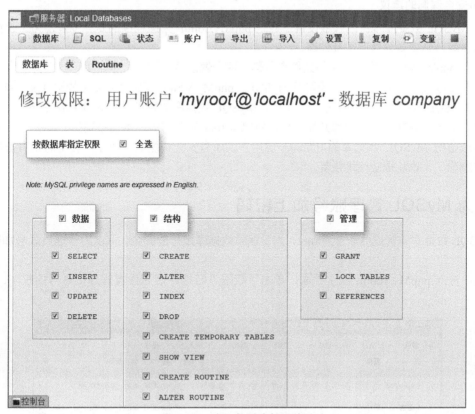

图 3-82　确认数据库权限修改

注意：在授权时必须非常谨慎，因为权限越多，安全性越低，必须对每个用户都实行控制。

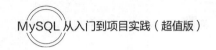

3.6　MySQL 的安全性问题

本节介绍 MySQL 数据库的高级应用，主要包括 MySQL 数据库的安全、MySQL 数据库的加密等内容。

3.6.1　加强 MySQL 数据库的安全

MySQL 数据库是存在于网络上的数据库系统，只要是网络用户，都可以连接到这个资源，如果没有权限或其他措施，任何人都可以对 MySQL 数据库进行存取。MySQL 数据库在安装完成后默认是完全不设防的，也就是任何人都可以不使用密码就连接到 MySQL 数据库，这是一个相当危险的安全漏洞。

1. phpMyAdmin 管理程序的安全考虑

phpMyAdmin 是一套网页界面的 MySQL 管理程序，有许多 PHP 的程序设计师都会将这套工具直接上传到他的 PHP 网站文件夹里，管理员只能从远端通过浏览器登录 phpMyAdmin 来管理数据库。

这个方便的管理工具是否也是方便的入侵工具呢？没错，只要是对 phpMyAdmin 管理较为熟悉的朋友，看到该网站是使用 PHP+MySQL 的互动架构，都会去测试该网站的 phpMyAdmin 文件夹是否安装了 phpMyAdmin 管理程序，若是网站管理员一时疏忽，很容易让人猜中，进入该网站的数据库。

2. 防堵安全漏洞的建议

无论是 MySQL 数据库本身的权限设置，还是 phpMyAdmin 管理程序的安全漏洞，为了避免他人通过网络入侵数据库，必须要先做以下几件事。

（1）修改 phpMyAdmin 管理程序的文件夹名称。这个做法虽然简单，但至少已经挡掉一大半非法入侵者了。最好是修改成不容易猜到，与管理或 MySQL、phpMyAdmin 等关键字无关的文件夹名称。

（2）为 MySQL 数据库的管理账号加上密码。MySQL 数据库的管理账号 root 默认是不设任何密码的，这就好像装了安全系统却没打开电源开关一样，所以替 root 加上密码是相当重要的。

（3）养成备份 MySQL 数据库的习惯。一旦用户的所有安全措施都失效了，若平时就有备份的习惯，即使数据被删除了，也能很轻松地恢复。

3.6.2　为 MySQL 管理账号加上密码

在 MySQL 数据库中管理员账号为 root，为了保障数据库账号的安全，可以为管理员账号加密，具体操作步骤如下。

步骤 1：进入 phpMyAdmin 的主界面，单击"权限"链接，然后设置管理员账号的权限，如图 3-83 所示。

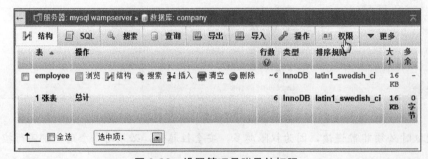

图 3-83　设置管理员账号的权限

步骤 2：这里有两个 root 账号，分别为由本机（localhost）进入和所有主机（::1）进入的管理账号，默认没有密码。首先修改所有主机的密码，单击"编辑权限"链接，进入下一页，如图 3-84 所示。

图 3-84　编辑权限

步骤 3：在所打开界面的"密码"文本框中输入要使用的密码，单击"执行"按钮即可添加密码，如图 3-85 所示。

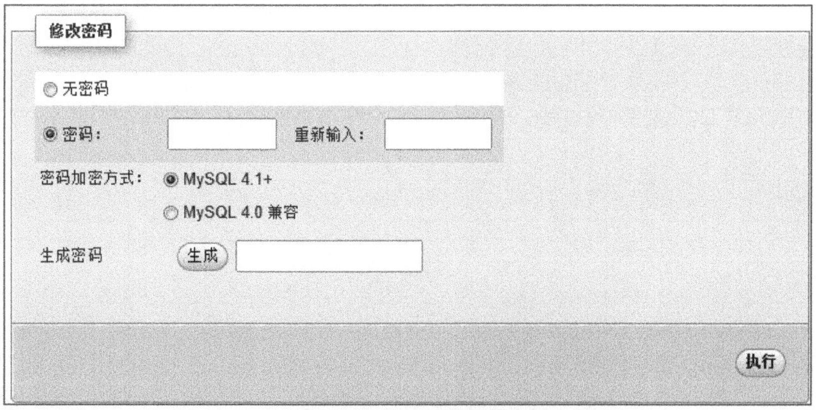

图 3-85　添加密码

3.7　就业面试技巧与解析

3.7.1　面试技巧与解析（一）

面试官：在 MySQL 数据库中有几种加密类型？

应聘者：在 MySQL 数据库中一般可以使用 3 种不同类型的安全检查。

（1）登录验证：也就是最常用的用户名和密码验证。一旦输入了正确的用户名和密码，这个验证就可以通过。

（2）授权：在登录成功后要求对这个用户设置具体权限，例如是否可以删除数据库中的表等。

（3）访问控制：这个安全类型更具体，它涉及这个用户可以对数据表进行什么操作，例如是否可以编

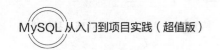

辑数据库、是否可以查询数据等。访问控制由一些特权组成，这些特权涉及如何操作 MySQL 中的数据。它们都是布尔型，即要么允许，要么不允许。

3.7.2　面试技巧与解析（二）

面试官：敏感数据如何加密？

应聘者：如果数据库中保存了敏感数据，例如银行卡密码、客户信息等，你可能想将这些数据以加密的形式保存在数据库中，这样即使有人进入了你的数据库并看到了这些数据，也很难获得其中的真实信息。

在应用程序的大量信息中，也许你只想让很小的一部分进行加密，例如用户的密码等。这些密码不应该以明文的形式保存，它们应该以加密的形式保存在数据库中。一般情况下，大多数系统（包括 MySQL 本身）都是使用哈希算法对敏感数据进行加密的。

哈希加密是单向加密，也就是说被加密的字符串是无法得到原字符串的。这种方法的使用很有限，一般只使用在密码验证或其他需要验证的地方。在比较时并不是将加密字符串进行解密，而是将输入的字符串也使用同样的方法进行加密，再和数据库中的加密字符串进行比较。这样即使有人知道了算法并得到了加密字符串，也无法还原最初的字符串，银行卡密码就是采用这种方式进行加密的。

第 4 章

MySQL 数据库的基本操作

◎ 本章教学微视频：11 个　21 分钟

 学习指引

在 MySQL 安装好之后就可以进行数据库的相关操作了，本章着重介绍数据库的基本操作，包括创建数据库、删除数据库、数据库存储引擎的区别以及如何选择。

重点导读

- 掌握创建 MySQL 数据库的方法。
- 掌握查看数据库的方法。
- 掌握选择数据库的方法。
- 掌握删除数据库的方法。
- 理解 MySQL 数据库中的存储引擎。
- 掌握修改存储引擎的方法。

4.1　创建数据库

在进行数据库操作之前首先需要创建数据库，本节将介绍创建数据库的方法。

4.1.1　创建数据库的语法形式

创建数据库是在系统磁盘上划分一块区域用于数据的存储和管理，如果管理员在设置权限的时候为用户创建了数据库，则可以直接使用，否则需要自己创建数据库。在 MySQL 中创建数据库的基本语法格式如下：

```
CREATE DATABASE database_name;
```

database_name 为要创建的数据库的名称，该名称不能与已经存在的数据库重名。

4.1.2　创建数据库实例

在 MySQL 安装完成之后，系统自动创建几个默认的数据库，这几个数据库存放在 data 目录下，用户

可以使用数据库查询语句"SHOW DATABASES;"进行查看，如图 4-1 所示。

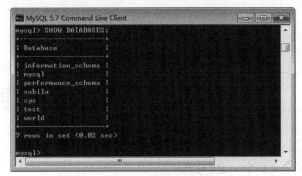

图 4-1　默认数据库

从查询结果可以看出，数据库列表中有 7 个数据库，这些数据库各有用途，其中 mysql 是必需的，它记录用户访问权限，test 数据库通常用于测试工作，其他几个数据库将在后面章节中进行介绍。

【例 4-1】创建数据库 mybase。

输入语句如下：

```
CREATE DATABASE mybase;
```

按 Enter 键执行语句，创建名为 mybase 的数据库，如图 4-2 所示。

图 4-2　创建数据库 mybase

使用"SHOW DATABASES;"语句查看数据库 mybase 是否创建成功，执行结果如图 4-3 所示。

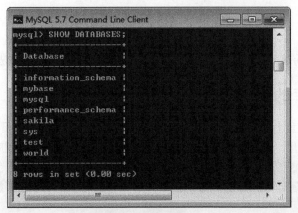

图 4-3　查看数据库

用户可以在数据库列表中看到刚创建的数据库 mybase 以及其他原有的数据库。

4.2　查看与选择数据库

在数据库创建完成之后用户才可以查看和选择数据库。

4.2.1　查看数据库

使用 SHOW CREATE DATABASE 可以查看指定的数据库。

【例 4-2】查看数据库 mybase。

输入语句如下：

```
SHOW CREATE DATABASE mybase;
```

执行结果如图 4-4 所示。

图 4-4　查看新建数据库

从上面的执行结果可以看出，数据库创建成功会显示相应的创建信息。

4.2.2　选择数据库

使用 USE 语句可以选择数据库，语法格式如下：

```
USE database_name;
```

【例 4-3】选择数据库 mybase。

输入语句如下：

```
USE mybase;
```

执行结果如图 4-5 所示。

图 4-5　选择数据库

从上面的执行结果可以看出，数据库 mybase 被成功选择。

4.3　删除数据库

删除数据库是将已经存在的数据库从磁盘空间中清除，数据库中的所有数据也一起被删除。

4.3.1 删除数据库的语法形式

MySQL 删除数据库的基本语法格式如下：

```
DROP DATABASE database_name;
```

其中，database_name 是要删除的数据库名称，如果指定数据库名不存在，则删除出错。

4.3.2 删除数据库实例

下面以删除数据库 mybase 为例进行讲解。

【例 4-4】删除数据库 mybase。

输入语句如下：

```
DROP DATABASE mybase;
```

执行结果如图 4-6 所示。

图 4-6　删除数据库

数据库 mybase 被删除之后，使用 SHOW CREATE DATABASE 查看数据库定义，结果如图 4-7 所示。

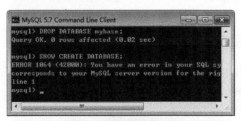

图 4-7　查看数据库定义

执行结果显示一条错误信息 ERROR 1064，表示数据库 mybase 不存在，说明之前的删除语句已经成功删除数据库 mybase。

4.4　数据库存储引擎

数据库存储引擎是数据库底层软件组件，数据库管理系统（DBMS）使用数据引擎进行创建、查询、更新和删除数据的操作。不同的存储引擎提供不同的存储机制、索引技巧、锁定水平等功能，使用不同的存储引擎还可以获得特定的功能。现在许多数据库管理系统支持多种数据引擎。MySQL 的核心就是存储引擎。

4.4.1 MySQL 存储引擎简介

MySQL 提供了多种不同的存储引擎，包括处理事务安全表的引擎和处理非事务安全表的引擎。在 MySQL

中不需要在整个服务器中使用同一种存储引擎，可以针对具体的要求对每一个表使用不同的存储引擎。

MySQL 支持的存储引擎有 InnoDB、MyISAM、Memory、Merge、Archive、Federated、CSV、BLACKHOLE 等。用户可以使用 SHOW ENGINES 语句查看系统支持的引擎类型，结果如下。

```
mysql> SHOW ENGINES \G;
*************************** 1. row ***************************
      Engine: FEDERATED
     Support: NO
     Comment: Federated MySQL storage engine
Transactions: NULL
          XA: NULL
  Savepoints: NULL
*************************** 2. row ***************************
      Engine: MRG_MYISAM
     Support: YES
     Comment: Collection of identical MyISAM tables
Transactions: NO
          XA: NO
  Savepoints: NO
*************************** 3. row ***************************
      Engine: MyISAM
     Support: YES
     Comment: MyISAM storage engine
Transactions: NO
          XA: NO
  Savepoints: NO
*************************** 4. row ***************************
      Engine: BLACKHOLE
     Support: YES
     Comment: /dev/null storage engine (anything you write to it disappears)
Transactions: NO
          XA: NO
  Savepoints: NO
*************************** 5. row ***************************
      Engine: CSV
     Support: YES
     Comment: CSV storage engine
Transactions: NO
          XA: NO
  Savepoints: NO
*************************** 6. row ***************************
      Engine: MEMORY
     Support: YES
     Comment: Hash based, stored in memory, useful for temporary tables
Transactions: NO
          XA: NO
  Savepoints: NO
*************************** 7. row ***************************
      Engine: ARCHIVE
     Support: YES
     Comment: Archive storage engine
Transactions: NO
          XA: NO
  Savepoints: NO
*************************** 8. row ***************************
      Engine: InnoDB
     Support: DEFAULT
     Comment: Supports transactions, row-level locking, and foreign keys
Transactions: YES
          XA: YES
```

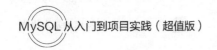

```
    Savepoints: YES
*************************** 9. row ***************************
      Engine: PERFORMANCE_SCHEMA
     Support: YES
     Comment: Performance Schema
Transactions: NO
          XA: NO
  Savepoints: NO
9 rows in set (0.00 sec)
```

Support 列的值表示某种引擎是否能使用，其中 YES 表示可以使用，NO 表示不能使用，DEFAULT 表示该引擎为当前默认存储引擎。

4.4.2　InnoDB 存储引擎

InnoDB 是事务型数据库的首选引擎，支持事务安全表（ACID），支持行锁定和外键。MySQL 的默认存储引擎为 InnoDB，InnoDB 的主要特点如下：

（1）InnoDB 给 MySQL 提供了具有提交、回滚和崩溃恢复能力的事务安全（ACID 兼容）存储引擎。InnoDB 锁定在行级，并且也用 SELECT 语句提供一个类似 Oracle 的非锁定读。这些功能增加了多用户部署和性能。在 SQL 查询中可以自由地将 InnoDB 类型的表与 MySQL 其他类型的表混合起来，甚至在同一个查询中也可以混合。

（2）InnoDB 是为处理巨大数据量时的最大性能设计，它的 CPU 效率可能是任何其他基于磁盘的关系数据库引擎所不能匹敌的。

（3）InnoDB 存储引擎被完全与 MySQL 服务器整合，InnoDB 存储引擎为在主内存中缓存数据和索引而维持它自己的缓冲池。InnoDB 的表和索引在一个逻辑表空间中，表空间可以包含数个文件（或原始磁盘分区）。这与 MyISAM 表不同，比如在 MyISAM 表中每个表被保存在分离的文件中。InnoDB 表可以是任何尺寸，即使在文件尺寸被限制为 2GB 的操作系统上。

（4）InnoDB 支持外键完整性约束（FOREIGN KEY）。在存储表中的数据时每张表的存储都按主键顺序存放，如果没有显式地在定义表时指定主键，InnoDB 会为每一行生成一个 6 字节的 ROWID，并以此作为主键。

（5）InnoDB 被用来在众多需要高性能的大型数据库站点上。InnoDB 不创建目录，在使用 InnoDB 时 MySQL 将在 MySQL 数据目录下创建一个名为 ibdata1 的 10MB 大小的自动扩展数据文件，以及两个名为 ib_logfile0 和 ib_logfile1 的 5MB 大小的日志文件。

4.4.3　MyISAM 存储引擎

MyISAM 基于 ISAM 存储引擎，并对其进行扩展。它是在 Web、数据仓储和其他应用环境下最常使用的存储引擎之一。MyISAM 拥有较高的插入、查询速度，但不支持事务。MyISAM 的主要特点如下：

（1）大文件（达 63 位文件长度）在支持大文件的文件系统和操作系统上被支持。

（2）当把删除、更新及插入混合的时候，动态尺寸的行的碎片更少，这要通过合并相邻被删除的块来完成，若下一个块被删除，则扩展到下一块自动完成。

（3）每个 MyISAM 表的最大索引数是 64，这可以通过重新编译来改变。每个索引最大的列数是 16 个。

（4）最大的键长度是 1000 字节，这也可以通过编译来改变。对于键长度超过 250 字节的情况，使用一个超过 1024 字节的键块。

（5）BLOB 和 TEXT 列可以被索引。

（6）NULL 值被允许在索引的列中，其占每个键的 0～1 字节。

（7）所有数字键值先以高字节位被存储，以允许一个更高的索引压缩。

（8）对于每个表的 AUTO_INCREMENT 列，MyISAM 通过 INSERT 和 UPDATE 操作自动更新这一列，这使得 AUTO_INCREMENT 列更快（至少 10%）。注意，在序列项的值被删除之后就不能再利用。

（9）可以把数据文件和索引文件放在不同目录。

（10）每个字符列可以有不同的字符集。

（11）有 VARCHAR 的表可以有固定或动态记录长度。

（12）VARCHAR 和 CHAR 列可以多达 64KB。

使用 MyISAM 引擎创建数据库将产生 3 个文件，文件的名字以表的名字开始，扩展名指出文件类型。frm 文件存储表定义，数据文件的扩展名为.myd（MYData），索引文件的扩展名为.myi（MYIndex）。

4.4.4　MEMORY 存储引擎

MEMORY 存储引擎将表中的数据存储在内存中，为查询和引用其他表中的数据提供快速访问。MEMORY 的主要特点如下：

（1）MEMORY 表可以有多达每个表 32 个索引，每个索引 16 列，以及 500 字节的最大键长度。

（2）MEMORY 存储引擎执行 HASH 和 BTREE 索引。

（3）可以在一个 MEMORY 表中有非唯一键。

（4）MEMORY 表使用一个固定的记录长度格式。

（5）MEMORY 不支持 BLOB 或 TEXT 列。

（6）MEMORY 支持 AUTO_INCREMENT 列和对可包含 NULL 值的列的索引。

（7）MEMORY 表在所有客户端之间共享（就像其他任何非 TEMPORARY 表）。

（8）MEMORY 表内容被存在内存中，内存是 MEMORY 表和服务器在查询处理的空闲中创建的内部表共享。

（9）当不再需要 MEMORY 表的内容时要释放被 MEMORY 表使用的内存，应该执行 DELETE FROM 或 TRUNCATE TABLE，或者整个地删除表（使用 DROP TABLE）。

4.4.5　存储引擎的选择

不同的存储引擎有不同的特点，适用于不同的需求，为了做出正确的选择，用户首先需要考虑每个存储引擎提供了哪些不同的功能，如表 4-1 所示。

表 4-1　存储引擎的比较

功　　能	MyISAM	Memory	InnoDB	Archive
存储限制	256TB	RAM	64TB	None
支持事务	No	No	Yes	No
支持全文索引	Yes	No	No	No
支持数索引	Yes	Yes	Yes	No
支持哈希索引	No	Yes	No	No
支持数据缓存	No	N/A	Yes	No
支持外键	No	No	Yes	No

如果要提供提交、回滚和崩溃恢复能力的事务安全（ACID 兼容）能力，并要求实现并发控制，InnoDB 是个很好的选择。如果数据表主要用来插入和查询记录，则 MyISAM 引擎能提供较高的处理效率；如果只是临时存放数据，数据量不大，并且不需要较高的数据安全性，可以选择将数据保存在内存中的 Memory 引擎，在 MySQL 中使用该引擎作为临时表存放查询的中间结果。如果只有 INSERT 和 SELECT 操作，可以选择 Archive 引擎，Archive 引擎支持高并发的插入操作，但是本身并不是事务安全的。Archive 引擎非常适合存储归档数据，例如记录日志信息可以使用 Archive 引擎。

具体使用哪一种引擎要根据需要灵活选择，一个数据库中的多个表可以使用不同引擎以满足各种性能和实际需求，使用合适的存储引擎将会提高整个数据库的性能。

4.5　就业面试技巧与解析

4.5.1　面试技巧与解析（一）

面试官： 如何查看当前的存储引擎？

应聘者： 在前面介绍了使用 SHOW ENGINES 语句查看系统中所有的存储引擎，其中包括默认的存储引擎，用户还可以使用一种直接的方法查看默认的存储引擎，就是使用语句"SHOW VARIABLES LIKE'storage_engine';"。

4.5.2　面试技巧与解析（二）

面试官： 如何更改当前的存储引擎？

应聘者： MySQL 允许用户修改默认存储引擎，方法是修改配置文件。

在 Windows 平台下修改数据库默认存储引擎需要修改配置文件 my.ini。例如将 MySQL 的默认存储引擎修改为 MyISAM，首先打开 my.ini，将[mysqld]字段下面的 default-storage-engine 参数后面的值由 InnoDB 改为 MyISAM，然后保存文件，重新启动 MySQL 即可。

第(2)篇

核心应用

在了解 MySQL 的基本概念、基本应用之后，本篇将详细介绍 MySQL 的核心应用，包括数据表、视图、数据类型、数据运算符、函数、数据库查询、数据库索引、数据存储以及触发器等。通过本篇的学习，读者将对使用 MySQL 数据库有更高的水平。

第5章

数据表的基本操作

◎ 本章教学微视频：20 个　41 分钟

 学习指引

数据实际上存储在数据表中，可见数据表是数据库中最重要、最基本的操作对象，是数据存储的基本单位。本章将详细介绍数据表的基本操作，主要包括创建数据表、查看数据表结构、修改数据表和删除数据表。

 重点导读

- 掌握创建数据表的方法。
- 掌握查看数据表结构的方法。
- 掌握修改数据表的方法。
- 掌握数据表其他操作的方法。
- 掌握删除数据表的方法。

5.1　创建数据表

在创建数据库之后，接下来就要在数据库中创建数据表。所谓创建数据表，指的是在已经创建的数据库中建立新表。创建数据表的过程是规定数据列的属性的过程，同时也是实施数据完整性（包括实体完整性、引用完整性和域完整性）约束的过程。本节将介绍创建数据表的语法形式，以及如何添加主键约束、外键约束、非空约束等。

 ### 5.1.1　创建数据表的语法形式

数据表属于数据库，在创建数据表之前应该使用语句"USE <数据库名>"指定操作在哪个数据库中进行。如果没有选择数据库，直接创建数据表，则系统会显示"No database selected"的错误。

创建数据表的语句为 CREATE TABLE，语法格式如下：

```
CREATE TABLE <表名>
(
```

```
    字段名 1 数据类型 [列级别约束条件] [默认值],
    字段名 2 数据类型 [列级别约束条件] [默认值],
    ┇
    [表级别约束条件]
);
```

在使用 CREATE TABLE 创建表时必须指定以下信息：

（1）要创建表的名称，不区分大小写，不能使用 SQL 语言中的关键字，例如 DROP、ALTER、INSERT 等。

（2）数据表中每一列（字段）的名称和数据类型，如果创建多列，要用逗号隔开。

5.1.2 创建数据表实例

下面以创建数据表 db_1 为例进行讲解。

【例 5-1】创建员工表 db_1，结构如表 5-1 所示。

表 5-1 员工表 db_1

字 段 名 称	数 据 类 型	备 注
id	INT(11)	员工编号
name	VARCHAR(25)	员工名称
sex	BOOLEAN	员工性别
salary	FLOAT	员工工资

首先创建数据库，然后选择数据库，SQL 语句如下：

```
CREATE DATABASE mytest;
USE mytest;
```

开始创建数据表 db_1，SQL 语句如下：

```
CREATE TABLE db_1
(
    id          INT(11),
    name        VARCHAR(25),
    sex         BOOLEAN,
    salary      FLOAT
);
```

语句执行结果如图 5-1 所示。

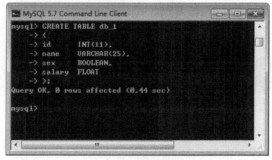

图 5-1 创建数据表

这里已经创建了一个名称为 db_1 的数据表，使用 "SHOW TABLES;" 语句查看数据表是否创建成功，执行结果如图 5-2 所示。

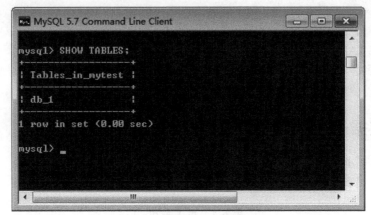

图 5-2　查看数据表创建结果

可以看到，数据表 db_1 创建成功，数据库 mytest 中已经有了数据表 db_1。

5.1.3　主键约束

主键又称主码，是表中一列或多列的组合。主键约束（Primary Key Constraint）要求主键列的数据唯一，并且不允许为空。主键能够唯一标识表中的一条记录，可以结合外键来定义不同数据表之间的关系，并且可以加快数据库查询的速度。主键和记录之间的关系如同身份证号码和人之间的关系，它们之间是一一对应的。主键分为两种类型，即单字段主键和多字段主键。

1. 单字段主键

主键由一个字段组成，设置主键的 SQL 语句格式分为两种情况。

（1）在定义列的同时指定主键，语法格式如下：

```
字段名 数据类型 PRIMARY KEY[默认值]
```

【例 5-2】定义数据表 db_2，其主键为 id。

SQL 语句如下：

```
CREATE TABLE db_2
(
    id        INT(11) PRIMARY KEY,
    name      VARCHAR(25),
    sex       BOOLEAN,
    salary    FLOAT
);
```

（2）在定义完所有列之后指定主键，语法格式如下：

```
[CONSTRAINT<约束名>] PRIMARY KEY [字段名]
```

【例 5-3】定义数据表 db_3，其主键为 id。

SQL 语句如下：

```
CREATE TABLE db_3
(
    id        INT(11),
```

```
    name        VARCHAR(25),
    sex         BOOLEAN,
    salary      FLOAT,
    PRIMARY     KEY(id)
);
```

上面两个例子执行后的结果是一样的，都会在 id 字段上设置主键约束。

2. 多字段主键

主键由多个字段联合组成，语法格式如下：

```
PRIMARY KEY[字段 1,字段 2,…,字段 n]
```

【例 5-4】定义数据表 db_4，假设表中没有主键 id，为了唯一确定一个员工，可以把 name、sex 联合起来作为主键。

SQL 语句如下：

```
CREATE TABLE db_4
(
    name        VARCHAR(25),
    sex         BOOLEAN,
    salary      FLOAT,
    PRIMARY     KEY(name,sex)
);
```

语句执行后便创建了一个名称为 db_4 的数据表，name 字段和 sex 字段组合在一起成为该数据表的多字段主键。

5.1.4 外键约束

外键用来在两个表的数据之间建立连接，它可以是一列或者多列。一个表可以有一个或者多个外键。外键对应的是参照完整性，一个表的外键可以为空值，若不为空值，则每一个外键值必须等于另一个表中主键的某个值。

外键首先是表中的一个字段，它可以不是本表的主键，但对应另外一个表的主键。外键的主要作用是保证数据引用的完整性，在定义外键后不允许删除在另一个表中具有关联关系的行。外键还保证数据的一致性、完整性。例如部门表 tb_dept 的主键 id，在员工表 db_5 中有一个键 deptId 与这个 id 关联。

- 主表（父表）：对于两个具有关联关系的表而言，相关联字段中主键所在的那个表即是主表。
- 从表（子表）：对于两个具有关联关系的表而言，相关联字段中外键所在的那个表即是从表。

创建外键的语法格式如下：

```
[CONSTRAINT<外键名>]FOREIGN KEY 字段名 1[,字段名 2,…]
REFERENCES<主表名> 主键列 1[,主键列 2,…]
```

"外键名"为定义的外键约束的名称，在一个表中不能有相同名称的外键；"字段名"表示子表需要添加外键约束的字段列。

【例 5-5】定义数据表 db_5，并且在该表中创建外键约束。

创建一个部门表 tb_dept1，表结构如表 5-2 所示，SQL 语句如下：

```
CREATE TABLE tb_dept1
(
    id          INT(11) PRIMARY KEY,
    name        VARCHAR(22) NOT NULL,
    location    VARCHAR(50)
);
```

表 5-2　tb_dept1 表结构

字 段 名 称	数 据 类 型	备 注
id	INT(11)	部门编号
name	VARCHAR(22)	部门名称
location	VARCHAR(50)	部门位置

定义数据表 db_5，让它的 deptId 字段作为外键关联到 tb_dept1 表的主键 id，SQL 语句如下：

```
CREATE TABLE db_5
(
    id        INT(11) PRIMARY KEY,
    name      VARCHAR(25),
    deptId    INT(11),
    salary    FLOAT,
    CONSTRAINT fk_emp_dept1 FOREIGN KEY(deptId) REFERENCES tb_dept1(id)
);
```

以上语句成功执行后在 db_5 表上添加了名称为 fk_emp_dept1 的外键约束，外键名称为 deptId，其依赖于 tb_dept1 表的主键 id。

5.1.5　非空约束

非空约束（NOT NULL Constraint）指字段的值不能为空，对于使用了非空约束的字段，如果用户在添加数据时没有指定值，数据库系统会报错。

非空约束的语法格式如下：

```
字段名 数据类型 NOT NULL
```

【例 5-6】定义数据表 db_6，指定员工的性别不能为空。

SQL 语句如下：

```
CREATE TABLE db_6
(
    id        INT(11) PRIMARY KEY,
    name      VARCHAR(25),
    sex       BOOLEAN NOT NULL
);
```

执行后，在 db_6 表中创建了一个 sex 字段，其插入值不能为空（NOT NULL）。

5.1.6　唯一性约束

唯一性约束（Unique Constraint）要求某列唯一，允许为空，但只能出现一个空值。唯一性约束可以确保一列或者几列都不出现重复值。

在定义完列之后指定唯一性约束，语法格式如下：

```
字段名 数据类型 UNIQUE
```

【例 5-7】定义数据表 db_7，指定 name 字段唯一。

SQL 语句如下：

```
CREATE TABLE db_7
(
    id        INT(11) PRIMARY KEY,
    name      VARCHAR(22) UNIQUE,
```

```
sex          BOOLEAN NOT NULL,
age          INT(4)
);
```

5.1.7 默认约束

默认约束（Default Constraint）指定某列的默认值。例如，用户表中的北京人比较多，就可以设置 city 字段的默认值为"北京"。如果插入一条新的记录时没有为这个字段赋值，那么系统会自动为这个字段赋值"北京"。

默认约束的语法格式如下：

```
字段名 数据类型 DEFAULT 默认值
```

【例 5-8】定义数据表 db_7，指定员工的城市默认值为"北京"。

SQL 语句如下：

```
CREATE TABLE db_7
(
   id        INT(11) PRIMARY KEY,
   name      VARCHAR(25) NOT NULL,
   city      VARCHAR(20) DEFAULT '北京'
);
```

以上语句成功执行之后，db_7 表中的 city 字段拥有了一个默认值'北京'，新插入的记录如果没有指定 city 的值，则默认设置为'北京'。

5.1.8 自增属性

在 MySQL 数据库设计中会遇到需要系统自动生成字段的主键值的情况。例如用户表中需要 id 字段自增，需要使用 AUTO_INCREMENT 关键字来实现。

属性值自动增加的语法格式如下：

```
字段名 数据类型 AUTO_INCREMENT
```

【例 5-9】定义数据表 db_8，指定员工的编号自动增加。

SQL 语句如下：

```
CREATE TABLE db_8
(
   id        INT(11) PRIMARY KEY AUTO_INCREMENT,
   name      VARCHAR(25) NOT NULL,
   city      VARCHAR(20)
);
```

以上语句执行后会创建名称为 db_8 的数据表，表中的 id 字段值在添加记录的时候会自动增加，id 字段值默认从 1 开始，每次添加一条新记录，该值自动加 1。

5.2 查看数据表结构

在数据表创建完成之后即可查看表结构的定义，以确认表的定义是否正确。本节将详细介绍查看数据表的方法。

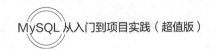
5.2.1 查看数据表基本结构

使用 DESCRIBE/DESC 语句可以查看表字段信息，包括字段名、字段数据类型、是否为主键、是否有默认值等，其语法格式如下：

```
DESCRIBE<表名>;
```

或者简写为：

```
DESC <表名>;
```

【例 5-10】分别使用 DESCRIBE 和 DESC 查看 db_2 表的结构。

查看 db_2 表的结构，SQL 语句如下：

```
DESCRIBE db_2;
```

查看结果如图 5-3 所示。

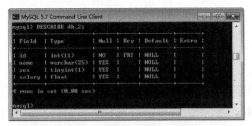

图 5-3　查看 db_2 表的结构

图 5-3 中各个字段的含义分别如下。

- Null：表示该列是否可以存储 Null 值。
- Key：表示该列是否已编制索引。PRI 表示该列是表主键的一部分；UNI 表示该列是 UNIQUE 索引的一部分；MUL 表示在该列中某个给定值允许出现多次。
- Default：表示该列是否有默认值，如果有，值是多少。
- Extra：表示可以获取的与给定列有关的附加信息，例如 AUTO_INCREMENT 等。

5.2.2 查看数据表详细结构

SHOW CREATE TABLE 语句可以用来查看表的详细信息，语法格式如下：

```
SHOW CREATE TABLE <表名\G>;
```

【例 5-11】使用 SHOW CREATE TABLE 查看 db_1 表的详细信息。

SQL 语句如下：

```
SHOW CREATE TABLE db_1\G
```

执行结果如图 5-4 所示。

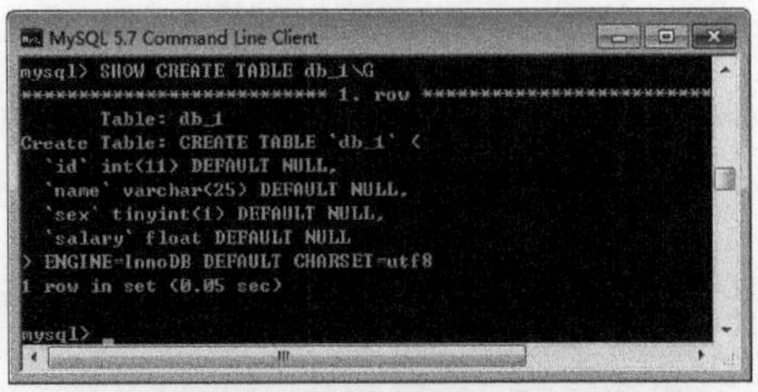

图 5-4　查看 db_1 表的详细信息

5.3　修改数据表

在数据库创建完成之后，还可以根据实际工作的需要重新修改数据表的结构，常用的修改表的操作有修改表名、修改字段数据类型或字段名、增加和删除字段、修改字段的排列位置、更改表的存储引擎、删除表的外键约束等。本节将对修改表的操作进行讲解。

5.3.1　修改表名

MySQL 是通过 ALTER TABLE 语句来实现表名的修改的，具体语法格式如下：

```
ALTER TABLE <旧表名>RENAME[TO]<新表名>;
```

其中，TO 为可选参数，使用与否不影响结果。

【例 5-12】将数据表 db_1 改名为 tb_new。

在执行修改表名操作之前使用 SHOW TABLES 查看数据库中的所有表。

```
SHOW TABLES;
```

查询结果如图 5-5 所示。

图 5-5　查看数据库中的所有表

使用 ALTER TABLE 将 db_1 表改名为 tb_new，SQL 语句如下：

```
ALTER TABLE db_1 RENAME tb_new;
```

在语句执行之后检查 db_1 表是否改名成功。使用 SHOW TABLES 查看数据库中的表，结果如图 5-6 所示。

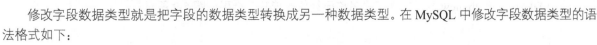

图 5-6　修改数据表的名称

经过比较可以看到数据表列表中已经显示表名为 tb_new。

5.3.2　修改字段数据类型

修改字段数据类型就是把字段的数据类型转换成另一种数据类型。在 MySQL 中修改字段数据类型的语法格式如下：

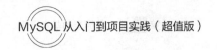
```
ALTER TABLE <表名>MODIFY<字段名> <数据类型>
```

其中，表名指要修改数据类型的字段所在表的名称，字段名指需要修改的字段，数据类型指修改后字段的新数据类型。

【例 5-13】将数据表 tb_new 中 name 字段的数据类型由 VARCHAR(25)修改成 VARCHAR(28)。

在执行修改表名的操作之前使用 DESC 查看 tb_new 表的结构，结果如图 5-7 所示。

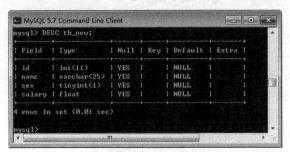

图 5-7　查看 tb_new 表的结构

可以看到现在 name 字段的数据类型为 VARCHAR(25)，修改其数据类型，输入以下 SQL 语句并执行：

```
ALTER TABLE tb_new MODIFY name VARCHAR(28);
```

再次使用 DESC 查看表，结果如图 5-8 所示。

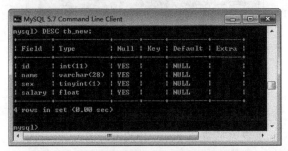

图 5-8　修改数据类型为 VARCHAR(28)

以上语句执行之后，检查发现 tb_new 表中 name 字段的数据类型已经修改成 VARCHAR(28)，修改成功。

5.3.3　修改字段名

在 MySQL 中修改表字段名的语法格式如下：

```
ALTER TABLE <表名> CHANGE <旧字段名> <新字段名> <新数据类型>;
```

其中，"旧字段名"指修改前的字段名；"新字段名"指修改后的字段名；"新数据类型"指修改后的数据类型，如果不需要修改字段的数据类型，可以将新数据类型设置成与原来的一样，但数据类型不能为空。

【例 5-14】将数据表 tb_new 中 name 字段的名称改为 newname。

SQL 语句如下：

```
ALTER TABLE tb_new CHANGE name newname VARCHAR(28);
```

使用 DESC 查看 tb_new 表，发现字段名称已经修改成功，结果如图 5-9 所示。

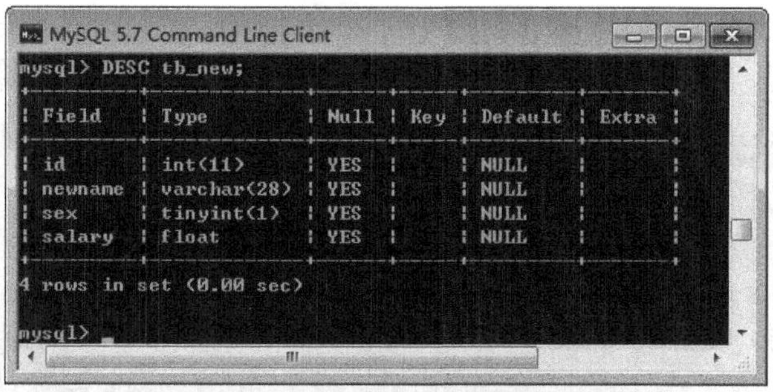

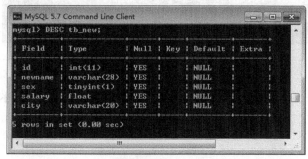

图 5-9 修改数据表中字段的名称

从结果可以看出，name 字段的名称已经修改为 newname。

提示：由于不同类型的数据在计算机中存储的方式及长度并不相同，修改数据类型可能会影响到数据表中已有的数据记录，因此当数据库中已经有数据时不要轻易地修改数据类型。

5.3.4 添加字段

添加字段的语法格式如下：

```
ALTER TABLE <表名> ADD <新字段名> <数据类型>
[约束条件][FIRST|AFTER 已存在字段名];
```

其中，新字段名为需要添加的字段名称；FIRST 为可选参数，其作用是将新添加的字段设置为表的第一个字段；AFTER 为可选参数，其作用是将新添加的字段添加到已存在字段名指定的字段后面。

【例 5-15】在数据表 tb_new 中添加一个字段 city。

SQL 语句如下：

```
ALTER TABLE tb_new ADD city VARCHAR(20);
```

使用 DESC 查看 tb_new 表，发现在表的最后添加了一个名为 city 的字段，结果如图 5-10 所示。

图 5-10 添加字段

从结果可以看出添加了一个字段 city，在默认情况下，该字段放在最后一列。

读者可以在数据表的第一列添加一个字段。

【例 5-16】在数据表 tb_new 中添加一个 INT 类型的字段 newid。

SQL 语句如下：

```
ALTER TABLE tb_new ADD newid INT(11) FIRST;
```

使用 DESC 查看 tb_new 表，发现在表的第一列添加了一个名为 newid 的 INT(11)类型的字段，结果如图 5-11 所示。

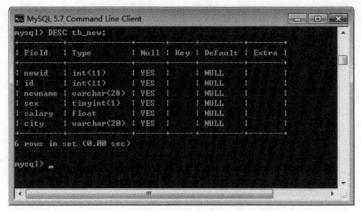

图 5-11　添加 INT 类型的字段 newid

另外，读者还可以在表的指定列之后添加一个字段。

【例 5-17】在数据表 tb_new 中的 sex 列后添加一个 INT 类型的字段 ss。

SQL 语句如下：

```
ALTER TABLE tb_new ADD ss INT(11) AFTER sex;
```

使用 DESC 查看 tb_new 表，结果如图 5-12 所示。

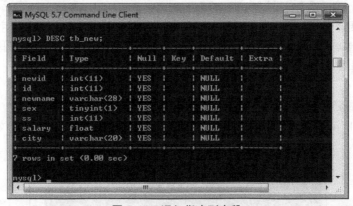

图 5-12　添加指定列字段

从结果可以看出，tb_new 表中增加了一个名称为 ss 的字段，其位置在指定的 sex 字段的后面，添加字段成功。

5.3.5　删除字段

删除字段是将数据表中的某个字段从表中移除，其语法格式如下：

```
ALTER TABLE <表名> DROP <字段名>;
```

其中，"字段名"指需要从表中删除的字段的名称。

【例 5-18】删除数据表 tb_new 中的 ss 字段。

SQL 语句如下：

```
ALTER TABLE tb_new DROP ss;
```

使用 DESC 查看 tb_new 表，结果如图 5-13 所示。

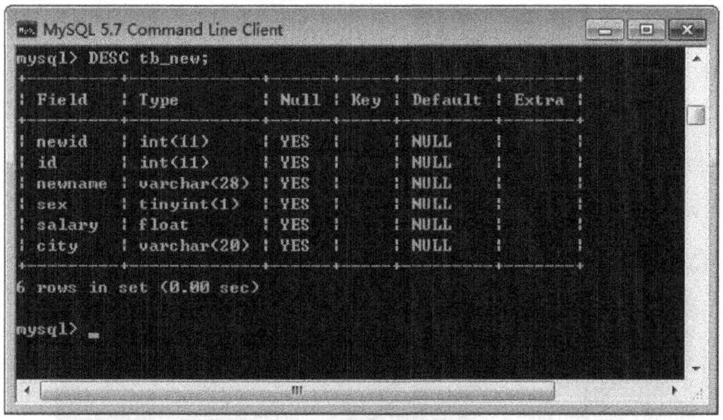

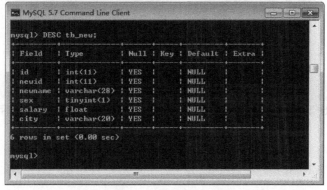

图 5-13 删除表字段

从结果可以看出，tb_new 表中已经不存在名称为 ss 的字段，删除字段成功。

5.4 数据表的其他操作

除了上述修改数据表的操作以外，还有一些重要的操作，包括修改字段排序、更改表的存储引擎和删除表的外键约束。

5.4.1 修改字段排序

对于已经创建的数据表，读者也可以根据实际工作的需要修改字段的排列顺序，通常使用 ALTER TABLE 改变表中字段的排列顺序，其语法格式如下：

```
ALTER TABLE <表名> MODIFY <字段 1> <数据类型> FIRST|AFTER <字段 2>;
```

其中，"字段 1" 指要修改位置的字段；"数据类型" 指 "字段 1" 的数据类型；"FIRST" 为可选参数，指将 "字段 1" 修改为表的第一个字段；"AFTER 字段 2" 指将 "字段 1" 插入到 "字段 2" 的后面。

【例 5-19】将数据表 tb_new 中的 id 字段修改为表的第一个字段。

SQL 语句如下：

```
ALTER TABLE tb_new MODIFY id INT(11) FIRST;
```

使用 DESC 查看 tb_new 表，发现 id 字段已经被移至表的第一列，结果如图 5-14 所示。

图 5-14 修改字段的排列

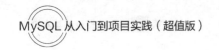
读者可以修改字段到列表的指定列之后。

【例 5-20】将数据表 tb_new 中的 newname 字段移动到 salary 字段的后面。

SQL 语句如下：

```
ALTER TABLE tb_new MODIFY newname VARCHAR(28) AFTER salary;
```

使用 DESC 查看 tb_new 表，结果如图 5-15 所示。

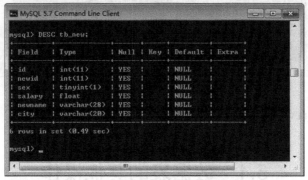

图 5-15　修改字段到指定位置

可以看到，tb_new 表中的 newname 字段已经被移至 salary 字段之后。

5.4.2　更改表的存储引擎

更改表的存储引擎的语法格式如下：

```
ALTER TABLE <表名> ENGINE=<更改后的存储引擎名>;
```

【例 5-21】将数据表 db_2 的存储引擎修改为 MyISAM。

在修改存储引擎之前首先使用 SHOW CREATE TABLE 查看 db_2 表当前的存储引擎，结果如图 5-16 所示。

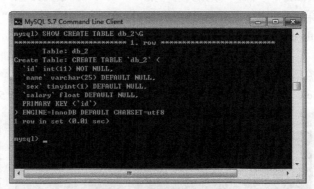

图 5-16　查看表的存储引擎

从结果可以看出，db_2 表当前的存储引擎为 ENGINE=InnoDB，接下来修改存储引擎类型，SQL 语句如下：

```
ALTER TABLE db_2 ENGINE=MyISAM;
```

使用 SHOW CREATE TABLE 再次查看 db_2 表的存储引擎，发现 db_2 表的存储引擎已变为 MyISAM，结果如图 5-17 所示。

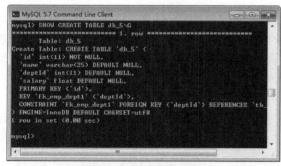

图 5-17 完成存储引擎的修改

5.4.3 删除表的外键约束

对于数据库中定义的外键，如果不再需要，可以将其删除。外键一旦删除，就会解除主表和从表间的关联关系。MySQL 中删除外键的语法格式如下：

```
ALTER TABLE <表名> DROP FOREIGN KEY <外键约束名>
```

其中，"外键约束名"指在定义表时 CONSTRAINT 关键字后面的参数。

【例 5-22】删除数据表 db_5 中的外键约束 fk_emp_dept1。

首先查看数据表 db_5 的结构，SQL 语句如下：

```
SHOW CREATE TABLE db_5\G
```

执行结果如图 5-18 所示。

下面开始删除数据表 db_5 的外键 fk_emp_dept1，SQL 语句如下：

```
ALTER TABLE db_5 DROP FOREIGN KEY fk_emp_dept1;
```

执行完毕之后将删除 db_5 表的外键约束，使用 SHOW CREATE TABLE 再次查看 db_5 表的结构，结果如图 5-19 所示。

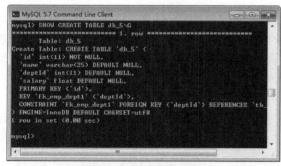

图 5-18 查看数据表结构

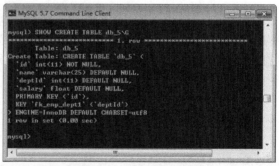

图 5-19 删除表的外键约束

可以看到，db_5 表中已经不存在 FOREIGN KEY，原有的名称为 fk_emp_dept1 的外键约束删除成功。

5.5 删除数据表

对于不再需要的数据表，可以将其从数据库中删除。本节将详细讲解数据库中数据表的删除方法。

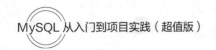

5.5.1　删除没有被关联的表

在 MySQL 中使用 DROP TABLE 可以一次删除一个或多个没有被其他表关联的数据表，语法格式如下：

```
DROP TABLE [IF EXISTS]表1,表2,…表n;
```

其中，"表 n"指要删除的表的名称。用户可以同时删除多个表，只需将要删除的表名依次写在后面，相互之间用逗号隔开即可。

【例 5-23】删除数据表 db_2。

SQL 语句如下：

```
DROP TABLE db_2;
```

在语句执行完毕之后，使用 SHOW TABLES 查看当前数据库中所有的数据表，查看结果如图 5-20 所示。

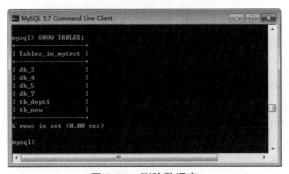

图 5-20　删除数据表

从结果可以看出，数据列表中已经不存在名称为 db_2 的数据表，删除操作成功。

5.5.2　删除被其他表关联的主表

在数据表之间存在外键关联的情况下，如果直接删除父表，结果会显示失败，原因是直接删除将破坏表的参照完整性。如果必须删除，可以先删除与它关联的子表，再删除父表，只是这样同时删除了两个表中的数据。在有些情况下可能要保留子表，这时如果要单独删除父表，只需将关联的表的外键约束条件取消，然后就可以删除父表，下面讲解这种方法。

在数据库中创建两个关联表，首先创建 tb_1 表，SQL 语句如下：

```
CREATE TABLE tb_1
(
    id    INT(11) PRIMARY KEY,
    name  VARCHAR(22)
);
```

接下来创建 tb_2 表，SQL 语句如下：

```
CREATE TABLE tb_2
(
    id    INT(11) PRIMARY KEY,
    name  VARCHAR(25),
    wwid  INT(11),
    CONSTRAINT fk_tb_dt FOREIGN KEY (wwid) REFERENCES tb_1(id)
);
```

使用 SHOW CREATE TABLE 命令查看 tb_2 表的外键约束，SQL 语句如下：

```
SHOW CREATE TABLE tb_2\G
```

执行结果如图 5-21 所示。

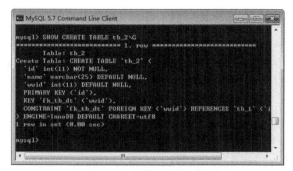

图 5-21 删除关联的主表

从结果可以看到，在数据表 tb_2 上创建了一个名称为 fk_tb_dt 的外键约束。

【例 5-24】删除父表 tb_1。

首先直接删除父表 tb_1，输入删除语句如下：

```
DROP TABLE tb_1;
```

执行结果如图 5-22 所示。

图 5-22 删除父表

可以看到，如前所述，当存在外键约束时主表不能被直接删除。

接下来解除关联子表 tb_2 的外键约束，SQL 语句如下：

```
ALTER TABLE tb_2 DROP FOREIGN KEY fk_tb_dt;
```

该语句成功执行后将取消 tb_1 和 tb_2 表之间的关联关系，此时可以输入删除语句，将原来的父表 tb_1 删除，SQL 语句如下：

```
DROP TABLE tb_1;
```

最后通过 SHOW TABLES 查看数据表列表，结果如图 5-23 所示。

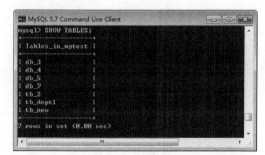

图 5-23 解除关联子表

可以看到，数据表列表中已经不存在名称为 tb_1 的表。

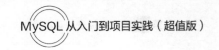

5.6　就业面试技巧与解析

面试官：带 AUTO_INCREMENT 约束的字段值都是从 1 开始的吗？

应聘者：在默认情况下，MySQL 中 AUTO_INCREMENT 的初始值是 1，每新增一条记录，字段值就自动加 1。在设置自增属性（AUTO_INCREMENT）的时候还可以指定第一条插入记录的自增字段的值，这样新插入记录的自增字段值从初始开始递增。

第6章

MySQL 视图

◎ 本章教学微视频：8个　30分钟

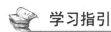 **学习指引**

视图（View）在数据库中的作用类似于窗户，用户通过视图查看数据表中的数据和人们通过窗户看外面的风景是一样的，人们可以打开不同的窗户来看不同的风景。所以视图也被称为虚拟的表，程序员可以通过视图查看数据表中的数据，并且不用考虑数据表的结构关系，即使对数据表做了修改，也不用修改前台程序代码，而只需要修改视图即可。视图既保障了数据的安全性，又大大提高了查询效率，所以在数据库程序开发中视图被广泛使用。

重点导读

- 熟悉视图的概念。
- 掌握创建视图的方法。
- 掌握查看视图的方法。
- 掌握修改视图的方法。
- 掌握更新视图的方法。
- 掌握删除视图的方法。
- 掌握使用视图的方法。

6.1　视图的概念

视图（View）是一个由查询语句定义数据内容的表，表中的数据内容就是 SQL 查询语句的结果集，行和列的数据均来自 SQL 查询语句中使用的数据表。之所以说视图是虚拟的表，是因为视图并不在数据库中真实存在，而是在引用视图时动态生成的。

视图一经定义便存储在数据库中，与其相对应的数据并没有像表那样在数据库中再存储一份，通过视图看到的数据只是存放在基本表中的数据。对视图的操作与对表的操作一样，可以对其进行查询、修改和删除。当对通过视图看到的数据进行修改时，相应的基本表的数据也要发生变化，同时，若基本表的数据发生变化，则这种变化也可以自动反映到视图中。

下面有 employee 表和 office 表，在 employee 表中包含了员工的编号和姓名，在 office 表中包含了员工的编号和部门，现在公布姓名和部门，应该如何解决？通过学习后面的内容就可以找到完美的解决方案。

表设计如下：

```
CREATE TABLE employee
(
    s_id  INT,
    name VARCHAR(40)
);

CREATE TABLE office
(
    s_id   INT,
    department VARCHAR(40)
);
```

为表中插入演示数据，SQL 语句如下：

```
INSERT INTO employee VALUES(1,'王丽'),(2,'张毅'),(3,'刘天佑');
INSERT INTO office VALUES(1,'财务部'),(2,'销售部'),(3,'管理部');
```

通过 DESC 语句查看表的设计，可以获得字段、字段的定义、是否为主键、能否为空、默认值和扩展信息。

视图提供了一个很好的解决方法，创建一个视图，这些信息来自表的部分内容，其他信息不取，这样既能满足要求也不破坏表原来的结构。

那么使用视图和查询数据表又有哪些优势呢？

（1）使用视图简单，操作视图和操作数据表完全是两个概念，用户不用理清数据表之间复杂的逻辑关系，而且将经常使用的 SQL 数据查询语句定义为视图，可以有效地避免代码重复，从而减少工作量。

（2）使用视图安全，用户只访问到视图给定的内容集合，这些都是数据表的某些行和列，避免用户直接操作数据表引发的一系列错误。

（3）使用视图相对独立，应用程序访问是通过视图访问数据表，从而程序和数据表之间被视图分离。如果数据表有变化，完全不用去修改 SQL 语句，只需要调整视图的定义内容，不用调整应用程序代码。

（4）复杂的查询需求：可以进行问题分解，然后创建多个视图获取数据，将视图联合起来就能得到需要的结果了。

视图的工作机制：在调用视图的时候才会执行视图中的 SQL 进行取数据操作。视图的内容没有存储，而是在视图被引用的时候才派生出数据，这样不会占用空间，由于是即时引用，视图的内容总是与真实表的内容一致。

视图这样设计最主要的好处就是比较节省空间，当数据内容总是一样时，那么就不需要维护视图的内容，维护好真实表的内容就可以保证视图的完整性。

6.2 视图的基本操作

在理解视图的基本概念后需要掌握视图的基本操作，包括视图的创建、视图的修改和视图的删除。

6.2.1 创建视图

创建视图的语法格式如下：

```
CREATE [ALGORITHM={UNDEFINED|MERGE|TEMPTABLE}]
VIEW view_name AS
SELECT column_name(s) FROM table_name
[WITH [CASCADED|LOCAL] CHECK OPTION];
```

各个参数的含义如下。

（1）ALGORITHM：可选参数，表示视图选择的算法。

（2）UNDEFINED：MySQL 将自动选择所要使用的算法。

（3）MERGE：将视图的语句与视图定义合并起来，使得视图定义的某一部分取代语句的对应部分。

（4）TEMPTABLE：将视图的结果存入临时表，然后使用临时表执行语句。

（5）view_name：指创建视图的名称，可包含其属性列表。

（6）column_name(s)：指查询的字段，也就是视图的列名。

（7）table_name：指从哪个数据表获取数据，这里也可以从多个表获取数据，格式写法请读者自行参考 SQL 联合查询。

（8）WITH CHECK OPTION：可选参数，表示更新视图时要保证在视图的权限范围内。

（9）CASCADED：在更新视图时满足所有相关视图和表的条件才进行更新。

（10）LOCAL：在更新视图时满足该视图本身定义的条件即可更新。

该语句能创建新的视图，如果给定了 OR REPLACE 子句，该语句还能替换已有的视图。select_statement 是一种 SELECT 语句，它给出了视图的定义。该语句可从基表或其他视图进行选择。

注意：该语句要求具有针对视图的 CREATE VIEW 权限，以及针对由 SELECT 语句选择的每一列上的某些权限。对于在 SELECT 语句中其他地方使用的列，必须具有 SELECT 权限。如果还有 OR REPLACE 子句，必须在视图上具有 DROP 权限。

【例 6-1】在数据表 employee 上创建一个名称为 e_view 的视图。

SQL 语句如下：

```
CREATE VIEW e_view
AS SELECT * FROM employee;
```

执行结果如图 6-1 所示。

执行结果显示为 **Query OK**，表示代码执行成功。创建视图并不影响以前的数据，因为视图只是一个虚拟表。使用 DESC 语句查询视图的结构，结果如图 6-2 所示。

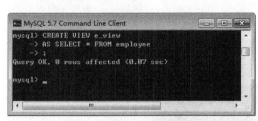

图 6-1　创建 e_view 视图

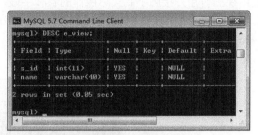

图 6-2　查询视图的结构

从结果可以看出，e_view 视图的结构和原数据表 employee 是一样的。表和视图共享数据库中相同的名称空间，因此数据库不能包含具有相同名称的表和视图。

视图必须具有唯一的列名，不能有重复，就像基表那样。在默认情况下，由 SELECT 语句检索的列名将用作视图的列名。

下面开始查询 e_view 视图中的数据，SQL 语句如下：

```
SELECT * FROM e_view;
```

执行结果如图 6-3 所示。

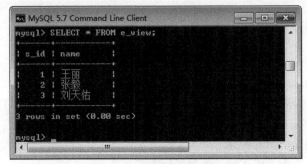

图 6-3　e_view 视图中的数据

【例 6-2】在数据表 office 上创建名为 office_view 的视图。

创建视图的 SQL 语句如下：

```
CREATE VIEW office_view (bb)
AS SELECT department FROM office;
```

执行后使用 DESC 语句查看视图的结构，结果如图 6-4 所示。

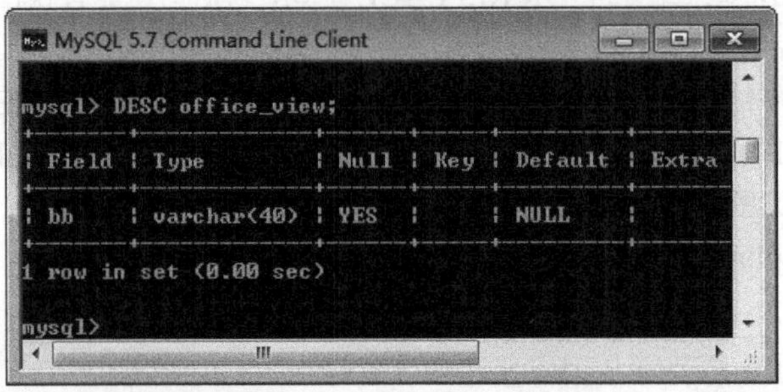

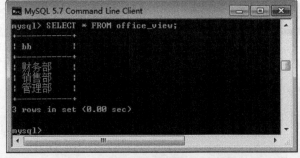

图 6-4　office_view 视图的结构

从结果可以看出，office_view 视图的属性为 bb，在创建视图时指定了属性列表。在该实例中 SELECT 语句查询了 office 表的 department 字段，那么 office_view 视图的 bb 属性对应 office 表的 department 字段。在使用视图时用户接触不到实际操作的表和字段，这样就无形中增加了数据库的安全性。

下面查询 office_view 视图中的数据，SQL 语句如下：

```
SELECT * FROM office_view;
```

执行结果如图 6-5 所示。

图 6-5　office_view 视图中的数据

在 MySQL 中也可以在两个或者两个以上的表中创建视图，使用 CREATE VIEW 语句来实现。

【**例 6-3**】在 employee 表和 office 表上创建视图 em_view。

代码如下：

```
CREATE VIEW em_view (name, bumen)
AS SELECT employee.name , office.department
FROM employee, office WHERE employee.s_id= office.s_id;
```

执行结果如图 6-6 所示。

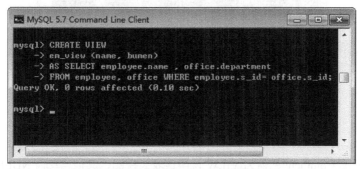

图 6-6　创建 em_view 视图

成功创建后查询视图中的数据，SQL 语句如下：

```
SELECT * FROM em_view;
```

执行结果如图 6-7 所示。

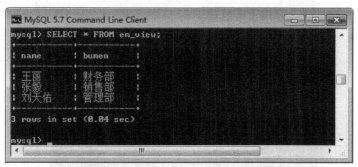

图 6-7　查询数据

这个例子解决了刚开始提出的那个问题，通过这个视图可以很好地保护基本表中的数据。这个视图中的信息很简单，只包含了姓名和部门。name 字段对应 employee 表中的 name 字段，bumen 字段对应 office 表中的 department 字段。

6.2.2　查看视图基本信息

查看视图的信息可以使用 SHOW TABLE STATUS，具体语法格式如下：

```
SHOW TABLE STATUS LIKE '视图名';
```

【**例 6-4**】使用 SHOW TABLE STATUS 查看视图的信息。

代码如下：

```
SHOW TABLE STATUS LIKE 'em_view' \G;
```

执行结果如图 6-8 所示。

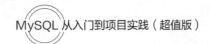

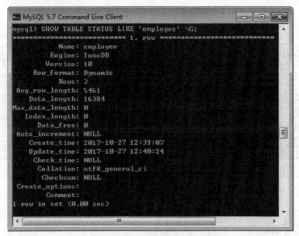

图 6-8　查看视图的信息

执行结果显示，表的 Comment 的值为 VIEW 说明该表为视图，其他信息为 NULL 说明这是一个虚表。用同样的方法查看数据表 employee，SQL 语句如下：

```
SHOW TABLE STATUS LIKE 'employee' \G;
```

执行结果如图 6-9 所示。

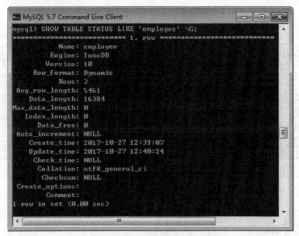

图 6-9　查看数据表信息

从查询结果来看，这里的信息包含了存储引擎、创建时间等，但 Comment 信息为空，这就是视图和表的区别。

6.2.3　查看视图详细信息

使用 SHOW CREATE VIEW 语句可以查看视图的详细信息，语法格式如下：

```
SHOW CREATE VIEW 视图名;
```

【例 6-5】使用 SHOW CREATE VIEW 查看视图的详细信息。

代码如下：

```
SHOW CREATE VIEW em_view \G;
```

执行结果如图 6-10 所示。

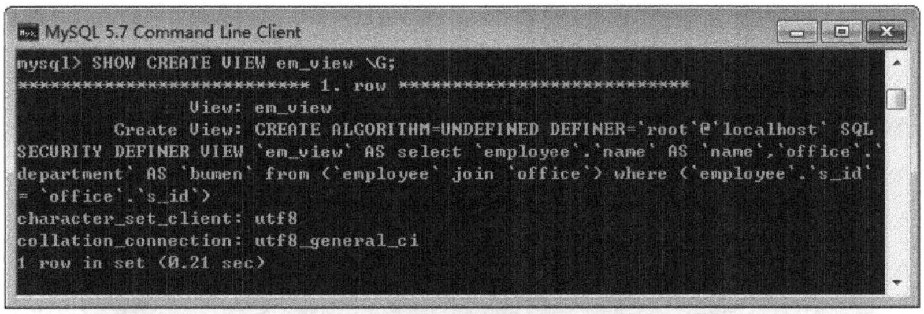

图 6-10　查看视图的详细信息

执行结果显示视图的名称、创建视图的语句等信息。

6.2.4　修改视图

视图的修改是指修改了数据表的定义，当视图定义的数据表字段发生变化时需要对视图进行修改以保证查询的正确进行。在 MySQL 中使用 CREATE OR REPLACE VIEW 语句可以修改视图。当视图存在时可以对视图进行修改，当视图不存在时可以创建视图。

CREATE OR REPLACE VIEW 语句的语法格式如下：

```
CREATE OR REPLACE [ALGORITHM={UNDEFINED|MERGE|TEMPTABLE}]
VIEW 视图名[(属性清单)]
AS SELECT 语句
    [WITH [CASCADED|LOCAL] CHECK OPTION];
```

各个参数的含义如下。

（1）ALGORITHM：可选，表示视图选择的算法。

（2）UNDEFINED：表示 MySQL 将自动选择所要使用的算法。

（3）MERGE：表示将使用视图的语句和视图定义合并起来，使得视图定义的某一部分取代语句的对应部分。

（4）TEMPTABLE：表示将视图的结果存入临时表，然后使用临时表执行语句。

（5）视图名：表示要创建的视图的名称。

（6）属性清单：可选，指定了视图中各个属性的名词，在默认情况下与 SELECT 语句中查询的属性相同。

（7）SELECT 语句：一个完整的查询语句，表示从某个表中查出某些满足条件的记录，将这些记录导入视图中。

（8）WITH CHECK OPTION：可选，表示修改视图时要保证在该视图的权限范围之内。

（9）CASCADED：可选，表示修改视图时需要满足跟该视图有关的所有视图和表的条件，该参数为默认值。

（10）LOCAL：表示修改视图时只要满足该视图本身定义的条件即可。

读者可以发现修改视图的语法和创建视图的语法只有 OR REPLACE 的区别，在使用 CREATE OR REPLACE 的时候，如果视图已经存在，则进行修改操作，如果视图不存在，则创建视图。

【例 6-6】修改视图 em_view。

代码如下：

```
CREATE OR REPLACE VIEW em_view (id,name, bumen)
```

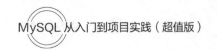

```
AS SELECT employee.s_id,employee.name , office.department
FROM employee, office WHERE employee.s_id= office.s_id;
```

在修改代码之前首先使用 DESC em_view 语句查看一下 em_view 视图，以便和更改之后的视图进行对比。

查看结果如图 6-11 所示。

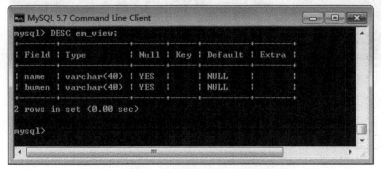

图 6-11　查看 em_view 视图

执行修改视图语句，代码如下：

```
CREATE OR REPLACE VIEW em_view (id,name, bumen)
AS SELECT employee.s_id,employee.name , office.department
FROM employee, office WHERE employee.s_id= office.s_id;
```

使用 DESC em_view 语句查看修改后的变化，如图 6-12 所示。

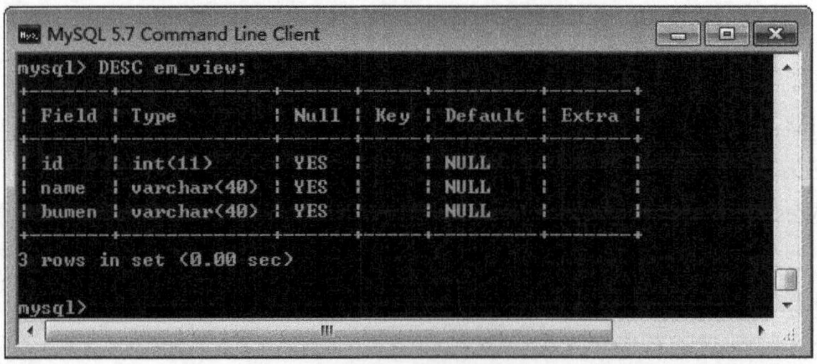

图 6-12　完成修改

从执行结果来看，相比原来的 em_view 视图，新的视图多了一个字段。

除了可以使用 **CREATE OR REPLACE** 修改视图以外，用户还可以使用 **ALTER** 修改视图，语法格式如下：

```
ALTER [ALGORITHM = {UNDEFINED | MERGE | TEMPTABLE}]
    VIEW view_name [(column_list)]
    AS SELECT_statement
    [WITH [CASCADED | LOCAL] CHECK OPTION]
```

该语法中的关键字和前面视图的关键字是一样的，这里就不再介绍。

【例 6-7】使用 ALTER 语句修改 e_view 视图。

代码如下：

```
ALTER VIEW e_view AS SELECT name FROM employee;
```

在修改代码之前首先使用 DESC e_view 语句查看一下 e_view 视图，以便和更改之后的视图进行对比。

查看结果如图 6-13 所示。

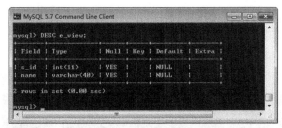

图 6-13 e_view 视图修改前

执行修改视图语句，代码如下：

```
ALTER VIEW e_view AS SELECT name FROM employee;
```

使用 DESC e_view 语句查看修改后的变化，如图 6-14 所示。

图 6-14 e_view 视图修改后

从执行结果来看，相比原来的 e_view 视图，新的视图只剩下一个 name 字段。

注意：CREATE OR REPLACE VIEW 语句不仅可以修改已经存在的视图，还可以创建新的视图，但 ALTER 语句只能修改已经存在的视图，因此通常选择 CREATE OR REPLACE VIEW 语句修改视图。

6.2.5 更新视图

CREATE OR REPLACE 和 ALTER 主要是对视图的结构进行修改，其实在 MySQL 中还可以对视图内容进行更新，也就是对视图进行 UPDATE 操作，通过视图增加、删除、修改数据表中的数据，当然对视图的更新操作实际上是对数据表进行操作。

本节介绍更新视图的 3 种方法，即使用 INSERT、UPDATE 和 DELETE 语句更新。

【例 6-8】使用 UPDATE 语句更新 em_view 视图。

代码如下：

```
UPDATE em_view SET name='王小明' WHERE id=1;
```

在执行视图更新之前查看视图的信息，代码如下：

```
SELECT * FROM em_view;
```

执行结果如图 6-15 所示。

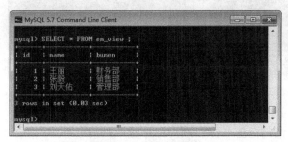

图 6-15 更新视图前

查看基本表 employee 的信息，SQL 语句如下：

```
SELECT * FROM employee;
```

执行结果如图 6-16 所示。

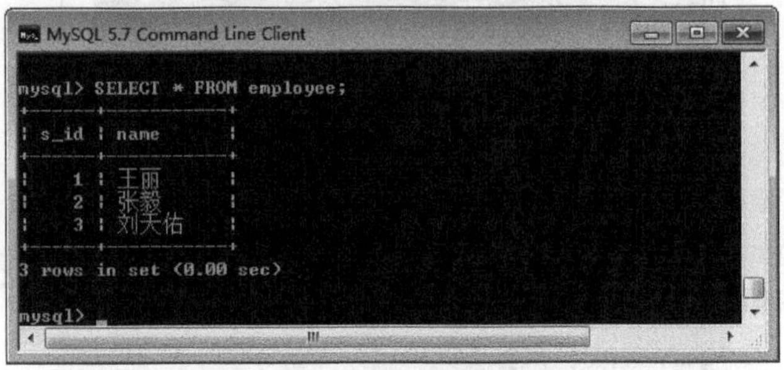

图 6-16　更新视图后

使用 UPDATE 语句更新 em_view 视图，代码如下：

```
UPDATE em_view SET name='王小明' WHERE id=1;
```

查看视图更新之后基本表的内容，代码如下：

```
SELECT * FROM employee;
```

执行结果如图 6-17 所示。

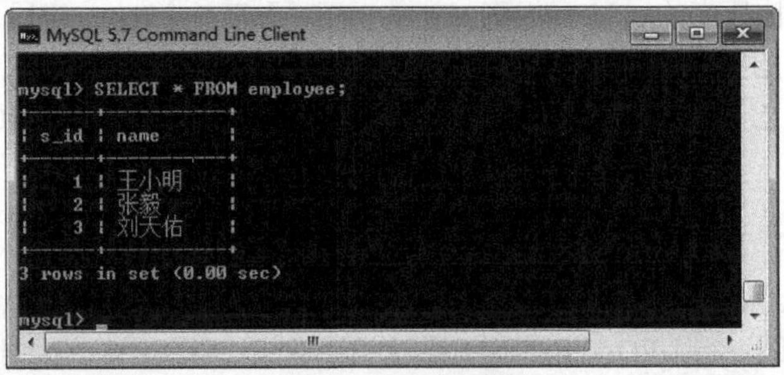

图 6-17　修改数据

在对 em_view 视图更新后，基本表 employee 的内容也更新了。

查看视图更新之后视图的内容，代码如下：

```
SELECT * FROM em_view;
```

执行结果如图 6-18 所示。

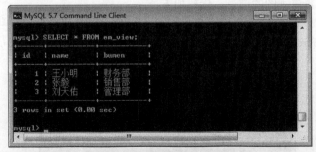

图 6-18　更新后的数据表视图

【例 6-9】使用 INSERT 语句在基本表 employee 中插入一条记录。

代码如下：

```
INSERT INTO employee VALUES(4,'孙佳旭');
```

插入数据后查询 employee 表的数据，执行结果如图 6-19 所示。

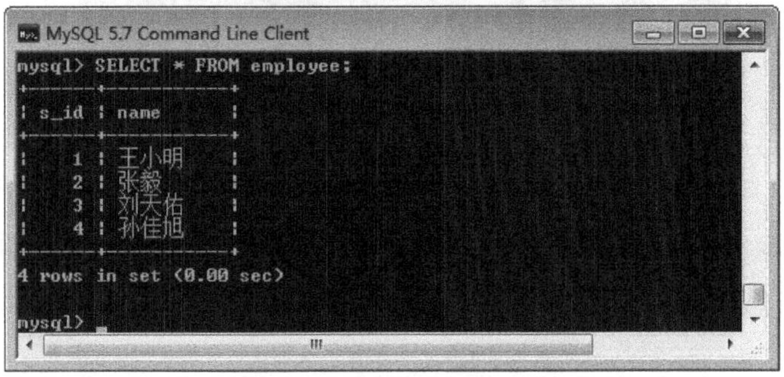

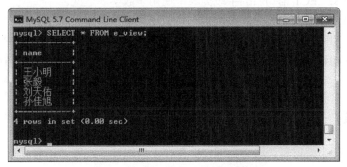

图 6-19 添加数据记录

查询 e_view 视图的内容是否发生变化，结果如图 6-20 所示。

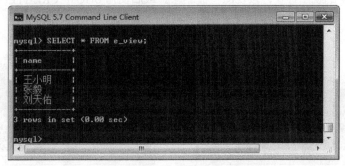

图 6-20 添加数据记录后的视图

向 employee 表中插入一条记录，通过 SELECT 查看 employee 表和 e_view 视图，可以看到其中的内容也跟着更新。

【例 6-10】使用 DELETE 语句删除 e_view 视图中的一条记录。

代码如下：

```
DELETE FROM e_view WHERE name='孙佳旭';
```

删除操作执行后查看 e_view 视图，结果如图 6-21 所示。

图 6-21 删除记录

查看数据表 employee 中的数据是否发生变化，执行结果如图 6-22 所示。

图 6-22　完成数据的删除

在 e_view 视图中删除 name='孙佳旭'的记录，视图中的删除操作最终是通过删除基本表中的相关记录实现的，查看删除操作之后的 employee 表和 e_view 视图，可以看到通过视图删除其所依赖的基本表中的数据。

当视图中包含以下内容时视图的更新操作不能被执行：

（1）视图中不包含基表中被定义为非空的列。

（2）在定义视图的 SELECT 语句后的字段列表中使用了数学表达式。

（3）在定义视图的 SELECT 语句后的字段列表中使用了聚合函数。

（4）在定义视图的 SELECT 语句中使用了 DISTINCT、UNION、TOP、GROUP BY 或 HAVING 子句。

注意：虽然修改视图的方法有很多，但不建议对视图频繁修改，一般将视图作为虚拟表来完成查询操作。

6.2.6　删除视图

因为视图本身只是一个虚拟表，没有物理文件存在，所以删除视图并不会删除数据，只是删除视图的结构定义。

删除视图的语法格式如下：

```
DROP VIEW [IF EXISTS] view_name [, view_name1, view_name2...]
```

【例 6-11】删除 e_view 视图。

代码如下：

```
DROP VIEW IF EXISTS e_view;
```

执行结果如图 6-23 所示。

如果名称为 e_view 的视图存在，该视图将被删除。最后使用 SHOW CREATE VIEW 语句查看操作结果，如图 6-24 所示。

图 6-23　删除 e_view 视图

图 6-24　查看删除结果

可以看到 e_view 视图已经不存在，删除成功。

6.3　视图的使用

对视图使用最多的就是查询，它和普通数据表的 SELECT 查询没有太多区别。

例如查询 em_view 视图，代码如下：

```
SELECT * FROM em_view;
```

执行结果如图 6-25 所示。

图 6-25　查询视图

因为视图是一种虚拟的数据表，它们的行为和数据表一样，但并不真正包含数据。它们是用底层（真正的）数据表或其他视图定义出来的"假"数据表，用来提供查看数据表中数据的另一种方法，这通常可以简化应用程序，所以用户也可以使用 SHOW TABLES 查找该视图，并查看视图的基本信息。

如果要选取某给定数据表的数据列的一个子集，把它定义为一个简单的视图是最方便的做法。

假设经常需要从 employee 表中选取 name 数据列，但又不想每次都写出所有数据列，可以使用如下代码：

```
SELECT s_id, name FROM employee;
```

或者使用如下代码：

```
SELECT s_id, name FROM employee;
```

这虽然简单，但检索出来的数据列不都是用户想要的，解决这个矛盾的办法是定义一个视图，让它只包括想要的数据列：

```
CREATE VIEW vvem AS
SELECT name FROM employee;
```

这个视图就像一个"窗口"，从中只能看到想要的数据列。这意味着可以在这个视图上使用 SELECT *，而看到的将是视图定义里给出的那些数据列：

```
SELECT * FROM vvem;
```

查看结果如图 6-26 所示。

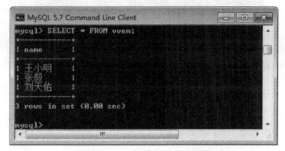

图 6-26　查看指定列视图

如果在查询某个视图时还使用了一个 WHERE 子句，MySQL 将在执行该查询时把它添加到那个视图的定义上，以进一步限制其检索结果：

```
SELECT * FROM vvem WHERE name = '刘天佑';
```

查看结果如图 6-27 所示。

图 6-27　查看指定视图

在查询视图时还可以使用 ORDER BY、LIMIT 等子句，其效果与查询一个真正的数据表时的情况一样。在使用视图时只能引用在该视图定义里列出的数据列，也就是说，如果底层数据表里的某个数据列没在视图的定义里，在使用视图的时候就不能引用它：

```
SELECT * FROM vvem WHERE id = 1;
```

查看结果如图 6-28 所示。

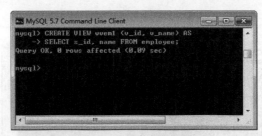

图 6-28　非定义里数据的显示结果

在默认情况下，视图里的数据列的名字与 SELECT 语句里列出的输出数据列相同。如果想明确地改用其他数据列名字，需要在定义视图时在视图名字的后面用括号列出那些新名字：

```
CREATE VIEW vvem1 (v_id, v_name) AS
SELECT s_id, name FROM employee;
```

执行结果如图 6-29 所示。

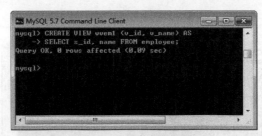

图 6-29　新命名数据列

此后，当使用这个视图时必须使用在括号里给出的数据列名字，而非 SELECT 语句里的名字。例如以下代码将会报错：

```
SELECT s_id,name FROM vvem1;
```

执行结果如图 6-30 所示。

图 6-30 引用错误数据列名称

正确的查询如下：

```
SELECT v_id,v_name FROM vvem1;
```

执行结果如图 6-31 所示。

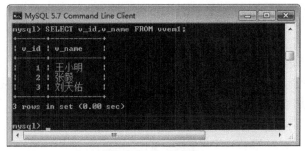

图 6-31 数据视图

6.4 就业面试技巧与解析

6.4.1 面试技巧与解析（一）

面试官： 在定义视图时有什么限制条件？

应聘者： 视图定义服从下列限制：

（1）SELECT 语句不能包含 FROM 子句中的子查询。

（2）SELECT 语句不能引用系统或用户变量。

（3）SELECT 语句不能引用预处理语句参数。

（4）在存储子程序内，定义不能引用子程序参数或局部变量。

（5）在定义中引用的表或视图必须存在，但是在创建了视图后能够舍弃定义引用的表或视图。如果想检查视图定义是否存在这类问题，可以使用 CHECK TABLE 语句。

（6）在定义中不能引用 TEMPORARY 表，不能创建 TEMPORARY 视图。

（7）在视图定义中命名的表必须已存在。

（8）不能将触发程序与视图关联在一起。

6.4.2　面试技巧与解析（二）

面试官：MySQL 中视图和表的区别以及联系是什么？

应聘者：

1. 两者的区别

（1）视图是已经编译好的 SQL 语句，是基于 SQL 语句的结果集的可视化的表，而表不是。

（2）视图没有实际的物理记录，而基本表有。

（3）表是内容，视图是窗口。

（4）表只用物理空间，而视图不占用物理空间；视图只是逻辑概念的存在；表可以即时进行修改，而视图只能用创建的语句来修改。

（5）视图是查看数据表的一种方法，可以查询数据表中某些字段构成的数据，只是一些 SQL 语句的集合。从安全角度来说，视图可以防止用户接触数据表，从而不知道表结构。

（6）表属于全局模式中的表，是实表；视图属于局部模式的表，是虚表。

（7）视图的建立和删除只影响视图本身，不影响对应的基本表。

2. 两者的联系

视图（View）是在基本表之上建立的表，它的结构（即所定义的列）和内容（即所有记录）都来自基本表，它依据基本表的存在而存在。一个视图可以对应一个基本表，也可以对应多个基本表。视图是基本表的抽象和在逻辑意义上建立的新关系。

第7章

MySQL 的数据类型和运算符

◎ 本章教学微视频：12 个　62 分钟

 学习指引

　　数据表由多列字段构成，每个字段在进行数据定义的时候都要确定不同的数据类型，向每个字段插入的数据内容决定了该字段的数据类型。MySQL 提供了丰富的数据类型，根据实际工作的需求，用户可以选择不同的数据类型，不同的数据类型，存储方式是不同的。另外，MySQL 还提供了各种运算符，通过使用这些运算符可以完成各种各样的运算操作，正确地使用各种运算符可以为下一步操作 MySQL 打下基础。

 重点导读

- 熟悉常见的数据类型。
- 掌握使用整数类型的方法。
- 掌握使用浮点数和定点数类型的方法。
- 掌握使用时间/日期类型的方法。
- 掌握使用字符串类型的方法。
- 掌握选择数据类型的方法。
- 掌握使用各种运算符的方法。

7.1　MySQL 的数据类型

MySQL 支持多种数据类型，主要有数值类型、日期/时间类型、字符串类型和二进制类型。

7.1.1　常见的数据类型

在 MySQL 中常见的数据类型如下。

（1）整数类型：包括 TINYINT、SMALLINT、MEDIUMINT、INT、BIGINT，浮点数类型 FLOAT 和

DOUBLE，定点数类型 DECIMAL。

（2）日期/时间类型：包括 YEAR、TIME、DATE、DATETIME 和 TIMESTAMP。

（3）字符串类型：包括 CHAR、VARCHAR、BINARY、VARBINARY、BLOB、TEXT、ENUM 和 SET 等。

（4）二进制类型：包括 BIT、BINARY、VARBINARY、TINYBLOB、BLOB、MEDIUMBLOB 和 LONGBLOB。

下面详细介绍这些数据类型的使用方法。

7.1.2 整数类型

MySQL 提供了多种数值数据类型，不同的数据类型取值范围不同，可以存储的值的范围越大，其所需要的存储空间也就越大，因此用户要根据实际需求选择适合的数据类型。MySQL 提供的整数类型主要有 TINYINT、SMALLINT、MEDIUMINT、INT（INTEGER）、BIGINT。整数类型的字段属性可以添加 AUTO_INCREMENT 自增约束条件。表 7-1 列出了 MySQL 中整数型数据类型的说明。

表 7-1　MySQL 中的整数型数据类型

类 型 名 称	说　　明	存 储 需 求
TINYINT	很小的整数	1 个字节
SMALLINT	小的整数	2 个字节
MEDIUMINT	中等大小的整数	3 个字节
INT（INTEGER）	普通大小的整数	4 个字节
BIGINT	大整数	8 个字节

该表中显示，不同类型的整数存储时所需的字节不同，占用字节最少的是 TINYINT 类型，占用字节最多的是 BIGINT，相应的占用字节多的类型所能存储的数字范围也就大。用户可以根据占用的字节数计算出每一种整数类型的取值范围，例如 TINYINT 的存储需求是一个字节（8 bits），那么 TINYINT 无符号数的最大值为 2^8-1，即 255；TINYINT 有符号数的最大值为 2^7-1，即 127。用这种计算方式可以计算出其他整数类型的取值范围，如表 7-2 所示。

表 7-2　整数类型的取值范围

数 据 类 型	有符号数的取值范围	无符号数的取值范围
TINYINT	−128～127	0～255
SMALLINT	−32768～32767	0～65535
MEDIUMINT	−8388608～8388607	0～16777215
INT（INTEGER）	−2147483648～2147483647	0～4294967295
BIGINT	−9223372036854775808～9223372036854775807	0～18446744073709551615

MSQL 支持选择在该类型关键字后面的括号内指定整数值的显示宽度（例如 INT(4)）。INT(M)中的 M 指示最大显示宽度，最大有效显示宽度是 4，需要注意的是显示宽度与存储大小或类型包含的值的范围无关。该可选显示宽度规定用于显示宽度小于指定的字段宽度的值时从左侧填满宽度。显示宽度只是指明 MySQL 最大可能显示的数值个数，数值个数如果小于指定的宽度，显示会由空格填充；如果插入了大于显示宽度的值，只要该值不超过该类型整数的取值范围，数据依然可以插入，而且显示无误。

例如，假设声明一个 INT 类型的字段：

```
id INT(4)
```

该声明指出，在 id 字段中的数据一般只显示 4 位数字的宽度。假如向 id 字段中插入数值 10000，当使用 SELECT 语句查询该列值的时候，MySQL 显示的是完整的带有 5 位数字的 10000，而不是 4 位数字。

其他整型数据类型也可以在定义表结构时指定所需要的显示宽度，如果不指定，则系统为每一种类型指定默认的宽度值，如例 7-1 所示。

【例 7-1】创建一个 tem1 表，其中字段 a、b、c、d、e 的数据类型分别为 TINYINT、SMALLINT、MEDIUMINT、INT、BIGINT。

SQL 语句如下：

```
CREATE TABLE tem1 (a TINYINT, b SMALLINT, c MEDIUMINT, d INT, e BIGINT);
```

执行成功后使用 DESC 查看表结构，显示如图 7-1 所示。

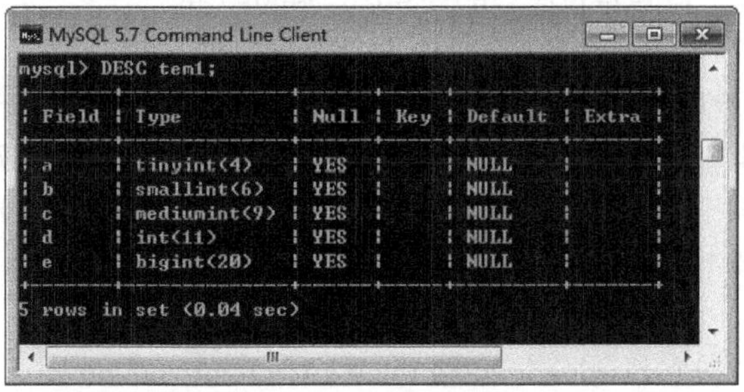

图 7-1　查看表结构

由 MySQL 执行结果可以看出，虽然在定义数据表的时候未指明各数据类型的显示宽度，但是系统给每种数据类型添加了不同的默认显示宽度，这些显示宽度能够保证显示每一种数据类型的取值范围内所有的值。例如 TINYINT 有符号数和无符号数的取值范围分别是-128～127 和 0～255，由于符号占用一个数字位，所以 TINYINT 默认的显示宽度是 4。同理，其他整数类型的默认显示宽度与其有符号数的最小值的宽度相同。

不同的整数类型的取值范围不同，所需的存储空间也不同，因此在定义数据表的时候要根据实际需求选择最合适的类型，这样做有利于节约存储空间，还有利于提高查询效率。

现实生活中的很多情况需要存储带有小数部分的数值，下一节将介绍 MySQL 支持的能保存小数的数据类型。

7.1.3　浮点数类型和定点数类型

在 MySQL 中使用浮点数和定点数表示小数。浮点数类型有两种，即单精度浮点数类型（FLOAT）和双精度浮点数类型（DOUBLE）；定点数类型只有一种，即 DECIMAL。浮点数类型和定点数类型都可以用(M,D)来表示，其中 M 称为精度，表示总共的位数；D 称为标度，表示小数的位数。浮点数类型的取值范围为 M（1～255）和 D（1～30，且不能大于 M-2），分别表示显示宽度和小数位数。M 和 D 在 FLOAT 和 DOUBLE

中是可选的，FLOAT 和 DOUBLE 类型将被保存为硬件所支持的最大精度。DECIMAL 的默认 D 值为 0、M 值为 10。

表 7-3 列出了 MySQL 中的小数类型和存储需求。

表 7-3　MySQL 中的小数类型

类型名称	说明	存储需求
FLOAT	单精度浮点数	4 个字节
DOUBLE	双精度浮点数	8 个字节
DECIMAL(M,D)、DEC	压缩的"严格"定点数	M+2 个字节

DECIMAL 类型不同于 FLOAT 和 DOUBLE，它实际上是以字符串存储的。DECIMAL 可能的最大取值范围与 DOUBLE 一样，但是其有效的取值范围由 M 和 D 的值决定。如果改变 M 而固定 D，则其取值范围将随 M 的变大而变大；如果固定 M 而改变 D，则其取值范围将随 D 的变大而变小（但精度增加）。由表 7-3 可以看出，DECIMAL 的存储空间并不是固定的，而是由其精度值 M 决定，占用 M+2 个字节。

FLOAT 类型的取值范围如下。

有符号的取值范围：-3.402823466E+38～-1.175494351E-38

无符号的取值范围：0 和 1.175494351E-38～3.402823466E+38

DOUBLE 类型的取值范围如下。

有符号的取值范围：-1.7976931348623157E+308～-2.2250738585072014E-308

无符号的取值范围：0 和 2.2250738585072014E-308～1.7976931348623157E+308

【例 7-2】创建 tem2 表，其中字段 a、b、c 的数据类型分别为 FLOAT(5,1)、DOUBLE(5,1)和 DECIMAL(5,1)，并向表中插入数据 7.26、7.56 和 7.125。

SQL 语句如下：

```
create table tem2 (a FLOAT(5,1), b DOUBLE(5,1), c DECIMAL(5,1));
```

向表中插入数据：

```
INSERT INTO tem2 values(7.26,7.56,7.125);
```

结果显示如图 7-2 所示。

从 MySQL 的执行结果可以看到在插入数据时出现了一个警告信息，使用"show warnings;"语句查看警告信息，结果如图 7-3 所示。

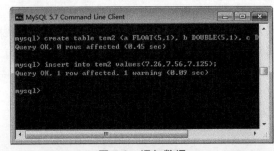

图 7-2　添加数据

图 7-3　警告信息

警告信息中显示字段 c，也就是定义的定点数据类型 DECIMAL(5,1)在插入 7.125 的时候被警告字段被截断，而字段 a 和字段 b 在插入 7.26 和 7.56 时未给出警告。

执行 SELECT 语句查看 tem2 表中的内容：

```
SELECT * FROM tem2;
```

查询结果如图 7-4 所示。

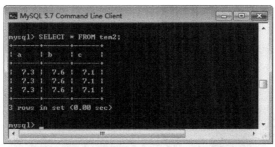

图 7-4　查看数据插入结果

由执行结果看出，虽然字段 a 和字段 b 的 FLOAT 和 DOUBLE 数据类型在插入超过其精度范围的小数时 MySQL 系统未给出警告，但是对插入的数据做了四舍五入的处理。同样，DECIMAL 类型在对超出其精度范围的插入值做出四舍五入处理的同时，系统还会给出截断插入值的警告。

7.1.4　日期/时间类型

在 MySQL 中有多种表示日期与时间的数据类型，主要有 DATETIME、DATE、TIMESTAMP、TIME 和 YEAR。例如，当只需要记录年份信息时可以只用 YEAR 类型，而没有必要使用 DATE。每一个类型都有合法的取值范围，当插入不合法的值时系统会将"零"值插入到字段中。

表 7-4 列出了 MySQL 中的日期/时间类型。

表 7-4　日期/时间类型

类 型 名 称	日 期 格 式	日 期 范 围	存 储 需 求
YEAR	YYYY	1901～2155	1 个字节
TIME	HH:MM:SS	−838:59:59～838:59:59	3 个字节
DATE	YYYY-MM-DD	1000-01-01～9999-12-31	3 个字节
DATETIME	YYYY-MM-DD HH:MM:SS	1000-01-01 00:00:00～9999-12-31 23:59:59	8 个字节
TIMESTAMP	YYYY-MM-DD HH:MM:SS	1970-01-01 00:00:001～2038-01-19 03:14:07	4 个字节

1. YEAR

（1）YEAR 类型使用单字节表示年份，在存储时只需要一个字节，用户可以使用不同格式指定 YEAR 的值。

（2）以 4 位字符串或者 4 位数字格式表示 YEAR，其范围为'1901'～'2155'，输入格式为'YYYY'或 YYYY。例如输入'2015'或 2015，插入到数据库的值都是 2015。

（3）以两位字符串格式表示 YEAR，范围为'00'～'99'。'00'～'69'和'70'～'99'范围的值分别被转换为 2000～2069 和 1970～1999 范围的 YEAR 值。输入'0'与'00'取值相同，皆为 2000，插入超过取值范围的值将被转换为 2000。

（4）以两位数字表示的 YEAR，范围为 1～99。1～69 和 70～99 范围的值分别被转换为 2001～2069 和 1970～1999 范围的 YEAR 值。注意，0 值被转换为 0000，而不是 2000。

【例 7-3】创建 tem3 表，定义数据类型为 YEAR 的字段 a，向表中插入值 2018、'2018'、'2226'。

首先创建 tem3 表：

```
CREATE TABLE tem3(a YEAR);
```

然后向表中插入数据：

```
INSERT INTO tem3 VALUES(2018),('2018');
```

执行结果如图 7-5 所示。

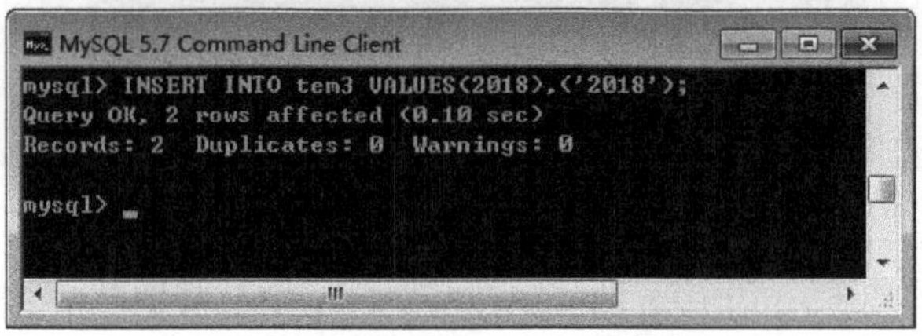

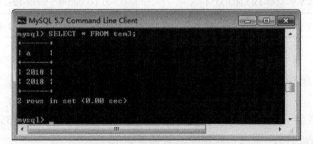

图 7-5　创建表并插入数据

再次向表中插入数据：

```
INSERT INTO tem3 VALUES('2226');
```

执行结果如图 7-6 所示。

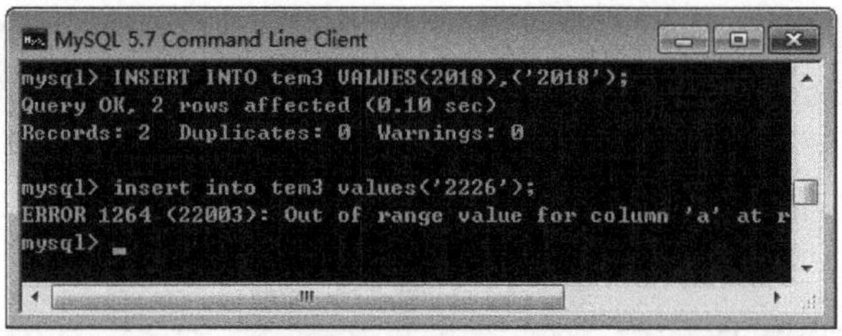

图 7-6　再次插入数据

MySQL 给出一条错误提示，字段 a 中插入的第 3 个值'2226'超出了 YEAR 类型的取值范围，此时不能正确地执行插入操作，使用 SELECT 语句查看结果：

```
SELECT * FROM tem3;
```

执行结果如图 7-7 所示。

图 7-7　超范围数据不被插入

由上述结果可以看出，插入值无论是数值型还是字符串型，都可以被正确地存储到数据库中；但是假如插入值超过了 YEAR 类型的取值范围，则插入失败。

【例 7-4】向 tem3 表的字段 a 中插入用一位和两位字符串表示的 YEAR 值，分别为'0'、'00'、'88'和'25'。

为了方便观察结果，可先清空 tem3 表中原有的数据：

```
DELETE FROM tem3;
```

然后插入测试数据并查看数据：

```
INSERT INTO tem3 values('0'),('00'),('88'),('25');
```

结果如图 7-8 所示。

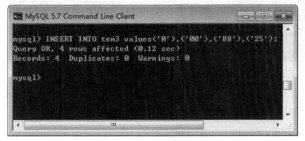

图 7-8　插入规范数据

使用 SELECT 语句查询 tem3 表的数据：

```
SELECT * FROM tem3;
```

结果如图 7-9 所示。

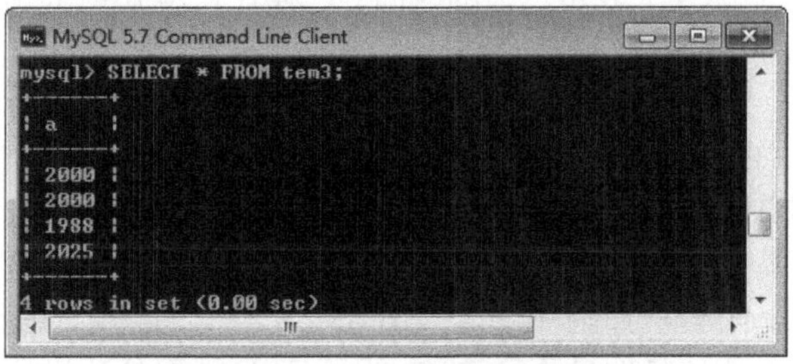

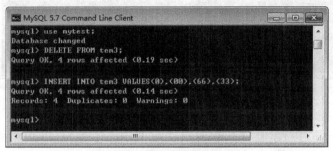

图 7-9　查看新添加数据

从执行结果可以看出，字符串'0'和'00'的作用相同，都被转换成了 2000 年，字符串'88'被转换成了 1988 年，字符串'25'被转换为 2025 年。

【例 7-5】向 tem3 表的字段 a 中插入用一位和两位数字表示的 YEAR 值，分别为 0、00、66 和 33。

为了方便观察结果，可先清空 tem3 表中原有的数据：

```
DELETE FROM tem3;
```

然后插入测试数据并查看数据：

```
INSERT INTO tem3 VALUES(0),(00),(66),(33);
```

执行结果如图 7-10 所示。

图 7-10　插入年份类型数据

使用 SELECT 语句查询 tem3 表的内容，结果如图 7-11 所示。

图 7-11　新数据插入结果

从执行结果可以看出，数字 0 和 00 的作用相同，都被转换成了 0000 年，数字 66 被转换成了 2066 年，数字 33 被转换为 2033 年。

2. TIME

TIME 类型用于只需记录时间信息的值，需要 3 个字节存储，格式为'HH:MM:SS'，其中 HH 表示小时，MM 表示分钟，SS 表示秒。TIME 类型的取值范围为-838:59:59～838:59:59，小时部分会取这么大的值是因为 TIME 类型不仅可以用来表示一天的时间（必须小于 24 小时），还可能是某个事件过去发生的时间或者两个事件之间的时间间隔（可以大于 24 小时，甚至可以为负值）。用户可以使用多种格式指定 TIME 的值。

（1）'D HH:MM:SS'格式的字符串，也可以使用'HH:MM:SS'、'HH:MM'、'D HH:MM'、'D HH'或'SS'等"非严格"的语法，其中 D 表示日，取值范围是 0～34。在插入数据库时，D 被转换为小时保存，格式为'D*24+HH'。

（2）'HHMMSS'格式的没有分隔符的字符串或 HHMMSS 格式的数值，假定是有意义的时间。例如，'105508'被理解为'10:55:08'，但'106508'是不合法的，因为其分钟部分超出合理范围，在存储时将变为00:00:00。

【例 7-6】 创建 tem4 表，然后向字段 a 中插入时间值，分别为'12:50:06'、'12:58'、'3 15:25'、'6 08'、'28'。SQL 语句如下：

```
CREATE TABLE tem4(a TIME);
INSERT INTO tem4 values('12:50:06'),('12:58'),('3 15:25'),('6 08'),('28');
```

执行结果如图 7-12 所示。

图 7-12　添加时间类型数据

使用 SELECT 语句查询 tem4 表的内容，结果如图 7-13 所示。

从上述结果可以看出，字符串值'12:50:06'被转换为 12:50:06；字符串'12:58'后面补秒数 00 被转换为12:58:00；字符串'3 10:55'经过计算（3×24+15=87HH）最终被转换为 87:25:00；字符串'6 08'经过计算（6×24+08=152HH）最终被转换为 152:00:00；字符串'28'被转换为 00:00:28。

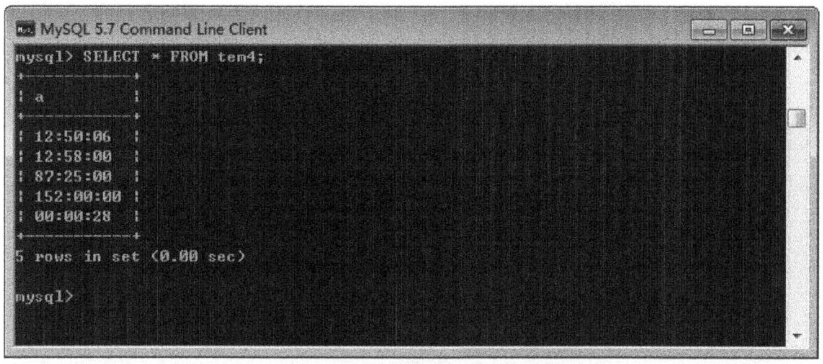

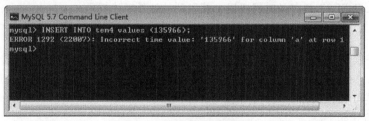

图 7-13 添加时间类型数据结果

【例 7-7】向 tem4 表中插入值'122509'、101059、'0'、135966。

为了方便观察结果，可先清空 tem4 表中原有的数据：

```
DELETE FROM tem4;
```

插入前 3 项测试数据：

```
INSERT INTO tem4 values ('122509'),(101059),('0');
```

执行结果如图 7-14 所示。

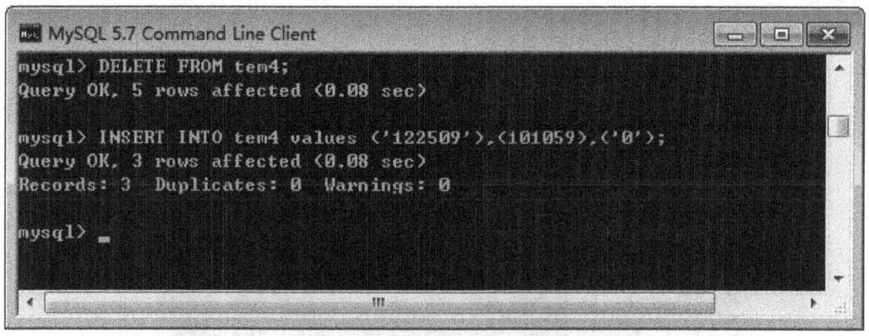

图 7-14 插入新数据

接着插入第 4 项测试数据：

```
INSERT INTO tem4 values (135966);
```

执行结果如图 7-15 所示。

图 7-15 数据超范围提示

执行结果显示，当插入的 TIME 类型数据超过规定范围时系统将报错，因为数值 135966 中的秒钟超过了 59，数据不能插入。

查看 tem4 表中的结果，如图 7-16 所示。

```
SELECT * FROM TEM4;
```

从执行结果可以看出，字符串'122509'被转换为 12:25:09；数值 101059 被转换为 10:10:59；字符串'0'被转换为 00:00:00；数值 135966 因为秒钟超过取值范围，没有被插入到表中。

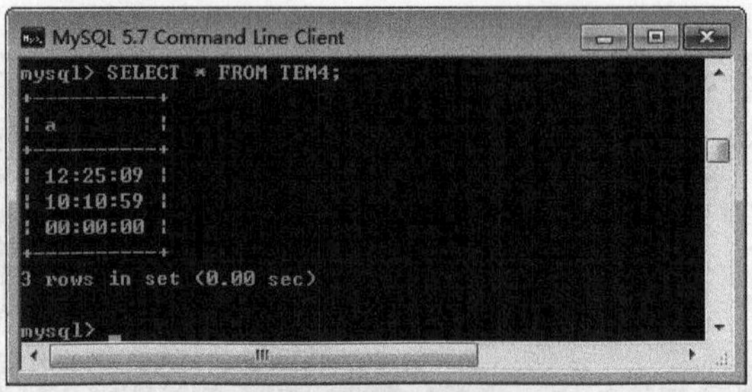

图 7-16 数据插入结果

【例 7-8】向 tem4 表中插入系统当前时间。

为了方便观察结果，可先清空 tem4 表中原有的数据：

```
DELETE FROM tem4;
```

然后插入测试数据：

```
INSERT INTO tem4 values (CURRENT_TIME),(NOW());
```

查看 tem4 表中的数据：

```
SELECT * FROM tem4;
```

执行结果如图 7-17 所示。

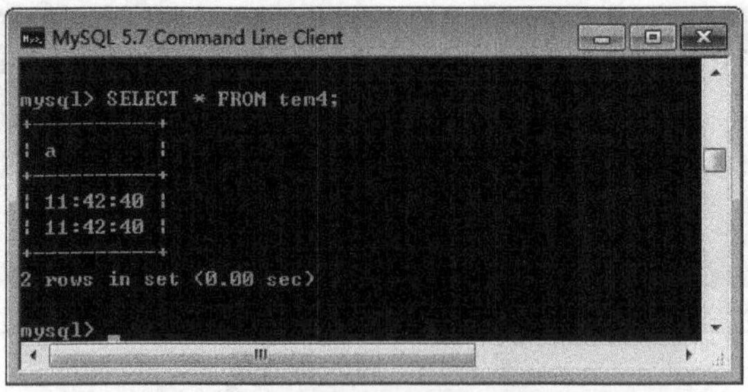

图 7-17 插入系统时间数据

从执行结果可以看出，获取当前系统时间函数 CURRENT_TIME 和 NOW()将当前系统时间插入到字段 a 中。

注意：因为输入 INSERT 语句的时间不同，获取到的结果可能不同。

3. DATE

DATE 类型用在仅需要存储日期值的时候，不存储时间，存储需要 3 个字节，格式为'YYYY-MM-DD'，其中 YYYY 表示年，MM 表示月，DD 表示日。在给 DATE 类型的字段赋值时可以使用字符串类型或者数值类型的数据，只要符合 DATE 的日期格式即可。

常用的 DATE 格式如下：

* 以'YYYY-MM-DD'或者'YYYYMMDD'字符串格式表示日期，取值范围为'1000-01-01'～'9999-12-31'。例如输入'2018-12-31'或者'20181231'，插入数据库中的日期都是 2018-12-31。
* 以'YY-MM-DD'或者'YYMMDD'字符串格式表示日期，YY 表示两位的年份值，但两位的年份值不能清楚地表示具体的年份，因为不知道在哪个世纪。MySQL 使用以下规则解释两位的年份值：'00～69'范围的年份值转换为'2000～2069'，'70～99'范围的年份值转换为'1970～1999'。例如输入'18-12-31'，插入数据库的日期是 2018-12-31；输入'98-12-31'，插入数据库的日期是 1998-12-31。
* 以 YYMMDD 数值格式表示日期，00～69 范围的年份值转换为 2000～2069；70～99 范围的年份值

转换为 1970～1999。例如输入 181231，插入数据库的日期是 2018-12-31；输入 981231，插入数据库的日期是 1998-12-31。

使用 CURRENT_DATE 或者 NOW()插入当前计算机系统的日期。

【例 7-9】创建 tem5 表，定义字段 a 为 DATE 数据类型，向表中插入用 4 位字符表示年份的数据，例如字符串格式的数据'1968-12-25'、'19681225'和'20180828'。

首先创建 tem5 表：

```
CREATE TABLE tem5(a DATE);
```

向表中插入数据并查看插入结果：

```
INSERT INTO tem5 values('1968-12-25'),( '19681225'),( '20180828');
```

使用 SELECT 语句查看 tem5 表的数据，执行结果如图 7-18 所示。

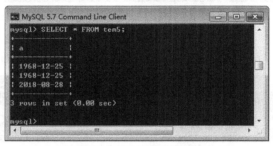

图 7-18　tem5 表的数据

由执行结果可以看出，不同格式的字符串型的日期数据被正确地插入到数据表中。

【例 7-10】向 tem5 表中插入用两位字符表示年份的字符串数据，例如'56-10-15'、'561015'、'001015'、'251015'。

为了方便观察结果，可先清空 tem5 表中原有的数据：

```
DELETE FROM tem5;
```

然后插入测试数据：

```
INSERT INTO tem5 values('56-10-15'),( '561015'),( '001015'),( '251015');
```

使用 SELECT 语句查看 tem5 表的数据，执行结果如图 7-19 所示。

图 7-19　插入字符串数据

【例 7-11】向 tem5 表中插入用两位数字表示年份的日期值，例如 961225、001225、181225。

为了方便观察结果，可先清空 tem5 表中原有的数据：

```
DELETE FROM tem5;
```

然后插入测试数据：

```
INSERT INTO tem5 values (961225),(001225),(181225);
```

使用 SELECT 语句查看 tem5 表的数据，执行结果如图 7-20 所示。

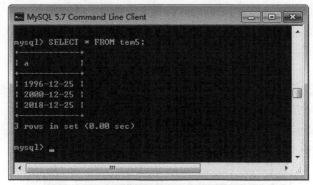

图 7-20　插入测试数据

注意：如果把 96-12-31 作为数值类型插入到字段 a，系统会提示错误，如图 7-21 所示。

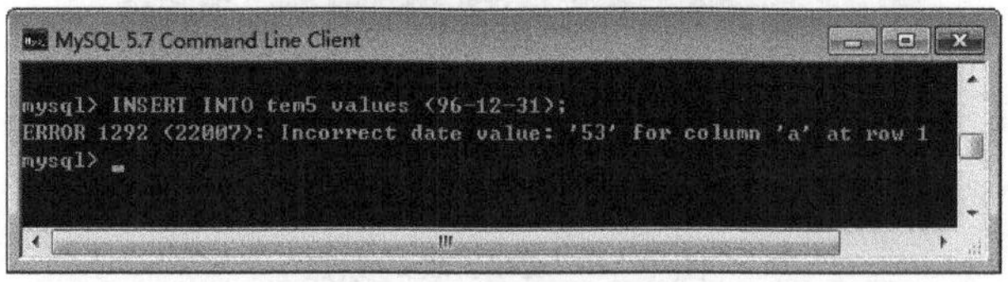

图 7-21　系统提示信息

【例 7-12】向 tem5 表中插入系统当前时间。

为了方便观察结果，可先清空 tem5 表中原有的数据：

```
DELETE FROM tem5;
```

然后插入测试数据：

```
INSERT INTO tem5 values (CURRENT_DATE);
```

使用 SELECT 语句查看 tem5 表的数据，执行结果如图 7-22 所示。

图 7-22　获取系统当前时间（1）

在插入当前时间时也可以使用 NOW()函数：

```
INSERT INTO tem5 values(NOW());
```

使用 SELECT 语句查看 tem5 表的数据，执行结果如图 7-23 所示。

4. DATETIME

DATETIME 类型同时包含日期和时间信息，存储需要 8 个字节，格式为'YYYY-MM-DD HH:MM:SS'，其中 YYYY 表示年，MM 表示月，DD 表示日，HH 表示小时，MM 表示分钟，SS 表示秒。在给 DATETIME 类型的字段赋值时可以使用字符串类型或者数值类型的数据，只需符合 DATETIME 的日期格式即可。

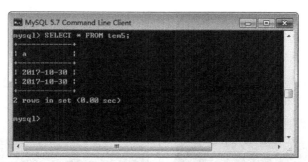

图 7-23　获取系统当前时间（2）

常用的 DATETIME 格式如下：

- 以'YYYY-MM-DD HH:MM:SS'或者'YYYYMMDDHHMMSS'字符串格式表示日期时间，取值范围为'1000-01-01 00:00:00'～'9999-12-31 23:59:59'。例如输入'2014-12-31 11:28:30'或者'20141231112830'，插入数据库的 DATETIME 值都是 2014-12-31 11:28:30。
- 以'YY-MM-DD HH:MM:SS'或者'YYMMDDHHMMSS'字符串格式表示日期时间，在这里 YY 表示年份值。和 DATE 类型一样，'00～69'范围的年份值转换为'2000～2069'，'70～99'范围的年份值转换为'1970～1999'。例如输入'14-12-31 11:28:30'，插入数据库的 DATETIME 类型值为 2014-12-31 11:28:30；输入'951231112830'，插入数据库的 DATETIME 类型值为 1995-12-31 11:28:30。
- 以 YYYYMMDDHHMMSS 或者 YYMMDDHHMMSS 数值格式表示日期时间，例如输入 20141231112830，插入数据库的 DATETIME 类型值为 2014-12-31 11:28:30；输入 951231112830，插入数据库的 DATETIME 类型值为 1995-12-31 11:28:30。

【例 7-13】创建 tem6 表，定义字段 a 的数据类型为 DATETIME，向表中插入用 4 位字符表示年份的字符串数据，例如'1988-08-08 08:08:08'、'19880808080808'和'20180606060606'。

首先创建 tem6 表：

```
CREATE TABLE tem6(a DATETIME);
```

向表中插入数据并查看插入结果：

```
INSERT INTO tem6 values ('1988-08-08 08:08:08'),( '19880808080808'),( '20180606060606');
```

执行结果如图 7-24 所示。

图 7-24　插入年月日及时间数据（1）

使用 SELECT 语句查看 tem6 表的数据，执行结果如图 7-25 所示。

由执行结果可以看出，不同格式的字符串型的日期时间数据被正确地插入到数据表中。

【例 7-14】向 tem6 表中插入用两位字符表示年份的字符串数据，例如'88-08-08 08:08:08'、'880808080808'、'180606060606'。

为了方便观察结果，可先清空 tem6 表中原有的数据：

```
DELETE FROM tem6;
```

然后插入测试数据：

```
INSERT INTO tem6 values ('88-08-08 08:08:08'),( '880808080808'),( '180606060606');
```

使用 SELECT 语句查看 tem6 表的数据，执行结果如图 7-26 所示。

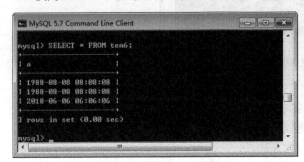

图 7-25　插入显示结果　　　　　　　　　图 7-26　插入年月日及时间数据（2）

【例 7-15】向 tem6 表中插入数值类型的日期时间值，例如 19881111080808、180606060606。

为了方便观察结果，可先清空 tem6 表中原有的数据：

```
DELETE FROM tem6;
```

然后插入测试数据：

```
INSERT INTO tem6 values (19881111080808),(180606060606);
```

使用 SELECT 语句查看 tem6 表的数据，执行结果如图 7-27 所示。

【例 7-16】向 tem6 表中插入系统当前日期和时间。

为了方便观察结果，可先清空 tem6 表中原有的数据：

```
DELETE FROM tem6;
```

然后插入测试数据：

```
INSERT INTO tem6 values (CURRENT_TIMESTAMP);
```

用 SELECT 语句查看 tem6 表的数据，执行结果如图 7-28 所示。

 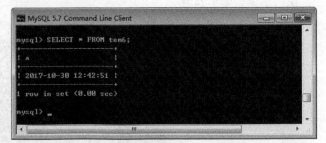

图 7-27　插入显示结果　　　　　　　　　图 7-28　数据显示结果

在插入当前时间时不可以使用 NOW()函数，例如执行以下语句：

```
INSERT INTO tem6 values(NOW());
```

使用 SELECT 语句查看 tem6 表的数据，执行结果如图 7-29 所示。

从执行结果可以看出，获取当前系统日期时间插入到字段 a 中。

注意：MySQL 允许用 "不严格" 的语法插入日期，任何标点符号都可以用作日期部分或时间部分的间隔符。例如'95-12-13 11:28:30'、'95.12.31 11+28+30'、'95/12/31 11*28*30'和'95@12@31 11^28^30'等表示方法是等价的，这些值都可以正确地插入到数据库中。

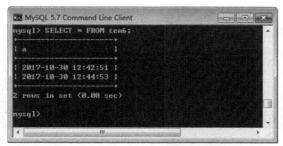

图 7-29　获取当前日期时间数据

TIMESTAMP 的显示格式与 DATETIME 相同，显示宽度固定在 19 个字符，格式为 YYYY-MM-DD HH:MM:SS，存储需要 4 个字节。但是 TIMESTAMP 列的取值范围小于 DATETIME 的取值范围，为 '1970-01-01 00:00:01' UTC～'2038-01-19 03:14:07' UTC（UTC 是 Coordinated Universal Time 的缩写，指的是世界标准时间），因此在插入数据时要保证在合法的取值范围内。

【例 7-17】创建 tem7 表，定义字段 a 的数据类型为 TIMESTAMP，向表中插入各种形式的日期时间数据，例如'1988-08-08 08:08:08'、'19880808080808'和'180606060606'，以及'88@12@31 11*11*11'、180616121212' NOW()。

首先创建表 tem7：

```
CREATE TABLE tem7(a TIMESTAMP);
```

向表中插入测试数据并查看插入结果：

```
INSERT INTO tem7 values('1988-08-08 08:08:08'),( '19880808080808'),( '180606060606');
INSERT INTO tem7 VALUES('88@12@31 11*11*11'),(180616121212),(NOW());
```

使用 SELECT 语句查看 tem7 表的数据，执行结果如图 7-30 所示。

图 7-30　通过不同方式添加日期时间数据

由执行结果可以看出，不同格式的日期时间数据都被正确地插入到数据表中。

【例 7-18】向 tem7 表中插入当年日期时间，查看插入值，并更改时区为东 6 区，再次查看插入值。

为了方便观察结果，可先清空 tem7 表中原有的数据：

```
DELETE FROM tem7;
```

然后插入测试数据为当前时区的系统时间（时区是东 8 区）：

```
INSERT INTO tem7 values (NOW());
```

使用 SELECT 语句查看 tem7 表的数据，执行结果如图 7-31 所示。

接着修改当前时区为东 6 区，SQL 语句如下：

```
set time_zone='+6:00';
```

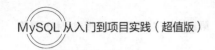

然后再次使用 SELECT 语句查看插入时的日期时间值，执行结果如图 7-32 所示。

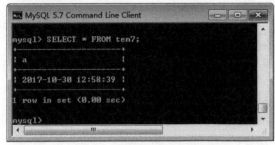

| 图 7-31　当前数据信息 | 图 7-32　修改数据时区信息 |

由上述结果可以看出，因为东 6 区比东 8 区慢两个小时，所以查询结果在经过时区转换之后值减少了两个小时。

7.1.5　字符串类型

字符串类型用于存储字符串数据，MySQL 支持两种字符串数据，即文本字符串和二进制字符串。本小节所讲的是文本字符串类型。文本字符串可以进行区分或不区分大小写的串比较，也可以进行模式匹配查找。MySQL 中的字符串类型指的是 CHAR、VARCHAR、TINYTEXT、TEXT、MEDIUMTEXT、LONGTEXT、ENUM 和 SET。表 7-5 列出了 MySQL 中的字符串数据类型。

表 7-5　MySQL 中的字符串数据类型

类 型 名 称	说　　明	存 储 需 求
CHAR（M）	固定长度非二进制字符串	M 个字节，$1 \leqslant M \leqslant 255$
VARCHAR（M）	变长非二进制字符串	L+1 个字节，在此 $L \leqslant M$ 和 $1 \leqslant M \leqslant 255$
TINYTEXT	非常小的非二进制字符串	L+1 个字节，在此 $L < 2^8$
TEXT	小的非二进制字符串	L+2 个字节，在此 $L < 2^{16}$
MEDIUMTEXT	中等大小的非二进制字符串	L+3 个字节，在此 $L < 2^{24}$
LONGTEXT	大的非二进制字符串	L+4 个字节，在此 $L < 2^{32}$
ENUM	枚举类型，只能有一个枚举字符串值	1 个或 2 个字节，取决于枚举值的数目（最大值为 65535）
SET	一个集合，字符串对象可以有零个或多个 SET 成员	1、2、3、4 或 8 个字节，取决于集合成员的数量（最多为 64 个成员）

VARCHAR 和 TEXT 类型是变长类型，它们的存储需求取决于值的实际长度（表 7-5 中用 L 表示），而不是取决于类型的最大可能长度。例如，一个 VARCHAR(10)字段能保存最大长度为 10 个字符的字符串，实际的存储需求是字符串的长度 L 加上 1 个字节。例如字符串'teacher'，L 是 7，而存储需求是 8 个字节。

1. CHAR 和 VARCHAR 类型

CHAR(M)为固定长度字符串，在定义时指定字符串长度，当保存时在右侧填充空格以达到指定的长度。M 表示字符串长度，M 的取值范围是 0～255。例如，CHAR(4)定义了一个固定长度的字符串字段，其包含的字符个数最大为 4。当检索到 CHAR 的值时，尾部的空格将被删除掉。

VARCHAR(M)是长度可变的字符串，M 表示最大的字段长度，M 的取值范围是 0～65535。VARCHAR 的最大实际长度由最长字段的大小和使用的字符集确定，而其实际占用的空间为字符串的实际长度加 1。例如，VARCHAR(40)定义了一个最大长度为 40 的字符串，如果插入的字符串只有 20 个字符，则实际存储的字符串为 20 个字符和一个字符串结束字符。VARCHAR 在进行值保存和检索时尾部的空格仍保留。

【例 7-19】将不同字符串存储到 CHAR(5)和 VARCHAR(5)数据类型的字段中，差别如表 7-6 所示。

表 7-6   CHAR(5)与 VARCHAR(5)的存储差别

插 入 值	CHAR(5)	存 储 需 求	VARCHAR(5)	存 储 需 求
''	' '	5 个字节	''	1 个字节
'ab'	'ab '	5 个字节	'ab'	3 个字节
'abcd'	'abcd '	5 个字节	'abcd'	5 个字节
'abcde'	'abcde'	5 个字节	'abcde'	6 个字节
'abcdefg'	'abcde'	5 个字节	'abcde'	6 个字节

从表 7-6 可以看出，CHAR(5)定义了固定长度为 5 的字段，不管存入的字符串长度为多少，所占用的空间都是 5 个字节。VARCHAR(5)定义的字段所占的字节数为实际字符串长度加 1。

【例 7-20】创建 tem8 表，定义字段 a 为 CHAR(5)、字段 b 为 VARCHAR(5)，向表中插入字符串数据'ab'.
首先创建 tem8 表：

```
CREATE TABLE tem8(a CHAR(5), b VARCHAR(5));
```

向表中插入数据并查看插入结果：

```
INSERT INTO tem8 values('ab   ', 'ab   ');
```

使用 SELECT 语句查看 tem8 表的数据，执行结果如图 7-33 所示。

为了更明显地显示出字段 a 和 b 存储的字符串不同，使用 MySQL 的 CONCAT 函数返回带有连接参数 "(" 和 ")" 的结果，如图 7-34 所示。

SQL 语句如下：

```
SELECT concat('(',a,')'),concat('(',b,')') FROM tem8;
```

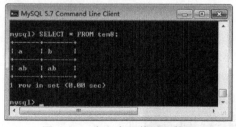

图 7-33   定义字段并插入数据

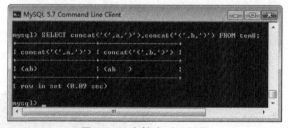

图 7-34   字符串对比结果

由结果可以看出，字段 a 的 CHAR(5)在存储字符串'ab   '的时候将末尾的 3 个空格自动删除了，而字段 b 的 VARCHAR(5)保留了空格。

2. TEXT 类型

TEXT 字段保存非二进制字符串，例如文章内容、评论和留言等。当保存或查询 TEXT 字段的值时不删除尾部空格。TEXT 类型分为 4 种，即 TINYTEXT、TEXT、MEDIUMTEXT 和 LONGTEXT，不同的 TEXT 类型所需的存储空间和数据长度不同。

- TINYTEXT 的最大长度为 255（2^8-1）个字符。
- TEXT 的最大长度为 65535（$2^{16}-1$）个字符。
- MEDIUMTEXT 的最大长度为 16777215（$2^{24}-1$）字符。
- LONGTEXT 的最大长度为 4294967295 或 4GB（$2^{32}-1$）个字符。

3. ENUM 类型

ENUM 是一个字符串对象，其值为创建表时在字段规定中枚举的一列值，语法格式如下：

```
字段名 ENUM('值 1', '值 2',…'值 n')
```

字段名指的是将要定义的字段名称，值 n 指的是枚举列表中的第 n 个值。ENUM 类型的字段在取值时只能从指定的枚举列表中取，而且一次只能取一个值。如果所创建的成员中有空格，其尾部的空格将自动被删除。ENUM 值在内部用整数表示，每个枚举值均有一个索引值，列表值所允许的成员值从 1 开始编号，MySQL 存储的就是这个索引编号。枚举最多可以有 65535 个元素。

例如定义 ENUM 类型的字段('first', 'second', 'third')，该字段可以取的值和每个值的索引如表 7-7 所示。

表 7-7 ENUM 类型的取值范围

值	索　引
NULL	NULL
"	0
first	1
second	2
third	3

ENUM 值依照索引顺序排列，并且空字符串排在非空字符串之前，NULL 值排在其他所有枚举值之前。

【例 7-21】创建 tem9 表，定义字段 a 为 ENUM 数据类型，字段 a 的枚举列表为('mingming', 'xiaohai', 'tianyi')，查看字段 a 的成员并显示其索引值。

首先创建 tem9 表：

```
CREATE TABLE tem9 (a ENUM('mingming', 'xiaohai', 'tianyi'));
```

向表中插入数据并查看插入结果：

```
INSERT INTO tem9 values(NULL),( 'xiaohai'),( 'mingming'),( 'tianyi');
```

使用 a+0 查看表中字段 a 的值的索引值，执行结果如图 7-35 所示。

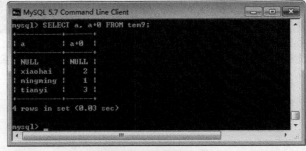

图 7-35 查看索引值

由执行结果可以看出，字段 a 枚举列表中的索引值跟定义的时候一致。

如果插入的值不在 ENUM 类型的取值范围内，将会报错，例如以下插入数据的操作：

```
INSERT INTO tem9 values('leilei');
```
执行结果如图 7-36 所示。

图 7-36　报错信息

如果 ENUM 类型加上 NOT NULL 属性，其默认值为取值类别中的第一个元素；如果不加 NOT NULL 属性，其默认值为 NULL，而且不能插入 NULL 值。

【例 7-22】创建 tem10 表，定义字段 a 为 ENUM 类型，枚举列表值为('body', 'gile')，向 tem10 表中插入测试数据。

首先创建 tem10 表：
```
CREATE TABLE tem10 (a ENUM('body', 'gile') NOT NULL);
```
向表中插入数据并查看插入结果：
```
INSERT INTO tem10 values ('gile');
```
查看表中字段 a 的值，执行结果如图 7-37 所示。

图 7-37　插入测试数据

向 tem10 表中插入 NULL 值，语句如下：
```
INSERT INTO tem10 values(NULL);
```
执行提示错误信息，如图 7-38 所示。

图 7-38　报错信息

4. SET 类型

SET 类型是一个字符串对象，可以有零个或多个值。SET 字段最多可以有 64 个成员，其值为创建表时规定的一列值。当指定包括多个 SET 成员的 SET 字段值时，各成员之间用逗号隔开。其语法格式如下：
```
SET('值1','值2',…'值n')
```
与 ENUM 类型相同，SET 值在内部用整数表示，列表中的每一个值都有一个索引编号。在创建表时，SET 成员值的尾部空格将自动被删除。注意，ENUM 类型的字段只能从定义的字段值中选择一个值插入，而 SET 类型的字段可以从定义的列值中选择多个字符的联合。

如果插入 SET 字段中的值有重复，则 MySQL 自动删除重复的值；插入 SET 字段的值的顺序不重要，MySQL 会在存入数据库的时候按照定义的顺序显示；如果插入了不正确的值，在默认情况下 MySQL 将忽视这些值，并给出相应警告。

【例 7-23】创建 tem11 表，定义字段 a 为 SET 类型，取值列表为('a','b','c')，插入测试数据('a')、('a,b,c')、('b,a,c')、('a,b')以及('d,e')。

首先创建 tem11 表：

```
CREATE TABLE tem11 (a SET('a','b','c'));
```

向表中插入数据并查看插入结果：

```
INSERT INTO tem11 values('a'),('a,b,c'),('b,a,c'),('a,b');
```

继续向表中插入数据：

```
INSERT INTO tem11 values ('d,e');
```

执行结果如图 7-39 所示。

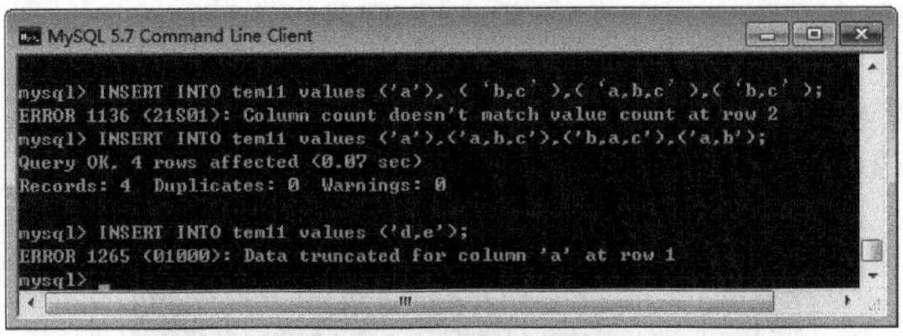

图 7-39　添加数据信息

由于插入的数据 d 和 e 不是 SET 集合中的值，系统提示错误。

使用 SELECT 语句查看 tem11 表的数据，执行结果如图 7-40 所示。

图 7-40　数据添加效果

由结果可以看出，如果插入的值不按 SET 定义时的顺序排列，则会自动排序插入，例如'b,a,c'，最终结果为'a,b,c'；如果试图插入非 SET 集合中的值，系统会提示错误，禁止插入。

7.1.6　如何选择数据类型

MySQL 提供了大量的数据类型，为了优化存储，提高数据库的性能，在不同情况下应使用最精确的类型。在选择数据类型时，在可以表示该字段值的所有类型中应使用占用存储空间最少的数据类型，因为这样不仅可以减少存储（内存、磁盘）空间，从而节省 I/O 资源（检索相同数据情况下），还可以在进行数据计算的时候减轻 CPU 负载。

1. 整数和浮点数

如果插入的数据不需要小数部分，则使用整数类型存储数据；如果需要小数部分，则使用浮点数类型。例如，如果字段的取值范围为 1～50000，选择 SMALLINT UNSIGNED 是最好的；如果需要存储带有小数位的值，例如 3.1415926，则需选择浮点数类型。

浮点数类型包括 FLOAT 和 DOUBLE 类型。DOUBLE 类型的精度比 FLOAT 高，因此当需要的存储精度较高时选择 DOUBLE 类型。

2. 浮点数和定点数

浮点型 FLOAT 和 DOUBLE 相对于定点型 DECIMAL 来说，在长度固定的情况下，浮点型能表示的数据范围更大。当一个字段被定义为浮点型后，如果插入数据的精度超过该列定义的实际精度，则插入值会被四舍五入到实际定义的精度值，然后插入，四舍五入的过程不会报错。由于浮点型容易四舍五入产生误差，因此当精度要求比较高时要使用定点型 DECIMAL 来存储。

定点数实际上是以字符串形式存放的，所以定点数可以更精确地保存数据。如果实际插入的数值精度大于实际定义的精度，则 MySQL 会进行警告（默认的 SQLMode 下），但是数据按照实际精度四舍五入后插入；如果 SQLMode 是在 TRADITIONAL（传统模式）下，则系统会直接报错，导致数据无法插入。

在数据迁移中，FLOAT(M,D)是非标准 SQL 定义，数据迁移可能出现问题，最好不要使用。另外，两个浮点型数据进行减法和比较运算时也容易出问题，因此在进行计算的时候一定要注意，如果要进行数值比较，最好使用定点型 DECIMAL。

3. 日期与时间类型

在 MySQL 中选择日期类型的原则如下：

（1）根据实际需要选择能够满足应用的最小存储的日期类型。如果应用只需要记录"年份"，那么用 1 个字节来存储的 YEAR 类型完全能够满足，而不需要用 4 个字节来存储的 DATE 类型，这样不仅能节约存储，更能够提高表的操作效率。

（2）如果要记录年月日时分秒，并且记录的年份比较久远，那么最好使用 DATETIEM，而不要使用 TIMESTAMP，因为 TIMESTAMP 表示的日期范围比 DATETIME 短很多。

（3）如果记录的日期需要让不同时区的用户使用，那么最好使用 TIMESTAMP，因为日期类型中只有它能够和实际时区相对应，而且当插入一条记录时如果没有指定 TIMESTAMP 这个字段值，MySQL 会把 TIMESTAMP 字段设为当前时间，因此当需要在插入记录的同时插入当前时间时使用 TIMESTAMP 比较方便。

4. CHAR 和 VARCHAR

CHAR 和 VARCHAR 类型相似，都是用来存储字符串，但它们保存和检索的方式不同。CHAR 属于固定长度的字符类型，而 VARCHAR 属于可变长度的字符类型。CHAR 会自动删除插入数据的尾部空格，VARCHAR 不会删除尾部的空格。

由于 CHAR 是固定长度的，所以它的处理速度比 VARCHAR 快得多，但是其浪费存储空间，程序需要对行尾空格进行处理，所以对于那些长度变化不大且对查询速度有较高要求的数据可以考虑用 CHAR 类型来存储。

另外，在 MySQL 中不同的存储引擎对 CHAR 和 VARCHAR 的使用原则有所不同，概括如下。

- MyISAM 存储引擎：建议使用固定长度的数据列代替可变长度的数据列。
- MEMORY 存储引擎：目前都使用固定长度的数据行存储，因此无论是使用 CHAR 还是使用 VARCHAR 列都没有关系，两者都是作为 CHAR 类型处理。

- InnoDB 存储引擎：建议使用 VARCHAR 类型。对于 InnoDB 数据表，内部的行存储格式没有区分固定长度和可变长度列（所有数据行都使用指向数据列值的头指针），因此在本质上使用固定长度的 CHAR 列不一定比使用可变长度的 VARCHAR 列性能要好，因此主要的性能因素是数据行使用的存储总量。由于 CHAR 平均占用的空间多于 VARCHAR，因此使用 VARCHAR 来最小化需要处理的数据行的存储总量和磁盘 I/O 是比较好的。

5. ENUM 和 SET

ENUM 只能取单值，它的数据列表是一个枚举集合，它的合法取值列表最多允许有 65535 个成员。当需要从多个值中选取一个时可以使用 ENUM，例如性别字段适合定义为 ENUM 类型，每次只能从"男"和"女"中取一个值。

SET 可以取多个值，它的合法取值列表最多允许有 64 个成员。空字符串也是一个合法的 SET 值。当需要取多个值的时候适合使用 SET 类型，例如要存储一个人的特长，最好使用 SET 类型。

ENUM 和 SET 的值是以字符串形式出现的，但在 MySQL 内部实际上是以数值索引的形式存储它们。

6. BLOB 和 TEXT

一般在保存少量字符串的时候可以选择 CHAR 或者 VARCHAR，而在保存大文本时选择使用 TEXT 或者 BLOB，二者之间的主要差别是 BLOB 能用来保存二进制数据，比如照片、音频信息等；而 TEXT 只能保存字符数据，比如一篇文章或者日记。

BLOB 与 TEXT 存在以下常见问题：

（1）BLOB 和 TEXT 值会引起一些性能问题，特别是在执行了大量的删除操作时。删除操作会在数据表中留下很大的"空洞"，以后填入这些"空洞"的记录在插入的性能上会有影响。为了提高性能，建议定期使用 OPTIMIZE TABLE 功能对这类表进行碎片整理，避免因为"空洞"导致性能问题。

（2）使用合成的（Synthetic）索引来提高大文本字段（BLOB 或 TEXT）的查询性能。

（3）在不必要的时候避免检索大型的 BLOB 或 TEXT 值。

例如，SELECT * 查询就不是很好的想法，除非能够确定作为约束条件的 WHERE 子句只会找到所需要的数据行，否则很可能毫无目的的在网络上传输大量的值。

（4）把 BLOB 或 TEXT 列分离到单独的表中。

在某些环境中，如果把这些数据列移动到第二张数据表中，可以把原数据表中的数据列转换为固定长度的数据行格式，那么它就是有意义的。这会减少主表中的碎片，可以得到固定长度数据行的性能优势。它还可以使主数据表在运行 SELECT * 查询的时候不会通过网络传输大量的 BLOB 或 TEXT 值。

7.2　MySQL 常用的运算符

运算符连接表达式中的各个操作数，其作用是指明对操作数所进行的运算。常见的运算有数学运算、比较运算、位运算以及逻辑运算。通过运算符可以更加灵活地使用表中的数据，常见的运算符类型有算术运算符、比较运算符、逻辑运算符、位运算符。本节将介绍各种运算符的特点和使用方法。

7.2.1　运算符概述

运算符是告诉 MySQL 执行特定算术或逻辑操作的符号。MySQL 中的运算符很丰富，主要有四大类，即算术运算符、比较运算符、逻辑运算符和位运算符。

1. 算术运算符

算术运算符用于各类数值运算，包括加（+）、减（-）、乘（*）、除（/）、求余（或称取模运算，%）。

2. 比较运算符

比较运算符用于比较运算，包括大于（>）、小于（<）、等于（=）、大于等于（>=）、小于等于（<=）、不等于（!=），以及 IN、BETWEEN AND、IS NULL、GREATEST、LEAST、LIKE、REGEXP 等。

3. 逻辑运算符

逻辑运算符的求值所得结果为 1（TRUE）或 0（FALSE），这类运算符有逻辑非（NOT 或者！）、逻辑与（AND 或者&&）、逻辑或（OR 或者‖）、逻辑异或（XOR）。

4. 位运算符

参与位运算的操作数按二进制位进行运算，位运算符包括位与（&）、位或（|）、位非（~）、位异或（^）、左移（<<）、右移（>>）6 种。

接下来对 MySQL 中各种运算符的使用进行详细介绍。

7.2.2　算术运算符

算术运算符是 SQL 中最基本的运算符，MySQL 中的算术运算符如表 7-8 所示。

表 7-8　MySQL 中的算术运算符

运　算　符	作　　用
+	加法运算
-	减法运算
*	乘法运算
/	除法运算，返回商
%	求余运算，返回余数

下面分别介绍不同算术运算符的使用方法。

【例 7-24】创建 tem12 表，定义数据类型为 INT 的字段 a，插入值 66，对 a 值进行算术运算。

首先创建 tem12 表，输入语句如下：

```
CREATE TABLE tem12(a INT);
```

向字段 a 插入数据 66：

```
INSERT INTO tem12 value(66);
```

接下来对 a 值进行加法和减法运算：

```
SELECT a,a+10,a-15+10,a+10-15,a+22.6 FROM tem12;
```

执行结果如图 7-41 所示。

由计算结果看到，可以对 a 字段的值进行加法和减法运算，而且由于"+"和"-"的优先级相同，所以先加后减和先减后加之后的结果是相同的。

图 7-41　使用加减运算符

【例 7-25】对 tem12 表中的 a 进行乘法、除法运算。

SQL 语句如下：

```
SELECT a,a*2,a/2,a/5,a%4 FROM tem12;
```

执行结果如图 7-42 所示。

图 7-42　使用乘除运算符

由计算结果可以看到，在对 a 进行除法运算的时候由于 66 无法被 5 整除，所以 MySQL 将 a/5 的结果保存到小数点后面 4 位，结果为 13.2000；66 除以 4 的余数为 2，因此取余运算 a%4 的结果为 2。

在进行数学运算时除数为 0 无意义，因此除法运算中的除数不能为 0，如果被 0 除，则返回结果 NULL。

【例 7-26】除数为 0 时运算的结果：用 0 除 a。

SQL 语句如下：

```
SELECT a,a/0,a%0 FROM tem12;
```

执行结果如图 7-43 所示。

图 7-43　错误信息提示

由计算结果可以看出，对 a 进行除法运算和取余运算的结果均为 NULL。

7.2.3　比较运算符

一个比较运算符的结果总是 1、0 或者 NULL，比较运算符经常在 SELECT 查询条件子句中使用，用来查询满足指定条件的记录。MySQL 中的比较运算符如表 7-9 所示。

表 7-9　MySQL 中的比较运算符

运 算 符	作 用
=	等于
<=>	安全等于（可以比较 NULL）
<> (!=)	不等于
<=	小于等于
>=	大于等于
<	小于
>	大于
IS NULL	判断一个值是否为 NULL
IS NOT NULL	判断一个值是否不为 NULL
LEAST	当有两个或多个参数时返回最小值
GREATEST	当有两个或多个参数时返回最大值
BETWEEN AND	判断一个值是否落在两个值之间
IS NULL	与 IS NULL 相同
IN	判断一个值是 IN 列表中的任意一值
NOT IN	判断一个值不是 IN 列表中的任意一值
LIKE	通配符匹配
REGEXP	正则表达式匹配

下面依次讨论各个比较运算符的使用方法。

1. 等于运算符 =

"="用来判断数字、字符串和表达式是否相等，如果相等，返回值为 1，否则返回值为 0。

【例 7-27】使用"="进行相等判断。

SQL 语句如下：

```
SELECT 5=6,'8'=8,668=668,'0.02'=0,'keke'='keke',(2+40)=(20+22),NULL=NULL;
```

执行结果如图 7-44 所示。

由结果可以看到，在进行判断时'8'=8 和 668=668 的返回值相同，都是 1。因为在进行比较判断时 MySQL 自动进行了转换，把字符'8'转换成数字 8；'keke'='keke'为相同的字符比较，因此返回值为 1；表达式 2+40 和 20+22 的结果都为 42，结果相等，因此返回值为 1；由于"="不能用于空值的判断，因此返回值为 NULL。

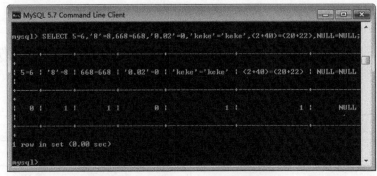

图 7-44　使用"="进行相等判断

在进行数值比较时有以下规则：

（1）若有一个或两个操作数为 NULL，则比较运算的结果为 NULL。

（2）若同一个比较运算中的两个操作数都是字符串，则按照字符串进行比较。

（3）若两个操作数均为整数，则按照整数进行比较。

（4）若一个字符串和一个数字进行相等判断，则 MySQL 可以自动将字符串转换为数字。

2. 安全等于运算符 <=>

<=>运算符具有=运算符的所有功能，唯一不同的是<=>可以用来判断 NULL 值。当两个操作数均为 NULL 时，其返回值为 1，而不为 NULL；当其中一个操作数为 NULL 时，其返回值为 0，而不为 NULL。

【例 7-28】使用"<=>"进行相等判断。

SQL 语句如下：

```
SELECT 5<=>6,'8'<=>8,8<=>8,'0.08'<=>0,'k'<=>'k',(2+4)<=>(3+3),NULL<=>NULL;
```

执行结果如图 7-45 所示。

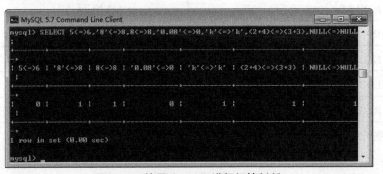

图 7-45　使用"<=>"进行相等判断

由结果可以看到，"<=>"在执行比较操作时和"="的作用是相似的，唯一的区别是"<=>"可以用来对 NULL 进行判断，当两个操作数都为 NULL 时返回值为 1。

3. 不等于运算符 <> 或者 !=

"<>"或者"!="用于数字、字符串、表达式不相等的判断，如果不相等，返回值为 1，否则返回值为 0。注意，这两个运算符不能用于判断空值。

【例 7-29】使用"<>"和"!="进行不相等判断。

SQL 语句如下：

```
SELECT 're'<>'ra',3<>4,1!=1,2.2!=2,(2+0)!=(2+1),NULL<>NULL;
```

执行结果如图 7-46 所示。

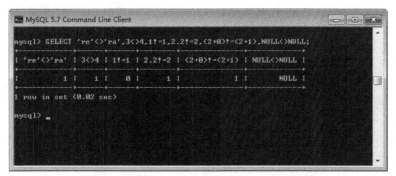

图 7-46　使用 "<>" 和 "!=" 进行不相等判断

由结果可以看到，两个不等于运算符的作用相同，都可以进行数字、字符串、表达式的比较。
例如：

```
SELECT 're'>='ra',3>=4,6>=6,8.8>=6,(1+10)>=(2+20),NULL>=NULL;
```

执行结果如图 7-47 所示。

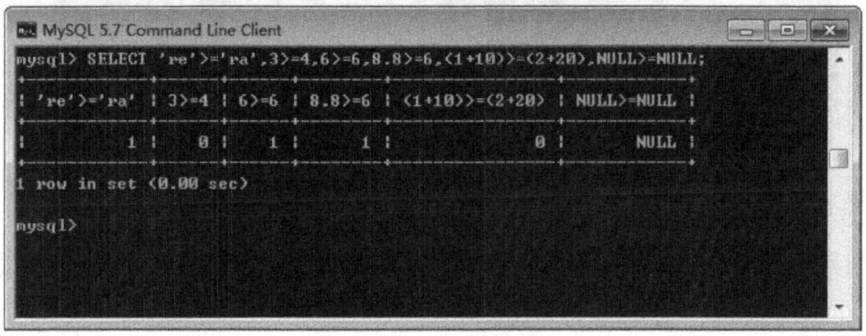

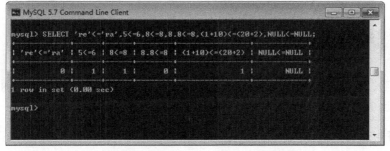

图 7-47　不相等判断

4. 小于或等于运算符 <=

"<=" 用来判断左边的操作数是否小于等于右边的操作数，如果小于或等于，返回值为 1，否则返回值
为 0。注意，"<=" 不能用于判断空值。

【例 7-30】使用 "<=" 进行比较判断。

SQL 语句如下：

```
SELECT 're'<='ra',5<=6,8<=8,8.8<=8,(1+10)<=(20+2),NULL<=NULL;
```

执行结果如图 7-48 所示。

图 7-48　使用 "<=" 进行比较判断

由结果可以看出，当左边操作数小于或等于右边时返回值为 1，例如're'<='ra'，re 的第 2 位字符 e 在字母表中的顺序小于 ra 的第 2 位字符 a，因此返回值为 0；当左边操作数大于右边操作数时返回值为 0，例如 8.8<=8，返回值为 0；同样，在比较 NULL 值时返回 NULL。

5. 小于运算符 <

"<" 运算符用来判断左边的操作数是否小于右边的操作数，如果小于，返回值为 1，否则返回值为 0。注意 "<" 不能用于判断空值。

【例 7-31】使用 "<" 进行比较判断。

SQL 语句如下：

```
SELECT 'ra'<'re',5<6,8<8,8.8<8,(1+10)<(20+2),NULL<NULL;
```

执行结果如图 7-49 所示。

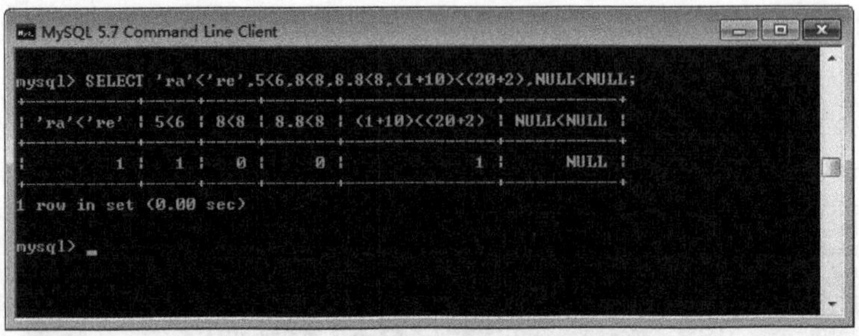

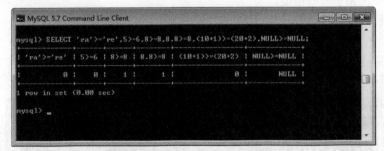

图 7-49　使用 "<" 进行比较判断

6. 大于或等于运算符 >=

">=" 运算符用来判断左边的操作数是否大于或者等于右边的操作数，如果大于或者等于，返回值为 1，否则返回值为 0。注意，">=" 不能用于判断空值。

【例 7-32】使用 ">=" 进行比较判断。

SQL 语句如下：

```
SELECT 'ra'>='re',5>=6,8>=8,8.8>=8,(10+1)>=(20+2),NULL>=NULL;
```

执行结果如图 7-50 所示。

图 7-50　使用 ">=" 进行比较判断

由结果可以看到，当左边操作数大于或者等于右边操作数时返回值为 1，例如 8>=8；当左边操作数小于右边操作数时返回值为 0，例如 5>=6；同样，在比较 NULL 值时返回 NULL。

7. 大于运算符 >

">" 运算符用来判断左边的操作数是否大于右边的操作数，如果大于，返回值为 1，否则返回值为 0。

注意，">"不能用于判断空值。

【例 7-33】使用 ">" 进行比较判断。

SQL 语句如下：

```
SELECT 'ra'>'re',5>6,8>8,8.8>8,(10+1)>(20+2),NULL>NULL;
```

执行结果如图 7-51 所示。

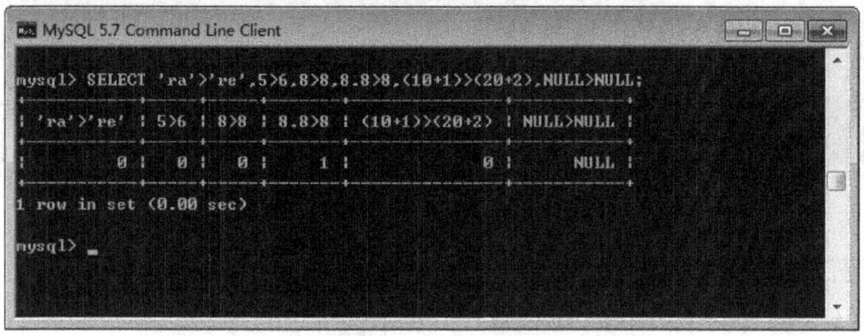

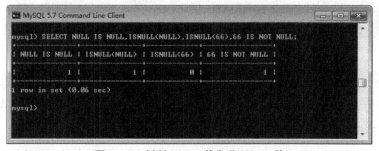

图 7-51　使用 ">" 进行比较判断

由结果可以看到，当左边操作数大于右边操作数时返回值为 1，例如 8.8>8；当左边操作数小于右边操作数时返回 0，例如 5>6；同样，在比较 NULL 值时返回 NULL。

8. IS NULL（ISNULL）、IS NOT NULL 运算符

IS NULL 和 ISNULL 用于检验一个值是否为 NULL，如果为 NULL，返回值为 1，否则返回值为 0；IS NOT NULL 用于检验一个值是否为非 NULL，如果为非 NULL，返回值为 1，否则返回值为 0。

【例 7-34】使用 IS NULL、ISNULL 和 IS NOT NULL 判断 NULL 值和非 NULL 值。

SQL 语句如下：

```
SELECT NULL IS NULL,ISNULL(NULL),ISNULL(66),66 IS NOT NULL;
```

执行结果如图 7-52 所示。

图 7-52　判断 NULL 值和非 NULL 值

由结果可以看出，IS NULL 和 ISNULL 的作用相同，使用格式不同；ISNULL 和 IS NOT NULL 的返回值正好相反。

9. BETWEEN AND 运算符

其语法格式为 "expr BETWEEN min AND max"。如果 expr 大于或等于 min 且小于或等于 max，则 BETWEEN 的返回值为 1，否则返回值为 0。

【例 7-35】使用 BETWEEN AND 进行值区间判断。

SQL 语句如下：

```
SELECT 66 BETWEEN 0 AND 100,6 BETWEEN 0 AND 10,10 BETWEEN 0 AND 5;
```

执行结果如图 7-53 所示。

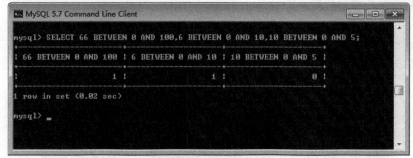

图 7-53　值区间判断

10. LEAST 运算符

其语法格式为 "LEAST（值 1，值 2，…值 n）"，其中值 n 表示参数列表中有 n 个值。在有两个或多个参数的情况下，其返回最小值。假如任意一个自变量为 NULL，则 LEAST() 的返回值为 NULL。

【例 7-36】使用 LEAST 运算符进行大小判断。

SQL 语句如下：

```
SELECT least(6,3),least(6.2,5.2,3.6),least('a','c','b'),least(100,NULL);
```

执行结果如图 7-54 所示。

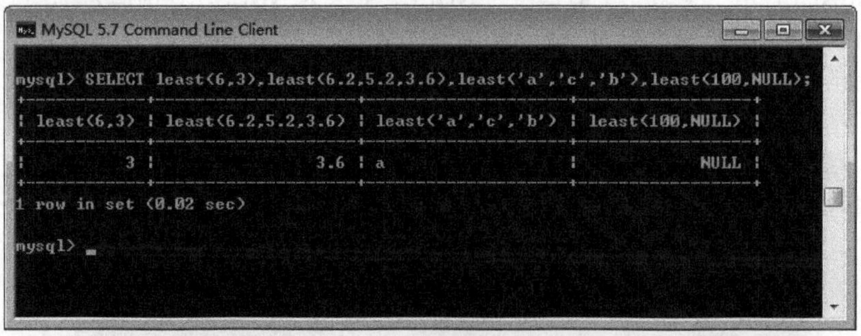

图 7-54　使用 LEAST 运算符进行大小判断

由结果可以看到，当参数中是整数或者浮点数时 LEAST 将返回其中的最小值；当参数为字符串时返回字母表顺序最靠前的字符；当比较值列表中有 NULL 时不能判断大小，返回值为 NULL。

11. GREATEST 运算符

其语法格式为 "GREATEST（值 1，值 2，…值 n）"，其中值 n 表示参数列表中有 n 个值。当有两个或多个参数时返回值为最大值，假如任意一个自变量为 NULL，则 GREATEST() 的返回值为 NULL。

【例 7-37】使用 GREATEST 运算符进行大小判断。

SQL 语句如下：

```
SELECT greatest(6,3),greatest(6.2,5.2),greatest('a','c'),greatest(10,NULL);
```

执行结果如图 7-55 所示。

当参数中是整数或者浮点数时，GREATEST 将返回其中的最大值；当参数为字符串时返回字母表顺序中最靠后的字符；当比较值列表中有 NULL 时不能判断大小，返回值为 NULL。

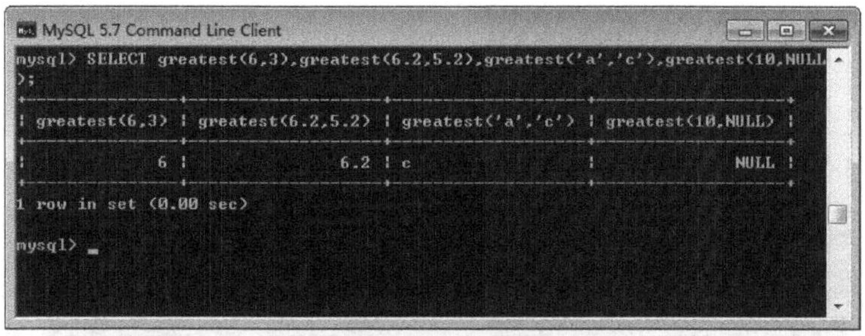

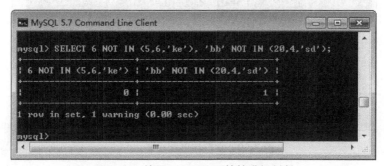

图 7-55　使用 GREATEST 运算符进行大小判断

12. IN、NOT IN 运算符

IN 运算符用来判断操作数是否为 IN 列表中的一个值，如果是，返回值为 1，否则返回值为 0。

NOT IN 运算符用来判断操作数是否为 IN 列表中的一个值，如果不是，返回值为 1，否则返回值为 0。

【例 7-38】使用 IN、NOT IN 运算符进行判断。

使用 IN 运算符的 SQL 语句如下：

```
SELECT 6 IN (5,8,'ke'), 'bb' IN (9,10,'ke');
```

执行结果如图 7-56 所示。

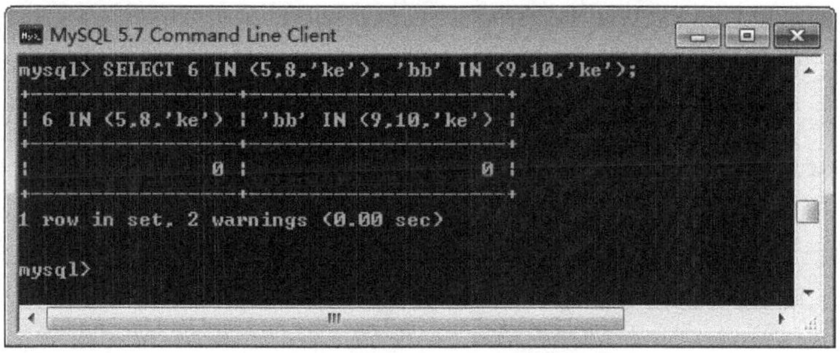

图 7-56　使用 IN 运算符进行判断

使用 NOT IN 运算符的 SQL 语句如下：

```
SELECT 6 NOT IN (5,6,'ke'), 'bb' NOT IN (20,4,'sd');
```

执行结果如图 7-57 所示。

图 7-57　使用 NOT IN 运算符进行判断

由结果可以看到，IN 和 NOT IN 的返回值正好相反。

在左侧表达式为 NULL 的情况下，或是表中找不到匹配项并且表中的一个表达式为 NULL 的情况下，IN 的返回值均为 NULL。

【例 7-39】 存在 NULL 值时的 IN 查询。

SQL 语句如下：

```
SELECT NULL IN (2,6,'ke'), 10 IN (20,30,NULL,'ke');
```

执行结果如图 7-58 所示。

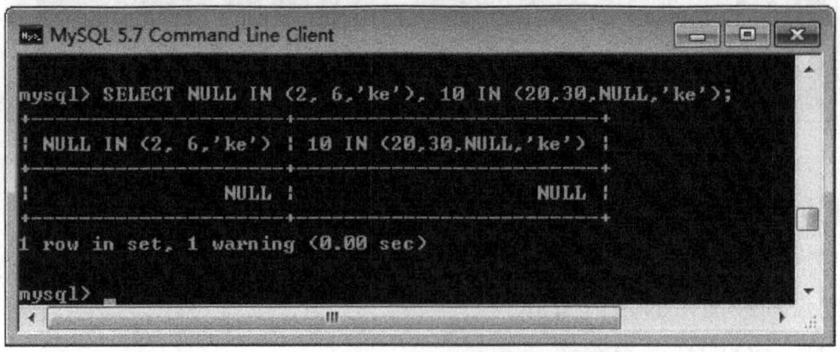

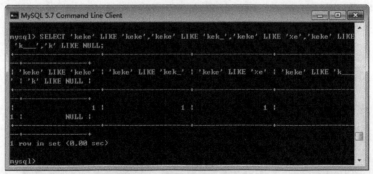

图 7-58　存在 NULL 值时的 IN 查询

IN 也可用于 SELECT 语句中进行嵌套子查询，在后面的章节中将具体讲解。

13. LIKE 运算符

LIKE 运算符用来匹配字符串，其语法格式为"expr LIKE 匹配条件"。如果 expr 满足匹配条件，则返回值为 1（TRUE）；如果不匹配，则返回值为 0（FALSE）。若 expr 或匹配条件中的任何一个为 NULL，则结果为 NULL。

LIKE 运算符在进行匹配时可以使用下面两种通配符。

（1）%：匹配任何字符，甚至包括零字符。

（2）_：只能匹配一个字符。

【例 7-40】 使用 LIKE 运算符进行字符串匹配运算。

SQL 语句如下：

```
SELECT 'keke' LIKE 'keke','keke' LIKE 'kek_','keke' LIKE '%e','keke' LIKE 'k___','k' LIKE NULL;
```

执行结果如图 7-59 所示。

图 7-59　字符串匹配运算（1）

由结果可以看出，指定匹配字符串为 keke。在第 1 组比较中，keke 直接匹配 keke 字符串，满足匹配条件，返回值为 1；在第 2 组比较中，"kek_"表示匹配以 kek 开头、长度为 4 位的字符串，keke 正好 4 个字符，满足匹配条件，因此匹配成功，返回值为 1；在第 3 组比较中，"%e"表示匹配以字母 e 结尾的字符串，keke 满足匹配条件，匹配成功，返回值为 1；在第 4 组比较中，"k _ _ _"表示匹配以 k 开头、长度为 4 位的字符串，keke 满足匹配条件，返回值为 1；在第 5 组比较中，当字符 "k" 与 NULL 匹配时结果为 NULL。

14. REGEXP 运算符

REGEXP 运算符用来匹配字符串，其语法格式为 "expr REGEXP 匹配条件"。如果 expr 满足匹配条件，返回 1；如果不满足，返回 0。若 expr 或匹配条件中的任意一个为 NULL，则结果为 NULL。

REGEXP 运算符在进行匹配时常用下面几种通配符。

（1）^：匹配以该字符后面的字符开头的字符串。

（2）$：匹配以该字符前面的字符结尾的字符串。

（3）.：匹配任何一个单字符。

（4）[…]：匹配方括号内的任何字符。例如[abc]匹配 a、b 或 c。为了指定字符的范围，使用 "-"，例如[a-z]匹配任意字母，而[0-9]匹配任意数字。

（5）*：匹配零个或多个在它前面的字符。例如，"x*" 匹配任意数量的'x'字符，"[0-9]*" 匹配任意数量的数字，而 ".*" 匹配任意数量的任意字符。

【例 7-41】使用 REGEXP 运算符进行字符串匹配运算。

SQL 语句如下：

```
SELECT 'keke'REGEXP'^k','keke'REGEXP'e$','keke'REGEXP'.ke','keke'REGEXP'[ab]';
```

执行结果如图 7-60 所示。

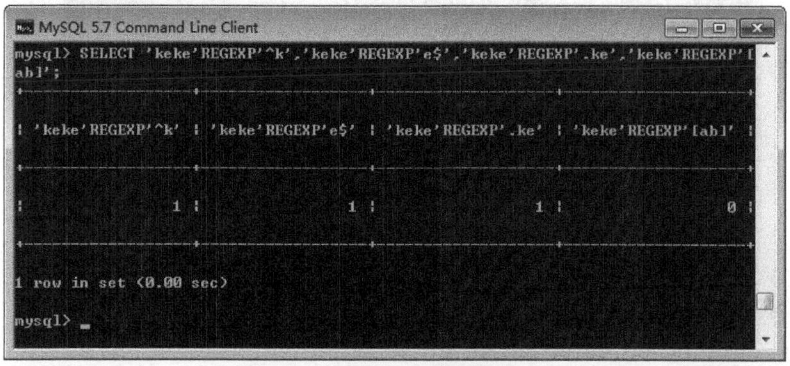

图 7-60　字符串匹配运算（2）

由结果可以看到，指定匹配字符串为 keke。"^k" 表示匹配任何以字母 k 开头的字符串，满足匹配条件，因此返回值为 1；"e$" 表示匹配任何以字母 e 结尾的字符串，满足匹配条件，因此返回值为 1；".ke" 表示匹配任何以 ke 结尾的字符串，满足匹配条件，因此返回值为 1；"[ab]" 表示匹配任何包含字母 a 或者 b 的字符串，指定字符串中没有字母 a 或 b，不满足匹配条件，因此返回值为 0。

7.2.4　逻辑运算符

在 SQL 中，所有逻辑运算符的求值所得结果均为 TRUE、FALSE 或 NULL。在 MySQL 中，它们分别显示为 1（TRUE）、0（FALSE）和 NULL。其中大多数与其他的 SQL 数据库通用，MySQL 中的逻辑运算符如表 7-10 所示。

表 7-10　MySQL 中的逻辑运算符

运　算　符	作　　用
NOT 或者!	逻辑非
AND 或者&&	逻辑与
OR 或者||	逻辑或
XOR	逻辑异或

下面分别介绍不同逻辑运算符的使用方法。

1. NOT 或者!

逻辑非运算符 NOT 或者 "!" 表示当操作数为 0 时返回值为 1，当操作数为 1 时返回值为 0，当操作数为 NULL 时返回值为 NULL。

【例 7-42】分别使用逻辑非运算符 NOT 和 "!" 进行逻辑判断。

NOT 运算符的 SQL 语句如下：

```
SELECT NOT 6,NOT (6-6),NOT -6,NOT NULL,NOT 6+6;
```

执行结果如图 7-61 所示。

图 7-61　NOT 逻辑判断

"!" 运算符的 SQL 语句如下：

```
SELECT !6,!(6-6),!-6,!NULL,!6+6;
```

执行结果如图 7-62 所示。

图 7-62　"!" 逻辑判断

由结果可以看到，前 4 列 NOT 和 "!" 的返回值相同，最后一列结果不同。出现这种结果的原因是 NOT 和 "!" 的优先级不同。NOT 的优先级低于 "+"，因此 "NOT 6+6" 先计算 "6+6"，然后再进行逻辑非运算，由于操作数不为 0，所以 "NOT 6+6" 的最终返回值为 0；另一个逻辑非运算符 "!" 的优先级高于 "+" 运算符，因此 "!6+6" 先进行逻辑非运算 "!6"，结果为 0，然后再进行加法运算 "0+6"，所以最终返回值为 6。

提示：在使用运算符时一定要注意不同运算符的优先级，如果不能确定优先级的顺序，最好使用括号，以保证运算结果正确。

2. AND 或者&&

逻辑与运算符 AND 或者 "&&" 表示当所有操作数均为非零值并且不为 NULL 时返回值为 1，当一个或多个操作数为 0 时返回值为 0，其余情况返回值为 NULL。

【例 7-43】分别使用逻辑与运算符 AND 和 "&&" 进行逻辑判断。

AND 运算符的 SQL 语句如下：

```
SELECT 6 AND -6, 6 AND 0, 6 AND NULL, 0 AND NULL;
```

执行结果如图 7-63 所示。

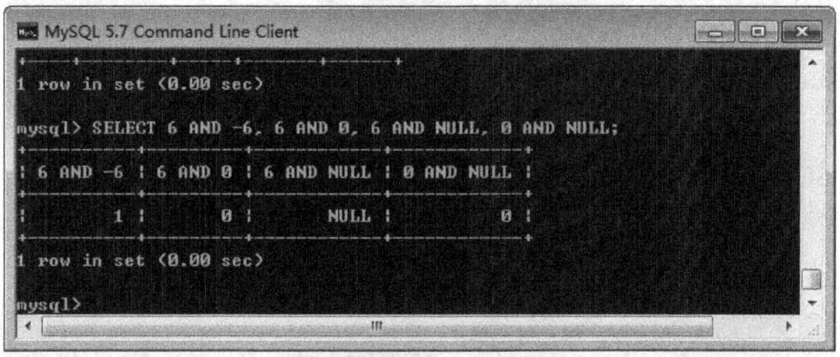

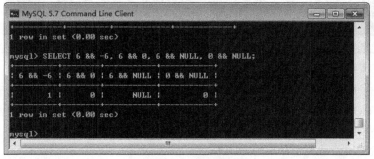

图 7-63　AND 逻辑判断

"&&" 运算符的 SQL 语句如下：

```
SELECT 6 && -6, 6 && 0, 6 && NULL, 0 && NULL;
```

执行结果如图 7-64 所示。

图 7-64　&&逻辑判断

由结果可以看到，AND 和 "&&" 的作用相同。在 "6 AND -6" 中没有 0 或 NULL，因此返回值为 1；在 "6 AND 0" 中有操作数 0，因此返回值为 0；在 "6 AND NULL" 中虽然有 NULL，但是没有操作数 0，返回结果为 NULL。

3. OR 或者||

逻辑或运算符 OR 或者"||"表示当两个操作数均为非 NULL 值且任意一个操作数为非零值时结果为 1，否则结果为 0；当有一个操作数为 NULL 且另一个操作数为非零值时结果为 1，否则结果为 NULL；当两个操作数均为 NULL 时结果为 NULL。

【例 7-44】 分别使用逻辑或运算符 OR 和 "||" 进行逻辑判断。

OR 运算符的 SQL 语句如下：

```
SELECT 6 OR -6 OR 0,6 OR 4,6 OR NULL,0 OR NULL,NULL OR NULL;
```

执行结果如图 7-65 所示。

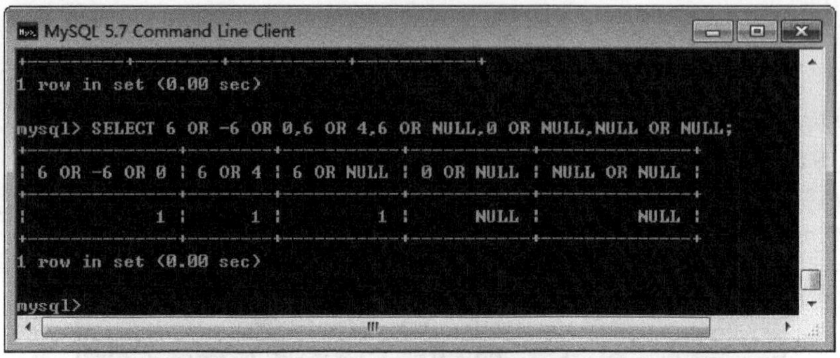

图 7-65　OR 逻辑判断

"||" 运算符的 SQL 语句如下：

```
SELECT 6 || -6 || 0,6 || 4,6 || NULL,0 || NULL,NULL || NULL;
```

执行结果如图 7-66 所示。

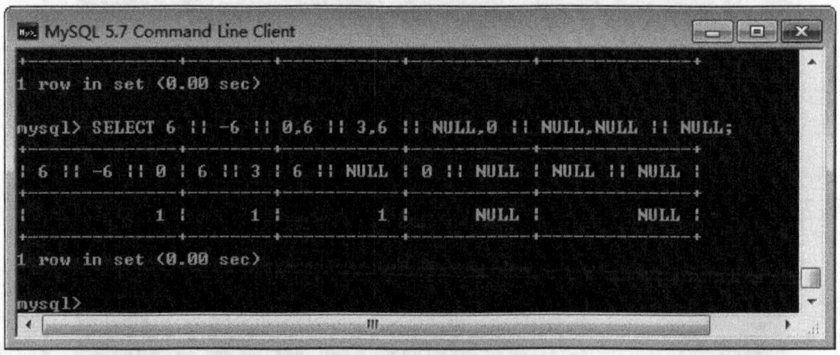

图 7-66　|| 逻辑判断

由结果可以看出，OR 和 "||" 的作用相同。在 "6 OR -6 OR 0" 中有 0，同时包含有非零值 6 和-6，返回值结果为 1；在 "6 OR 4" 中没有操作数 0，返回值结果为 1；在 "6 || NULL" 中虽然有 NULL，但是有操作数 6，返回值结果为 1；在 "0 OR NULL" 中没有非零值，并且有 NULL，返回值结果为 NULL；在 "NULL OR NULL" 中只有 NULL，返回值结果为 NULL。

4. XOR

逻辑异或运算符 XOR 表示当任意一个操作数为 NULL 时返回值为 NULL；对于非 NULL 的操作数，如果两个操作数都是非零值或者都是零值，返回值结果为 0；如果一个为零值，另一个为非零值，返回值结果 1。

【例 7-45】 使用异或运算符 XOR 进行逻辑判断。

SQL 语句如下：

```
SELECT 6 XOR 6,0 XOR 0,6 XOR 0,6 XOR NULL,6 XOR 6 XOR 6;
```

执行结果如图 7-67 所示。

图 7-67　XOR 逻辑判断

由结果可以看到，在"6 XOR 6"和"0 XOR 0"中运算符两边的操作数都为非零值或者都为零值，因此返回 0；在"6 XOR 0"中运算符两边的操作数一个为零值，另一个为非零值，返回结果为 1；在"6 XOR NULL"中有一个操作数为 NULL，返回值为 NULL；在"6 XOR 6 XOR 6"中有多个操作数，运算符相同，因此从左到右依次运算，"6 XOR 6"的结果为 0，再与 6 进行异或运算，因此结果为 1。

7.2.5　位运算符

位运算符用来对二进制字节中的位进行位移或者测试处理，MySQL 中提供的位运算符有按位或（|）、按位与（&）、按位异或（^）、按位左移（<<）、按位右移（>>）、按位取反（～）等运算符，如表 7-11 所示。

表 7-11　MySQL 中的位运算符

运　算　符	作　　用
|	按位或
&	按位与
^	按位异或
<<	按位左移
>>	按位右移
～	按位取反，反转所有二进制位

接下来分别介绍各位运算符的使用方法。

1．按位或运算符|

按位或运算符实际是将参与运算的两个数据按对应的二进制数进行逻辑或运算，对应的二进制位有一个或两个为 1，则该位的运算结果为 1，否则为 0。

【例 7-46】使用按位或运算符进行运算。

SQL 语句如下：

```
SELECT 8|12,6|4|1;
```

执行结果如图 7-68 所示。

10 的二进制数为 1000，12 的二进制数为 1100，在按位或之后结果为 1100，即整数 12；6 的二进制数为 0110，4 的二进制数为 0100，1 的二进制数为 0001，在按位或之后结果为 0111，即整数 7。

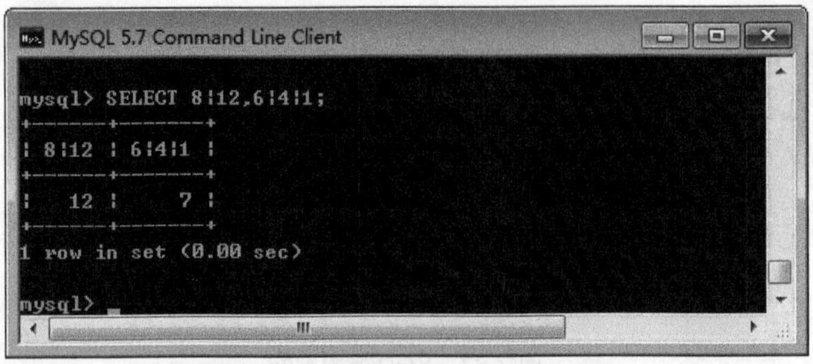

图 7-68　使用按位或运算符进行运算

2. 按位与运算符 &

按位与运算符实际是将参与运算的两个操作数按对应的二进制数逐位进行逻辑与运算，对应的二进制位都为 1，则该位的运算结果为 1，否则为 0。

【例 7-47】使用按位与运算符进行运算。

SQL 语句如下：

```
SELECT 8 & 12, 6 & 4 & 1;
```

执行结果如图 7-69 所示。

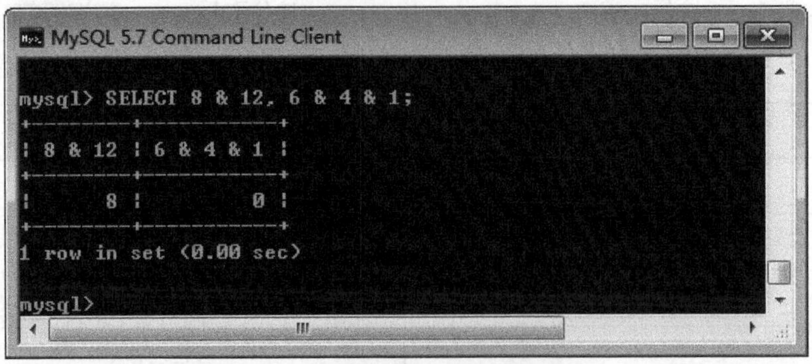

图 7-69　使用按位与运算符进行运算

8 的二进制数为 1000，12 的二进制数为 1100，在按位与之后结果为 1000，即整数 8；6 的二进制数为 0110，4 的二进制数为 0100，1 的二进制数为 0001，在按位与之后结果为 0000，即整数 0。

3. 按位异或运算符 ^

按位异或运算符实际是将参与运算的两个数据按对应的二进制数逐位进行逻辑异或运算，当对应的二进制数不同时对应位的结果才为 1，如果两个对应位数都为 0 或都为 1，则对应位的运算结果为 0。

【例 7-48】使用按位异或运算符进行运算。

SQL 语句如下：

```
SELECT 8^12,4^2,4^1;
```

执行结果如图 7-70 所示。

8 的二进制数为 1000，12 的二进制数为 1100，在按位异或之后结果为 0100，即十进制数 4；4 的二进制数为 0100，2 的二进制数为 0010，在按位异或之后结果为 0110，即十进制数 6；4 的二进制数为 0100，1 的二进制数为 0001，在按位异或之后结果为 0101，即十进制数 5。

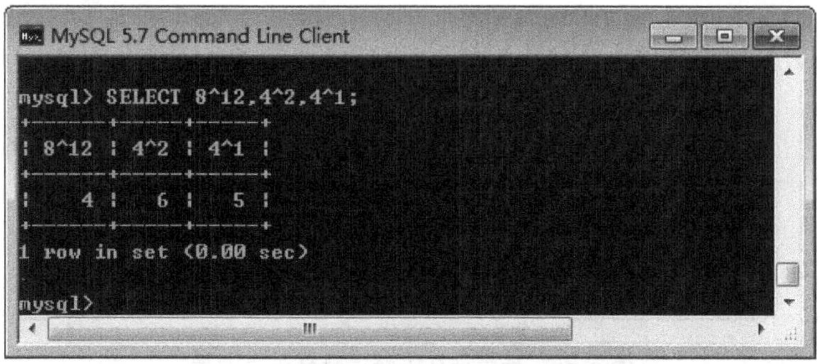

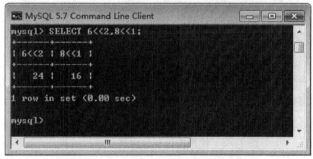

图 7-70 使用按位异或运算符进行运算

4. 按位左移运算符 <<

按位左移运算符<<的功能是让指定二进制数的所有位都左移指定的位数。在左移指定位数之后，左边高位的数值将被移出并丢弃，右边低位空出的位置用 0 补齐。其语法格式为 "a<<n"，这里的 n 指定值 a 要移动的位置。

【例 7-49】使用按位左移运算符进行运算。

SQL 语句如下：

```
SELECT 6<<2,8<<1;
```

执行结果如图 7-71 所示。

图 7-71 使用按位左移运算符进行运算

6 的二进制数为 0000 0110，左移两位之后变成 0001 1000，即十进制数 24；8 的二进制数为 0000 1000，左移一位之后变成 0001 0000，即十进制数 16。

5. 按位右移运算符 >>

按位右移运算符>>的功能是让指定二进制数的所有位都右移指定的位数。在右移指定位数之后，右边低位的数值将被移出并丢弃，左边高位空出的位置用 0 补齐。其语法格式为 "a>>n"，这里的 n 指定值 a 要移动的位置。

【例 7-50】使用按位右移运算符进行运算。

SQL 语句如下：

```
SELECT 6>>1,8>>2;
```

执行结果如图 7-72 所示。

6 的二进制数为 0000 0110，右移一位之后变成 0000 0011，即十进制数 3；8 的二进制数为 0000 1000，右移两位之后变成 0000 0010，即十进制数 2。

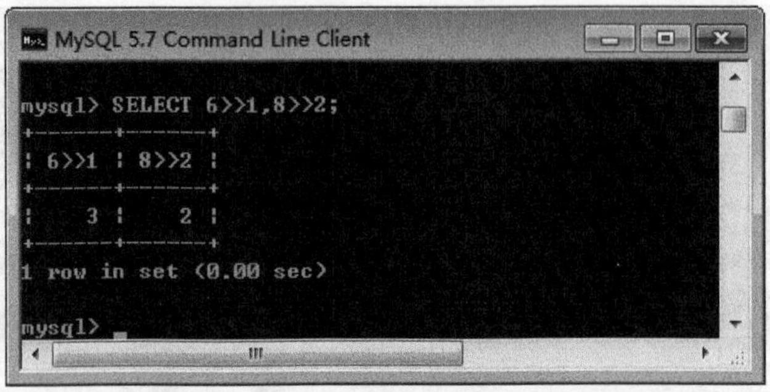

图 7-72　使用按位右移运算符进行运算

6. 按位取反运算符～

按位取反运算符实际是将参与运算的数据按对应的二进制数逐位反转，即 1 取反后变为 0，0 取反后变为 1。

【例 7-51】使用按位取反运算符进行运算。

SQL 语句如下：

```
SELECT 6&~2;
```

执行结果如图 7-73 所示。

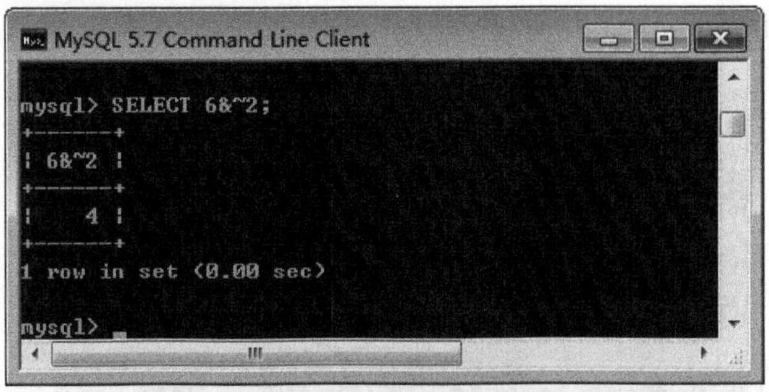

图 7-73　使用按位取反运算符进行运算

对于逻辑运算 6&～2，由于按位取反运算符"～"的级别高于按位与运算符"&"，因此先对 2 进行取反操作，取反的结果为 1101；然后再与十进制数 6 进行运算，结果为 0100，即整数 4。

7.2.6　运算符的优先级

运算符的优先级决定了不同运算符在表达式中计算的先后顺序，表 7-12 列出了 MySQL 中的各类运算符及其优先级。

表 7-12　MySQL 中的运算符（按优先级由低到高排列）

优　先　级	运　算　符
最低	=（赋值运算）、:=
	‖、OR
	XOR
	&&、AND

优　先　级	运　算　符
	NOT
	BETWEEN、CASE、WHEN、THEN、ELSE
	=（比较运算）、<=>、>=、>、<=、<、<>、!= 、IS、LIKE、REGEXP、IN
	|
	&
	<<、>>
	–、+
	*、/（DIV）、%（MOD）
	^
	–（负号）、～（按位取反）
最高	!

可以看到，不同运算符的优先级是不同的。在一般情况下，级别高的运算符先进行计算，如果级别相同，MySQL 按表达式的顺序从左到右依次计算。当然，在无法确定优先级的情况下可以使用圆括号来改变优先级，这样会使计算过程更加清晰。

7.3　就业面试技巧与解析

7.3.1　面试技巧与解析（一）

面试官：在 MySQL 中怎么输入特殊符号？

应聘者：在 MySQL 中，单引号（'）、双引号（"）、反斜线（\）等特殊符号是不能直接输入使用的，否则会将这些字符按照系统赋予的意思解释。在 MySQL 中，这些特殊字符称为转义字符，在需要输入这些转义字符时要以反斜线（\）符号开始，表示将原本系统赋予转义符号的意思去除，恢复其原始的样子。所以在使用单引号和双引号的时候应输入 "\'" 和 "\""，在输入反斜线时输入 "\\"。其他特殊字符还有回车符（\r）、换行符（\n）、制表符（\tab）、退格符（）等，在向数据库中插入这些特殊字符时一定要进行转义处理。

7.3.2　面试技巧与解析（二）

面试官：在 MySQL 中如何执行区分大小写的字符串比较？

应聘者：在 Windows 平台下，MySQL 是不区分大小写的，因此字符串比较函数也不区分大小写。如果想执行区分大小写的比较，可以在字符串前面添加 BINARY 关键字。例如在默认情况下，a=A 返回的结果为 1，如果使用 BINARY 关键字，BINARY 'a' = 'A'的结果为 0，在区分大小写的情况下 a 与 A 并不相同。

第 8 章

MySQL 函数

◎ 本章教学微视频：32 个　54 分钟

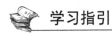 学习指引

　　有程序开发经验的读者一定可以体会到函数的重要性，MySQL 也提供了很多功能强大、使用方便的函数。函数可以帮助开发者做很多事情，比如进行字符串的处理、数值和日期的运算等，可以极大地提高对数据库的管理效率。MySQL 提供了多种内置函数帮助开发人员简单、快速地编写 SQL 语句，常用的函数有数学函数、字符串函数、日期和时间函数、控制流函数、系统信息函数和加密函数等。

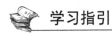 重点导读

- 了解 MySQL 函数的概念。
- 掌握数学函数的使用方法。
- 掌握字符串函数的使用方法。
- 掌握日期和时间函数的使用方法。
- 掌握条件和判断函数的使用方法。
- 掌握系统信息函数的使用方法。
- 掌握加密和解密函数的使用方法。

8.1　MySQL 函数简介

　　函数表示对输入参数值返回一个具有特定关系的值，MySQL 提供了大量、丰富的函数，用户在进行数据库管理以及数据的查询和操作时将会经常用到这些函数。通过对数据进行处理，数据库可以变得功能更加强大、使用更加灵活，以满足不同用户的需求。这些函数从功能方面主要分为数学函数、字符串函数、日期和时间函数、条件判断函数、系统信息函数和加密函数等类型，下面分别介绍不同函数的使用方法。

8.2　数学函数

数学函数用来处理数值数据方面的运算，数学函数主要有绝对值函数、三角函数（包含正弦函数、余弦函数、正切函数、余切函数等）、对数函数、随机函数等。在使用数学函数的过程中如果有错误产生，该函数将会返回空值。

常用的数学函数及作用，如表 8-1 所示。

表 8-1　MySQL 中常用的数学函数

数 学 函 数	作　　用
ABS(x)	返回 x 的绝对值
PI()	返回圆周率
SQRT(x)	返回非负数 x 的二次方根
MOD(x,y)	返回 x/y 的模，即 x 被 y 除之后的余数
CEIL(x)和 CEILING(x)	这两个函数功能相同，返回不小于 x 的最小整数值，返回值转化为一个 BIGINT
FLOOR(x)	返回不大于 x 的最大整数值，返回值转化为一个 BIGINT
RAND()	返回一个随机浮点值 v，0≤v≤1
RAND(x)	返回一个随机浮点值 v，0≤v≤1。参数 x 为整数，被用作种子值，用来产生重复序列
ROUND(x)	返回最接近于参数 x 的整数，对 x 值进行四舍五入
ROUND(x,y)	返回最接近于参数 x 的值，此值保留到小数点后面的 y 位
TRUNCATE(x,y)	返回截去小数点后 y 位的数值 x
SIGN(x)	返回参数 x 的符号
POW(x,y) 和 POWER(x,y)	这两个函数功能相同，都是返回 x 的 y 次方的结果值
EXP(x)	返回 e 的 x 次方后的值
LOG(x)	返回 x 的自然对数，x 相对于基数 e 的对数
LOG10(x)	返回 x 的基数为 10 的对数
RADIANS(x)	返回参数 x 由角度转化为弧度的值
DEGREES(x)	返回参数 x 由弧度转化为角度的值
SIN(x)	返回参数 x 的正弦值
ASIN(x)	返回参数 x 的反正弦，即正弦为 x 的值
COS(x)	返回参数 x 的余弦值
ACOS(x)	返回参数 x 的反余弦，即余弦为 x 的值
TAN(x)	返回参数 x 的正切值
ATAN(x)	返回参数 x 的反正切值
COT(x)	返回参数 x 的余切值

下面对最常用的几种函数进行讲解。

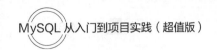
8.2.1 绝对值函数和圆周率函数

ABS()函数用来求绝对值，PI()函数用来返回圆周率 π 的值。

【例 8-1】 使用 ABS()函数和 PI()函数。

输入语句如下：

```
SELECT ABS(8), ABS(-8.8), pi();
```

执行结果如图 8-1 所示。

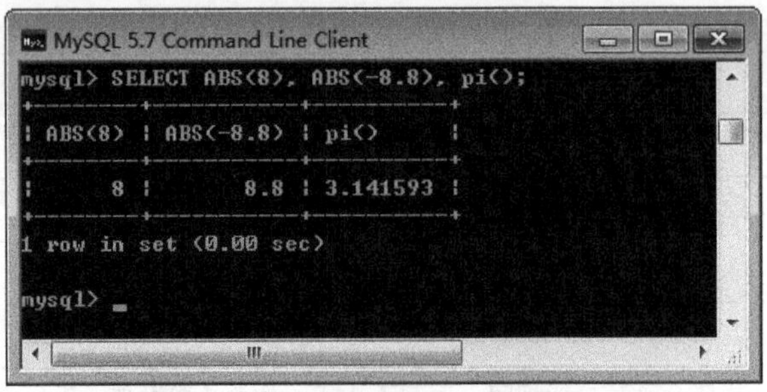

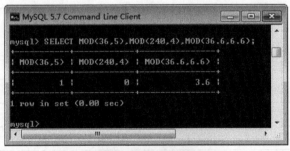

图 8-1 使用绝对值函数和圆周率函数

从结果可以看出，正数的绝对值为其本身，负数的绝对值为其相反数；返回的圆周率值保留了 7 位有效数字。

8.2.2 求余函数

MOD()函数用来进行求余运算。

【例 8-2】 使用 MOD()函数。

输入语句如下：

```
SELECT MOD(36,5),MOD(240,4),MOD(36.6,6.6);
```

执行结果如图 8-2 所示。

图 8-2 使用求余函数

8.2.3 平方根函数

SQRT(x)函数用来返回非负数 x 的二次方根。

【例 8-3】 求 64、30 和-64 的二次方根。

输入语句如下：

```
SELECT SQRT(64), SQRT(30), SQRT(-64);
```

执行结果如图 8-3 所示。

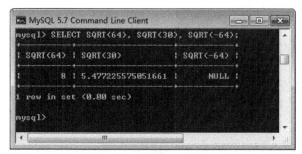

图 8-3 使用平方根函数

8.2.4 获取整数的函数

CEIL(x)和 CEILING(x)函数可以返回不小于 x 的最小整数；FLOOR(x)函数可以返回不大于 x 的最大整数。下面通过实例来学习。

【例 8-4】使用 CEIL(x)和 CEILING(x)函数。

输入语句如下：

```
SELECT CEIL(5),CEIL(5.66),CEILING(-4),CEILING(-4.88);
```

执行结果如图 8-4 所示。

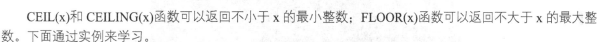

图 8-4 使用取整函数

注意此例中输入正/负数及小数和整数的不同：当输入整数 5 和-4 时，CEIL()函数的返回值是其自身；当输入小数且为正数 5.66 时，返回值是 6；当输入小数且为负数-4.88 时，返回值是-4。

【例 8-5】使用 FLOOR(x)函数。

输入语句如下：

```
SELECT FLOOR(5),FLOOR(5.66),FLOOR(-4),FLOOR(-4.88);
```

执行结果如图 8-5 所示。

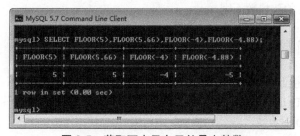

图 8-5 获取不大于自己的最大整数

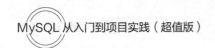

当输入整数 5 和-4 时，FLOOR()函数的返回值是其自身；当输入小数且为正数 5.66 时，返回值是 5；当输入小数且为负数-4.88 时，返回值是-5。

8.2.5 获取随机数的函数

使用 RAND()函数产生随机数。

【例 8-6】使用 RAND()函数。

输入语句如下：

```
SELECT RAND(),RAND(),RAND();
```

执行结果如图 8-6 所示。

图 8-6 使用 RAND()函数

从执行结果可以看出，不带参数的 RAND()函数每次产生的随机数是不同的。

【例 8-7】使用 RAND(x)函数产生随机数。

输入语句如下：

```
SELECT RAND(10),RAND(15),RAND(10);
```

执行结果如图 8-7 所示。

图 8-7 使用 RAND(x)函数

从执行结果可以看出，对于带有参数的 RAND(x)函数，当参数 x 的取值相同时产生的随机数也相同，当参数 x 的取值不同时产生的随机数不同。

8.2.6 四舍五入函数

ROUND(x)函数返回最接近于参数 x 的整数；ROUND(x,y)函数对参数 x 进行四舍五入的操作，返回值保留小数点后面指定的 y 位；TRUNCATE(x,y)函数对参数 x 进行截取操作，返回值保留小数点后面指定的 y 位。

【例 8-8】使用 ROUND(x)函数。

输入语句如下：

```
SELECT ROUND(-6.6),ROUND(-8.44),ROUND(-6.88),ROUND(3.44),ROUND(-6.12);
```

执行结果如图 8-8 所示。

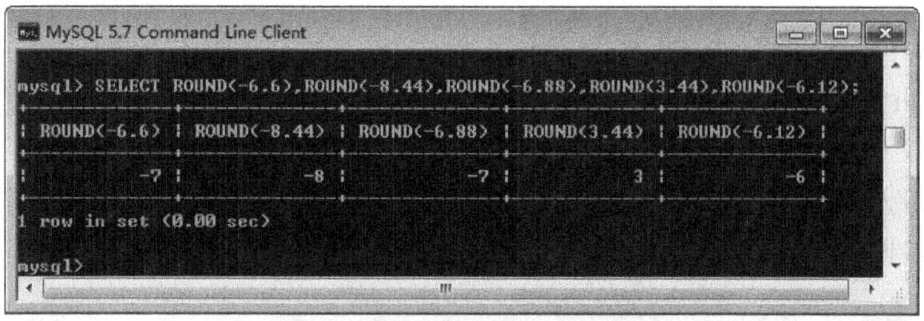

图 8-8 使用 ROUND(x)函数

从执行结果可以看出，ROUND(x)函数将值 x 四舍五入之后保留了整数部分。

【例 8-9】使用 ROUND(x,y)函数。

输入语句如下：

```
SELECT ROUND(-6.66,1),ROUND(-3.33,3),ROUND(88.66,-1),ROUND(88.46,-2);
```

执行结果如图 8-9 所示。

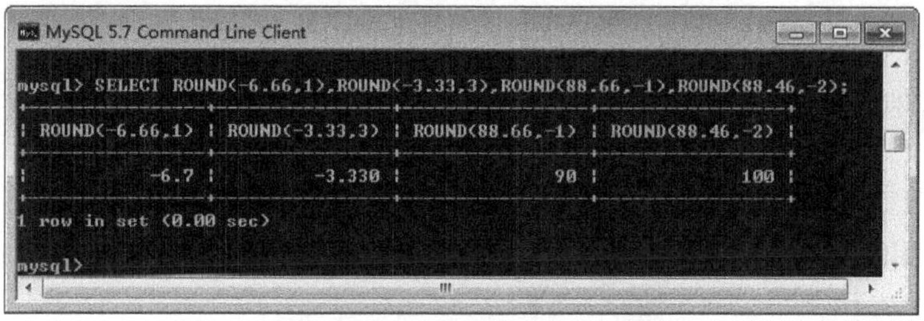

图 8-9 使用 ROUND(x,y)函数

从执行结果可以看出，根据参数 y 值，将参数 x 四舍五入后得到保留小数点后 y 位的值，x 值的小数位不够 y 位的补零；如果 y 为负值，则保留小数点左边 y 位，先进行四舍五入操作，再将相应的位数值取零。

【例 8-10】使用 TRUNCATE(x,y)函数。

输入语句如下：

```
SELECT TRUNCATE(1.25,1),TRUNCATE(3.66,1),TRUNCATE(1.88,0),TRUNCATE(66.66,-1);
```

执行结果如图 8-10 所示。

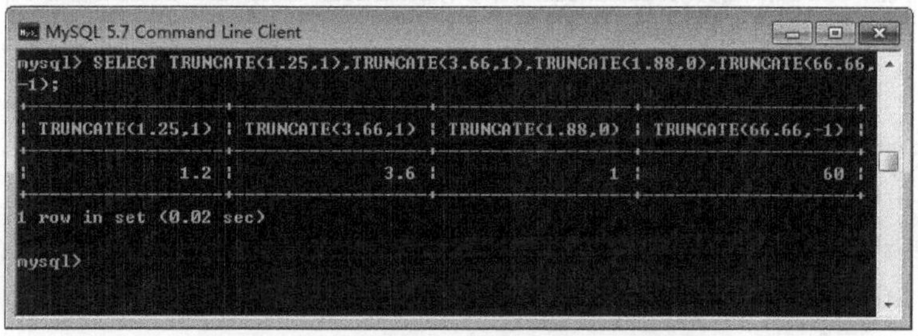

图 8-10 使用 TRUNCATE(x,y)函数

从执行结果可以看出，TRUNCATE(x,y)函数并不是四舍五入的函数，而是直接截去指定保留 y 位之外的值。当 y 取负值时，先将小数点左边第 y 位的值归零，右边其余低位全部截去。

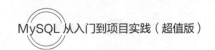

8.2.7　幂运算函数

POW(x,y)和 POWER(x,y)函数用于计算 x 的 y 次方。

【例 8-11】使用 POW(x,y)和 POWER(x,y)函数对参数 x 进行 y 次方的求值。

输入语句如下：

```
SELECT POW(5,-2),POW(10,10),POW(100,0),POWER(8,4),POWER(6,-1/4);
```

执行结果如图 8-11 所示。

图 8-11　使用幂运算函数

8.2.8　符号函数

SIGN(x)函数返回参数的符号，当 x 的值为负、零或正时返回结果依次为-1、0 或 1。

【例 8-12】使用 SIGN(x)函数返回参数的符号。

输入语句如下：

```
SELECT SIGN(-68),SIGN(0), SIGN(15);
```

执行结果如图 8-12 所示。

图 8-12　使用符号函数

8.2.9　对数运算函数

LOG(x)函数返回 x 的自然对数，x 相对于基数 e 的对数。

【例 8-13】使用 LOG(x)函数计算自然对数。

输入语句如下：

```
SELECT LOG(15), LOG(-15);
```

执行结果如图 8-13 所示。

图 8-13　使用 LOG(x)函数

由于对数定义域不能为负数，因此 LOG(–15)的返回结果为 NULL。

LOG10(x)函数返回 x 的基数为 10 的对数。

【例 8-14】使用 LOG10(x)函数计算以 10 为基数的对数。

输入语句如下：

```
SELECT LOG10(4), LOG10(1000), LOG10(-1000);
```

执行结果如图 8-14 所示。

图 8-14　计算基数为 10 的对数

8.2.10　角度与弧度相互转换的函数

RADIANS(x)函数将参数 x 由角度转化为弧度。

【例 8-15】使用 RADIANS(x)函数将角度转换为弧度。

输入语句如下：

```
SELECT RADIANS(60),RADIANS(360);
```

执行结果如图 8-15 所示。

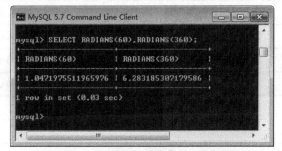

图 8-15　使用角度转换为弧度函数

DEGREES(x)函数将参数 x 由弧度转化为角度。

【例 8-16】使用 DEGREES(x)函数将弧度转换为角度。

输入语句如下：

```
SELECT DEGREES(PI()), DEGREES(PI() / 2);
```

执行结果如图 8-16 所示。

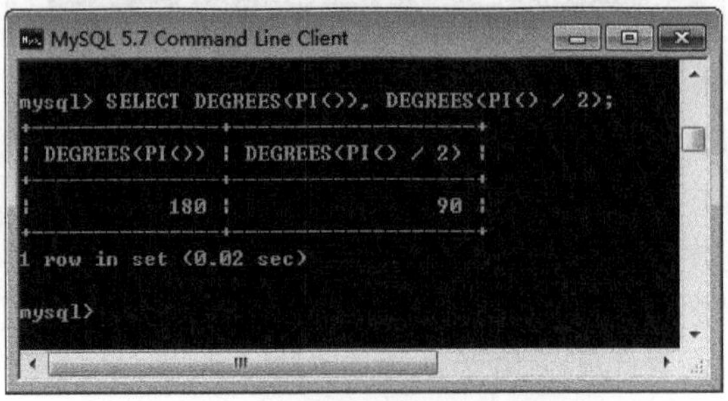

图 8-16　使用弧度转换为角度函数

8.3　字符串函数

字符串函数主要用来处理字符串数据，MySQL 中的字符串函数主要有计算字符长度函数、字符串合并函数、字符串转换函数、字符串比较函数、查找指定字符串位置函数等，如表 8-2 所示。本节将结合实例介绍常用字符串函数的功能和用法。

表 8-2　MySQL 中的字符串函数

字符串函数	作　　用
CHAR_LENGTH(str)	计算字符串字符数函数，返回字符串 str 中包含的字符个数
LENGTH(str)	计算字符串长度函数，返回字符串的字节长度
CONCAT(s1,s2,…)	合并字符串函数，返回结果为连接参数产生的字符串，参数可以是一个或多个
CONCAT_WS(x,s1,s2, …)	此函数代表 CONCAT With Separator，是 CONCAT()的特殊形式
INSERT(s1,x,len,s2)	替换字符串函数，返回字符串 s1，在位置 x 起始的 len 个字符长的子串由字符串 s2 代替
LOWER(str)和 LCASE(str)	这两个函数功能相同，都是将字符串 str 中的字母转换为小写
UPPER(str)和 UCASE(str)	这两个函数功能相同，都是将字符串 str 中的字母转换为大写
LEFT(str,len)	截取左侧字符串函数，返回原始字符串 str 的最左边 len 个字符
RIGHT(str,len)	截取右侧字符串函数，返回原始字符串 str 的最右边 len 个字符
LPAD(s1,len,s2)	填充左侧字符串函数，返回字符串 s1 的左边由字符串 s2 填补到满足 len 个字符长度
RPAD(s1,len,s2)	填充右侧字符串函数，返回字符串 s1 的右边由字符串 s2 填补到满足 len 个字符长度
LTRIM(str)	删除字符串左侧空格函数
RTRIM(str)	删除字符串右侧空格函数
TRIM(str)	删除字符串左、右两侧空格函数
TRIM(s1 from str)	删除指定字符串函数，用于删除字符串 str 中两端包含的子字符串 s1

续表

字符串函数	作　用
REPEAT(str,n)	重复生成字符串函数，返回一个由重复的字符串 str 组成的字符串，该字符串中 str 的重复次数是 n
SPACE(n)	空格函数，返回一个由 n 个空格组成的字符串
REPLACE(str,s1,s2)	替换函数，使用字符串 s2 替换字符串 str 中所有的子字符串 s1
STRCMP(s1,s2)	比较字符串大小函数
SUBSTRING(str,pos,len) 和 MID(str,pos,len)	这两个函数功能相同，都是获取子字符串的函数，从字符串 str 中获取一个长度为 len 的子字符串，起始位置是 pos。此函数中的参数 len 可省略
LOCATE(s1,str)	匹配子字符串开始位置的函数，返回子字符串 s1 在字符串 str 中第一次出现的位置
POSITION(s1 IN str)	匹配子字符串开始位置的函数，功能同 LOCATE(s1,str)函数，返回子字符串 s1 在字符串 str 中的开始位置
INSTR(str,s1)	匹配子字符串开始位置的函数，功能同 LOCATE(s1,str)函数和 POSITION(s1 IN str)函数，返回子字符串 s1 在字符串 str 中的开始位置
REVERSE(str)	字符串逆序函数，返回和原始字符串 str 顺序相反的字符串
ELT(n,s1,s2,s3,…,sn)	返回指定位置的字符串函数，根据 n 的取值返回指定的字符串 sn
FIELD(s,s1,s2,s3,…)	返回指定字符串位置的函数，用于返回字符串 s 在列表 s1、s2 等中第一次出现的位置
FIND_IN_SET(s1,s2)	返回子字符串位置的函数，用于返回字符串 s1 在字符串列表 s2 中出现的位置
MAKE_SET(bits,s1,s2,s3,…)	选取字符串的函数，用于返回一个设定值（一个包含被逗号分开的子字符串的字符串），由在 bits 组中具有相应位的字符串组成

8.3.1　计算字符串字符数的函数和字符串长度的函数

CHAR_LENGTH(str)函数的返回值为字符串 str 中所包含字符的个数，一个多字节字符算作一个单字符。

【例 8-17】使用 CHAR_LENGTH(str)函数计算字符串中字符的个数。

输入语句如下：

```
SELECT CHAR_LENGTH('hello'), CHAR_LENGTH('red');
```

执行结果如图 8-17 所示。

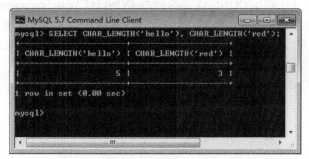

图 8-17　使用计算字符串字符数的函数

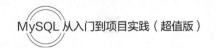

【例 8-18】 使用 LENGTH(str)函数计算字符串的长度。

输入语句如下：

```
SELECT LENGTH('hello'), LENGTH('red');
```

执行结果如图 8-18 所示。

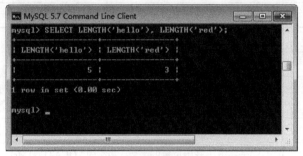

图 8-18　使用计算字符串长度的函数

8.3.2　合并字符串的函数

CONCAT(s1,s2,…)函数的返回结果为连接参数产生的字符串。如果有任何一个参数为 NULL，则返回值为 NULL；如果所有参数均为非二进制字符串，则结果为非二进制字符串；如果自变量中含有任意二进制字符串，则结果为一个二进制字符串。

【例 8-19】 使用 CONCAT(s1,s2,…)函数连接字符串。

输入语句如下：

```
SELECT CONCAT('My SQL', '5.7'),CONCAT('My',NULL, 'SQL');
```

执行结果如图 8-19 所示。

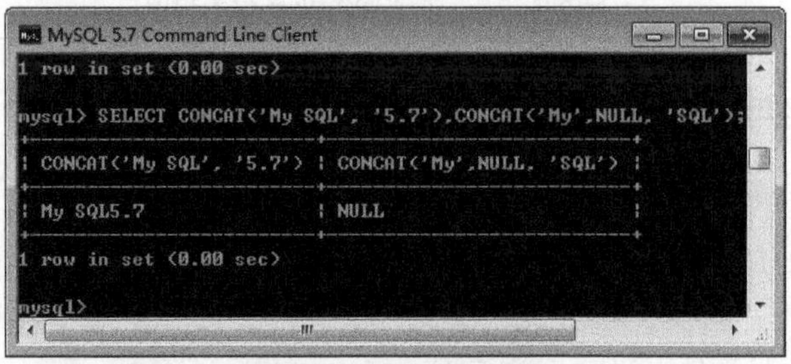

图 8-19　连接字符串

在 CONCAT_WS(x,s1,s2,…)中，CONCAT_WS 代表 CONCAT With Separator，它是 CONCAT()的特殊形式。其第 1 个参数 x 是其他参数的分隔符，分隔符放在要连接的两个字符串之间。分隔符可以是一个字符串，也可以是其他参数，如果分隔符为 NULL，则结果为 NULL。函数会忽略任何分隔符参数后的 NULL 值。

【例 8-20】 使用 CONCAT_WS (x,s1,s2…)函数连接带分隔符的字符串。

输入语句如下：

```
SELECT CONCAT_WS('-', '李明','男', '32 岁'), CONCAT_WS('*', '李明', NULL, '经理');
```

执行结果如图 8-20 所示。

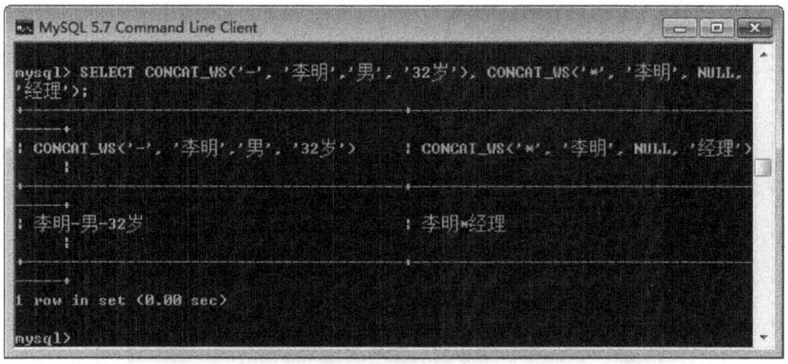

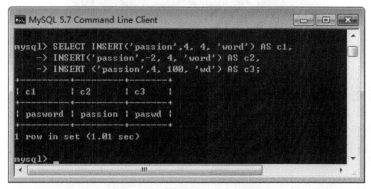

图 8-20 连接带分隔符的字符串

8.3.3 替换字符串的函数

INSERT(s1,x,len,s2)函数返回字符串 s1，s1 中起始于 x 位置、长度为 len 的子字符串将被 s2 取代。如果 x 超过字符串长度，则返回值为原始字符串；如果 len 的长度大于 x 位置后字符串的总长度，则从位置 x 开始替换。若任何一个参数为 NULL，则返回值为 NULL。

【例 8-21】使用 INSERT(s1,x,len,s2)函数进行字符串替换操作。

输入语句如下：

```
SELECT INSERT('passion',4, 4, 'word') AS c1,
       INSERT('passion',-2, 4, 'word') AS c2,
       INSERT ('passion',4, 100, 'wd') AS c3;
```

执行结果如图 8-21 所示。

图 8-21 使用替换字符串函数

第 1 个函数 INSERT('passion',4, 4, 'word')将 "passion" 的第 4 个字符开始、长度为 4 的字符串替换为 word，结果为 "password"；第 2 个函数 INSERT('passion',-2, 4, 'word')中的起始位置-2 超出了字符串长度，直接返回原字符；第 3 个函数 INSERT ('passion',4, 100, 'wd')中的替换长度超出了原字符串长度，则从第 4 个字符开始，截取后面所有的字符，并替换为指定字符 wd，结果为 "paswd"。

8.3.4 字母大小写转换函数

LOWER (str)或者 LCASE (str) 函数用于将字符串 str 中的字母全部转换成小写字母。

【例 8-22】使用 LOWER(str)函数或者 LCASE(str)函数将字符串中的所有字母转换为小写。

输入语句如下：

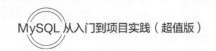

```
SELECT LOWER('HELLO'), LCASE('WORD');
```

执行结果如图 8-22 所示。

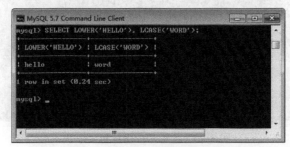

图 8-22　将大写字母转换为小写

UPPER(str)或者 UCASE(str)函数用于将字符串 str 中的字母全部转换成大写字母。

【例 8-23】使用 UPPER(str)函数或者 UCASE(str)函数将字符串中的所有字母转换为大写。

输入语句如下：

```
SELECT UPPER('hello'), UCASE('word');
```

执行结果如图 8-23 所示。

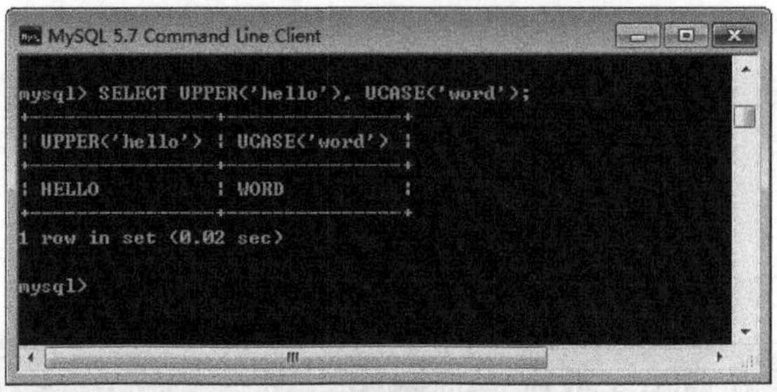

图 8-23　将小写字母转换为大写

8.3.5　获取指定长度的字符串的函数

LEFT(str,len)函数用于返回字符串 str 的最左边 len 个字符。

【例 8-24】使用 LEFT(str,len)函数返回字符串中左边的字符。

输入语句如下：

```
SELECT LEFT(' freedom', 6);
```

执行结果如图 8-24 所示。

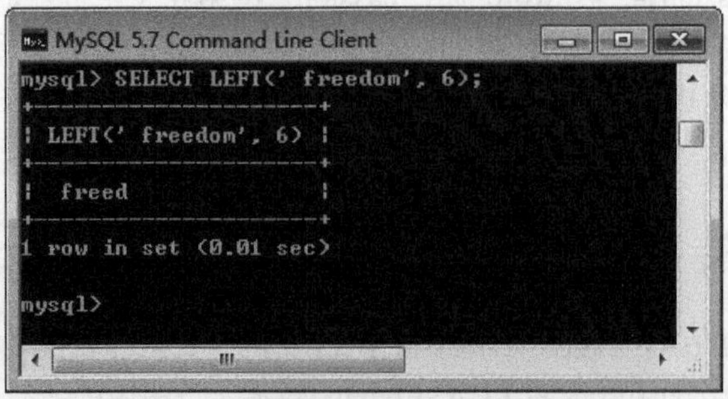

图 8-24　获取字符串左边指定的长度

RIGHT(str,len)函数用于返回字符串 str 的最右边 len 个字符。

【例 8-25】使用 RIGHT(str,len)函数返回字符串中右边的字符。

输入语句如下：

```
SELECT RIGHT(' freedom', 6);
```

执行结果如图 8-25 所示。

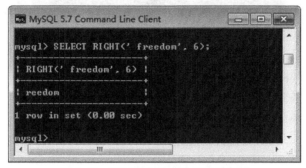

图 8-25　获取字符串右边指定的长度

8.3.6　填充字符串的函数

LPAD(s1,len,s2)函数返回字符串 s1，其左边由字符串 s2 填充，填充长度为 len。如果 s1 的长度大于 len，则返回值被缩短至 len 个字符。

【例 8-26】使用 LPAD(s1,len,s2)函数对字符串进行填充操作。

输入语句如下：

```
SELECT LPAD('smile',12,'??'), LPAD('smile',4,'??');
```

执行结果如图 8-26 所示。

图 8-26　使用填充字符串函数

对于第一个填充，字符串'smile'的长度小于 10，LPAD('smile',12,'??')的返回结果为 "???????smile"，左侧填充 "?"，长度为 12；对于第二个填充，字符串'smile'的长度大于 4，不需要填充，因此 LPAD('smile',4,'??') 只返回被缩短的长度为 4 的子串 "smil"。

8.3.7　删除空格的函数

LTRIM(str)函数返回字符串 str，字符串左侧的空格字符被删除。

【例 8-27】使用 LTRIM(str)函数删除字符串左边的空格。

输入语句如下：

```
SELECT CONCAT('(',LTRIM(' red '),')');
```

执行结果如图 8-27 所示。

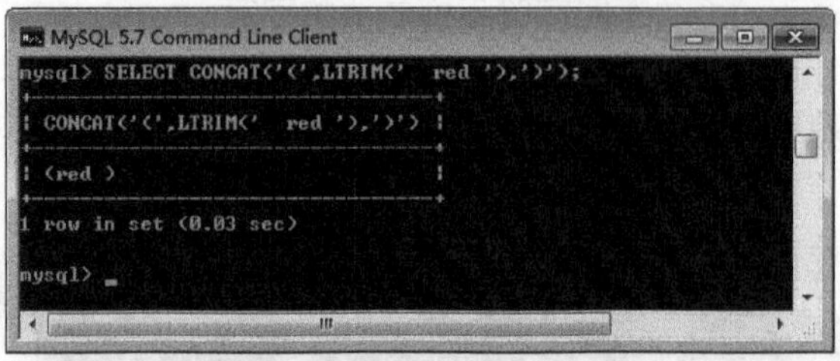

图 8-27　使用删除空格函数

LTRIM(str)函数只删除字符串左边的空格，右边的空格不会被删除。

RTRIM(str)函数返回字符串 str，字符串右侧的空格字符被删除。

【例 8-28】使用 RTRIM(str)函数删除字符串右边的空格。

输入语句如下：

```
SELECT CONCAT('(', RTRIM (' red '),')');
```

执行结果如图 8-28 所示。

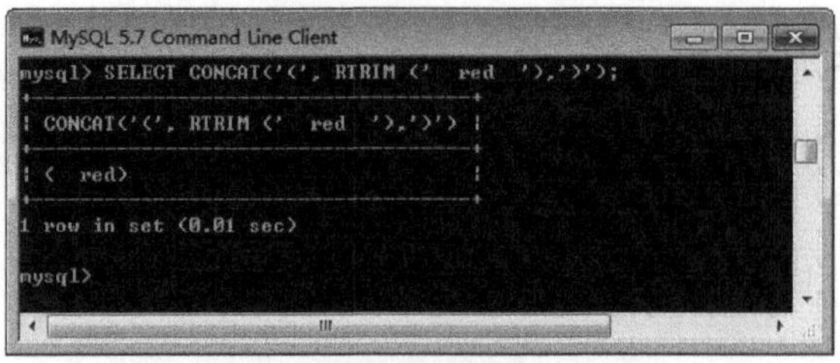

图 8-28　删除字符串右边的空格

RTRIM(str)函数只删除字符串右边的空格，左边的空格不会被删除。

TRIM(str)函数删除字符串 str 两侧的空格。

【例 8-29】使用 TRIM(str)函数删除指定字符串两端的空格。

输入语句如下：

```
SELECT CONCAT('(', TRIM(' red '),')');
```

执行结果如图 8-29 所示。

图 8-29　删除指定字符串两端的空格

8.4　日期和时间函数

日期和时间函数主要用来处理日期和时间的值，一般的日期函数除了可以使用 DATE 类型的参数以外，还可以使用 DATETIME 或 TIMESTAMP 类型的参数，只是忽略了这些类型值的时间部分。类似的情况还有以 TIME 类型为参数的函数，它们可以接受 TIMESTAMP 类型的参数，只是忽略了日期部分，许多日期函数可以同时接受数值和字符串类型的参数，本节将介绍常用日期和时间函数的功能及用法。常见的日期和时间函数如表 8-3 所示。

表 8-3　MySQL 中的日期和时间函数

日期和时间函数	作　用
CURDATE()和 CURRENT_DATE()	这两个函数的作用相同，都是返回当前系统的日期值
CURTIME()和 CURRENT_TIME()	这两个函数的作用相同，都是返回当前系统的时间值
CURRENT_TIMESTAMP()、LOCALTIME()、NOW()和 SYSDATE()	这 4 个函数的作用相同，都是返回当前系统的日期和时间值
UNIX_TIMESTAMP(date)	UNIX 时间戳函数，返回一个以 UNIX 时间戳为基础的无符号整数（'1970-01-01 00:00:00' GMT 之后的秒数，GMT 的全称为 Greenwich Mean Time，指格林威治标准时间）
FROM_UNIXTIME(date)	把 UNIX 时间戳转换为时间格式的函数，与 UNIX_TIMESTAMP(date) 函数互为反函数
UTC_DATE()	返回 UTC 日期函数，用于返回当前 UTC（世界标准时间）的日期值。注意，由于时差关系，UTC 不一定是当前计算机系统显示的日期值
UTC_TIME()	返回 UTC 时间函数，用于返回当前 UTC（世界标准时间）的时间值。注意，由于时差关系，UTC 不一定是当前计算机系统显示的时间值
MONTH(date)和 MONTHNAME(date)	获取日期参数 date 中的月份的函数。MONTH(date)函数返回指定日期参数 date 中的月份，是数值类型；MONTHNAME(date)函数返回指定日期参数 date 中月份的英文名称，是字符串类型
DAYNAME(date)	获取星期的函数，返回日期参数 date 对应的星期几的英文名称
DAYOFWEEK(date)	获取星期的函数，返回日期参数 date 对应的一周的索引位置值
WEEK(date)	获取星期的函数，返回日期参数 date 对应的工作日索引
WEEK(date,mode)	获取星期数的函数，返回日期参数 date 在一年中位于第几周。该函数允许指定星期是否起始于周日或周一，以及返回值的范围是否为 0～53 或 1～53。如果 mode 参数被省略，则使用 default_week_format 系统自变量的值
WEEKOFYEAR(date)	该函数计算日期参数 date 是一年中的第几个星期，范围是 1～53，相当于 WEEK(date,53)
DAYOFYEAR(date)	获取天数的函数，返回日期参数 date 是一年中的第几天，范围是 1～366
DAYOFMONTH(date)	获取天数的函数，返回日期参数 date 在一个月中是第几天，范围是 1～31
YEAR(date)	获取年份的函数，返回日期参数 date 对应的年份，范围是 1970～2069
QUARTER(date)	返回日期参数 date 对应的一年中的季度值，范围是 1～4
MINUTE(time)	返回时间参数 time 对应的分钟数，范围是 0～59
SECOND(time)	返回时间参数 time 对应的秒数，范围是 0～59

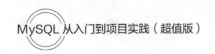
续表

日期和时间函数	作　用
EXTRACT(type FROM date/time)	获取日期时间参数 date/time 对应的指定类型的函数
TIME_TO_SEC(time)	时间和秒数转换的函数，返回将时间参数 time 转换为秒数的时间值
SEC_TO_TIME(seconds)	秒数和时间转换的函数，返回将参数 seconds 转换为小时、分钟和秒数的时间值。此函数与 TIME_TO_SEC(time)函数互为反函数
DATE_ADD(date,INTERVAL expr type) 和 ADDDATE(date,INTERVAL expr type)	加法计算日期函数，这两个函数的作用相同，都是返回一个以参数 date 为起始日期加上时间间隔值之后的日期值，其中 expr 是一个字符串，可以是以负号开头的负值时间间隔，type 指出了 expr 被解释的方式
DATE_SUB(date,INTERVAL expr type) 和 SUBDATE(date,INTERVAL expr type)	减法计算日期函数，这两个函数的作用相同，都是返回一个以参数 date 为起始日期减去时间间隔值之后的日期值
ADDTIME(time,expr)	加法计算时间值函数，返回将 expr 值加上原始时间 time 之后的值
SUBTIME(time,expr)	减法计算时间值函数，返回将原始时间 time 减去 expr 值之后的值
DATEDIFF(date1,date2)	计算两个日期之间间隔的函数，返回参数 date1 减去 date2 之后的值
DATE_FORMAT(date,format)	将日期和时间格式化的函数，返回根据参数 format 指定的格式显示的 date 值
TIME_FORMAT(time,format)	将时间格式化的函数，返回根据参数 format 指定的格式显示的 time 值
GET_FORMAT(val_type,format_type)	返回日期时间字符串的显示格式的函数，返回值是一个格式字符串，val_type 表示日期数据类型，包含有 DATE、DATETIME 和 TIME；format_type 表示格式化显示类型，包含有 EUR、INTERVAL、ISO、JIS、USA

下面介绍常见的日期和时间函数。

8.4.1　获取当前日期的函数和获取当前时间的函数

CURDATE()和 CURRENT_DATE()函数的作用相同，用于将当前日期按照 YYYY-MM-DD 或 YYYYMMDD 格式的值返回，具体格式根据函数是用在字符串中还是用在数字语境中而定。

【例 8-30】使用日期函数获取系统当前日期。

输入语句如下：

```
SELECT CURDATE(),CURRENT_DATE();
```

执行结果如图 8-30 所示。

图 8-30　使用日期函数

可以看到两个函数的作用相同，返回了相同的系统当前日期。

CURTIME()和 CURRENT_TIME()函数的作用相同，用于将当前时间以 HH:MM:SS 或 HHMMSS 的格式返回，具体格式根据函数是用在字符串中还是用在数字语境中而定。

【例 8-31】使用时间函数获取系统当前时间。

输入语句如下：

```
SELECT CURTIME(),CURRENT_TIME();
```

执行结果如图 8-31 所示。

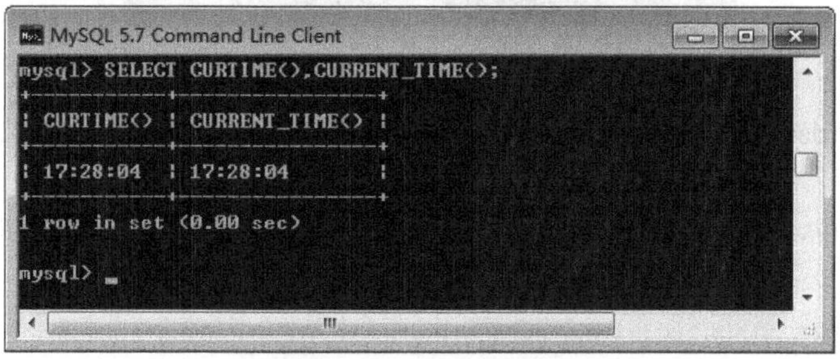

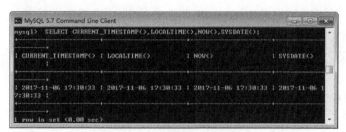

图 8-31　使用时间函数

8.4.2　获取当前日期和时间的函数

CURRENT_TIMESTAMP()、LOCALTIME()、NOW()和 SYSDATE()几个函数的作用相同，用于返回当前日期和时间值，格式为 YYYY-MM-DD HH:MM:SS 或 YYYYMMDDHHMMSS，具体格式根据函数是用在字符串中还是用在数字语境中而定。

【例 8-32】使用日期时间函数获取当前系统日期和时间。

输入语句如下：

```
SELECT CURRENT_TIMESTAMP(),LOCALTIME(),NOW(),SYSDATE();
```

执行结果如图 8-32 所示。

图 8-32　使用日期时间函数

可以看到，4 个函数返回的结果是相同的。

8.4.3　UNIX 时间戳函数

UNIX_TIMESTAMP(date)若无参数调用，返回一个无符号整数类型的 UNIX 时间戳（'1970-01-01 00:00:00'GMT 之后的秒数）。若用 date 来调用 UNIX_TIMESTAMP()，它会将参数值以'1970-01-01 00:00:00'GMT 后的秒数的形式返回。

【例 8-33】使用 UNIX_TIMESTAMP()函数返回 UNIX 格式的时间戳。

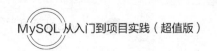

输入语句如下：

```
SELECT UNIX_TIMESTAMP(), UNIX_TIMESTAMP(NOW()), NOW();
```

执行结果如图 8-33 所示。

图 8-33　使用 UNIX 时间戳函数

FROM_UNIXTIME(date)函数把 UNIX 时间戳转换为普通格式的日期时间值，与 UNIX_TIMESTAMP(date)函数互为反函数。

【例 8-34】使用 FROM_UNIXTIME(date)函数将 UNIX 时间戳转换为普通格式时间。

输入语句如下：

```
SELECT FROM_UNIXTIME('1509960739');
```

执行结果如图 8-34 所示。

图 8-34　使用 FROM_UNIXTIME(date)函数

8.4.4　返回 UTC 日期的函数和返回 UTC 时间的函数

UTC_DATE()函数用于返回当前 UTC（世界标准时间）日期值，其格式为 YYYY-MM-DD 或 YYYYMMDD，具体格式取决于函数是用在字符串中还是用在数字语境中。

【例 8-35】使用 UTC_DATE()函数返回当前 UTC 日期值。

输入语句如下：

```
SELECT UTC_DATE();
```

执行结果如图 8-35 所示。

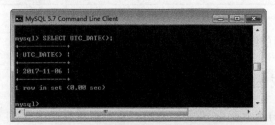

图 8-35　使用 UTC_DATE()函数

UTC_DATE()函数的返回值为当前时区的日期值。

UTC_TIME()函数返回当前 UTC 时间值，其格式为 HH:MM:SS 或 HHMMSS，具体格式取决于函数是用在字符串中还是用在数字语境中。

【例 8-36】使用 UTC_TIME()函数返回当前 UTC 时间值。

输入语句如下：

```
SELECT UTC_TIME();
```

执行结果如图 8-36 所示。

图 8-36 使用 UTC_TIME()函数

UTC_TIME()函数返回当前时区的时间值。

8.4.5 获取月份的函数

MONTH(date)函数返回 date 对应的月份，范围为 1～12。

【例 8-37】使用 MONTH(date)函数返回指定日期中的月份。

输入语句如下：

```
SELECT MONTH('2018-08-13');
```

执行结果如图 8-37 所示。

图 8-37 获取月份

MONTHNAME(date)函数返回日期 date 对应月份的英文全名。

【例 8-38】使用 MONTHNAME(date)函数返回指定日期中的月份的名称。

输入语句如下：

```
SELECT MONTHNAME('2018-08-13');
```

执行结果如图 8-38 所示。

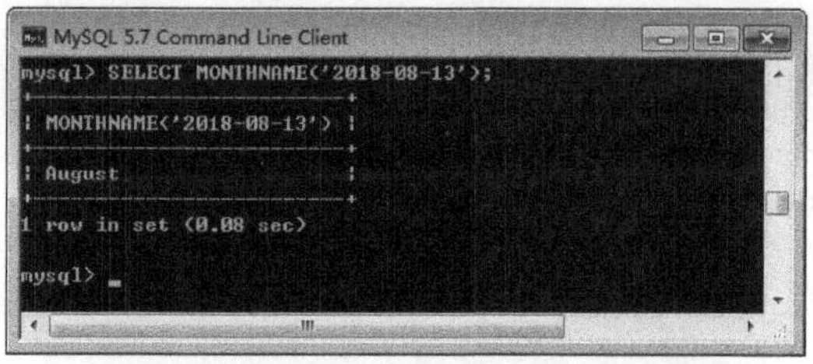

图 8-38 使用 MONTHNAME(date)函数

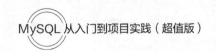

8.4.6　获取星期的函数

DAYNAME(date)函数返回 date 对应的工作日英文名称，例如 Sunday、Monday 等。

【例 8-39】使用 DAYNAME(date)函数返回指定日期的工作日名称。

输入语句如下：

```
SELECT DAYNAME('2018-08-13');
```

执行结果如图 8-39 所示。

图 8-39　获取星期

DAYOFWEEK(date)函数返回 date 对应的一周中的索引（位置），1 表示周日、2 表示周一、…、7 表示周六。

【例 8-40】使用 DAYOFWEEK(date)函数返回日期对应的周索引。

输入语句如下：

```
SELECT DAYOFWEEK('2018-08-13');
```

执行结果如图 8-40 所示。

图 8-40　使用 DAYOFWEEK(date)函数

8.4.7　获取星期数的函数

WEEK(date)函数计算日期 date 是一年中的第几周。WEEK(date,mode)函数允许指定星期是否起始于周日或周一，以及返回值的范围是否为 0～53 或 1～53。

【例 8-41】使用 WEEK(date)函数查询指定日期是一年中的第几周。

输入语句如下：

```
SELECT WEEK('2018-08-20',1);
```

执行结果如图 8-41 所示。

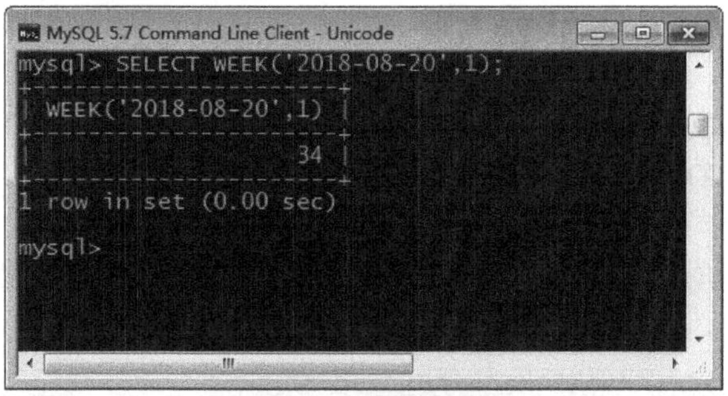

图 8-41　获取第几周

WEEKOFYEAR(date)函数计算某天位于一年中的第几周，范围是 1～53。

【例 8-42】使用 WEEKOFYEAR(date)函数查询指定日期是一年中的第几周。

输入语句如下：

```
SELECT WEEKOFYEAR('2018-08-20');
```

执行结果如图 8-42 所示。

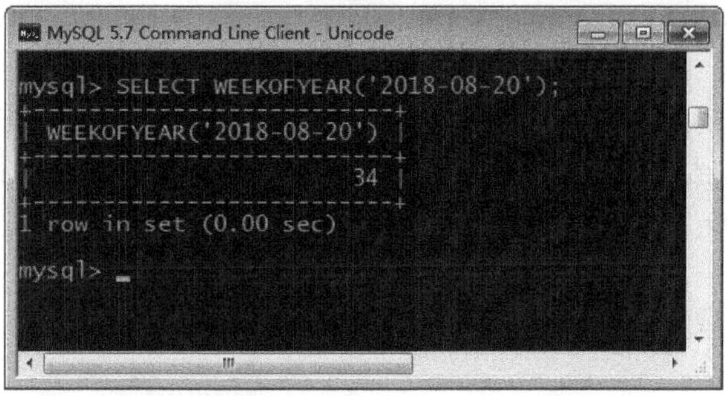

图 8-42　使用 WEEKOFYEAR(date)函数

可以看到，两个函数返回的结果相同。

EXTRACT(type FROM date/time)函数用于提取日期时间参数中指定的类型。

【例 8-43】使用 EXTRACT(type FROM date/time)函数提取日期时间参数中指定的类型。

输入语句如下：

```
SELECT NOW(),EXTRACT(YEAR FROM NOW())AS c1,
EXTRACT(YEAR_MONTH FROM NOW())AS c2,
EXTRACT(DAY_MINUTE FROM'2018-08-06 12:22:49')AS c3;
```

执行结果如图 8-43 所示。

图 8-43　使用 EXTRACT(type FROM date/time)函数

由执行结果可以看出，EXTRACT(type FROM date/time)函数可以取出当前系统日期时间的年份和月份，也可以取出指定日期时间的日和分钟数，结果由日、小时和分钟数组成。

8.4.8　时间和秒钟转换的函数

TIME_TO_SEC(time)函数返回将参数 time 转换为秒数的时间值，转换公式为"小时×3600+分钟×60+秒"。

【例 8-44】使用 TIME_TO_SEC(time)函数将时间值转换为秒值。

输入语句如下：

```
SELECT TIME_TO_SEC('15:15:25');
```

执行结果如图 8-44 所示。

```
MySQL 5.7 Command Line Client - Unicode

mysql> SELECT TIME_TO_SEC('15:15:25');
+-------------------------+
| TIME_TO_SEC('15:15:25') |
+-------------------------+
|                   54925 |
+-------------------------+
1 row in set (0.00 sec)

mysql>
```

图 8-44　使用 TIME_TO_SEC(time)函数

由执行结果可以看出，根据计算公式"15×3600+15×60+25"得出结果秒数 54925。

SEC_TO_TIME(seconds)函数返回将参数 seconds 转换为小时、分钟和秒数的时间值。

【例 8-45】使用 SEC_TO_TIME(seconds)函数将秒值转换为时间格式。

输入语句如下：

```
SELECT SEC_TO_TIME(54925);
```

执行结果如图 8-45 所示。

```
MySQL 5.7 Command Line Client - Unicode

mysql> SELECT SEC_TO_TIME(54925);
+--------------------+
| SEC_TO_TIME(54925) |
+--------------------+
| 15:15:25           |
+--------------------+
1 row in set (0.00 sec)

mysql>
```

图 8-45　使用 SEC_TO_TIME(seconds)函数

由执行结果可以看出，将上例中得到的秒数 54925 通过 SEC_TO_TIME(seconds)函数计算，返回结果是时间值 15:15:25，为字符串型。

8.4.9　日期和时间的加减运算函数

DATE_ADD(date,INTERVAL expr type)和 ADDDATE(date,INTERVAL expr type)两个函数的作用相同，都是用于执行日期的加运算。

【例 8-46】使用 DATE_ADD(date,INTERVAL expr type)和 ADDDATE(date,INTERVAL expr type)函数执行日期的加运算。

输入语句如下:

```
SELECT DATE_ADD('2018-10-31 23:59:59', INTERVAL 1 SECOND) AS c1,
    ADDDATE('2018-10-31 23:59:59', INTERVAL 1 SECOND) AS c2,
    DATE_ADD('2018-10-31 23:59:59', INTERVAL '1:1' MINUTE_SECOND) AS c3;
```

执行结果如图 8-46 所示。

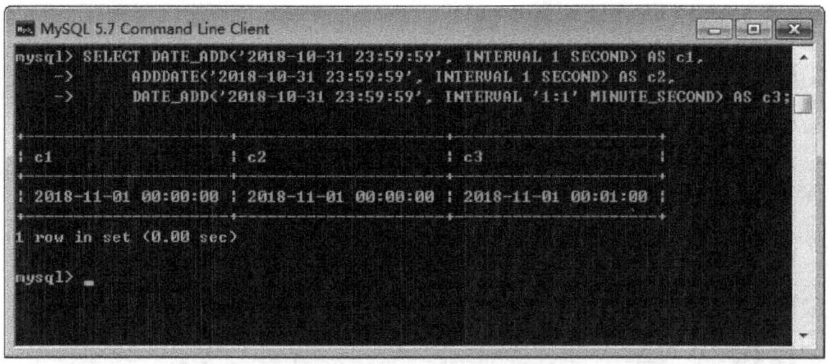

图 8-46 执行日期的加运算

由执行结果可以看出,DATE_ADD(date,INTERVAL expr type)和 ADDDATE(date,INTERVAL expr type) 函数的功能完全相同,在原始时间'2018-10-31 23:59:59'上加 1 秒之后结果都是'2018-11-01 00:00:00';在原始时间上加 1 分钟 1 秒的写法是表达式'1:1',最终可得结果'2018-11-01 00:01:00'.

DATE_SUB(date,INTERVAL expr type)和 SUBDATE(date,INTERVAL expr type)两个函数作用相同。

【例 8-47】使用 DATE_SUB(date,INTERVAL expr type)和 SUBDATE(date,INTERVAL expr type)函数执行日期的减运算。

输入语句如下:

```
SELECT DATE_SUB('2018-01-02', INTERVAL 31 DAY) AS c1,
    SUBDATE('2018-01-02', INTERVAL 31 DAY) AS c2,
    DATE_SUB('2018-01-01 00:01:00',INTERVAL '0 0:1:1' DAY_SECOND) AS c3;
```

执行结果如图 8-47 所示。

图 8-47 执行日期的减运算

由执行结果可以看出,DATE_SUB(date,INTERVAL expr type)和 SUBDATE(date,INTERVAL expr type) 函数的功能完全相同。

技巧:DATE_ADD(date,INTERVAL expr type)和 DATE_SUB(date,INTERVAL expr type)函数在指定加减的时间段时也可以指定负值,加法的负值即返回原始时间之前的日期和时间,减法的负值即返回原始时间之后的日期和时间。

ADDTIME(time,expr)函数用于执行时间的加法运算。

【例 8-48】 使用 ADDTIME(time,expr)函数进行时间的加法运算。

输入语句如下：

```
SELECT ADDTIME('2018-10-31 23:59:59','0:1:1'),
ADDTIME('10:30:59','5:10:37');
```

执行结果如图 8-48 所示。

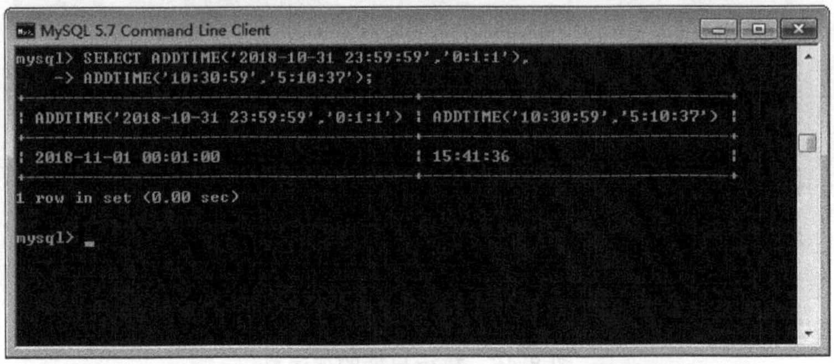

图 8-48　使用 ADDTIME(time,expr)函数

由执行结果可以看出，在原始日期时间'2018-10-31 23:59:59'上加 0 小时 1 分 1 秒之后返回的日期时间是'2018-11-01 00:01:00'；在原始时间'10:30:59'上加 5 小时 10 分 37 秒之后返回的日期时间是'15:41:36'。

SUBTIME(time,expr)函数用于执行时间的减法运算。

【例 8-49】 使用 SUBTIME(time,expr)函数进行时间的减法运算。

输入语句如下：

```
SELECT SUBTIME('2018-10-31 23:59:59','0:1:1'),SUBTIME('10:30:59','5:12:37');
```

执行结果如图 8-49 所示。

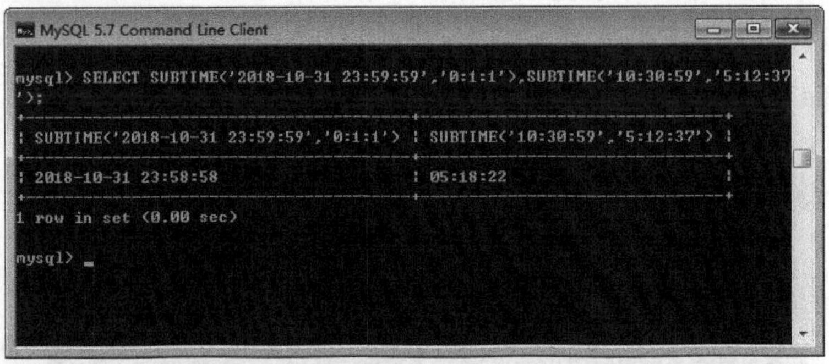

图 8-49　使用 SUBTIME(time,expr)函数

由执行结果可以看出，在原始日期时间'2018-10-31 23:59:59'上减去 0 小时 1 分 1 秒之后返回的日期时间是'2018-10-31 23:58:58'；在原始时间'10:30:59'上减去 5 小时 12 分 37 秒之后返回的日期时间是'05:18:22'。

DATEDIFF(date1,date2)函数用于计算两个日期之间的间隔天数。

【例 8-50】 使用 DATEDIFF(date1,date2)函数计算两个日期之间的间隔天数。

输入语句如下：

```
SELECT DATEDIFF('2018-10-30','2016-01-06');
```

执行结果如图 8-50 所示。

由执行结果可以看出，DATEDIFF(date1,date2)函数返回 date1 减去 date2 之后的值，参数忽略时间值，只是将日期值相减。

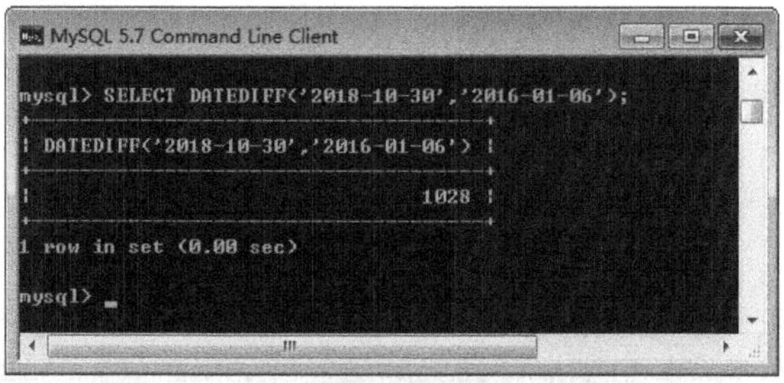

图 8-50　使用 DATEDIFF(date1,date2)函数

8.4.10　将日期和时间格式化的函数

DATE_FORMAT(date,format)函数根据 format 指定的格式显示 date 值。

【例 8-51】使用 DATE_FORMAT(date,format)函数根据 format 指定的格式显示 date 值。

输入语句如下：

```sql
SELECT DATE_FORMAT('2018-08-08 20:43:58','%W %M %Y %l %p')AS c1,
 DATE_FORMAT('2018-08-08','%D %b %y %T')AS c2;
```

执行结果如图 8-51 所示。

图 8-51　格式化日期

由执行结果可以看出，c1 中将日期时间值'2018-08-08 20:43:58'格式化为指定格式'%W %M %Y %l %p'，可得结果'Wednesday August 2018 8 PM'；c2 中将日期值'2018-08-08'按照指定格式'%D %b %y %T'进行格式化之后返回结果'8th Aug 18 00:00:00'。

TIME_FORMAT(time,format)函数根据 format 指定的格式显示 time 值。

【例 8-52】使用 TIME_FORMAT(time,format)函数根据 format 指定的格式显示 time 值。

输入语句如下：

```sql
SELECT TIME_FORMAT('2018-08-08 20:48:58','%W %M %Y %l %p %r')AS c1,
  TIME_FORMAT('15:45:55','%l %p %r')AS c2,
  TIME_FORMAT('35:08:55','%H %k %h %r')AS c3;
```

执行结果如图 8-52 所示。

图 8-52　格式化时间

由执行结果可以看出，在 c1 中如果此函数的参数 format 包含非时间格式说明符，返回结果为 NULL。

GET_FORMAT(val_type,format_type)函数用于返回日期时间字符串的显示格式。

【例 8-53】使用 GET_FORMAT(val_type,format_type)函数返回日期时间字符串的显示格式。

输入语句如下：

```
SELECT GET_FORMAT(DATE,'EUR'),GET_FORMAT(DATETIME,'USA');
```

执行结果如图 8-53 所示。

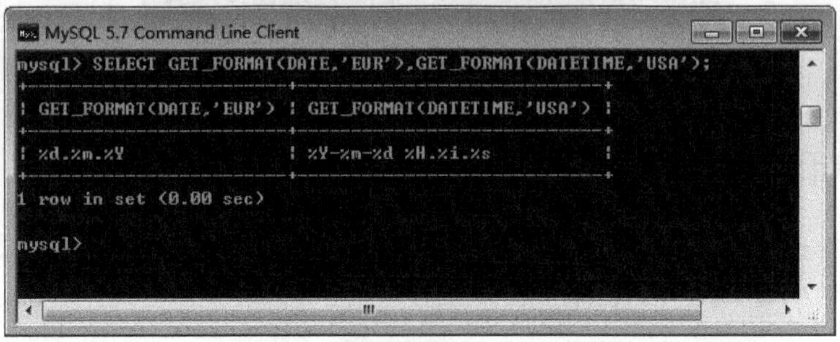

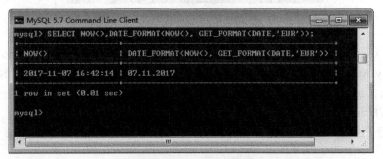

图 8-53　使用 GET_FORMAT(val_type,format_type)函数

由执行结果可以看出，在 GET_FORMAT(val_type,format_type)函数中，参数 val_type 和 format_type 取值不同，可以得到不同的日期时间格式化字符串的结果。

【例 8-54】在 DATE_FORMAT(date,format)函数中，使用 GET_FORMAT(val_type,format_type)函数返回的显示格式字符串来显示指定的日期值。

输入语句如下：

```
SELECT NOW(),DATE_FORMAT(NOW(), GET_FORMAT(DATE,'EUR'));
```

执行结果如图 8-54 所示。

图 8-54　显示指定日期值

由执行结果可以看出，当前系统时间函数 NOW() 的返回值是 '2017-11-07 16:42:14'，使用 GET_FORMAT(val_type,format_type)函数将此日期时间值格式化为欧洲习惯的日期，最终可得结果 '07.11.2017'。

8.5　条件判断函数

控制流函数也称为条件判断函数，该函数根据满足的不同条件执行相应的流程。MySQL 中的控制流函数有 IF(expr,v1,v2)、IFNULL(v1,v2)和 CASE，如表 8-4 所示。本节将结合实例介绍 MySQL 中控制流函数的功能和用法。

表 8-4　MySQL 中的控制流函数

控制流函数	作　　用
IF(expr,v1,v2)函数	返回表达式 expr 得到不同运算结果时对应的值。若 expr 是 TRUE（expr<>0 and expr<> NULL），则 IF(expr,v1,v2)的返回值为 v1，否则返回值为 v2
IFNULL(v1,v2)函数	返回参数 v1 或 v2 的值。如果 v1 不为 NULL，则返回值为 v1，否则返回值为 v2
CASE 函数	写法一：CASE expr WHEN v1 THEN r1 [WHEN v2 THEN r2]… [WHEN vn THEN rn]… [ELSE r(n+1)]　END 写法二：CASE WHEN v1 THEN r1[WHEN v2 THEN r2]…[WHEN vn THEN rn]…ELSE r(n+1) END

【例 8-55】使用 IF(expr,v1,v2)函数根据 expr 表达式结果返回相应值。

输入语句如下：

```
SELECT IF(1<2,1,0)AS c1,
IF(1>5,'√','×')AS c2,
 IF(STRCMP('abc','ab'),'yes','no')AS c3;
```

执行结果如图 8-55 所示。

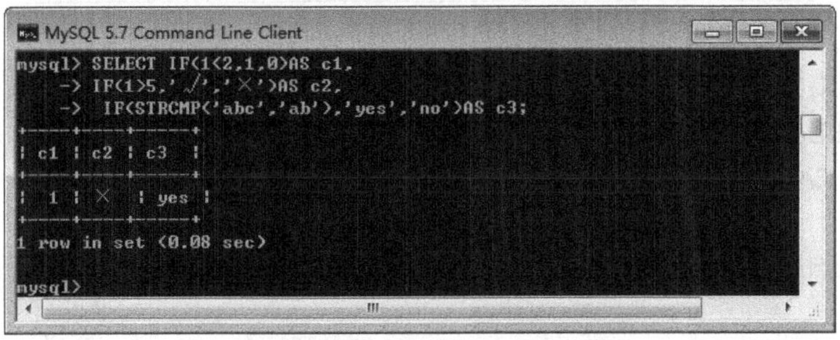

图 8-55　使用 IF(expr,v1,v2)函数

由执行结果可以看出，在 c1 中，表达式 1<2 所得的结果是 TRUE，则返回结果为 v1，即数值 1；在 c2 中，表达式 1>5 所得的结果是 FALSE，则返回结果为 v2，即字符串'×'；在 c3 中，先用 STRCMP(s1,s2)函数比较两个字符串的大小，字符串'abc'和'ab'比较结果的返回值为 1，也就是表达式 expr 的返回结果不等于 0 且不等于 NULL，则返回值为 v1，即字符串'yes'。

【例 8-56】使用 IFNULL(v1,v2)函数根据 v1 的取值返回相应值。

输入语句如下：

```
SELECT IFNULL(5,8),IFNULL(NULL,'OK'),IFNULL(SQRT(-8),'false'),SQRT(-8);
```

执行结果如图 8-56 所示。

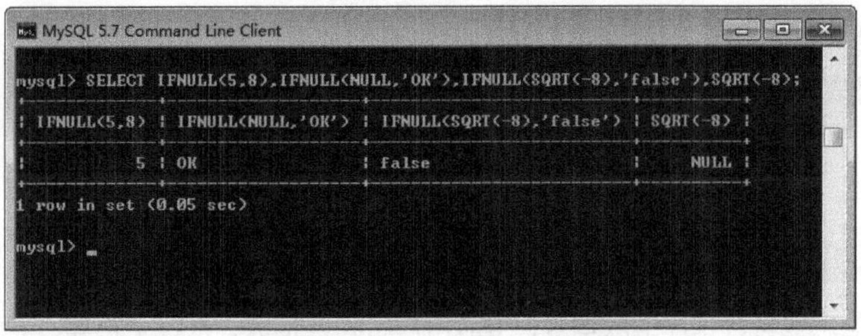

图 8-56　使用 IFNULL(v1,v2)函数

由执行结果可以看出，IFNULL(v1,v2)函数中的参数 v1=5、v2=8，都不为空，即 v1=5 不为空，返回 v1 的值为 5；当 v1=NULL 时，返回 v2 的值，即字符串'OK'；当 v1=SQRT(-8)时，SQRT(-8)函数的返回值为 NULL，即 v1=NULL，所以返回 v2 为字符串'false'。

【例 8-57】使用 CASE 函数根据 expr 的取值返回相应值。

输入语句如下：

```
SELECT CASE WEEKDAY(NOW()) WHEN 0 THEN '星期一' WHEN 1 THEN '星期二' WHEN 2 THEN '星期三' WHEN 3
THEN '星期四' WHEN 4 THEN '星期五' WHEN 5 THEN '星期六' ELSE '星期天' END AS column1, NOW(),WEEKDAY(NOW()),
DAYNAME(NOW());
```

执行结果如图 8-57 所示。

图 8-57　CASE 函数应用 1

由执行结果可以看出，NOW()函数得到当前系统时间是 2017 年 11 月 07 日，DAYNAME(NOW())得到当天是'Tuesday'，WEEKDAY(NOW())函数返回当前时间的工作日索引是 1，即对应的是星期二。

【例 8-58】使用 CASE 函数根据 vn 的取值返回相应值。

输入语句如下：

```
SELECT CASE WHEN WEEKDAY(NOW())=0 THEN '星期一' WHEN WEEKDAY(NOW())=1 THEN '星期二' WHEN
WEEKDAY(NOW())=2 THEN '星期三' WHEN WEEKDAY(NOW())=3 THEN '星期四' WHEN WEEKDAY(NOW())=4 THEN '星期五'
WHEN WEEKDAY(NOW())=5 THEN '星期六' ELSE '星期天' END AS column1, NOW(),WEEKDAY(NOW()), DAYNAME(NOW());
```

执行结果如图 8-58 所示。

图 8-58　CASE 函数应用 2

此例跟上例的返回结果一样，只是使用了 CASE 函数的不同写法，WHEN 后面为表达式，当表达式的返回结果为 TRUE 时取 THEN 后面的值，如果都不是，则返回 ELSE 后面的值。

8.6　系统信息函数

MySQL 的系统信息包含数据库的版本号、当前用户名和连接数、系统字符集、最后一个自动生成的值等，本节将介绍如何使用 MySQL 中的函数返回这些系统信息，如表 8-5 所示。

表 8-5　MySQL 中的系统信息函数

系统信息函数	作　用
VERSION()函数	返回当前 MySQL 版本号的字符串
CONNECTION_ID()函数	返回 MySQL 服务器当前用户的连接次数
PROCESSLIST	使用 "SHOW PROCESSLIST;" 显示正在运行的线程，不仅可以查看当前所有的连接数，还可以查看当前的连接状态，帮助用户识别出有问题的查询语句等。如果是 root 账号，能看到所有用户的当前连接，如果是普通账号，只能看到自己占用的连接
DATEBASE()函数和 SCHEMA()函数	这两个函数的作用相同，都是显示目前正在使用的数据库名称
USER()、CURRENT_USER()、SYSTEM_USER() 和 SESSION_USER()函数	获取当前登录用户名的函数。这几个函数返回当前被 MySQL 服务器验证过的用户名和主机名组合。在一般情况下，这几个函数的返回值是相同的
CHARSET(str)函数	获取字符串的字符集函数，返回参数字符串 str 使用的字符集
COLLATION(str)函数	返回参数字符串 str 的排列方式
LAST_INSERT_ID()函数	获取最后一个自动生成的 ID 值的函数，将自动返回最后一个 INSERT 或 UPDATE 为 AUTO_INCREMENT 列设置的第一个发生的值

【例 8-59】使用 "SHOW PROCESSLIST;" 语句输出当前用户的连接信息。

输入语句如下：

```
SHOW PROCESSLIST;
```

执行结果如图 8-59 所示。

图 8-59　获取当前用户的连接信息

由执行结果可以看出，显示出了连接信息的 8 列内容，各列的含义与用途如下。

- Id 列：用户登录 MySQL 时系统分配的 "connection id"，标识一个用户。
- User 列：显示当前用户。如果不是 root 用户，则只显示用户权限范围内的 SQL 语句。
- Host 列：显示这个语句是从哪个 ip 的哪个端口上发出的，可用来追踪出现问题语句的用户。
- db 列：显示这个进程目前连接的是哪个数据库。
- Command 列：显示当前连接执行的命令，一般是休眠（Sleep）、查询（Query）、连接（Connect）。
- Time 列：显示这个状态持续的时间，单位是秒。
- State 列：显示使用当前连接的 SQL 语句的状态，是很重要的列，后续会有所有状态的描述。注意，State 只是语句执行中的某一个状态。一个 SQL 语句，以查询为例，可能需要经过 Copying to tmp

table、Sorting result、Sending data 等状态才可以完成。

- Info 列：显示这个 SQL 语句，因为长度有限，所以长的 SQL 语句会显示不全，它是一个判断问题语句的重要依据。

使用另外的命令行登录 MySQL，此时将会把所有连接显示出来，在后来登录的命令行下再次输入"SHOW PROCESSLIST；"：

```
SHOW PROCESSLIST;
```

执行结果如图 8-60 所示。

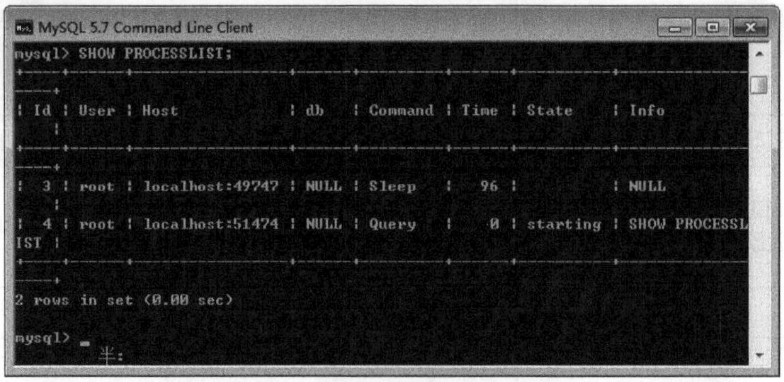

图 8-60　当前登录连接用户信息

由执行结果可以看出，当前登录连接用户为 4 个用户，正在执行的 Command 命令是 Query（查询），使用的查询命令为 SHOW PROCESSLIST；其余还有一个连接是 3，处于 Sleep 状态。

【例 8-60】使用 CHARSET(str)函数返回参数字符串 str 使用的字符集。

输入语句如下：

```
SELECT CHARSET('test'),CHARSET(CONVERT('test' USING latin1)),CHARSET(VERSION());
```

执行结果如图 8-61 所示。

图 8-61　使用 CHARSET(str)函数

由执行结果可以看出，CHARSET('test')返回系统默认的字符集 unf8；CHARSET(CONVERT('test' USING latin1))返回改变字符集函数 CONVERT 转换之后的字符集 latin1；而 VERSION()函数返回的字符串本身就是使用 utf8 字符集。

LAST_INSERT_ID()函数自动返回最后一个 INSERT 或 UPDATE 操作为 AUTO_INCREMENT 列设置的第一个发生值。

【例 8-61】使用 LAST_INSERT_ID()函数查看最后一个自动生成的列值。

1. 一次插入一条记录

首先创建 student01 表，其 Id 字段带有 **AUTO_INCREMENT** 约束，输入语句如下：

```
CREATE TABLE student01 (Id INT AUTO_INCREMENT NOT NULL PRIMARY KEY,
    Name VARCHAR(30));
```

分别向 student01 表中插入两条记录：

```
INSERT INTO student01 VALUES(NULL, '王小明');
INSERT INTO student01 VALUES(NULL, '张磊');
```

查询数据表 student01 中的数据：

```
SELECT * FROM student01;
```

查询结果如图 8-62 所示。

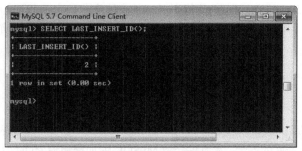

图 8-62　一次插入一条记录

查看已经插入的数据可以发现，最后一条插入的记录的 Id 字段值为 2，使用 LAST_INSERT_ID()函数查看最后自动生成的 Id 值：

```
SELECT LAST_INSERT_ID();
```

执行结果如图 8-63 所示。

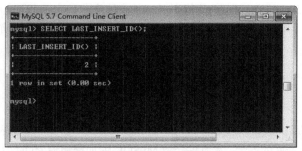

图 8-63　查看最后自动生成的 Id 值

可以看到，当一次插入一条记录时，返回值为最后一条记录插入的 id 值。

2. 一次同时插入多条记录

接下来向表中插入多条记录，输入语句如下：

```
INSERT INTO student01 VALUES (NULL, '王小雷'),(NULL,'张凤'),(NULL,'展天佑');
```

查询已经插入的记录，输入语句如下：

```
SELECT * FROM student01;
```

执行结果如图 8-64 所示。

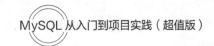

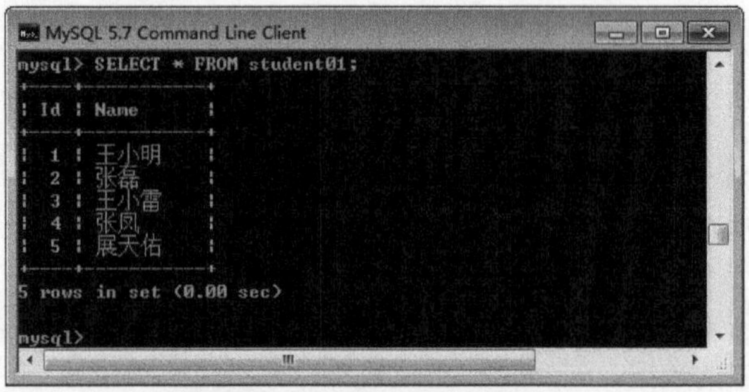

图 8-64 一次同时插入多条记录

可以看到最后一条记录的 Id 字段值为 5，使用 LAST_INSERT_ID()函数查看最后自动生成的 Id 值：

```
SELECT LAST_INSERT_ID();
```

执行结果如图 8-65 所示。

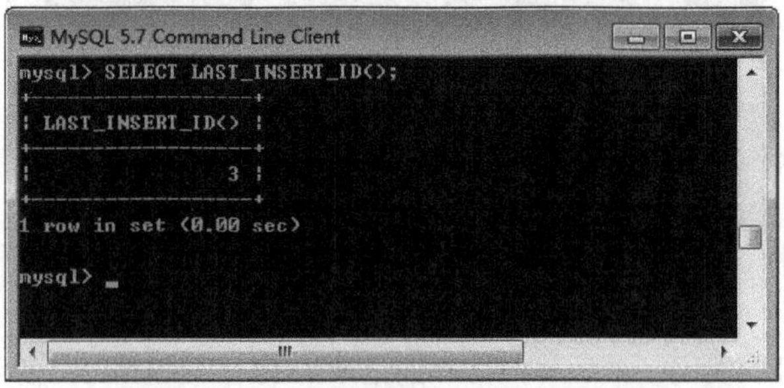

图 8-65 使用 LAST_INSERT_ID()函数

结果显示，LAST_INSERT_ID()的值不是 5 而是 3，这是为什么呢？在向数据表中插入一条新记录时，LAST_INSERT_ID()返回带有 AUTO_INCREMENT 约束的字段最新生成的值 2；继续向表中同时添加 3 条记录，读者可能认为这时 LAST_INSERT_ID()的值为 5，而显示结果却是 3，这是为什么呢？因为当使用一条 INSERT 语句插入多个行时 LAST_INSERT_ID()只返回插入第一行数据时产生的值，在这里为第 3 条记录。

8.7 数据加密与解密函数

MySQL 中的加密和解密函数用来对数据进行加密和解密处理，以保证数据表中的某些重要数据不被别人窃取，这些函数能保证数据库的安全。本节将介绍 MySQL 中加密和解密函数的使用方法，如表 8-6 所示。

表 8-6 MySQL 中的加密和解密函数

加密和解密函数	作 用
PASSWORD(str)函数	加密函数，该函数计算原明文密码 str，并返回加密后的密码字符串
MD5(str)函数	加密函数，该函数为参数字符串 str 计算出一个 MD5 128 位校验和，该值以 32 位十六进制数字的二进制字符串形式返回
ENCODE(str,pswd_str)函数	加密函数，该函数使用参数 pswd_str 作为密钥，加密参数 str
DECODE(crypt_str,pswd_str)函数	解密函数，该函数使用参数 pswd_str 作为密钥，解密参数加密字符串 crypt_str，参数 crypt_str 是由 ENCODE()函数返回的字符串

【例 8-62】使用 PASSWORD(str)函数返回一个不可逆的加密密码。

输入语句如下：

```
SELECT PASSWORD('mypassword');
```

执行结果如图 8-66 所示。

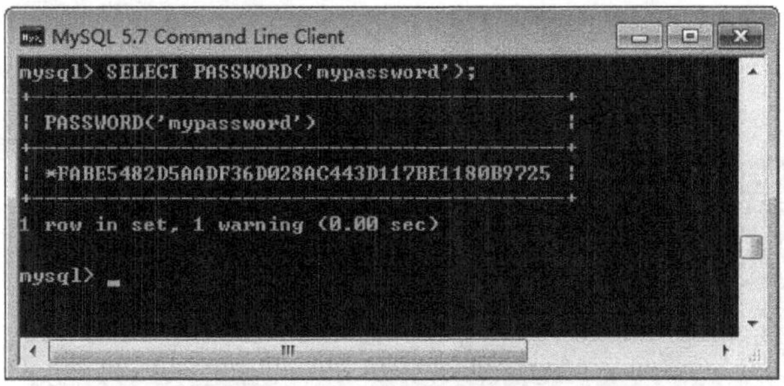

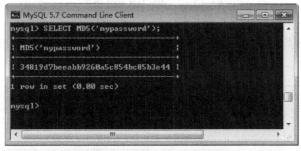

图 8-66　使用 PASSWORD(str)函数

由执行结果可以看出，PASSWORD(str)函数将字符串'mypassword'加密为长字符串，MySQL 将该函数加密之后的密码保存到用户权限表中。

【例 8-63】使用 MD5(str)函数返回加密字符串。

输入语句如下：

```
SELECT MD5('mypassword');
```

执行结果如图 8-67 所示。

图 8-67　使用 MD5(str)函数

该加密函数的加密形式是可逆的，可以使用在应用程序中。由于 MD5 的加密算法是公开的，所以这种函数的加密级别不高。

【例 8-64】使用 ENCODE(str,pswd_str)函数返回加密字符串。

输入语句如下：

```
SELECT ENCODE('mypassword','mima'),LENGTH(ENCODE('mypassword','mima'));
```

执行结果如图 8-68 所示。

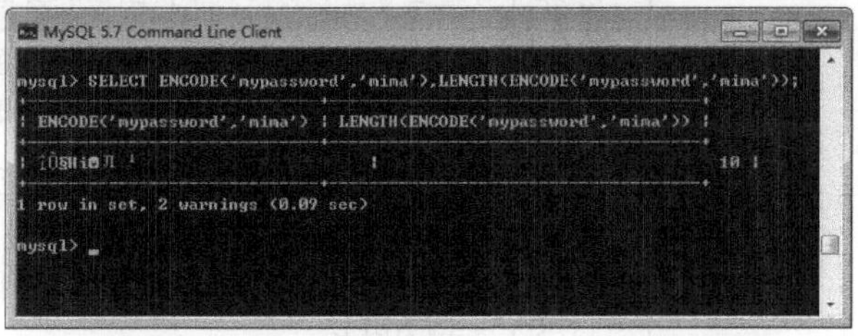

图 8-68　使用 ENCODE(str,pswd_str)函数

由执行结果可以看出，被加密的字符串'mypassword'使用密钥 mima 经过 ENCODE(str,pswd_str)函数加密之后得到的结果是乱码，但是这个乱码的长度和被加密字符的长度相同，都是 10。

【例 8-65】使用 DECODE(crypt_str,pswd_str)函数解密被 ENCODE(str,pswd_str)函数加密的字符串。输入语句如下：

```
SELECT DECODE(ENCODE('mypassword','mima'),'mima');
```

执行结果如图 8-69 所示。

图 8-69　使用 DECODE(crypt_str,pswd_str)函数

由执行结果可以看出，使用 DECODE(crypt_str,pswd_str)函数可以将使用 ENCODE(str,pswd_str)加密的字符串解密还原，这两个函数互为反函数。

8.8　其他函数

在 MySQL 中还有一些函数没有确定归类，但是也会用到，本节将介绍这些函数的使用方法，如表 8-7 所示。

表 8-7　MySQL 中的其他函数

函　　数	功　能　介　绍
FORMAT(x,n)函数	格式化函数，该函数将数值参数 x 格式化，并以四舍五入的方式保留小数点后 n 位，结果以字符串形式返回
CONV(n,from_base,to_base)函数	不同进制的数字进行转换的函数，该函数将数字 n 从 from_base 转换到 to_base，并以字符串形式返回。其中，参数 n 被解释为一个整数，但是也可以被指定为一个字符串。其最小基为 2，最大基为 36
INET_ATON(expr)函数	IP 地址与数字相互转换的函数，该函数将参数 expr（作为字符串的网络地址的点地址）转换成一个代表该地址数值的整数，数字网络地址可以是 4 位或 8 位
INET_NTOA(expr)函数	数字网络地址转换为字符串网络点地址函数，该函数将参数 expr（数字网络地址，4 位或 8 位）转换为字符串型的该地址的点地址表示
GET_LOCK(str,timeout)函数	加锁函数，该函数使用参数字符串 str 给定的名字得到一个锁，超时时间为 timeout 秒。若成功得到锁，返回 1；若超时操作，返回 0；若发生错误，返回 NULL
RELEASE_LOCK(str)函数	该函数解开被 GET_LOCK()获取的用字符串 str 命名的锁。若锁被解开，返回 1；若该线程尚未创建锁，返回 0（此时锁没有被解开）；若命名的锁不存在，返回 NULL

函　　数	功 能 介 绍
IS_FREE_LOCK(str)函数	该函数检查名为 str 的锁是否可以使用（也就是说没有被锁）。若锁可以用，返回 1（没人在用这个锁）；若锁正在被使用，返回 0；若出现参数错误，返回 NULL
IS_USED_LOCK(str)函数	该函数检查名为 str 的锁是否正在被使用（也就是说被锁）。若正在被锁，返回使用该锁的客户端的连接标识符（connection ID），否则返回 NULL
BENCHMARK(count,expr)函数	重复执行指定操作的函数，该函数重复 count 次执行表达式 expr。该函数可以用于计算 MySQL 处理表达式的速度，结果值通常为 0（0 只是表示处理过程很快，并不是没有花费时间）。该函数的另一个作用是在 MySQL 客户端内部报告语句执行的时间
CONVERT(…USING…)	改变字符集函数，该函数可以改变字符串默认的字符集
CAST(x,AS type)和 CONVERT(x,type)函数	改变数据类型的函数，这两个函数的功能相同，都是将参数 x 由一个类型转换为另外一个类型

【例 8-66】使用 FORMAT(x,n)函数将数值参数 x 按照 n 的取值格式化。

输入语句如下：

```
SELECT FORMAT(123.123456,4),FORMAT(123.456789,0),FORMAT(123.4,4);
```

执行结果如图 8-70 所示。

图 8-70　使用 FORMAT(x,n)函数

由执行结果可以看出，在第 1 列中，FORMAT(x,n)函数将数值 123.123456 四舍五入后保留小数点后面 4 位，结果得 123.1235；在第 2 列中，该函数将数值 123.456789,0 后面的小数部分去掉前也进行了四舍五入的操作；在第 3 列中，该函数将数值 123.4 格式化为小数点后面 4 位，位数不够的以 0 补齐。

【例 8-67】使用 CONV(n,from_base,to_base)函数进行不同进制数间的转换。

输入语句如下：

```
SELECT CONV('a',16,2),CONV(15,10,2),CONV(15,10,8),CONV(15,10,16);
```

执行结果如图 8-71 所示。

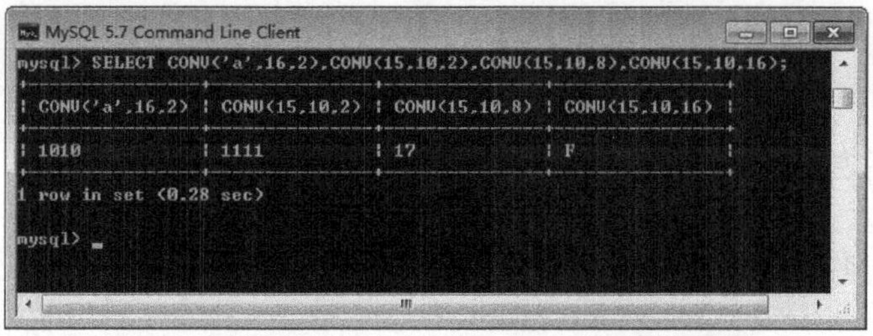

图 8-71　使用 CONV(n,from_base,to_base)函数

由执行结果可以看出，该函数可以将自变参数 n 从原来的进制数转换成另外的进制数。在第 1 列中，十六进制的 a 是十进制的 10，转换成二进制即 1010；在第 2、3、4 列中，分别将十进制的 15 转换为二进制数、八进制数、十六进制数。

【例 8-68】使用 INET_ATON(expr)函数将字符串网络点地址转换为数值网络地址。

输入语句如下：

```
SELECT INET_ATON('10.220.120.58');
```

执行结果如图 8-72 所示。

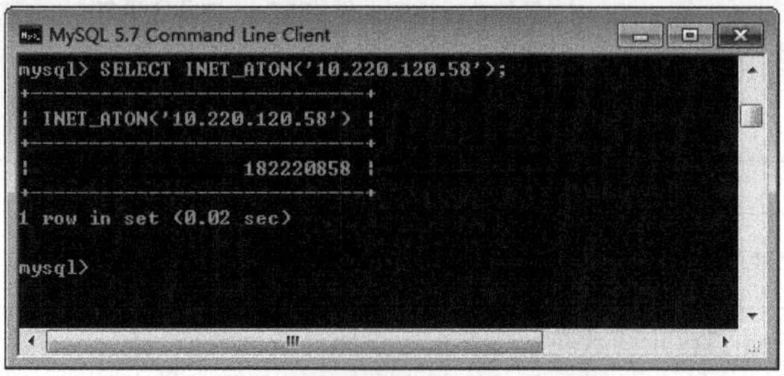

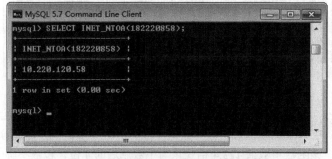

图 8-72　使用 INET_ATON(expr)函数

【例 8-69】使用 INET_NTOA(expr)函数将数值网络地址转换为字符串网络点地址。

输入语句如下：

```
SELECT INET_NTOA(182220858);
```

执行结果如图 8-73 所示。

图 8-73　使用 INET_NTOA(expr)函数

由执行结果可以看出，INET_ATON(expr)函数计算得到的数值网络地址使用 INET_NTOA(expr)函数转换为字符串网络点地址，即 10.220.120.58。该函数和 INET_ATON(expr)函数互为反函数。

8.9　就业面试技巧与解析

8.9.1　面试技巧与解析（一）

面试官： 如何改变 MySQL 数据库默认的字符集？

应聘者： 用户不仅可以使用 CONVERT(…USING…)函数改变指定字符串默认的字符集，还可以使用 GUI 图形化安装配置工具进行 MySQL 的安装和配置。

另外还有一个简单的方法，即直接修改配置文件 my.ini。在 Windows 7 操作系统中，MySQL 配置文件存放在 "C:\ProgramData\MySQL\MySQL Server 5.6" 下，名称为 my.ini。打开该文件，将 default-character-set 和 character-set-server 的参数值改为想要修改的字符集名称，例如 gbk、gb2312、big5 等，修改完后重启 MySQL 服务，数据库的默认字符集就改变了。读者可以使用 "mysql> SHOW VARIABLES LIKE 'character%';" 查看修改后的数据库默认的字符集信息。

8.9.2　面试技巧与解析（二）

面试官： 如何使用数学函数生成一个 4 位数字的随机数？

应聘者： 该问题的解决语句如下。

```
SELECT round(round(rand(),4)*10000);
```

第9章

MySQL 数据库查询语句详解

◎ 本章教学微视频：16 个　42 分钟

 学习指引

　　查询数据指从数据库中获取所需要的数据。查询数据是数据库操作中最常用也是最重要的操作。用户根据自己对数据的需求，使用不同的查询方式，可以获得不同的数据。本章介绍使用 SELECT 语句查询数据表中的一列或多列数据、使用集合函数显示查询结果，以及连接查询、子查询和使用正则表达式进行查询等。

　　重点导读

- 掌握 MySQL 中基本查询语句的使用方法。
- 掌握排序查询的方法。
- 掌握使用 LIMIT 限制查询数量的方法。
- 掌握连接查询的使用方法。
- 掌握子查询的使用方法。
- 掌握合并查询结果的方法。
- 掌握正则表达式的使用方法。

9.1　基本查询语句

MySQL 从数据表中查询数据的基本语句为 SELECT 语句。SELECT 语句的基本格式如下：

```
SELECT
    {* | <字段列表>}
    [
        FROM <表1>,<表2>…
        [WHERE <表达式>]
        [GROUP BY <group by definition>]
```

```
            [HAVING <expression> [{<operator> <expression>}…]]
            [ORDER BY <order by definition>]
            [LIMIT [<offset>,] <row count>]
        ]
SELECT [字段1,字段2,…,字段n]
FROM [表或视图]
WHERE [查询条件];
```

{* | <字段列表>}包含星号通配符和选字段列表，"*"表示查询所有的字段，"字段列表"表示查询指定的字段，字段列至少包含一个字段名称，如果要查询多个字段，多个字段之间用逗号隔开，最后一个字段后不要加逗号。

在 FROM <表 1>,<表 2>…中，表 1 和表 2 表示查询数据的来源，可以是单个或者多个。

WHERE 子句是可选项，如果选择该项，[查询条件]将限定查询行必须满足的查询条件。

GROUP BY 子句告诉 MySQL 如何显示查询出来的数据，并按照指定的字段分组。

ORDER BY 子句告诉 MySQL 按什么样的顺序显示查询出来的数据，可以进行的排序有升序（ASC）、降序（DESC）。

[LIMIT [<offset>,] <row count>]子句告诉 MySQL 每次显示查询出来的数据条数。

9.1.1　查询简单数据记录

下面创建数据表 employee，该表中包含了 e_id（编号）、d_id（部门编号）、e_name（员工姓名）、e_salary（员工工资）字段。

首先定义数据表，SQL 语句如下：

```
CREATE TABLE employee
(
    e_id      INT          NOT NULL,
    d_id      INT          NOT NULL,
    e_name    char(255)    NOT NULL,
    e_salary  INT(11)      NOT NULL,
    PRIMARY   KEY(e_id)
);
```

为了演示如何使用 SELECT 语句，需要插入数据，请读者插入以下数据：

```
INSERT INTO employee (e_id, d_id, e_name, e_salary )
    VALUES(1, 1001,'张龙',3200),
    (2,1001,'黄浩', 5200),
    (3,1002,'董雷', 5600),
    (4,1005,'展娜',7500),
    (5,1002,'李琦', 4200),
    (6,1002,'王蒙', 3600),
    (7,1003,'乔娜', 4200),
    (8,1001,'黄磊', 3500),
    (9,1003, '刘明',2300),
    (10,1004,'赵峰', 2800);
```

【例 9-1】使用 SELECT 语句查询 e_id 和 e_name 字段的数据。

输入语句如下：

```
SELECT e_id, e_name FROM employee;
```

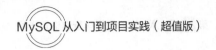

执行结果如图 9-1 所示。

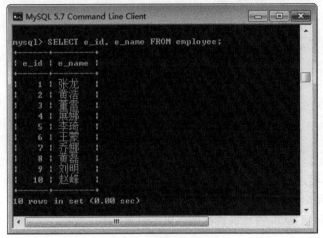

图 9-1　查询指定字段数据

　　在上述语句的执行过程中，SELECT 语句决定了要查询的列值，在这里查询 e_id 和 e_name 两个字段的值；FROM 子句指定了数据的来源，这里指定数据表 employee，因此返回结果为 employee 表中 e_id 和 e_name 两个字段下所有的数据，其显示顺序为添加到表中的顺序。

9.1.2　查询表中的所有字段

　　查询数据表中所有字段的常见方法有以下两种。

1. 在 SELECT 语句中指定所有字段

　　该方法是查询所有字段值的方法，根据前面 SELECT 语句的格式，SELECT 关键字后面的字段名为将要查找的数据，因此可以将表中所有字段的名称跟在 SELECT 子句的后面。

　　【例 9-2】从 employee 表中检索所有字段的数据。

　　SQL 语句如下：

```
SELECT e_id, d_id, e_name, e_salary FROM employee;
```

执行结果如图 9-2 所示。

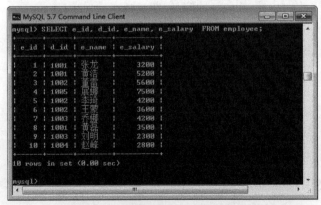

图 9-2　检索表中所有字段的数据

2. 使用星号（*）通配符查询所有字段

SELECT 查询记录最简单的形式是从一个表中检索所有记录，实现的方法是使用星号（*）通配符指定查找所有列的名称。其语法格式如下：

```
SELECT * FROM 表名;
```

【例 9-3】使用星号（*）通配符查询所有字段。

SQL 语句如下：

```
SELECT * FROM employee;
```

执行结果如图 9-3 所示。

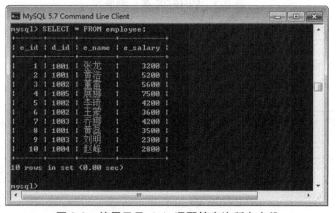

图 9-3　使用星号（*）通配符查询所有字段

9.1.3　查询经过计算的值

在 SELECT 子句后不仅可以是表中的基本字段，还可以是表达式。

【例 9-4】查询所有员工的编号、姓名和加薪 500 后的工资。

SQL 语句如下：

```
SELECT e_id, e_name, e_salary +500 FROM employee;
```

执行结果如图 9-4 所示。

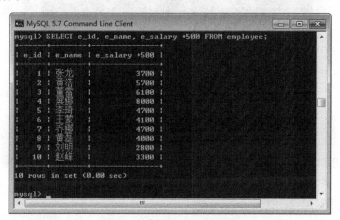

图 9-4　查询经过计算的值

从结果可以看出，获得的新工资为 e_salary+500 后的结果。

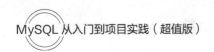

9.1.4 查询表中的若干记录

数据库中包含大量的数据，根据特殊要求，可能只需要查询表中的指定数据，即对数据进行过滤。在 SELECT 语句中通过 WHERE 子句对数据进行过滤，其语法格式如下：

```
SELECT 字段名 1,字段名 2,…,字段名 n
FROM 表名
WHERE 查询条件
```

在 WHERE 子句中，MySQL 提供了一系列条件判断符和查询结果，如表 9-1 所示。

表 9-1   WHERE 条件判断符

操 作 符	说 明
=	相等
<>、!=	不相等
<	小于
<=	小于或者等于
>	大于
>=	大于或者等于
BETWEEN	位于两值之间

【例 9-5】查询工资为 3600 元的员工的名字。

SQL 语句如下：

```
SELECT e_name, e_salary
FROM employee
WHERE e_salary = 3600;
```

查询结果如图 9-5 所示。

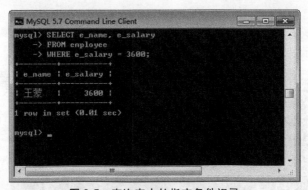

图 9-5   查询表中的指定条件记录

上述语句使用 SELECT 声明从 employee 表中获取工资等于 3600 的员工的数据，从查询结果可以看到工资是 3600 的员工的名字为王蒙。

【例 9-6】查找名字为“张龙”的员工的工资。

SQL 语句如下：

```
SELECT e_name, e_salary
FROM employee
```

```
WHERE e_name = '张龙';
```

查询结果如图 9-6 所示。

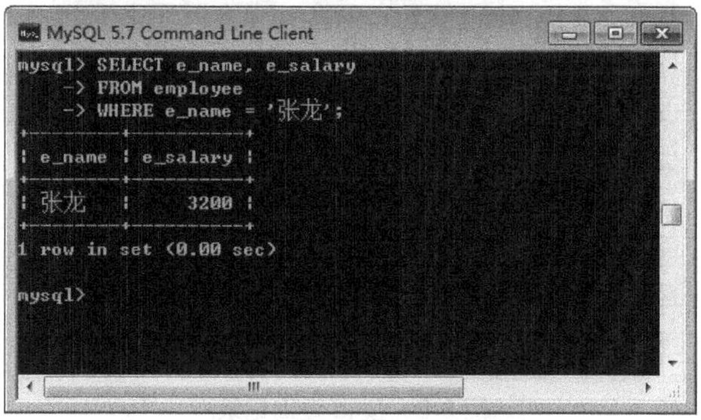

图 9-6　按姓名查询表中记录

上述语句使用 SELECT 声明从 employee 表中获取名字为"张龙"的员工的工资，从查询结果可以看到只有名字为"张龙"的行被返回，其他的均不满足查询条件。

【例 9-7】查询工资大于 3600 的员工的名字。

SQL 语句如下：

```
SELECT e_name, e_salary
FROM employee
WHERE e_salary > 3600;
```

查询结果如图 9-7 所示。

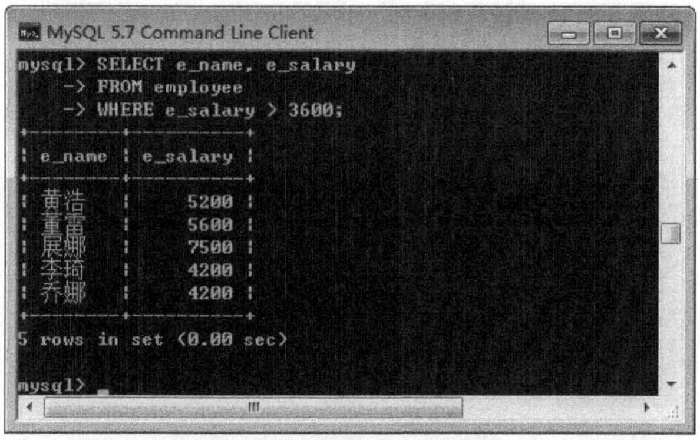

图 9-7　按条件查询记录

上述语句使用 SELECT 声明从 employee 表中获取工资大于 3600 的员工的名字。

IN 操作符用来查询满足指定条件范围内的记录，在使用 IN 操作符时将所有检索条件用括号括起来，检索条件用逗号分隔开，只要满足条件范围内的一个值即为匹配项。

【例 9-8】查询 d_id 为 1001 和 1002 的记录。

SQL 语句如下：

```
SELECT d_id,e_name, e_salary
FROM employee
WHERE d_id IN(1001,1002)
ORDER BY e_name;
```

查询结果如图 9-8 所示。

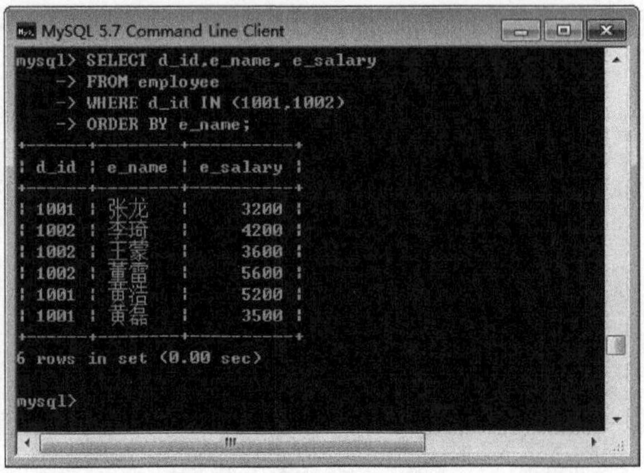

图 9-8　按 id 查询记录

相反，可以使用关键字 NOT 来检索不在条件范围内的记录。

【例 9-9】查询所有 d_id 不等于 1001 也不等于 1002 的记录。

SQL 语句如下：

```
SELECT d_id,e_name, e_salary
FROM employee
WHERE d_id NOT IN(1001,1002)
ORDER BY e_name;
```

查询结果如图 9-9 所示。

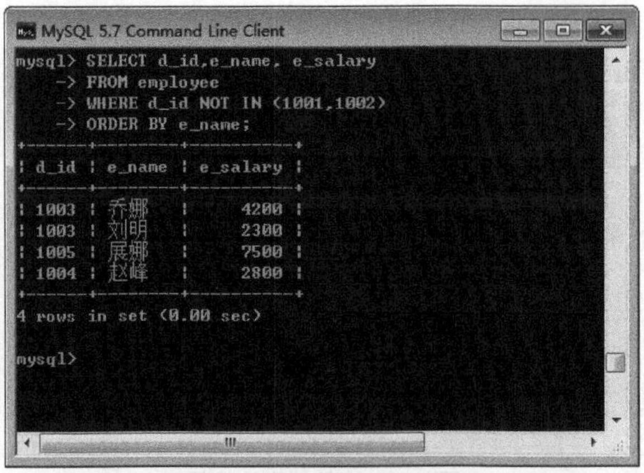

图 9-9　用排除法查询记录

可以看到，上述语句在 IN 关键字前面加上了 NOT 关键字，这使得查询的结果与前面一个的结果正好相反，前面检索了 d_id 等于 1001 和 1002 的记录，而这里所要求的查询记录中的 d_id 字段值不等于这两个值中的任何一个。

BETWEEN AND 用来查询某个范围内的值，该操作符需要两个参数，即范围的开始值和结束值，如果记录的字段值满足指定的范围查询条件，则这些记录被返回。

【例 9-10】查询工资在 2300 元到 4200 元之间的员工的名字和工资。

SQL 语句如下：

```
SELECT e_name, e_salary FROM employee
WHERE e_salary BETWEEN 2300 AND 4200;
```

查询结果如图 9-10 所示。

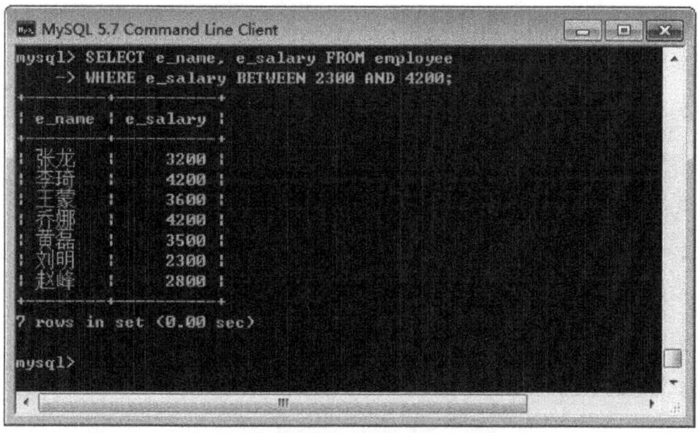

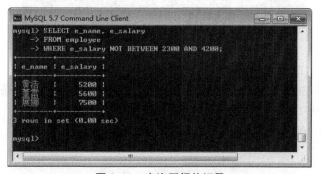

图 9-10　查询区间记录

可以看到，返回结果中包含了工资从 2300 元到 4200 元的字段值，并且开始值 2300 也包含在返回结果中，即 BETWEEN 匹配范围中的所有值，包括开始值和结束值。

在 BETWEEN AND 操作符前可以加关键字 NOT，表示指定范围以外的值，如果字段值不是指定范围内的值，则这些记录被返回。

【例 9-11】查询工资在 2300 元到 4200 元之外的员工的名字和工资。

SQL 语句如下：

```
SELECT e_name, e_salary
FROM employee
WHERE e_salary NOT BETWEEN 2300 AND 4200;
```

查询结果如图 9-11 所示。

图 9-11　查询区间外记录

由结果可以看到，返回的记录只有 e_salary 字段大于 4200 的记录，e_salary 字段小于 2300 的记录也满足查询条件。

9.1.5　多条件查询数据

在使用 SELECT 查询时可以增加查询的限制条件，这样可以使查询的结果更加精确。MySQL 在 WHERE 子句中使用 AND 操作符限定只有满足所有查询条件的记录才会被返回。用户可以使用 AND 连接两个甚至多个查询条件，多个条件表达式之间用 AND 分开。

【例 9-12】在 employee 表中查询 d_id=1002，并且 e_salary 大于或等于 4200 的员工的工资和姓名。

SQL 语句如下：

```
SELECT d_id, e_salary, e_name FROM employee
```

```
WHERE d_id = '1002' AND e_salary >=4200;
```

查询结果如图 9-12 所示。

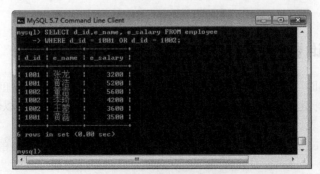

图 9-12　多条件查询数据 1

【例 9-13】在 employee 表中查询 d_id 等于 1001 或者 1002，并且 e_salary 大于或等于 4200、e_name= '李琦'的员工的工资和姓名。

SQL 语句如下：

```
SELECT e_id, e_salary, e_name FROM employee
WHERE d_id IN('1001', '1002') AND e_salary >= 4200 AND e_name = '李琦';
```

查询结果如图 9-13 所示。

图 9-13　多条件查询数据 2

可以看到返回的符合查询条件的记录只有一条。

与 AND 相反，在 WHERE 声明中使用 OR 操作符表示只需要满足其中一个条件即可返回。OR 也可以连接两个甚至多个查询条件，多个条件表达式之间用 OR 分开。

【例 9-14】查询 d_id=1001 或者 d_id=1002 的部门员工的 e_salary 和 e_name。

SQL 语句如下：

```
SELECT d_id,e_name, e_salary FROM employee
WHERE d_id = 1001 OR d_id = 1002;
```

查询结果如图 9-14 所示。

图 9-14　多条件查询数据 3

结果显示查询了 d_id=1001 和 d_id=1002 的部门的员工姓名和工资，OR 操作符告诉 MySQL 在检索的时候只需要满足其中一个条件，不需要全部满足，如果这里使用 AND，将检索不到符合条件的数据。

在这里也可以使用 IN 操作符实现与 OR 相同的功能，通过下面的例子进行说明。

【例 9-15】查询 d_id=1001 或者 d_id=1002 的用户的 e_salary 和 e_name。

SQL 语句如下：

```
SELECT d_id,e_name, e_salary FROM employee
WHERE d_id IN(1001,1002);
```

查询结果如图 9-15 所示。

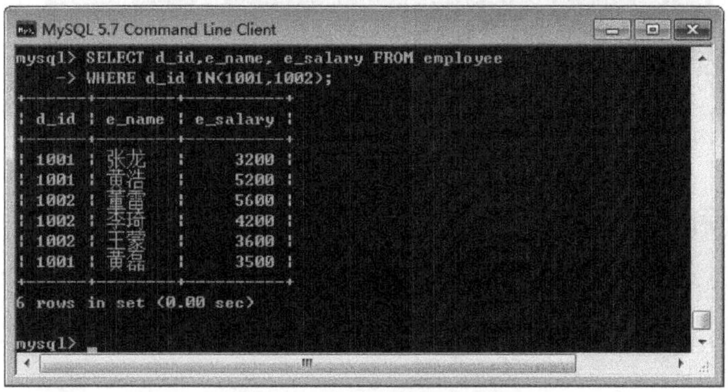

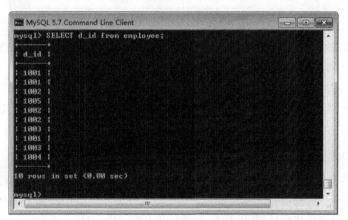

图 9-15　多条件查询数据 4

在这里可以看到，OR 操作符和 IN 操作符使用后的结果是一样的，它们可以实现相同的功能。但是使用 IN 操作符使得检索语句更加简洁明了，并且 IN 的执行速度要快于 OR，更重要的是，在使用 IN 操作符后可以执行更加复杂的嵌套查询。

代码中的记录没有重复，但查询后结果可能有相同的行，此时可以使用 distinct 关键字来消除重复行。

【例 9-16】查询员工来自哪些部门。

SQL 语句如下：

```
SELECT d_id from employee;
```

查询结果如图 9-16 所示。

图 9-16　查询出多条部门相同的记录

查询结果中包含重复部门的编号，如果想去掉结果中的重复行，可以使用 distinct 关键字。

```
SELECT distinct d_id from employee;
```

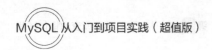

查询结果如图 9-17 所示。

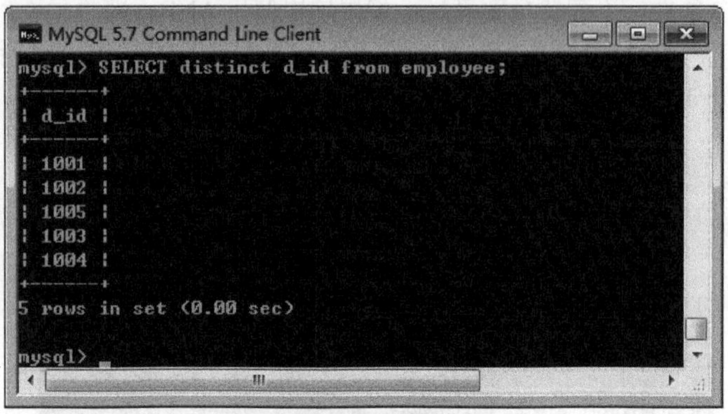

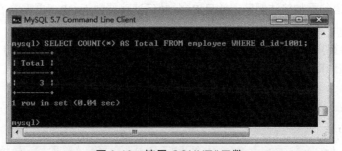

图 9-17　记录二次筛选

9.1.6　统计函数和分组数据记录查询

COUNT()函数用于统计字段中指定条件的记录数目。

【例 9-17】在 employee 表中使用 COUNT()函数查询部门 1001 的员工个数。

SQL 语句如下：

```
SELECT COUNT(*) AS Total FROM employee WHERE d_id=1001;
```

查询结果如图 9-18 所示。

图 9-18　使用 COUNT()函数

分组查询是对数据按照某个或多个字段进行分组，在 MySQL 中使用 GROUP BY 关键字对数据进行分组，其基本语法形式如下：

```
[GROUP BY 字段] [HAVING <条件表达式>]
```

"字段"表示进行分组时所依据的列名称；"HAVING <条件表达式>"指定 GROUP BY 分组显示时需要满足的限定条件。

1. 创建分组

GROUP BY 关键字通常和集合函数一起使用，例如 MAX()、MIN()、COUNT()、SUM()、AVG()。

例如要返回每个水果供应商提供的水果种类，这时就要在分组过程中用到 COUNT()函数，把数据分为多个逻辑组，并对每个组进行集合计算。

【例 9-18】根据 d_id 对 employee 表中的数据进行分组。

SQL 语句如下：

```
SELECT d_id, COUNT(*) AS Total FROM employee GROUP BY d_id;
```

查询结果如图 9-19 所示。

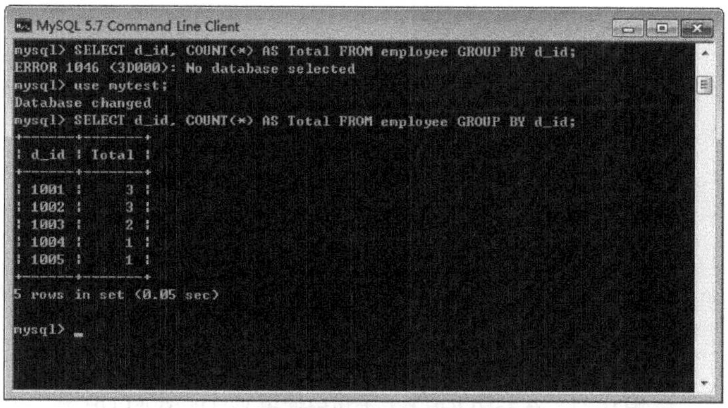

图 9-19　创建分组

查询结果显示，d_id 表示部门的编号，Total 字段使用 COUNT()函数计算得出，GROUP BY 子句按照 d_id 排序并分组数据，可以看到编号为 1001、1002 的部门的员工都是 3 个，编号为 1003 的部门的员工是两个，1004 和 1005 部门的职员都是 1 个。

2. 使用 HAVING 过滤分组

GROUP BY 可以和 HAVING 一起限定显示记录所需满足的条件，只有满足条件的分组才会被显示。

【例 9-19】根据 d_id 对 employee 表中的数据进行分组，并显示员工个数大于两人的分组信息。

SQL 语句如下：

```
SELECT d_id, GROUP_CONCAT(e_name) AS Names
FROM employee
GROUP BY d_id HAVING COUNT(e_name) > 2;
```

查询结果如图 9-20 所示。

图 9-20　使用 HAVING 过滤分组

3. 在 GROUP BY 子句中使用 WITH ROLLUP

使用 WITH ROLLUP 关键字之后，在所有查询出的分组记录之后增加一条记录，该记录计算查询出的所有记录的总和，即统计记录数量。

【例 9-20】根据 d_id 对 employee 表中的数据进行分组，并显示记录数量。

SQL 语句如下：

```
SELECT d_id, COUNT(*) AS Total
FROM employee
GROUP BY d_id WITH ROLLUP;
```

查询结果如图 9-21 所示。

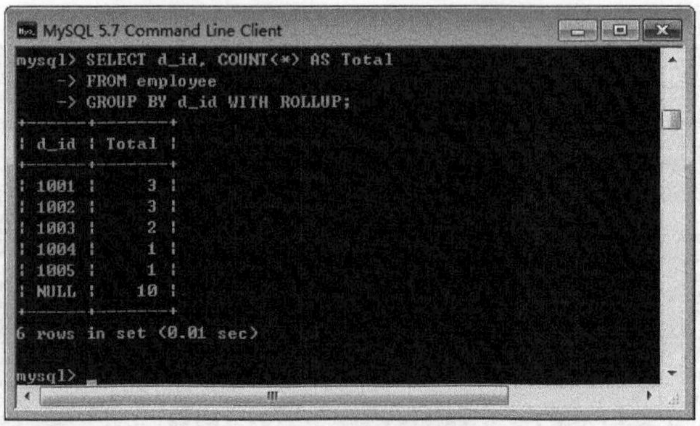

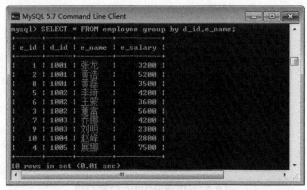

图 9-21　在 GROUP BY 子句中使用 WITH ROLLUP

由结果可以看到，通过 GROUP BY 分组之后，在显示结果的最后面新添加了一行，该行 Total 列的值正好是上面所有数值之和。

4. 多字段分组

使用 GROUP BY 可以对多个字段进行分组，GROUP BY 关键字后面跟需要分组的字段，MySQL 根据多字段的值来进行分组，分组层次从左到右，即先按第 1 个字段分组，然后在第 1 个字段值相同的记录中再根据第 2 个字段的值进行分组，依次类推。

【例 9-21】根据 d_id 和 e_name 字段对 employee 表中的数据进行分组。

SQL 语句如下，

```
SELECT * FROM employee group by d_id,e_name;
```

查询结果如图 9-22 所示。

图 9-22　多字段分组

由结果可以看到，查询记录先按照 d_id 进行分组，再对 e_name 字段按不同的取值进行分组。

9.2　排序查询结果

观察前面的查询结果，读者会发现有些字段的值是没有顺序的，在 MySQL 中可以通过 SELECT 使用 ORDER BY 子句对查询的结果进行排序。

9.2.1 单字段排序

例如查询 e_name 字段，SQL 语句如下：

```
SELECT e_name FROM employee;
```

查询结果如图 9-23 所示。

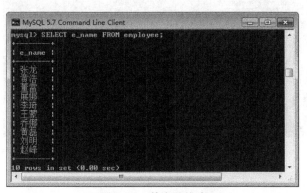

图 9-23 单字段排序

可以看到查询的数据并没有以一种特定的顺序显示，如果没有对它们进行排序，将根据它们插入到数据表中的顺序来显示。

下面使用 ORDER BY 子句对指定的列数据进行排序。

【例 9-22】查询 employee 表的 e_name 字段值，并对其进行排序。

SQL 语句如下：

```
SELECT e_name FROM employee ORDER BY e_name;
```

查询结果如图 9-24 所示。

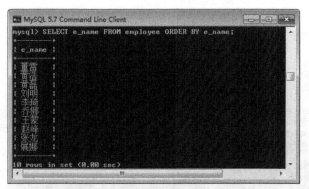

图 9-24 对指定的列数据进行排序

该语句的查询结果和前面的语句相同，不同的是通过指定 ORDER BY 子句，MySQL 对查询的 e_name 列的数据按字母表的顺序进行了升序排列。

9.2.2 多字段排序

有时需要根据多列值进行排序，例如，如果要显示一个员工列表，可能会有多个员工的姓氏是相同的，因此还需要根据员工的名进行排序。对多列数据进行排序，只要将需要排序的列用逗号隔开即可。

【例 9-23】查询 employee 表中的 e_name 和 e_salary 字段，先按 e_name 排序，再按 e_salary 排序。

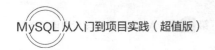
SQL 语句如下：

```
SELECT e_name, e_salary FROM employee ORDER BY e_name, e_salary;
```

查询结果如图 9-25 所示。

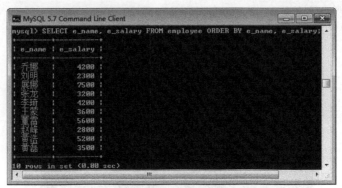

图 9-25　多字段排序

9.3　使用 LIMIT 限制查询结果的数量

SELECT 将返回所有匹配的行，可能是表中所有的行，如果只需要返回第 1 行或者前几行，使用 LIMIT 关键字，其基本语法格式如下：

```
LIMIT [位置偏移量,] 行数
```

"位置偏移量"参数指示 MySQL 从哪一行开始显示，是一个可选参数，如果不指定"位置偏移量"，将会从表中的第 1 条记录开始（第 1 条记录的位置偏移量是 0，第 2 条记录的位置偏移量是 1，依次类推）；"行数"参数指示返回的记录条数。

【例 9-24】显示 employee 表查询结果的前 5 行。

SQL 语句如下：

```
SELECT * From employee LIMIT 5;
```

查询结果如图 9-26 所示。

图 9-26　使用 LIMIT 限制查询结果的数量

由结果可以看到，该语句没有指定返回记录的"位置偏移量"参数，显示结果从第 1 行开始，"行数"参数为 5，因此返回的结果为表中的前 5 行记录。

如果指定返回记录的开始位置，则返回结果为从"位置偏移量"参数开始的指定行数，"行数"参数指定返回的记录条数。

【例 9-25】在 employee 表中使用 LIMIT 子句返回从第 2 个记录开始的行数长度为 4 的记录。

SQL 语句如下：

```
SELECT * From employee LIMIT 2, 4;
```

查询结果如图 9-27 所示。

图 9-27　使用 LIMIT 子句查询数据

由结果可以看到，"LIMIT 2, 4"指示 MySQL 返回从第 3 条记录开始的 4 条记录。

9.4　连接查询

连接查询是关系数据库中最主要的查询，包括内连接、外连接等。通过连接运算符可以实现多个表的查询。本节将介绍多表之间的内连接查询、外连接查询以及复合条件连接查询。

9.4.1　内连接查询

内连接（INNER JOIN）使用比较运算符进行表间某（些）列数据的比较操作，并列出这些表中与连接条件相匹配的数据行，组成新的记录，也就是说，在内连接查询中只有满足条件的记录才能出现在结果列表中。

为了演示需要，这里创建 department（部门）数据表，包含 d_id（部门编号）、d_name（部门名称），SQL 语句如下：

```
CREATE TABLE department
(
    d_id        INT         NOT NULL,
    d_name      char(255)   NOT NULL,
    PRIMARY     KEY(d_id)
);
```

查看数据表 department 的结构：

```
DESC department;
```

查询结果如图 9-28 所示。

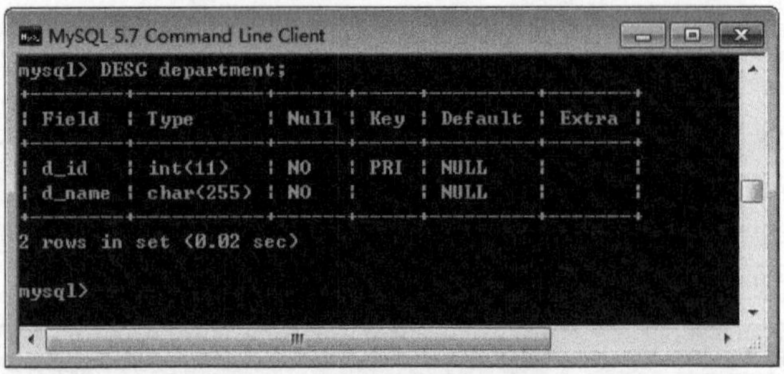

图 9-28　查询数据表结构

为了演示如何使用 SELECT 语句，需要插入数据，请读者插入以下数据：

```
INSERT INTO department (d_id, d_name)
    VALUES(1001,'销售部'),
    (1002,'策划部'),
    (1003,'管理部'),
    (1004,'财务部'),
    (1005,'营销部');
```

查看输入的数据，SQL 语句如下：

```
SELECT * from department;
```

查询结果如图 9-29 所示。

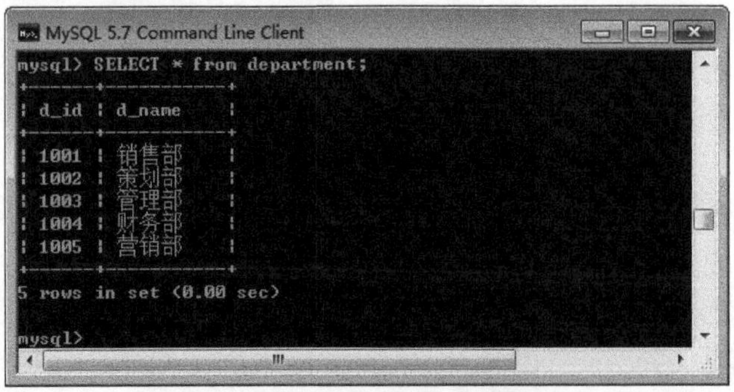

图 9-29　使用 SELECT 语句

在 employee 表和 department 表中都有相同数据类型的字段 d_id，两个表通过 d_id 字段建立联系。

【例 9-26】在 employee 表和 department 表之间使用内连接查询。从 employee 表中查询 e_name、e_salary 字段，从 department 表中查询 d_id、d_name 字段。

SQL 语句如下：

```
SELECT department.d_id, d_name,e_name, e_salary
FROM employee ,department
WHERE employee.d_id = department.d_id;
```

查询结果如图 9-30 所示。

在这里 SELECT 语句和前面所介绍的最大的差别是，SELECT 后面指定的列分别属于两个不同的表，e_name 和 e_salary 在 employee 表中，而另外两个字段在 department 表中；同时 FROM 子句列出了 employee 和 department 两个表；在这里 WHERE 子句作为过滤条件，指明只有两个表中的 d_id 字段值相等才符合连接查询的条件。从返回的结果可以看到，显示的记录是由两个表中的不同列值组成的新记录。

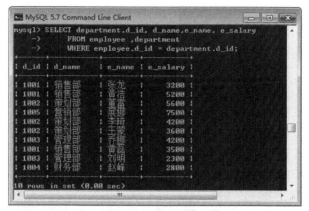

图 9-30　内连接查询

下面的内连接查询语句返回与前面完全相同的结果。

【例 9-27】在 employee 表和 department 表之间使用 INNER JOIN 语句进行内连接查询。

SQL 语句如下：

```
SELECT department.d_id, d_name,e_name, e_salary
FROM employee INNER JOIN department
ON employee.d_id = department.d_id;
```

查询结果如图 9-31 所示。

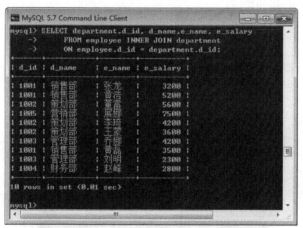

图 9-31　使用 INNER JOIN 进行内连接查询

在这里的查询语句中两个表之间的关系通过 INNER JOIN 指定，在使用这种语法的时候，连接的条件使用 ON 子句给出而不是 WHERE，ON 和 WHERE 后面指定的条件相同。

如果在一个连接查询中涉及的两个表是同一个表，这种查询称为自连接查询。自连接是一种特殊的内连接，它是指相互连接的表在物理上为同一张表，但可以在逻辑上分为两张表。

【例 9-28】查询 e_id=1 的员工部门中所有员工的编号。

SQL 语句如下：

```
SELECT e1.e_id, e1.e_name
FROM employee AS e1, employee AS e2
WHERE e1.d_id = e2.d_id AND e2.e_id =1;
```

查询结果如图 9-32 所示。

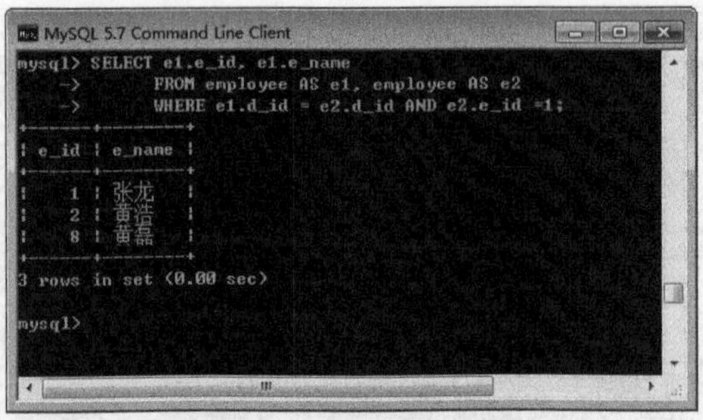

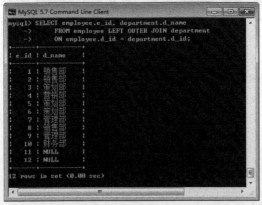

图 9-32　查询员工的编号

此处查询的两个表是相同的表，为了防止产生二义性，对表使用了别名，employee 表第一次出现的别名为 e1，第二次出现的别名为 e2，使用 SELECT 语句返回列时明确指出返回以 e1 为前缀的列的全名，WHERE 连接两个表，并按照第二个表的 e_id 对数据进行过滤，返回所需数据。

9.4.2　左外连接查询

左连接的结果包括 LEFT OUTER JOIN 关键字左边连接表的所有行，而不仅仅是连接列所匹配的行。如果左表的某行在右表中没有匹配行，则在相关联的结果集行中右表的所有选择表字段均为空值。

【例 9-29】在 employee 表和 department 表中查询所有员工，包括没有部门的员工。

首先插入演示数据，SQL 语句如下：

```
INSERT INTO employee (e_id, d_id, e_name, e_salary )
    VALUES(11, 1008,'唐龙',4800),
    (12,1009,'黄明明', 5000);
INSERT INTO department (d_id, d_name )
    VALUES(1006,'包装部'),
    (1007,'发行部');
```

然后进行左外连接查询，SQL 语句如下：

```
SELECT employee.e_id, department.d_name
FROM employee LEFT OUTER JOIN department
ON employee.d_id = department.d_id;
```

查询结果如图 9-33 所示。

图 9-33　左外连接查询

结果显示了 12 条记录，编号等于 11 和 12 的员工没有对应的部门。

9.4.3　右外连接查询

右连接是左连接的反向连接，将返回 RIGHT OUTER JOIN 关键字右边的表中的所有行。如果右表的某行在左表中没有匹配行，左表将返回空值。

【例 9-30】在 employee 表和 department 表中查询部门，包括没有员工的部门。

SQL 语句如下：

```
SELECT employee.e_id, department.d_name
FROM employee RIGHT OUTER JOIN department
ON employee.d_id = department.d_id;
```

查询结果如图 9-34 所示。

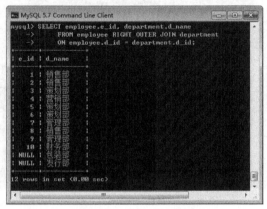

图 9-34　右外连接查询

结果显示了 12 条记录，包装部和发行部没有对应的员工。

9.4.4　复合条件连接查询

复合条件连接查询是在连接查询的过程中通过添加过滤条件限制查询的结果，使查询的结果更加准确。

【例 9-31】在 employee 表和 department 表中，使用 INNER JOIN 查询 employee 表中部门编号为 1001 的客户姓名。

SQL 语句如下：

```
SELECT employee.e_name, department.d_id
FROM employee INNER JOIN department
ON employee.d_id = department.d_id AND employee.d_id =1001;
```

查询结果如图 9-35 所示。

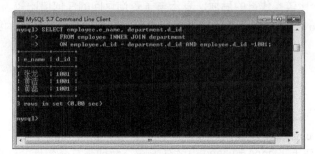

图 9-35　复合条件连接查询

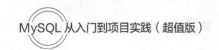

结果显示，在添加了过滤条件之后返回的结果将会变少，因此返回结果只有 3 条记录。

使用连接查询也可以对查询的结果进行排序。

【例 9-32】在 employee 表和 department 表之间使用 INNER JOIN 进行内连接查询，并对查询结果排序。SQL 语句如下：

```
SELECT department.d_id, d_name,e_name, e_salary
FROM employee INNER JOIN department
ON employee.d_id = department.d_id
ORDER BY employee.d_id;
```

查询结果如图 9-36 所示。

图 9-36　查询并对结果排序

由结果可以看到，内连接查询的结果按照 department.d_id 字段进行了升序排列。

9.5　子查询

子查询指一个查询语句嵌套在另一个查询语句内部的查询。在 SELECT 子句中先计算子查询，子查询结果作为外层另一个查询的过滤条件，查询可以基于一个表或者多个表。

1. 带 ANY、SOME 关键字的子查询

ANY 和 SOME 关键字是同义词，表示满足其中任一条件。它们允许创建一个表达式对子查询的返回值列表进行比较，只要满足内层子查询中的任何一个比较条件就返回一个结果作为外层查询的条件。

ANY 关键字跟在一个比较操作符的后面，表示与子查询返回的任何值比较为 TRUE 则返回 TRUE。

【例 9-33】返回 employee 表中以工资大于张龙或李琦的任何值为查询条件的结果。

SQL 语句如下：

```
SELECT * FROM employee
WHERE e_salary > ANY (SELECT e_salary FROM employee
WHERE e_name='张龙' or e_name='李琦');
```

查询结果如图 9-37 所示。

在子查询中返回的是 employee 表的所有 e_salary 列结果（3200, 4200），然后将 employee 中的 e_salary 列的值与之进行比较，只要大于 3200 和 4200 中的任意一个数即为符合条件的结果。

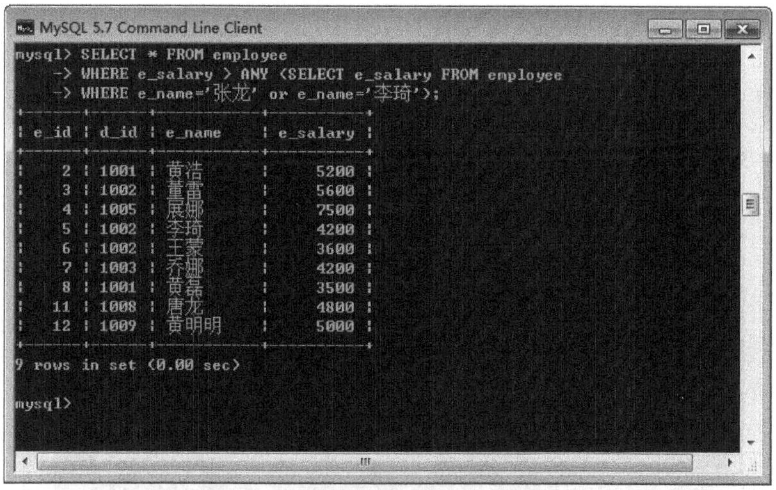

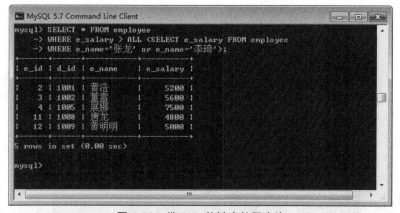

图 9-37　带 ANY 关键字的子查询

2. 带 ALL 关键字的子查询

ALL 关键字与 ANY 和 SOME 不同，在使用 ALL 时需要同时满足所有内层查询的条件。例如修改前面的例子，用 ALL 操作符替换 ANY 操作符。

ALL 关键字跟在一个比较操作符的后面，表示与子查询返回的所有值比较为 TRUE 则返回 TRUE。

【例 9-34】返回 employee 表中工资大于张龙而且大于李琦的工资的记录。

SQL 语句如下：

```
SELECT * FROM employee
WHERE e_salary > ALL (SELECT e_salary FROM employee
WHERE e_name='张龙' or e_name='李琦');
```

查询结果如图 9-38 所示。

图 9-38　带 ALL 关键字的子查询

3. 带 EXISTS 关键字的子查询

EXISTS 关键字后面的参数是一个任意的子查询，系统对子查询进行运算以判断它是否返回行，如果至少返回一行，那么 EXISTS 返回的结果为 TRUE，此时外层查询语句将进行查询；如果子查询没有返回任何行，那么 EXISTS 返回的结果为 FALSE，此时外层语句将不进行查询。

【例 9-35】查询 department 表中是否存在 d_id=1007 的员工，如果存在则查询 employee 表中的记录。

SQL 语句如下：

```
SELECT * FROM employee
WHERE EXISTS
(SELECT d_name FROM department WHERE d_id = 1007);
```

查询结果如图 9-39 所示。

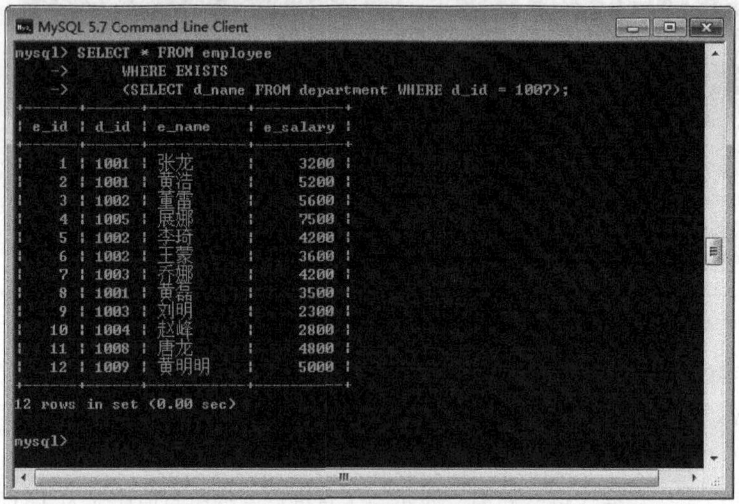

图 9-39　带 EXISTS 关键字的子查询

由结果可以看到，内层查询结果表明 department 表中存在 d_id=1007 的记录，因此 EXISTS 表达式返回 TRUE；外层查询语句接收 TRUE 之后对 employee 表进行查询，返回所有的记录。

NOT EXISTS 与 EXISTS 的使用方法相同，返回的结果相反。如果子查询至少返回一行，那么 NOT EXISTS 的结果为 FALSE，此时外层查询语句将不进行查询；如果子查询没有返回任何行，那么 NOT EXISTS 返回的结果是 TRUE，此时外层语句将进行查询。

【例 9-36】查询 department 表中是否存在 d_id=1007 的员工，如果不存在则查询 employee 表中的记录。

SQL 语句如下：

```
SELECT * FROM employee
WHERE NOT EXISTS
(SELECT d_name FROM department WHERE d_id = 1007);
```

查询结果如图 9-40 所示。

图 9-40　带 NOT EXISTS 关键字的子查询

查询语句 SELECT d_name FROM department WHERE d_id = 1007 对 department 表查询返回了一条记录，NOT EXISTS 表达式返回 FALSE，外层表达式接收 FALSE，将不再查询 employee 表中的记录。

4. 带比较运算符的子查询

在前面介绍带 ANY、ALL 关键字的子查询时使用了>比较运算符，在进行子查询时还可以使用其他比较运算符，例如<、<=、=、>=和!=等。

【例 9-37】在 department 表中查询 d_name 等于"管理部"的部门 d_id，然后在 employee 表中查询所有该部门的员工的姓名。

SQL 语句如下：

```
SELECT d_id, e_name FROM employee
WHERE d_id =
(SELECT d1.d_id FROM department AS d1 WHERE d1.d_name = '管理部');
```

该嵌套查询首先在 department 表中查找 d_name 等于管理部的 d_id，单独执行子查询查看 d_id 的值，执行下面的操作：

```
SELECT d1.d_id FROM department AS d1 WHERE d1.d_name = '管理部';
```

查询结果如图 9-41 所示。

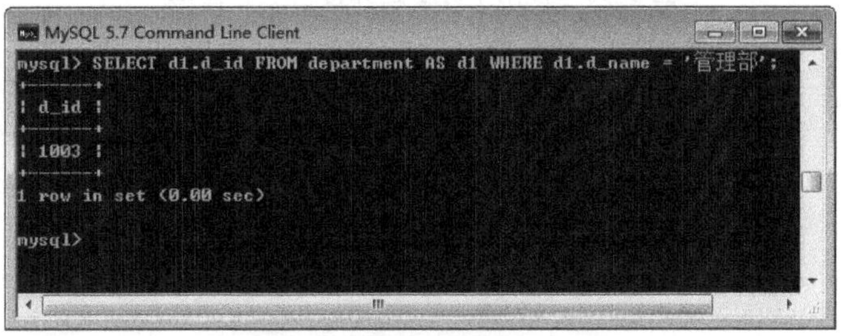

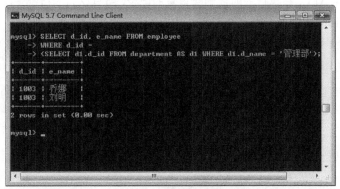

图 9-41　带比较运算符的子查询

然后在外层查询时，在 employee 表中查找 d_id 等于 1003 的员工的姓名，查询结果如图 9-42 所示。

图 9-42　显示查询信息

结果表明，"管理部"的员工有两个，分别为"乔娜"和"刘明"。

【例 9-38】在 department 表中查询 d_name 等于"管理部"的部门 d_id，然后在 employee 表中查询所有非该部门的员工的姓名。

SQL 语句如下：

```
SELECT d_id, e_name FROM employee
WHERE d_id <>
(SELECT d1.d_id FROM department AS d1 WHERE d1.d_name = '管理部');
```

查询结果如图 9-43 所示。

```
MySQL 5.7 Command Line Client
mysql> SELECT d_id, e_name FROM employee
    -> WHERE d_id <>
    -> (SELECT d1.d_id FROM department AS d1 WHERE d1.d_name = '管理部');
+------+--------+
| d_id | e_name |
+------+--------+
| 1001 | 张龙   |
| 1001 | 黄浩   |
| 1002 | 董雷   |
| 1005 | 展娜   |
| 1002 | 李琦   |
| 1002 | 王菱   |
| 1001 | 黄蓉   |
| 1004 | 赵峰   |
| 1008 | 唐龙   |
| 1009 | 黄明明 |
+------+--------+
10 rows in set (0.00 sec)

mysql>
```

图 9-43　使用不等于运算符"<>"查询

该嵌套查询的执行过程与前面相同，在这里使用了不等于运算符"<>"，因此返回的结果和前面正好相反。

9.6　合并查询结果

使用 UNION 关键字可以给出多条 SELECT 语句，并将它们的结果组合成单个结果集，在合并时两个表对应的列数和数据类型必须相同。各个 SELECT 语句之间使用 UNION 或 UNION ALL 关键字分隔。如果 UNION 不使用关键字 ALL，在执行的时候删除重复的记录，所有返回的行都是唯一的；使用关键字 ALL 的作用是不删除重复行也不对结果进行自动排序。其基本语法格式如下：

```
SELECT column,…FROM table1
UNION [ALL]
SELECT column,…FROM table2
```

【例 9-39】查询所有工资小于 5000 的员工信息，查询 d_id 等于 1001 和 1003 的所有员工的信息，使用 UNION 连接查询结果。

SQL 语句如下：

```
SELECT d_id, e_name, e_salary
FROM employee
WHERE e_salary < 5000
UNION
SELECT d_id, e_name, e_salary
FROM employee
WHERE d_id IN(1001,1003);
```

合并查询结果如图 9-44 所示。

如前所述，UNION 将多个 SELECT 语句的结果组合成一个结果集合，可以分开查看每个 SELECT 语句的结果：

```
SELECT d_id, e_name, e_salary
FROM employee
WHERE e_salary < 5000;
```

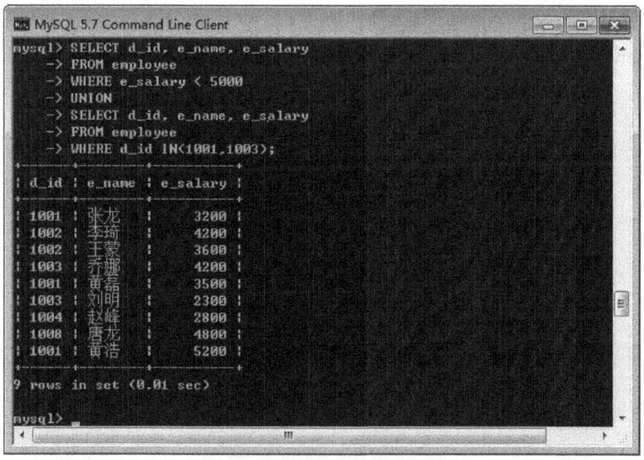

图 9-44　合并查询结果

查询结果如图 9-45 所示。

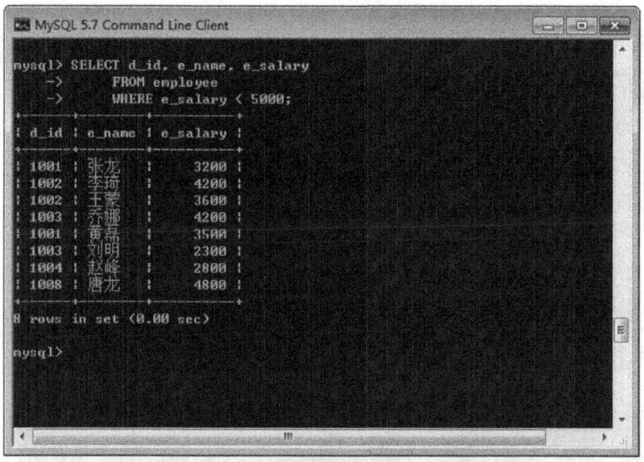

图 9-45　按条件分开查看结果

```
SELECT d_id, e_name, e_salary
FROM employee
WHERE d_id IN(1001,1003);
```

查询结果如图 9-46 所示。

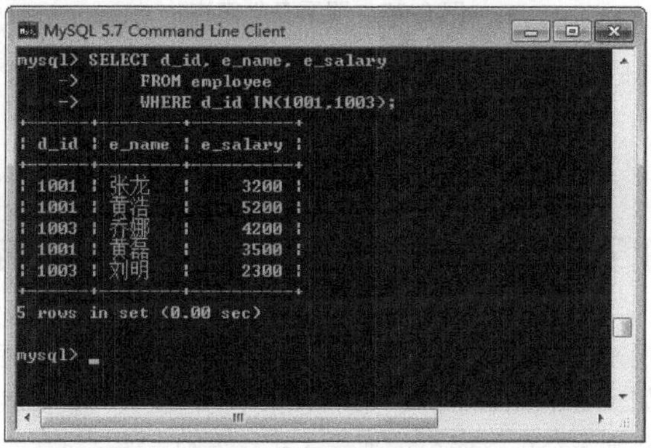

图 9-46　按 d_id 显示

由分开查询的结果可以看到，第一条 SELECT 语句查询工资小于 5000 的员工信息，第二条 SELECT 语句查询 1001 和 1003 部门的员工。使用 UNION 将两条 SELECT 语句分隔开，在执行完毕之后把输出结果组合成单个的结果集，并删除重复的记录。

使用 UNION ALL 包含重复的行，在前面的例子中，分开查询时，两个返回结果中有相同的记录，UNION 从查询结果集中自动去除了重复的行，如果要返回所有匹配行而不进行删除，可以使用 UNION ALL。

【例 9-40】查询所有工资小于 5000 的员工信息，查询 d_id 等于 1001 和 1003 的所有员工的信息，使用 UNION ALL 连接查询结果。

SQL 语句如下：

```
SELECT d_id, e_name, e_salary
FROM employee
WHERE e_salary < 5000
UNION ALL
SELECT d_id, e_name, e_salary
FROM employee
WHERE d_id IN(1001,1003);
```

查询结果如图 9-47 所示。

图 9-47 双重条件查询

由结果可以看到，这里总的记录数等于两条 SELECT 语句返回的记录数之和，连接查询结果并没有去除重复的行。

9.7 使用正则表达式表示查询

正则表达式通常被用来检索或替换那些符合某个模式的文本内容，根据指定的匹配模式匹配文本中符合要求的特殊的字符串。例如从一个文本文件中提取电话号码，查找一篇文章中重复的单词或者替换用户输入的某些敏感词语等，这些地方都可以使用正则表达式。正则表达式强大而且灵活，可以应用于非常复杂的查询。

在 MySQL 中使用 REGEXP 关键字指定正则表达式的字符匹配模式，表 9-2 列出了 REGEXP 操作符后常用的匹配字符。

表 9-2 正则表达式常用字符匹配列表

选 项	作 用
^	匹配文本的开始字符
$	匹配文本的结束字符
.	匹配任何单个字符
*	匹配零个或多个在它前面的字符
+	匹配前面的字符 1 次或多次
<字符串>	匹配包含指定的字符串的文本
[字符集合]	匹配字符集合中的任何一个字符
[^]	匹配不在括号中的任何字符
字符串{n,}	匹配前面的字符串至少 n 次
字符串{n,m}	匹配前面的字符串至少 n 次、至多 m 次。如果 n 为 0，此参数为可选参数

本节将详细介绍在 MySQL 中如何使用正则表达式。

字符 "^" 匹配以特定字符或者字符串开头的文本。

【例 9-41】在 employee 表中查询 e_name 字段以字母 "黄" 开头的记录。

SQL 语句如下：

```
SELECT * FROM employee WHERE e_name REGEXP '^黄';
```

查询结果如图 9-48 所示。

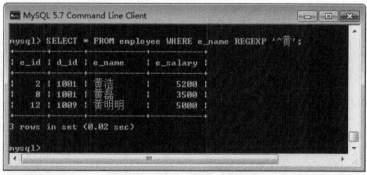

图 9-48 字符 "^" 匹配查询

在 employee 表中有 3 条记录的 e_name 字段值以 "黄" 开头，返回结果有 3 条记录。

字符 "$" 匹配以特定字符或者字符串结尾的文本。

【例 9-42】在 employee 表中查询 e_name 字段以字母 "娜" 结尾的记录。

SQL 语句如下：

```
SELECT * FROM employee WHERE e_name REGEXP '娜$';
```

查询结果如图 9-49 所示。

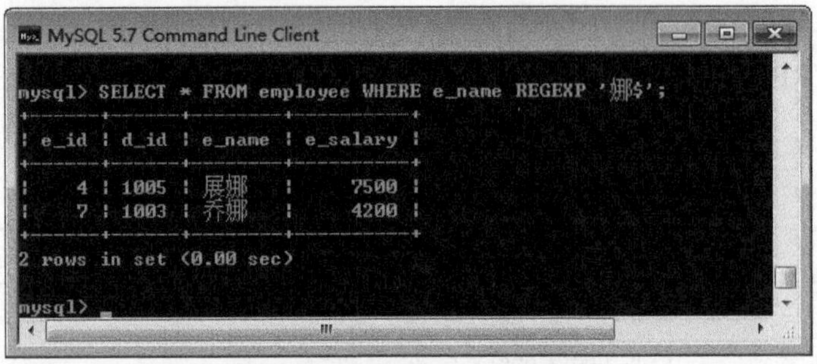

图 9-49　字符 "$" 匹配查询

在 employee 表中有两条记录的 e_name 字段值以字母 "娜" 结尾，返回结果有两条记录。

【例 9-43】在 employee 表中查询 e_name 字段以字符串 "明明" 结尾的记录。

SQL 语句如下：

```
SELECT * FROM employee WHERE e_name REGEXP '明明$';
```

查询结果如图 9-50 所示。

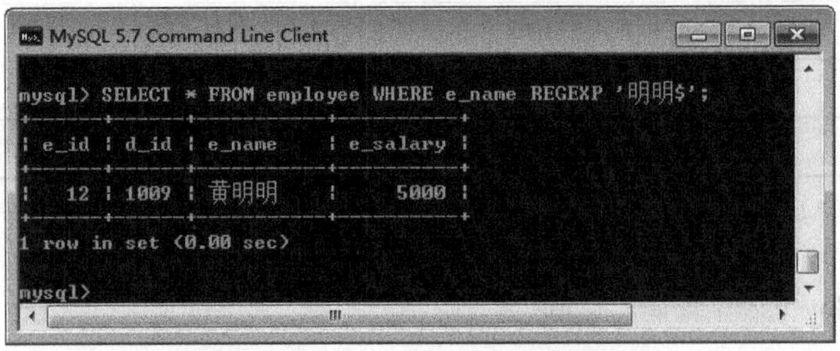

图 9-50　按字符串关键字查询

在 employee 表中有 1 条记录的 e_name 字段值以字符串 "明明" 结尾，返回结果有 1 条记录。

为了演示下面例子中的正则表达式，需要创建数据表 emp，SQL 语句如下：

```
CREATE TABLE emp
(
    id          INT             NOT NULL,
    name        char(255)       NOT NULL,
    PRIMARY     KEY(id)
);
```

插入演示数据，SQL 语句如下：

```
INSERT INTO emp (id,name )
    VALUES(1, 'limingming'),
    (2, 'liufeng'),
    (3, 'mensaiya'),
    (4, 'kuangliu'),
    (5, 'caiyang'),
    (6, 'zhangfeng'),
    (7, 'huanglei'),
    (8, 'lele') ,
    (9, 'cook')
;
```

字符 "." 匹配任意一个字符。

【例 9-44】在 emp 表中查询 name 字段值包含字母 "l" 与 "u" 且两个字母之间只有一个字母的记录。

SQL 语句如下：

```
SELECT * FROM emp WHERE name REGEXP 'l.u';
```

查询结果如图 9-51 所示。

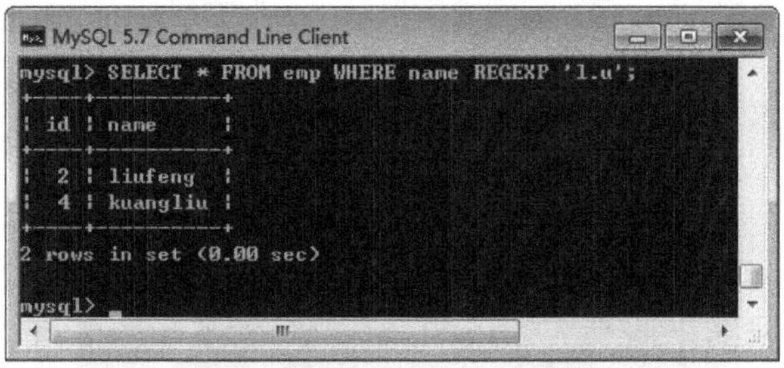

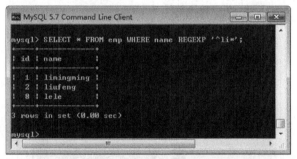

图 9-51　字符"."匹配任意查询

在查询语句中"l.u"指定匹配字符中要有字母 l 和 u，且两个字母之间包含单个字母，并不限定匹配字符的位置和所在查询字符串的总长度，因此 liufeng 和 kuangliu 都符合匹配条件。

星号"*"匹配前面的字符任意多次，包括 0 次。加号"+"匹配前面的字符至少一次。

【例 9-45】在 emp 表中查询 name 字段值以字母"l"开头，且"l"后面出现字母"i"的记录。

SQL 语句如下：

```
SELECT * FROM emp WHERE name REGEXP '^li*';
```

查询结果如图 9-52 所示。

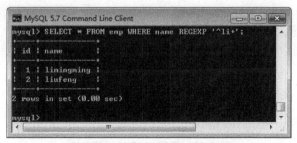

图 9-52　星号"*"匹配多次查询

星号"*"可以匹配任意多个字符，lele 中字母 l 的后面并没有出现字母 i，但是也满足匹配条件。

【例 9-46】在 emp 表中查询 name 字段值以字母"l"开头，且"l"后面出现字母"i"至少一次的记录。

SQL 语句如下：

```
SELECT * FROM emp WHERE name REGEXP '^li+';
```

查询结果如图 9-53 所示。

图 9-53　星号"*"匹配多个查询

"i+" 匹配字母 "i" 至少一次，只有 limingming 和 liufeng 满足匹配条件。

正则表达式可以匹配指定字符串，只要这个字符串在查询文本中即可，如果要匹配多个字符串，多个字符串之间使用分隔符 "|" 隔开。

【例 9-47】在 emp 表中查询 name 字段值包含字符串 "en" 的记录。

SQL 语句如下：

```
SELECT * FROM emp WHERE name REGEXP 'en';
```

查询结果如图 9-54 所示。

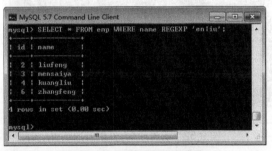

图 9-54　匹配指定字符串查询

可以看到，name 字段的 liufeng、mensaiya 和 zhangfeng 3 个值中都包含有字符串 "en"，满足匹配条件。

【例 9-48】在 emp 表中查询 name 字段值包含字符串 "en" 或者 "iu" 的记录。

SQL 语句如下：

```
SELECT * FROM emp WHERE name REGEXP 'en|iu';
```

查询结果如图 9-55 所示。

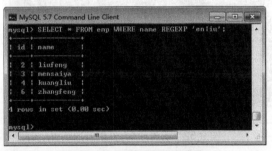

图 9-55　匹配双字符串查询

可以看到，name 字段的 liufeng、mensaiya 和 zhangfeng 3 个值中都包含有字符串 "en"，liufeng、kuangliu 值中包含字符串 "iu"，满足匹配条件，结果会删除重复的项。

【例 9-49】在 emp 表中使用 LIKE 运算符查询 name 字段值为 "en" 的记录。

SQL 语句如下：

```
SELECT * FROM emp WHERE name LIKE 'en';
```

查询结果如图 9-56 所示。

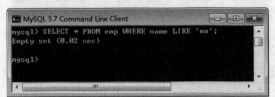

图 9-56　使用 LIKE 运算符查询

name 字段没有值为"en"的记录，返回结果为空。

方括号"[]"指定一个字符集合，只要匹配其中任何一个字符即为所查找的文本。

【例 9-50】在 emp 表中查找 name 字段中包含字母"m"或者"o"的记录。

SQL 语句如下。

```
SELECT * FROM emp WHERE name REGEXP '[mo]';
```

查询结果如图 9-57 所示。

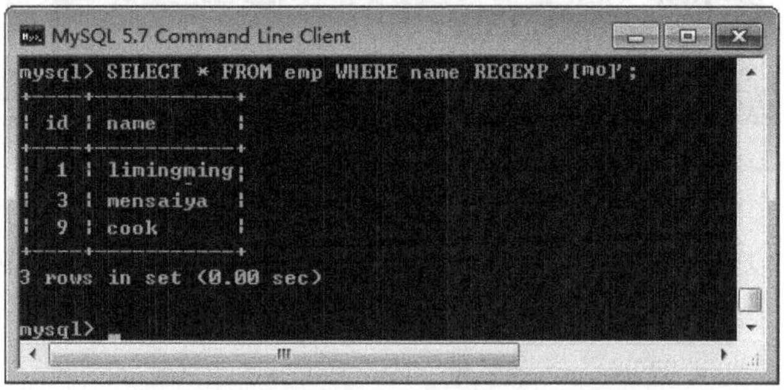

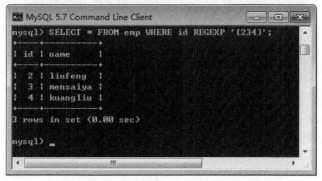

图 9-57　包含字母'm'或者'o'的记录

从查询结果可以看到，所有返回记录的 name 字段的值中都包含有字母 m 或者 o，或者两个都有。

方括号"[]"还可以指定数值集合。

【例 9-51】在 emp 表中查询 id 字段数值中包含 2、3 或者 4 的记录。

SQL 语句如下：

```
SELECT * FROM emp WHERE id REGEXP '[234]';
```

查询结果如图 9-58 所示。

图 9-58　使用方括号"[]"指定数值集合

在查询结果中，id 字段值只要包含指定数值中的一个即为满足匹配条件。

匹配集合"[234]"也可以写成"[2-4]"，即指定集合区间。例如"[a-z]"表示集合区间为从 a 到 z 的字母，"[0-9]"表示集合区间为所有数字。

"[^字符集合]"匹配不在指定集合中的任何字符。

【例 9-52】在 emp 表中查询 id 字段包含数字 1 和 2 以外字符的记录。

SQL 语句如下：

```
SELECT * FROM emp WHERE id REGEXP '[^1-2]';
```

查询结果如图 9-59 所示。

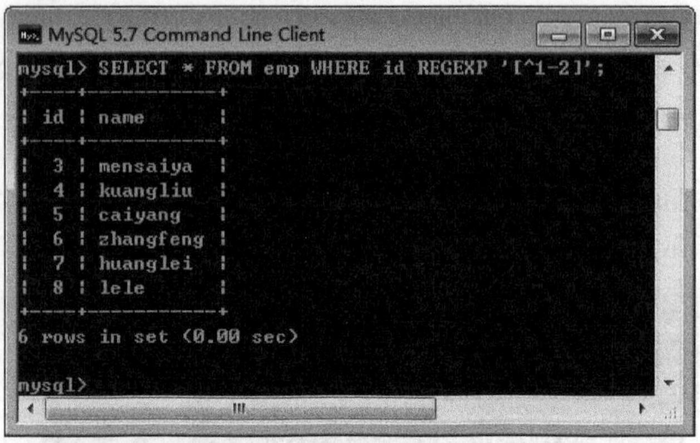

图 9-59　"[^字符集合]" 查询

"字符串{n,}" 表示至少匹配 n 次前面的字符。"字符串{n,m}" 表示匹配前面的字符串不少于 n 次，不多于 m 次。

【例 9-53】在 emp 表中查询 name 字段值出现字母 "o" 至少两次的记录。

SQL 语句如下：

```
SELECT * FROM emp WHERE name REGEXP 'o{2,}';
```

查询结果如图 9-60 所示。

图 9-60　"字符串{n,}" 查询

可以看到，name 字段的 "cook" 中包含了两个字母 "o"，是满足匹配条件的记录。

9.8　就业面试技巧与解析

9.8.1　面试技巧与解析（一）

面试官：为什么使用通配符格式正确，却没有查找出符合条件的记录？

应聘者：在 MySQL 中存储字符串数据时可能会不小心把两端带有空格的字符串保存到记录中，而在查看表中记录时 MySQL 不能明确地显示空格，数据库操作者不能直观地确定字符串两端是否有空格。例如使用 LIKE '%e'匹配以字母 e 结尾的水果名称，如果字母 e 后面多了一个空格，则 LIKE 语句将不能将该记录查找出来。解决的方法是使用 TRIM(str)函数将字符串两端的空格删除之后再进行匹配。

9.8.2　面试技巧与解析（二）

面试官： LIKE 和 REGEXP 有何区别？

应聘者： LIKE 匹配整个列，如果被匹配的文本仅在列值中出现，LIKE 并不会找到它，相应的行也不会返回。REGEXP 在列值内进行匹配，如果被匹配的文本在列值中出现，REGEXP 将会找到它，相应的行将被返回。

第 10 章
MySQL 数据库的数据与索引操作

◎ 本章教学微视频：14 个　28 分钟

学习指引

MySQL 中提供了功能丰富的数据库管理语句，包括有效地向数据库中插入数据的 INSERT 语句，更新数据的 UPDATE 语句以及当数据不再使用时删除数据的 DELETE 语句。索引用于快速地找出在某个列中有某一特定值的行。如果在表中查询的列有一个索引，MySQL 能快速到达一个位置去搜寻数据，而不必查看所有数据。

重点导读

- 掌握插入数据记录的方法。
- 掌握修改数据记录的方法。
- 掌握删除数据记录的方法。
- 了解索引的基本概念。
- 熟悉索引的分类。
- 掌握创建与查看索引的方法。
- 掌握删除索引的方法。

10.1　插入数据记录

在使用数据库之前，数据库中必须要有数据，在 MySQL 中使用 INSERT 语句向数据库表中插入新的数据记录。插入的方式有插入完整的记录、插入记录的一部分、插入多条记录以及插入另一个查询的结果，下面将介绍这些内容。

10.1.1　插入完整的数据记录

使用基本的 INSERT 语句插入数据要求指定表名称和插入到新记录中的值，基本语法格式如下：

```
INSERT INTO table_name(column_list)VALUES(value_list);
```

table_name 指定要插入数据的表名，column_list 指定要插入数据的哪些列，value_list 指定每个列应对应插入的数据。

本章将使用样例表 product，创建语句如下：

```
CREATE TABLE product
(
    id        INT UNSIGNED NOT NULL AUTO_INCREMENT,
    name      CHAR(20) NOT NULL DEFAULT '',
    price     INT(11) NOT NULL DEFAULT 0,
    synopsis  CHAR(60) NULL,
    PRIMARY KEY (id)
);
```

向表中的所有字段插入值的方法有两种：一种是指定所有字段名，另一种是完全不指定字段名。

【例 10-1】在 product 表中插入一条新记录，id 值为 1、name 值为冰箱、price 值为 2100、synopsis 值为'这是最新型号的冰箱'.

在执行插入操作之前使用 SELECT 语句查看表中的数据：

```
SELECT * FROM product;
```

查询结果如图 10-1 所示。

结果显示当前表为空，没有数据，接下来执行插入操作：

```
INSERT INTO product(id,name,price,synopsis)
VALUES(1,'冰箱', 2100, '这是最新型号的冰箱');
```

语句执行完毕，查看执行结果：

```
SELECT * FROM product;
```

查询结果如图 10-2 所示。

图 10-1　查看表中的数据

图 10-2　插入数据到数据表

可以看到插入记录成功。在插入数据时指定了 product 表的所有字段，因此将为每一个字段插入新的值。

INSERT 语句后面的列名称的顺序可以不是定义 product 表时的顺序，即插入数据时不需要按照表定义的顺序插入，只要保证值的顺序与列字段的顺序相同就可以，例如下面的例子。

【例 10-2】在 product 表中插入一条新记录，id 值为 2、name 值为洗衣机、price 值为 2800、synopsis 值为'这是最新型号的洗衣机'.

SQL 语句如下：

```
INSERT INTO product(price,name,id,synopsis)
VALUES(2800,'洗衣机',2,'这是最新型号的洗衣机');
```

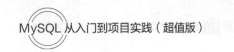

语句执行完毕，查看执行结果：

```
SELECT * FROM product;
```

查询结果如图 10-3 所示。

图 10-3　插入指定序列数据

由结果可以看到，INSERT 语句成功插入了一条记录。

在使用 INSERT 插入数据时允许列名称列表 column_list 为空，此时值列表中需要为表的每一个字段指定值，并且值的顺序必须和数据表中字段定义时的顺序相同。

【例 10-3】在 product 表中插入一条新记录。

SQL 语句如下：

```
INSERT INTO product
VALUES(3,'空调', 3600, '这是最新型号的空调');
```

语句执行完毕，查看执行结果：

```
SELECT * FROM product;
```

查询结果如图 10-4 所示。

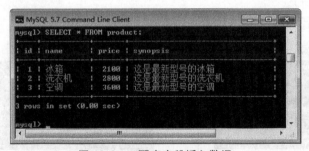

图 10-4　匹配表字段插入数据

10.1.2　为表的指定字段插入数据

为表的指定字段插入数据，就是在 INSERT 语句中只向部分字段插入值，而其他字段的值为表定义时的默认值。

【例 10-4】在 product 表中插入一条新记录，name 值为电风扇、price 值为 150、synopsis 值为'这是最新型号的电风扇'。

SQL 语句如下：

```
INSERT INTO product(name,price,synopsis)
VALUES('电风扇', 150, '这是最新型号的电风扇');
```

使用 SELECT 查询表中的记录，SQL 语句如下：

```
SELECT * FROM product;
```

查询结果如图 10-5 所示。

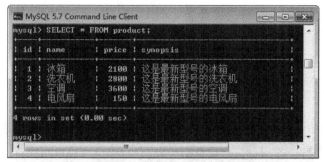

图 10-5　为指定字段插入数据

可以看到插入记录成功。例如这里的 id 字段，查询结果显示该字段自动添加了一个整数值 4。

在插入记录时，如果某些字段没有指定插入值，MySQL 将插入该字段定义时的默认值。下面的例子说明在没有指定列字段时插入默认值。

【例 10-5】在 product 表中插入一条新记录，name 值为电脑、synopsis 值为'这是主流配置的电脑'。

SQL 语句如下：

```
INSERT INTO product(name,synopsis)VALUES('电脑', '这是主流配置的电脑');
```

语句执行完毕，查看执行结果：

```
SELECT * FROM product;
```

查询结果如图 10-6 所示。

图 10-6　非指定数据字段默认数据为 0

可以看到，在本例的插入语句中没有指定 price 字段值，查询结果显示 price 字段在定义时指定默认为 0，因此系统自动为该字段插入 0 值。

10.1.3　同时插入多条数据记录

INSERT 语句可以同时向数据表中插入多条记录，在插入时指定多个值列表，每个值列表之间用逗号分隔开，基本语法格式如下：

```
INSERT INTO table_name (column_list)
VALUES(value_list1),(value_list2),…,(value_listn);
```

value_list1、value_list2、…、value_listn 分别表示插入记录的字段的值列表。

【例 10-6】在 product 表的 name、price 和 synopsis 字段中指定插入值，同时插入两条新记录。

SQL 语句如下：

```
INSERT INTO product(name, price, synopsis)
VALUES ('热水器',2100, '这是最新型号的热水器'),
       ('消毒柜',1200, '这是最新型号的消毒柜');
```

语句执行完毕，查看执行结果：

```
SELECT * FROM product;
```

查询结果如图 10-7 所示。

图 10-7　同时插入多条数据记录

由结果可以看到，INSERT 语句执行后 product 表中添加了两条记录，其 name、price 和 synopsis 字段分别为指定的值，id 字段为 MySQL 添加的默认的自增值。

【例 10-7】在 product 表中不指定插入列表，同时插入两条新记录。

SQL 语句如下：

```
INSERT INTO product
VALUES (8,'饮水机',260, '这是最新型号的饮水机'),
       (9,'吸尘器',850, '这是最新型号的吸尘器');
```

语句执行完毕，查看执行结果：

```
SELECT * FROM product;
```

查询结果如图 10-8 所示。

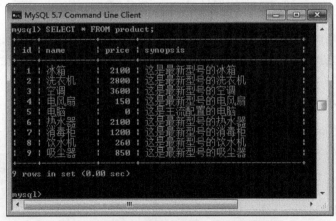

图 10-8　不指定字段列表插入多条数据记录

由结果可以看到，INSERT 语句执行后 product 表中添加了两条记录，与前面介绍的单个 INSERT 的语法不同，product 表名后面没有指定插入字段列表，因此 VALUES 关键字后面的多个值列表都要为每一条记录的每一个字段列指定插入值，并且这些值的顺序必须和 product 表中字段定义的顺序相同。

10.1.4　插入查询结果

INSERT 可以将 SELECT 语句查询的结果插入到表中，如果想从另外一个表中合并个人信息到 product 表，不需要把每一条记录的值一个一个输入，只需要使用一条 INSERT 语句和一条 SELECT 语句组成的组合语句即可快速地从一个或多个表中向一个表中插入多个行。其基本语法格式如下：

```
INSERT INTO table_name1 (column_list1)
SELECT (column_list2) FROM table_name2 WHERE (condition)
```

table_name1 指定待插入数据的表；column_list1 指定待插入表中要插入数据的那些列；table_name2 指定插入数据是从哪个表中查询出来的；column_list2 指定数据来源表的查询列，该列表必须和 column_list1 列表中的字段个数相同、数据类型相同；condition 指定 SELECT 语句的查询条件。

【例 10-8】从 product_new 表中查询所有记录，并将其插入到 product 表中。

首先创建一个名为 product_new 的数据表，其结构与 product 表的结构相同，SQL 语句如下：

```
CREATE TABLE product_new
(
    id        INT UNSIGNED NOT NULL AUTO_INCREMENT,
    name      CHAR(20) NOT NULL DEFAULT '',
    price     INT(11) NOT NULL DEFAULT 0,
    synopsis  CHAR(60) NULL,
    PRIMARY KEY (id)
);
```

向 product_new 表中添加两条记录：

```
INSERT INTO product_new
VALUES(10,'电磁炉',260, '这是最新型号的电磁炉'),
    (11,'电饭煲',480, '这是最新型号的电饭煲');
```

查询 product_new 表中的数据：

```
SELECT * FROM product_new;
```

查询结果如图 10-9 所示。

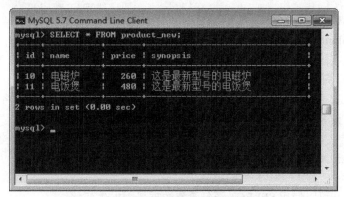

图 10-9　将查询数据插入到指定数据表中

可以看到插入记录成功，product_new 表中现在有两条记录。接下来将 product_new 表中的所有记录插入到 product 表中，SQL 语句如下：

```
INSERT INTO product(id, name, price, synopsis)
SELECT id, name, price, synopsis FROM product_new;
```

语句执行完毕，查看执行结果：

```
SELECT * FROM product;
```

查询结果如图 10-10 所示。

图 10-10　查看插入数据结果

由结果可以看到，INSERT 语句执行后 product 表中多了两条记录，这两条记录和 product_new 表中的记录完全相同，数据转移成功。

10.2　修改数据记录

在 MySQL 中使用 UPDATE 语句修改数据表中的记录，可以修改特定的行或者同时修改所有的行。其基本语法结构如下：

```
UPDATE table_name
SET column_name1 = value1,column_name2=value2,…,column_namen=valuen
WHERE (condition);
```

column_name1、column_name2、…、column_namen 为指定更新的字段的名称；value1、value2、…、valuen 为相对应的指定字段的更新值；condition 指定修改的记录需要满足的条件。当更新多个列时，每个"列-值"对之间用逗号隔开，最后一列之后不需要逗号。

【例 10-9】在 product 表中更新 id 值为 11 的记录，将 price 字段值改为 6600，将 name 字段值改为跑步机，将 synopsis 修改为'这是最新型号的跑步机'。

SQL 语句如下：

```
UPDATE product SET name='跑步机',price = 6600,
synopsis ='这是最新型号的跑步机' WHERE id = 11;
```

在执行修改操作后，可以使用 SELECT 语句查看数据是否发生变化：

```
SELECT * FROM product;
```

查询结果如图 10-11 所示。

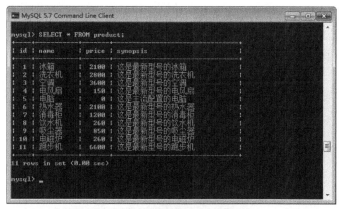

图 10-11　更新指定列数据

【例 10-10】在 product 表中更新 price 值为 2000～3000 的记录，将 synopsis 字段值都改为'这是最新型号的产品'。

SQL 语句如下：

```
UPDATE product SET synopsis='这是最新型号的产品'
WHERE price BETWEEN 2000 AND 3000;
```

在执行更新操作前，可以使用 SELECT 语句查看数据是否发生变化：

```
SELECT * FROM product
WHERE price BETWEEN 2000 AND 3000;
```

查询结果如图 10-12 所示。

图 10-12　更新为统一数据

由结果可以看到，UPDATE 执行后成功地将表中符合条件的记录的 synopsis 字段值都改为了'这是最新型号的产品'。

10.3　删除数据记录

从数据表中删除数据使用 DELETE 语句，DELETE 语句允许用 WHERE 子句指定删除条件。DELETE 语句的基本语法格式如下：

```
DELETE FROM table_name [WHERE <condition>];
```

table_name 指定要执行删除操作的表；"[WHERE <condition>]"为可选参数，指定删除条件，如果没有 WHERE 子句，DELETE 语句将删除表中的所有记录。

【例 10-11】在 product 表中删除 name 等于洗衣机的记录。

在执行删除操作前使用 SELECT 语句查看当前 name='洗衣机'的记录：

```
SELECT * FROM product WHERE name='洗衣机';
```

查询结果如图 10-13 所示。

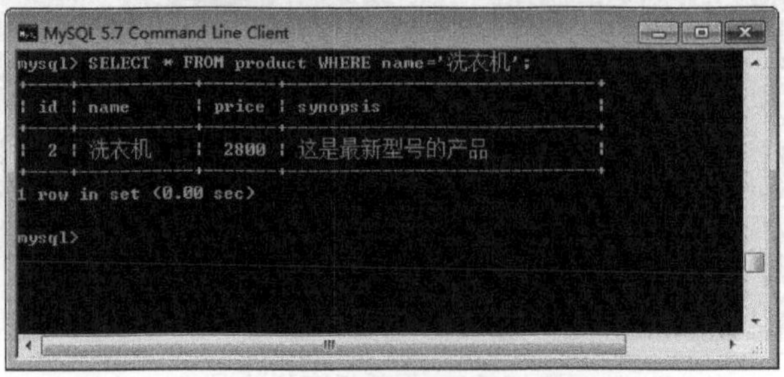

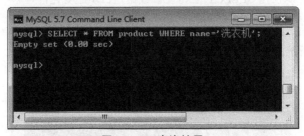

图 10-13　删除指定名称列数据

可以看到，现在表中有 name='洗衣机'的记录，下面使用 DELETE 语句删除记录：

```
DELETE FROM product WHERE name='洗衣机';
```

语句执行完毕，查看执行结果：

```
SELECT * FROM product WHERE name='洗衣机';
```

查询结果如图 10-14 所示。

图 10-14　查询结果

查询结果为空，说明删除操作成功。

【例 10-12】在 product 表中使用 DELETE 语句同时删除多条记录，在前面的 UPDATE 语句中将 price 字段值为 2000～3000 的记录的 synopsis 字段值修改为'这是最新型号的产品'，在这里删除这些记录。

SQL 语句如下：

```
DELETE FROM product WHERE price BETWEEN 2000 AND 3000;
```

在执行删除操作前使用 SELECT 语句查看当前的数据：

```
SELECT * FROM product WHERE price BETWEEN 2000 AND 3000;
```

查询结果如图 10-15 所示。

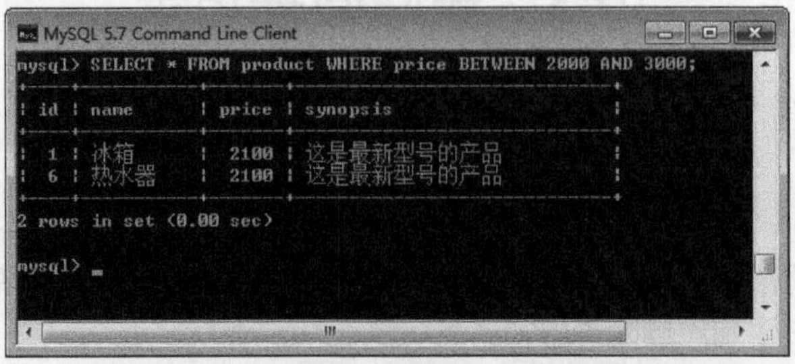

图 10-15　查询需要删除的多条记录

可以看到，price 字段值为 2000～3000 的记录存在于表中，下面使用 DELETE 删除这些记录：

```
DELETE FROM product WHERE price BETWEEN 2000 AND 3000;
```

语句执行完毕，查看执行结果：

```
SELECT * FROM product WHERE price BETWEEN 2000 AND 3000;
```

查询结果如图 10-16 所示。

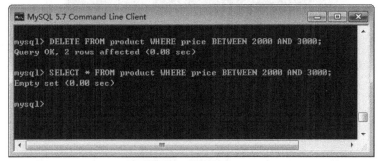

图 10-16　删除多条记录

查询结果为空，表明删除多条记录成功。

【例 10-13】删除 product 表中的所有记录。

SQL 语句如下：

```
DELETE FROM product;
```

在执行删除操作前使用 SELECT 语句查看当前的数据：

```
SELECT * FROM product;
```

查询结果如图 10-17 所示。

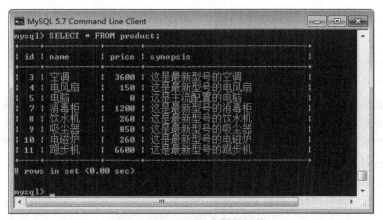

图 10-17　显示所有数据记录

结果显示 product 表中还有 8 条记录，执行 DELETE 语句删除这 8 条记录：

```
DELETE FROM product;
```

语句执行完毕，查看执行结果：

```
SELECT * FROM product;
```

查询结果如图 10-18 所示。

查询结果为空，表明删除表中的所有记录成功，现在 product 表中已经没有任何数据记录。

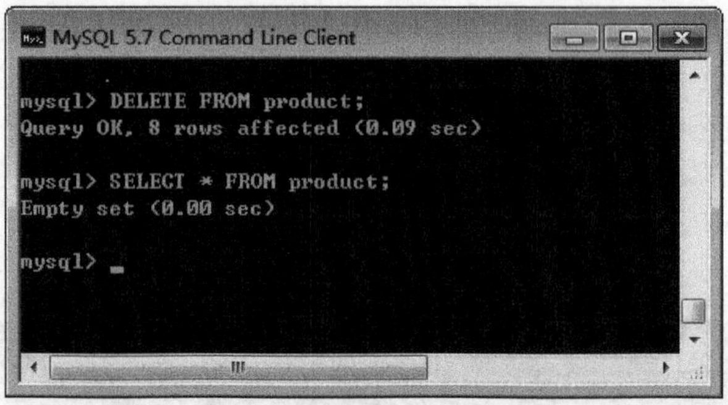

MySQL 5.7 Command Line Client
mysql> DELETE FROM product;
Query OK, 8 rows affected (0.09 sec)
mysql> SELECT * FROM product;
Empty set (0.00 sec)
mysql>

图 10-18　删除所有记录

10.4　索引概述

索引是对数据库表中一列或多列的值进行排序的一种结构，使用索引可以提高数据库中特定数据的查询速度。

索引是一个单独的、存储在磁盘上的数据库结构，它们包含着对数据表中所有记录的引用指针。索引用于快速找出在某个或多个列中有一特定值的行，所有 MySQL 列类型都可以被索引，对相关列使用索引是减少查询操作时间的最佳途径。

例如数据库中有 10 万条记录，现在要执行查询“SELECT * FROM table WHERE num=100000”。如果没有索引，必须遍历整个表，直到 num 等于 100000 的这一行被找到为止；如果在 num 列上创建索引，MySQL 不需要任何扫描，直接在索引里面找 100000 就可以得知这一行的位置。可见，索引的建立可以加快数据库的查询速度。

索引的优点主要如下：

（1）通过创建唯一索引可以保证数据库表中每一行数据的唯一性。

（2）可以大大加快数据的查询速度这也是创建索引最主要的原因。

（3）在实现数据的参考完整性方面可以加速表和表之间的连接。

（4）在使用分组和排序子句进行数据查询时也可以显著减少查询中分组和排序的时间。

增加索引也有许多不利的方面，主要如下：

（1）创建索引和维护索引要耗费时间，并且随着数据量的增加所耗费的时间也会增加。

（2）索引需要占磁盘空间，除了数据表占数据空间以外，每一个索引还要占一定的物理空间，如果有大量的索引，索引文件可能比数据文件更快达到最大文件尺寸。

（3）当对表中的数据进行增加、删除和修改的时候索引也要动态维护，这样就降低了数据的维护速度。

10.5　索引的分类

MySQL 的索引可以分为以下几类。

1. 普通索引和唯一索引

- 普通索引：MySQL 中的基本索引类型，允许在定义索引的列中插入重复值和空值。

- 唯一索引：索引列的值必须唯一，但允许有空值。如果是组合索引，则列值的组合必须唯一。主键索引是一种特殊的唯一索引，不允许有空值。

2. 单列索引和组合索引

- 单列索引：即一个索引只包含单个列，一个表可以有多个单列索引。
- 组合索引：在表的多个字段组合上创建的索引，只有在查询条件中使用了这些字段的左边字段时索引才会被使用。使用组合索引遵循最左前缀集合。

3. 全文索引

全文索引类型为 FULLTEXT，在定义索引的列上支持值的全文查找，允许在这些索引列中插入重复值和空值。全文索引可以在 CHAR、VARCHAR 或者 TEXT 类型的列上创建。在 MySQL 中只有 MyISAM 存储引擎支持全文索引。

4. 空间索引

空间索引是对空间数据类型的字段建立的索引，MySQL 中的空间数据类型有 4 种，分别是 GEOMETRY、POINT、LINESTRING 和 POLYGON。MySQL 使用 SPATIAL 关键字进行扩展，使得能够用与创建正规索引类似的语法创建空间索引。创建空间索引的列必须将其声明为 NOT NULL，空间索引只能在存储引擎为 MyISAM 的表中创建。

10.6　创建和查看索引

在使用 CREATE TABLE 创建表时，除了可以定义列的数据类型以外，还可以定义主键约束、外键约束或者唯一性约束，而不论创建哪种约束，在定义约束时相当于在指定列上创建了一个索引。在创建表时创建索引的基本语法格式如下：

```
CREATE  TABLE  table_name [col_name data_type]
[UNIQUE|FULLTEXT|SPATIAL] [INDEX|KEY] [index_name] (col_name [length]) [ASC | DESC]
```

UNIQUE、FULLTEXT 和 SPATIAL 为可选参数，分别表示唯一索引、全文索引和空间索引；INDEX 和 KEY 为同义词，两者的作用相同，用来指定创建索引；index_name 指定索引的名称，为可选参数，如果不指定，MySQL 默认 col_name 为索引名称；col_name 为需要创建索引的字段列，该列必须从数据表中该定义的多个列中选择；length 为可选参数，表示索引的长度，只有字符串类型的字段才能指定索引长度；ASC 或 DESC 指定升序或者降序的索引值存储。

10.6.1　创建和查看普通索引

普通索引是最基本的索引类型，没有唯一性之类的限制，其作用只是加快对数据的访问速度。

【例 10-14】在 fruit 表中的 city_index 字段上建立普通索引。

SQL 语句如下：

```
CREATE TABLE fruit
(
    id          INT NOT NULL,
    name        VARCHAR(50) NOT NULL,
    price       decimal(8,2) NOT NULL,
    city        VARCHAR(100) NOT NULL,
```

```
      INDEX(city)
);
```

该语句执行完毕之后，使用 SHOW CREATE TABLE 查看表结构：

```
SHOW CREATE table fruit \G
```

查看结果如图 10-19 所示。

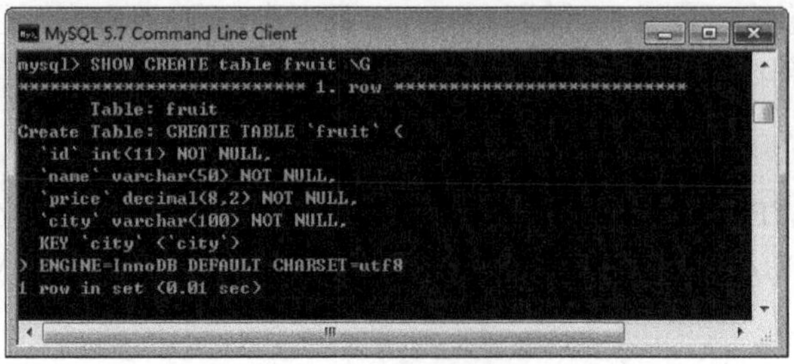

图 10-19　创建索引

由结果可以看到，在 fruit 表的 city 字段上成功地创建了索引，其索引名称 city 由 MySQL 自动添加。使用 EXPLAIN 语句查看索引是否正在使用：

```
EXPLAIN SELECT * FROM fruit WHERE city='上海' \G
```

查看结果如图 10-20 所示。

图 10-20　查看索引

对 EXPLAIN 语句输出结果中的各个行解释如下：

（1）select_type 行指定所使用的 SELECT 查询类型，这里值为 SIMPLE，表示简单的 SELECT，不使用 UNION 或子查询。其他可能的取值有 PRIMARY、UNION、SUBQUERY 等。

（2）table 行指定数据库读取的数据表的名字，它们按被读取的先后顺序排列。

（3）type 行指定了本数据表与其他数据表之间的关联关系，可能的取值有 system、const、eq_ref、ref、range、index 和 All。

（4）possible_keys 行给出了 MySQL 在搜索数据记录时可以选用的各个索引。

（5）key 行是 MySQL 实际选用的索引。

（6）key_len 行给出索引按字节计算的长度，key_len 数值越小表示越快。

（7）ref 行给出了关联关系中另一个数据表里的数据列的名字。

（8）rows 行是 MySQL 在执行这个查询时预计会从这个数据表里读出的数据行的个数。

（9）Extra 行提供了与关联操作有关的信息。

可以看到，possible_keys 和 key 的值都为 city，在查询时使用了索引。

10.6.2　创建和查看唯一索引

唯一索引与前面的普通索引类似，不同的是索引列的值必须唯一，但允许有空值。如果是组合索引，则列值的组合必须唯一。

【例 10-15】创建 newfruit 表，在表中的 id 字段上使用 UNIQUE 关键字创建唯一索引。

```
CREATE TABLE newfruit
(
    id          INT NOT NULL,
    name        VARCHAR(50) NOT NULL,
    price       decimal(8,2) NOT NULL,
    city        VARCHAR(100) NOT NULL,
    UNIQUE INDEX UniqIdx(id)
);
```

该语句执行完毕之后，使用 SHOW CREATE TABLE 查看表结构：

```
SHOW CREATE table newfruit \G
```

查看结果如图 10-21 所示。

图 10-21　创建和查看唯一索引

由结果可以看到，在 id 字段上已经成功建立了一个名为 UniqIdx 的唯一索引。

10.6.3　创建和查看多列索引

组合索引是在多个字段上创建一个索引。

【例 10-16】创建 fruit2 表，在表中的 id、name 和 price 字段上建立组合索引。

SQL 语句如下：

```
CREATE TABLE fruit2
(
    id          INT NOT NULL,
    name        VARCHAR(50) NOT NULL,
    price       decimal(8,2) NOT NULL,
    city        VARCHAR(100) NOT NULL,
    INDEX Mmindex(id, name, price)
);
```

该语句执行完毕之后，使用 SHOW CREATE TABLE 查看表结构：

```
SHOW CREATE table fruit2 \G
```

查看结果如图 10-22 所示。

图 10-22　建立组合索引

由结果可以看到，在 id、name 和 price 字段上已经成功建立了一个名为 Mmindex 的组合索引。

在 fruit2 表中查询 id 和 name 字段，使用 EXPLAIN 语句查看索引的使用情况：

```
EXPLAIN SELECT * FROM fruit2 WHERE id=1 AND name='苹果' \G
```

查看结果如图 10-23 所示。

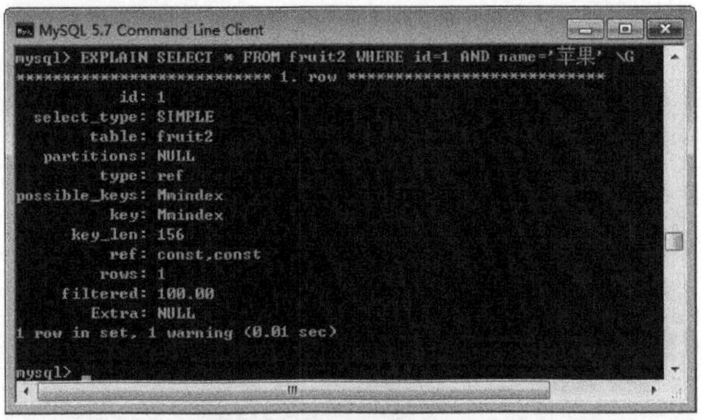

图 10-23　查看索引

可以看到，在查询 id 和 name 字段时使用了名为 Mmindex 的索引，如果查询 name 与 price 的组合或者单独查询 name 和 price 字段，将不会使用索引。

例如这里只查询 name 字段：

```
EXPLAIN SELECT * FROM fruit2 WHERE name='苹果' \G
```

查看结果如图 10-24 所示。

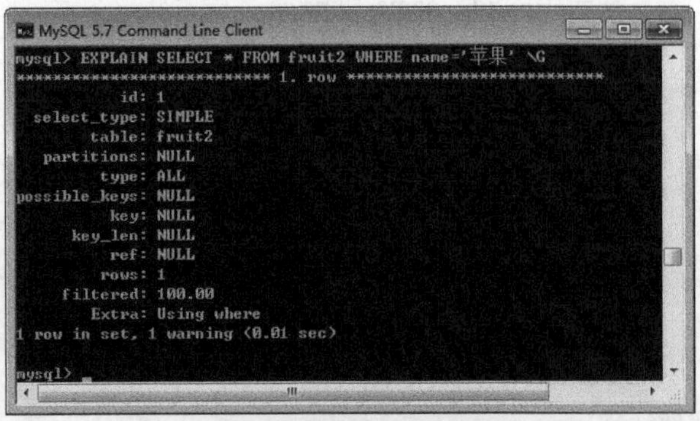

图 10-24　查看具体字段

从结果可以看出，possible_keys 和 key 的值为 NULL，说明在查询的时候并没有使用索引。

10.6.4　创建和查看全文索引

全文索引可以用于全文搜索。只有 **MyISAM** 存储引擎支持全文索引，并且只为 CHAR、VARCHAR 和 TEXT 列。全文索引只能添加到整个字段上，不支持局部（前缀）索引。

【例 10-17】创建 fruit3 表，在表中的 city 字段上建立全文索引。

SQL 语句如下：

```
CREATE TABLE fruit3
(
    id          INT NOT NULL,
    name        VARCHAR(50) NOT NULL,
    price       decimal(8,2) NOT NULL,
    city        VARCHAR(100) NOT NULL,
    FULLTEXT INDEX Fullindex(city)
) ENGINE=MyISAM;
```

语句执行完毕之后，使用 SHOW CREATE TABLE 查看表结构：

```
SHOW CREATE table fruit3 \G
```

查看结果如图 10-25 所示。

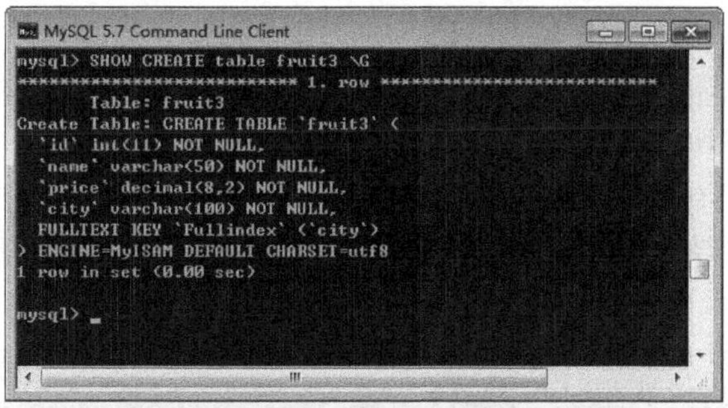

图 10-25　建立全文索引

由结果可以看到，在 city 字段上已经成功建立了一个名为 Fullindex 的全文索引。全文索引非常适合大型数据集，对于小的数据集，它的用处可能比较小。

10.7　删除索引

在 MySQL 中删除索引使用 DROP INDEX 或者 ALTER TABLE，两者可实现相同的功能。

10.7.1　使用 DROP INDEX 删除索引

使用 DROP INDEX 删除索引的基本语法格式如下：

```
DROP INDEX index_name ON table_name;
```

【例 10-18】删除 newfruit 表中名称为 UniqIdx 的唯一索引。

SQL 语句如下：

```
DROP INDEX UniqIdx ON newfruit;
```

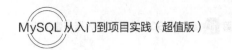

语句执行完毕，使用 SHOW 语句查看索引是否被删除：

```
SHOW CREATE table newfruit \G
```

查看结果如图 10-26 所示。

图 10-26　使用 DROP INDEX 语句删除索引

可以看到，在 newfruit 表中已经没有名称为 UniqIdx 的唯一索引，删除索引成功。

10.7.2　使用 ALTER TABLE 删除索引

使用 ALTER TABLE 删除索引的基本语法格式如下：

```
ALTER TABLE table_name DROP INDEX index_name;
```

【例 10-19】删除 fruit2 表中名称为 Mmindex 的组合索引。

首先查看 fruit2 表中是否有名称为 Mmindex 的索引，输入 SHOW 语句如下：

```
SHOW CREATE table fruit2 \G
```

查看结果如图 10-27 所示。

图 10-27　使用 ALTER TABLE 删除索引

从查询结果可以看到，fruit2 表中有名称为 Mmindex 的组合索引。
下面删除该索引，输入删除语句如下：

```
ALTER TABLE fruit2 DROP INDEX Mmindex;
```

语句执行完毕，使用 SHOW 语句查看索引是否被删除：

```
SHOW CREATE table fruit2 \G
```

查看结果如图 10-28 所示。

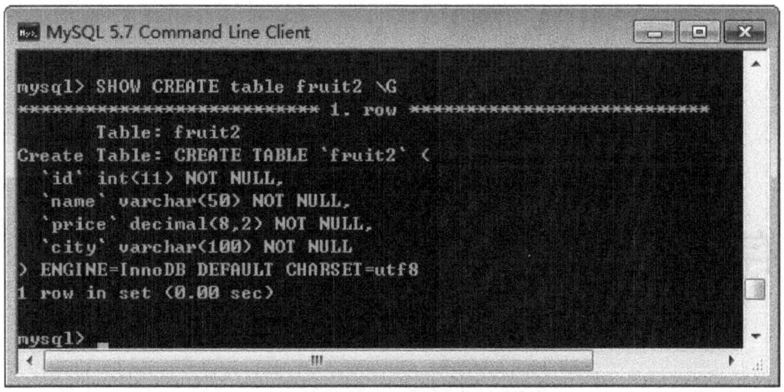

图 10-28　查看删除索引

由结果可以看到，fruit2 表中已经没有名称为 Mmindex 的组合索引，删除索引成功。

10.8　就业面试技巧与解析

10.8.1　面试技巧与解析（一）

面试官：在插入记录时一定要指定字段名称吗？

应聘者：不管使用哪种 INSERT 语法，都必须给出 VALUES 的正确数目。如果不提供字段名，则必须给每个字段提供一个值，如果提供字段名，必须对每个字段给出一个值，否则将产生一条错误消息。如果要在 INSERT 操作中省略某些字段，这些字段需要满足一定条件，即该列定义为允许空值；或者在定义表时给出默认值，如果不给出值，将使用默认值。

10.8.2　面试技巧与解析（二）

面试官：在修改或者删除表时必须指定 WHERE 子句吗？

应聘者：所有的 UPDATE 和 DELETE 语句都在 WHERE 子句中指定了条件。如果省略 WHERE 子句，则 UPDATE 或 DELETE 将被应用到表中所有的行。因此，除非确实打算更新或者删除所有记录，否则绝对要注意使用不带 WHERE 子句的 UPDATE 或 DELETE 语句。建议在对表进行更新和删除操作之前使用 SELECT 语句确认需要删除的记录，以免造成无法挽回的结果。

第11章

存储过程与存储函数

◎ 本章教学微视频：13 个　26 分钟

 学习指引

通俗地讲，存储过程就是一条或者多条 SQL 语句的集合，可视为批处理文件，但是其作用不仅限于批处理。在 MySQL 中使用 CREATE PROCEDURE 和 CREATE FUNCTION 语句创建子程序，然后使用 CALL 语句来调用这些子程序，从而实现各种功能。本章将学习与存储相关的知识。

 重点导读

- 了解存储过程的含义。
- 掌握存储过程的操作方法。
- 掌握存储函数的操作方法。
- 掌握自定义函数的操作方法。

11.1　存储过程的定义

存储过程是一组为了完成特定功能的 SQL 语句集合。使用存储过程的目的是将常用或复杂的工作预先用 SQL 语句写好并用一个指定名称存储起来，这个过程经编译和优化后存储在数据库服务器中，因此称为存储过程。当以后需要数据库提供与已定义好的存储过程的功能相同的服务时，只需调用"CALL 存储过程名字"即可自动完成。

11.1.1　创建存储过程

创建存储过程需要使用 CREATE PROCEDURE 语句，基本语法格式如下：

```
CREATE PROCEDURE sp_name ( [proc_parameter] )
    [characteristic…] routine_body
```

CREATE PROCEDURE 为用来创建存储函数的关键字；sp_name 为存储过程的名称；proc_parameter 指定存储过程的参数列表，列表形式如下：

```
[ IN | OUT | INOUT ] param_name type
```

其中，IN 表示输入参数，OUT 表示输出参数，INOUT 表示既可以输入也可以输出；param_name 表示参数名称；type 表示参数的类型，该类型可以是 MySQL 数据库中的任意类型。

characteristic 指定存储过程的特性，有以下取值。

（1）LANGUAGE SQL：说明 routine_body 部分是由 SQL 语句组成的，SQL 是 LANGUAGE 特性的唯一值。

（2）[NOT] DETERMINISTIC：指明存储过程执行的结果是否正确。DETERMINISTIC 表示结果是确定的，当每次执行存储过程时相同的输入会得到相同的输出。NOT DETERMINISTIC 表示结果是不确定的，相同的输入可能得到不同的输出。如果没有指定任意一个值，默认为 NOT DETERMINISTIC。

（3）{ CONTAINS SQL | NO SQL | READS SQL DATA | MODIFIES SQL DATA }：指明子程序使用 SQL 语句的限制。CONTAINS SQL 表明子程序包含 SQL 语句，但是不包含读或写数据的语句。NO SQL 表明子程序不包含 SQL 语句。READS SQL DATA 说明子程序包含读数据的语句。MODIFIES SQL DATA 表明子程序包含写数据的语句。在默认情况下，系统会指定为 CONTAINS SQL。

（4）SQL SECURITY { DEFINER | INVOKER }：指明谁有权限来执行。DEFINER 表示只有定义者才能执行。INVOKER 表示拥有权限的调用者可以执行。在默认情况下，系统指定为 DEFINER。

（5）COMMENT 'string'：注释信息，可以用来描述存储过程或函数。

routine_body 是 SQL 代码的内容，可以用 BEGIN…END 来表示 SQL 代码的开始和结束。

编写存储过程并不是一件简单的事情，可能在存储过程中需要复杂的 SQL 语句，并且要有创建存储过程的权限；但是使用存储过程将简化操作，减少冗余的操作步骤，同时还可以减少操作过程中的失误，提高效率，因此存储过程是非常有用的，而且应该尽可能学会使用。

下面创建数据表 student，表中的字段分别为 sid（编号）、sname（姓名）、ssex（性别）、sage（年龄）、did（班级编号）。

```
CREATE TABLE student
(sid int primary key,
    sname varchar(20),
    ssex char(2),
    sage int,
    did int);
```

插入演示数据，SQL 语句如下：

```
INSERT INTO student (sid ,sname, sage , did)
    VALUES  (1,'王小明', 15,1001),
            (2,'徐靖博', 16, 1001),
            (3,'蓝小河', 17,1002),
            (4,'程化龙', 18, 1003),
            (5,'黄晓明', 16, 1003);
```

【例 11-1】创建查看 student 表的存储过程。

SQL 语句如下：

```
CREATE PROCEDURE Proc_student ()
    BEGIN
        SELECT * FROM student;
    END ;
```

上述语句创建了一个查看 student 表的存储过程，每次调用这个存储过程的时候都会执行 SELECT 语句查看表的内容，代码的执行结果如图 11-1 所示。

这个存储过程和使用 SELECT 语句查看表内容得到的结果是一样的，当然存储过程也可以是很多语句的复杂组合。

【例 11-2】 创建名称为 CountStu 的存储过程。

SQL 语句如下：

```
CREATE PROCEDURE CountStu (OUT pp1 INT)
    BEGIN
    SELECT COUNT(*) INTO pp1 FROM student;
    END;
```

上述代码的作用是创建一个获取 student 表记录条数的存储过程，名称是 CountStu，COUNT(*) 计算后把结果放入参数 pp1 中。

代码的执行结果如图 11-2 所示。

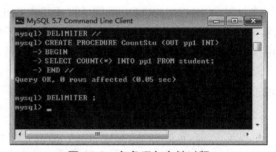

图 11-1　查看简单表的存储过程　　　　　　图 11-2　多条语句存储过程

以上两个例子比较简单，在存储过程体中只有简单的查询语句，这里只是利用它们来了解创建存储过程的语法，熟悉存储过程中的参数及其类型，当然存储过程体也可以是很多语句的复杂组合，从而完成更为复杂的操作。

11.1.2　调用存储过程

在存储过程创建好以后，接下来可以查看和调用存储过程。本节主要介绍调用存储过程的语法、调用实例及如何查看已创建好的存储过程。

CALL 语句用来调用一个使用 CREATE PROCEDURE 创建好的存储过程，基本语法格式如下：

```
CALL sp_name([parameter[,…]])
```

CALL 调用语句中的 sp_name 为存储过程的名称，parameter 为存储过程的参数。

【例 11-3】 创建存储过程，查询某个班级的平均年龄，然后调用该存储过程。

SQL 语句如下：

```
DELIMITER //
CREATE PROCEDURE avg_student(in dep int,out avg float)
    BEGIN
      SELECT avg(sage) INTO avg
     FROM student
    WHERE did=dep;
 end//
DELIMITER;
```

代码的执行结果如图 11-3 所示。

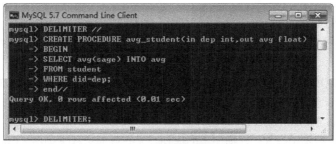

图 11-3 代码的执行结果

以上代码创建了存储过程 avg_student，该存储过程有两个参数，dep 为输入参数，存放待查看的班级
编号；avg 为输出参数，存放待查看的班级学生的平均年龄。

```
CALL avg_student(1003,@aa);
```

执行结果如图 11-4 所示。

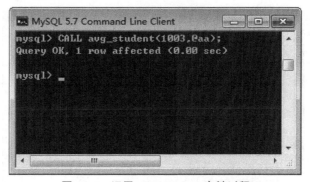

图 11-4 调用 avg_student 存储过程

以上使用 CALL 语句调用了 avg_student 存储过程，将该调用语句的括号中的 1003 这个数值赋给了存
储过程中的输入参数 dep，即查询班级编号为 1003 的学生的平均年龄。

然后查询返回的结果：

```
SELECT @aa;
```

结果如图 11-5 所示。

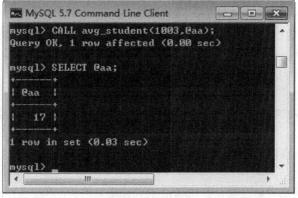

图 11-5 查询结果

11.1.3 查看存储过程

在存储过程创建好以后，用户可以通过 SHOW PROCEDURE STATUS 语句或 SHOW CREATE PROCEDURE 语句来查看存储过程的状态信息，也可以通过 information_schema 数据库进行查询，下面介绍这 3 种方法。

（1）使用 SHOW PROCEDURE STATUS 语句查看存储过程的状态，语法格式如下：

```
SHOW PROCEDURE  STATUS [LIKE 'pattern']
```

这个语句是 MySQL 的一个扩展，它返回存储过程的特征，例如所属数据库、名称、类型、创建者及创建和修改日期。如果没有指定样式，根据使用的语句，所有存储过程被列出。LIKE 语句表示匹配存储过程的名称。

【例 11-4】使用 SHOW PROCEDURE STATUS 语句查看存储过程。

SQL 语句如下：

```
SHOW PROCEDURE STATUS like 'a%'\G//
```

查询结果如图 11-6 所示。

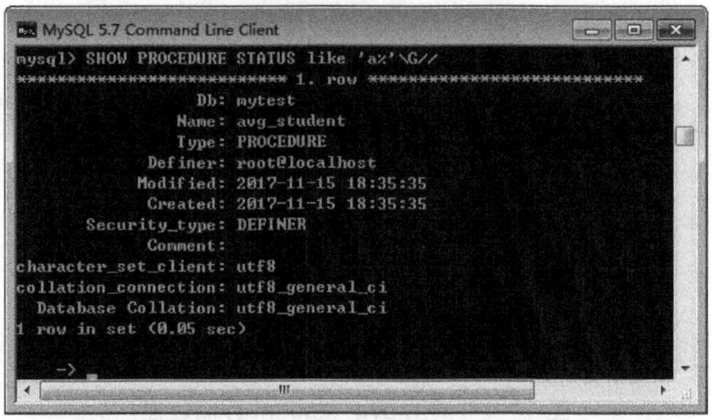

图 11-6 使用 SHOW PROCEDURE STATUS 语句

"SHOW PROCEDURE STATUS like 'a%'\G" 语句获取数据库中所有名称以字母 "a" 开头的存储过程的信息。通过结果可以得出，以字母 "a" 开头的存储过程名称为 avg_student，该存储过程所在的数据库为 mytest、类型为 procedure，还可以得出创建时间等信息。

SHOW PROCEDURE STATUS 语句只能查看存储过程操作哪一个数据库，存储过程的名称、类型，谁定义的，创建和修改时间、字符编码等信息，不能查看存储过程的具体定义。如果需要查看详细定义，需要使用 SHOW CREATE PROCEDURE 语句。

（2）使用 SHOW CREATE PROCEDURE 查看存储过程的信息，语法格式如下：

```
SHOW CREATE PROCEDURE sp_name
```

该语句是 MySQL 的一个扩展，类似于 SHOW CREATE TABLE，它返回一个可用来重新创建已命名存储过程的确切字符串。

【例 11-5】使用 SHOW CREATE PROCEDURE 语句查看 avg_student 存储过程。

SQL 语句如下：

```
SHOW CREATE PROCEDURE avg_student\G
```

查询结果如图 11-7 所示。

执行上面的语句可以得出存储过程 avg_student 的具体定义语句，以及该存储过程的 sql_mode、数据库设置的一些信息。

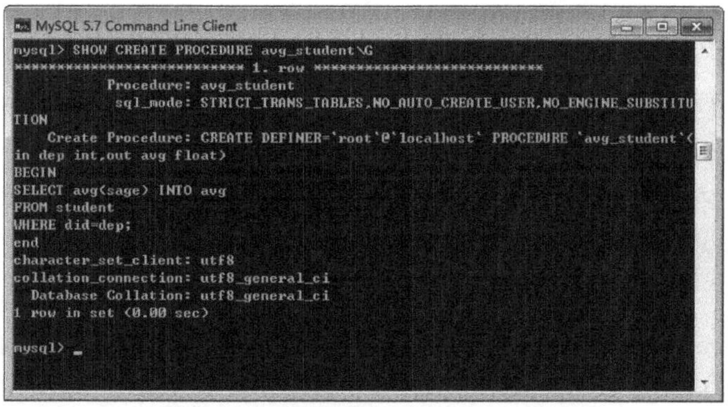

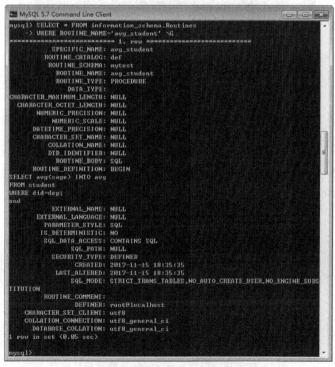

图 11-7 查看 avg_student 存储过程

（3）通过 information_schema.Routines 查看存储过程的信息。

information_schema 是信息数据库，其中保存着 MySQL 服务器维护的所有其他数据库的相关信息。该数据库中的 Routines 表提供存储过程的信息。通过查询该表可以查询相关存储过程的信息，语法格式如下：

```
SELECT * FROM information_schema.Routines
WHERE ROUTINE_NAME='sp_name';
```

其中，routine_name 字段存储所有存储子程序的名称，sp_name 是需要查询的存储过程的名称。

【例 11-6】从 information_schema.Routines 表中查询存储过程 avg_student 的信息。

SQL 语句如下：

```
SELECT * FROM information_schema.Routines
WHERE ROUTINE_NAME='avg_student' \G
```

查询结果如图 11-8 所示。

图 11-8 查询 avg_student 的信息

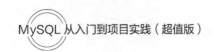

11.1.4 修改存储过程

在存储过程创建完成后，如果需要修改，可以使用 ALTER 语句进行修改，其语法格式如下：

```
ALTER {PROCEDURE | FUNCTION} sp_name [characteristic…]
```

sp_name 为待修改的存储过程名称，**characteristic** 用来指定特性，可能的取值如下：

```
{ CONTAINS SQL | NO SQL | READS SQL DATA | MODIFIES SQL DATA }
| SQL SECURITY { DEFINER | INVOKER }
| COMMENT 'string'
```

CONTAINS SQL 表示存储过程包含 SQL 语句，但不包含读或写数据的语句；NO SQL 表示存储过程中不包含 SQL 语句；READS SQL DATA 表示存储过程中包含读数据的语句；MODIFIES SQL DATA 表示存储过程中包含写数据的语句。SQL SECURITY { DEFINER | INVOKER }指明谁有权限来执行。DEFINER 表示只有定义者才能够执行；INVOKER 表示调用者可以执行。COMMENT 'string'是注释信息。

【例 11-7】修改存储过程 avg_student 的定义，将读写权限改为 MODIFIES SQL DATA，并指明调用者可以执行。

首先查看 avg_student 修改后的信息，代码如下：

```
SELECT SPECIFIC_NAME,SQL_DATA_ACCESS,SECURITY_TYPE
FROM information_schema.Routines
WHERE ROUTINE_NAME='avg_student' ;
```

结果如图 11-9 所示。

图 11-9　查询 avg_student 修改后的信息

修改存储过程 avg_student 的定义，代码如下：

```
ALTER PROCEDURE avg_student
MODIFIES SQL DATA
SQL SECURITY INVOKER ;
```

然后再次查看 avg_student 修改后的信息，结果如图 11-10 所示。

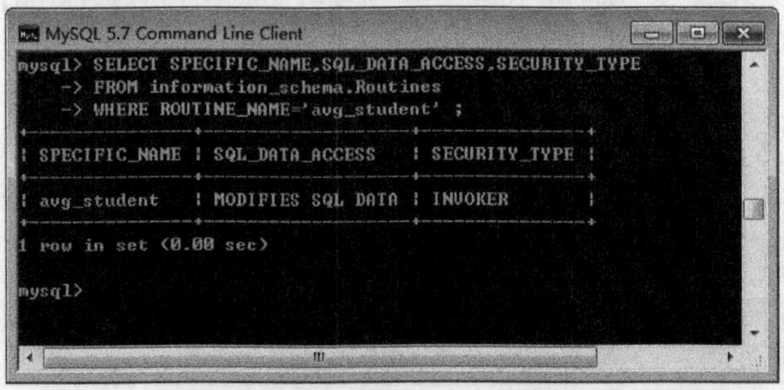

图 11-10　再次查看 avg_student 修改后的信息

结果显示，存储过程修改成功。从查询的结果可以看出，访问数据的权限（SQL_DATA_ACCESS）已经变成 MODIFIES SQL DATA，安全类型（SECURITY_TYPE）已经变成 INVOKER。

11.1.5　删除存储过程

当数据库中存在的存储过程需要删除时，可以使用 DROP PROCEDURE 语句，其基本语法格式如下：

```
DROP PROCEDURE sp_name;
```

其中，sp_name 参数表示存储过程名称。

【例 11-8】删除 avg_student 存储过程。

SQL 语句如下：

```
DROP PROCEDURE avg_student;
```

对于删除是否成功，可以通过查询 information_schema 数据库下的 Routines 表来确认。

```
SELECT * FROM information_schema.Routines
WHERE ROUTINE_NAME='avg_student';
```

查询结果如图 11-11 所示。

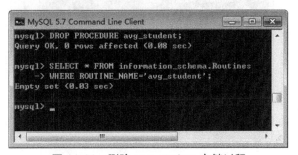

图 11-11　删除 avg_student 存储过程

通过查询结果可以得出 avg_student 存储过程已经被删除。

11.2　存储函数

与存储过程类似的功能是存储函数，本节将重点学习存储函数的使用方法。

11.2.1　创建存储函数

创建存储函数需要使用 CREATE FUNCTION 语句，基本语法格式如下：

```
CREATE FUNCTION func_name ( [func_parameter] )
 RETURNS type
[characteristic…] routine_body
```

CREATE FUNCTION 为用来创建存储函数的关键字；func_name 表示存储函数的名称；func_parameter 为存储过程的参数列表，参数列表形式如下：

```
[ IN | OUT | INOUT ] param_name type
```

其中，IN 表示输入参数，OUT 表示输出参数，INOUT 表示既可以输入也可以输出，param_name 表示参数名称，type 表示参数的类型，该类型可以是 MySQL 数据库中的任意类型。

【例 11-9】创建存储函数，名称为 name_student，该函数返回 SELECT 语句的查询结果，数值类型为字符串型。

SQL 语句如下：

```
DELIMITER //
CREATE FUNCTION name_student (aa INT)
RETURNS CHAR(50)
BEGIN
        RETURN(SELECT sname
        FROM student
        WHERE did=aa);
END //
DELIMITER;
```

执行过程如图 11-12 所示。

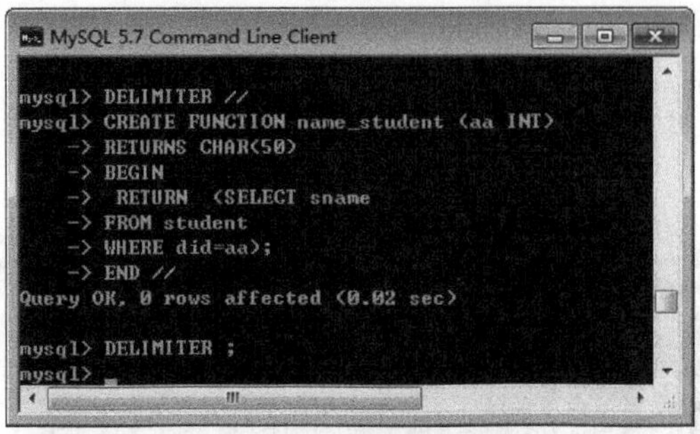

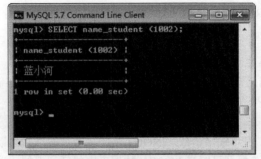

图 11-12　创建存储函数

这里创建了一个 name_student 存储函数，参数定义 aa 返回一个 CHAR 类型的结果。SELECT 语句从 student 表中查询 did 等于 aa 的记录，并将该记录中的 sname 字段返回。

11.2.2　调用存储函数

在 MySQL 中，存储函数的使用方法和 MySQL 内部函数的使用方法是一样的。用户自己定义的存储函数与 MySQL 内部函数的性质相同，区别在于存储函数是用户自己定义的，而内部函数是 MySQL 的开发者定义的。

【例 11-10】调用存储函数 name_student。

调用存储函数：

```
SELECT name_student (1002);
```

执行结果如图 11-13 所示。

图 11-13　调用存储函数

虽然存储函数和存储过程的定义稍有不同，但可以实现相同的功能，用户应该在实际应用中灵活地选择使用。

11.2.3　查看存储函数

MySQL 存储了存储函数的状态信息，用户可以使用 SHOW FUNCTION STATUS 语句或 SHOW CREATE FUNCTION 语句来查看，也可以直接从系统的 information_schema 数据库中查询。

使用 SHOW FUNCTION STATUS 语句可以查看存储函数的状态，其基本语法格式如下：

```
SHOW FUNCTION STATUS [LIKE 'pattern']
```

这个语句是 MySQL 的一个扩展。如果没有指定样式，所有存储函数的信息都被列出。LIKE 语句表示匹配存储函数的名称。

【例 11-11】SHOW FUNCTION STATUS 语句实例。

SQL 语句如下：

```
SHOW FUNCTION STATUS LIKE 'N%'\G
```

查询结果如图 11-14 所示。

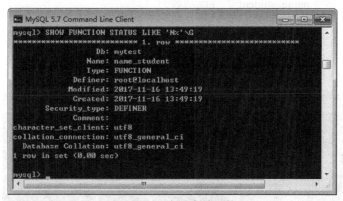

图 11-14　查看存储函数

"SHOW FUNCTION STATUS LIKE 'N%'\G;" 语句获取数据库中所有名称以字母 "N" 开头的存储函数的信息。通过上面的语句可以得出，这个存储函数所在的数据库为 mytest，存储函数的名称为 name_student。

除了使用 SHOW FUNCTION STATUS 以外，在 MySQL 中还可以使用 SHOW CREATE FUNCTION 语句来查看存储函数的状态。

```
SHOW CREATE FUNCTION sp_name
```

这个语句是 MySQL 的一个扩展，类似于 SHOW CREATE TABLE，FUNCTION 表示查看的存储函数。

【例 11-12】SHOW CREATE FUNCTION 语句实例。

SQL 语句如下：

```
SHOW CREATE FUNCTION name_student \G
```

查询结果如图 11-15 所示。

执行上面的语句可以得到存储函数的名称为 name_student，sql_mode 为 SQL 的模式，Create Function 为存储函数的具体定义语句，以及数据库设置的一些信息。

MySQL 中存储函数的信息存储在 information_schema 数据库下的 Routines 表中，用户可以通过查询该表的记录来查询存储函数的信息，其基本语法格式如下：

```
SELECT * FROM information_schema.Routines
```

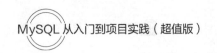

```
    WHERE ROUTINE_NAME=' sp_name ' ;
```

其中，ROUTINE_NAME 字段中存储的是存储函数的名称，sp_name 参数表示存储函数的名称。

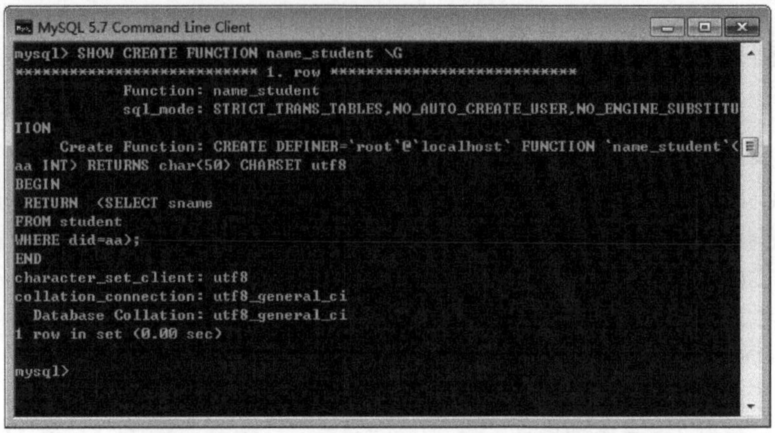

图 11-15　使用 SHOW CREATE FUNCTION 语句

【例 11-13】查询名称为 name_student 的存储函数的信息。

SQL 语句如下：

```
SELECT * FROM information_schema.Routines
WHERE ROUTINE_NAME='name_student' AND ROUTINE_TYPE = 'FUNCTION' \G
```

查询结果如图 11-16 所示。

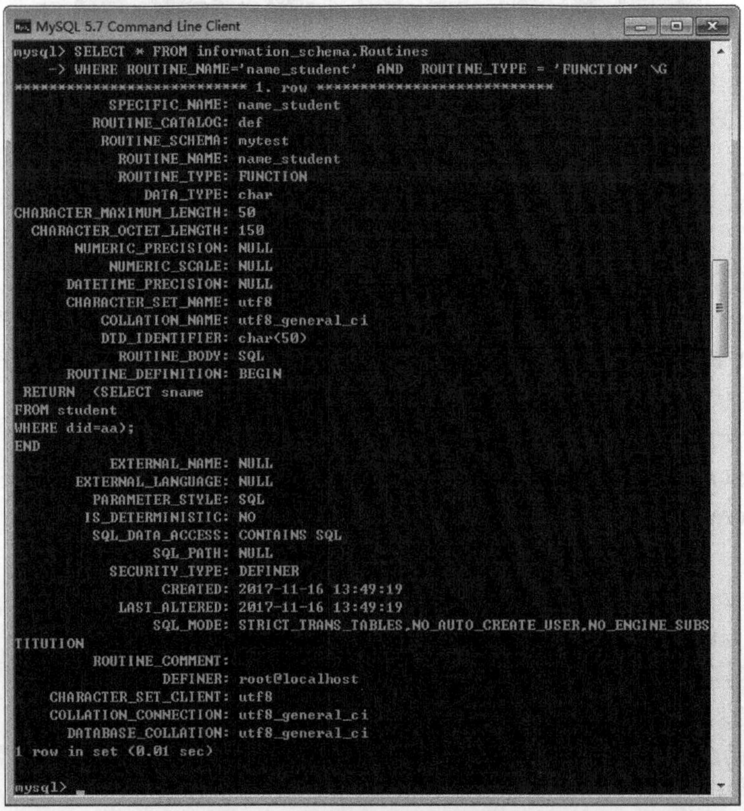

图 11-16　查询存储函数的信息

在 information_schema 数据库下的 Routines 表中存储所有存储过程和函数的定义。在使用 SELECT 语句查询 Routines 表中的存储过程和函数的定义时一定要使用 ROUTINE_NAME 字段指定存储过程或函数的名称，否则将查询出所有的存储过程或函数的定义。如果有存储过程和存储函数名称相同，则需要同时指定 ROUTINE_TYPE 字段表明查询是哪种类型的存储程序。

11.2.4　删除存储函数

删除存储函数可以使用 DROP FUNCTION 语句，其语法结构如下：

```
DROP FUNCTION [IF EXISTS] sp_name
```

这个语句被用来移除一个存储函数，sp_name 为要移除的存储函数的名称。

IF EXISTS 子句是 MySQL 的一个扩展。如果函数不存在，它防止发生错误并产生一个可以用 SHOW WARNINGS 查看的警告。

【例 11-14】删除存储函数。

SQL 语句如下：

```
DROP FUNCTION name_student;
```

该语句的执行结果如图 11-17 所示。

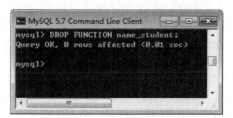

图 11-17　删除存储函数

11.3　深入学习相关知识

前面讲述了存储函数的基本操作，本节深入学习自定义函数的知识。

11.3.1　变量

在存储过程和自定义函数中都可以定义和使用变量。变量的定义使用 DECLARE 关键字，在定义后可以为变量赋值。变量的作用域为 BEGIN…END 程序段中。下面介绍如何定义变量以及如何为变量赋值。

1. 定义变量

在 MySQL 中使用 DECLARE 关键字来定义变量，定义变量的基本语法格式如下：

```
DECLARE var_name[,…] type [DEFAULT value]
```

下面对定义变量的各个部分进行说明。

（1）DECLARE 关键字用来声明变量。

（2）var_name 参数是变量的名称，可以同时定义多个变量。

（3）type 参数用来指定变量的类型。

（4）DEFAULT value 子句为变量提供一个默认值。默认值可以是一个常数，也可以是一个表达式。如果没有给变量指定默认值，初始值为 NULL。

【例 11-15】定义名称为 studentid 的变量，类型为 CHAR，默认值为"一年级"。

SQL 语句如下：

```
declare studentid char(10) default '一年级';
```

2. 变量的赋值

在 MySQL 中使用 SET 语句为变量赋值，语法格式如下：

```
SET var_name = expr [, var_name = expr]…
```

其中的 SET 关键字是用来给变量赋值的，var_name 为变量的名称，expr 是赋值表达式。一个 SET 语句可以同时为多个变量赋值，各个变量的赋值语句之间用逗号隔开。

【例 11-16】声明 3 个变量 v1、v2、v3，其中 v1 和 v2 的数据类型为 INT，v3 的数据类型为 CHAR，使用 SET 语句为 3 个变量赋值。

SQL 语句如下：

```
Declare v1,v2 int;
Declare v3 char(50);
Set v1=66,v2=88,v3='自定义变量';
```

在 MySQL 中还可以使用 SELECT…INTO 语句为变量赋值，其基本语法格式如下：

```
SELECT col_name[,…] INTO var_name[,…]
FROM table_name WEHRE condition
```

上述语句实现将 SELECT 选定的列值直接存储在对应位置的变量中，语句中的 col_name 用来表示查询的字段名称，var_name 为变量的名称，table_name 为查询的表的名称，condition 参数指定查询条件。

【例 11-17】声明一个变量 student_name，将编号为 2 的学生姓名赋给该变量。

SQL 语句如下：

```
Declare student_name char(50);
Select sname into student_name
 From student
Where sid=2;
```

11.3.2　流程控制语句

在存储过程和自定义函数中使用流程控制来控制语句的执行。MySQL 中用来构造控制流程的语句有 IF 语句、CASE 语句、LOOP 语句、LEAVE 语句、ITERATE 语句、REPEAT 语句和 WHILE 语句。本小节将详细讲解这些流程控制语句。

1. IF 语句

IF 语句用来进行条件判断，根据判断结果为 TURE 或 FALSE 执行不同的语句。其语法格式如下：

```
IF search_condition THEN statement_list
[ELSEIF search_condition THEN statement_list]…
[ELSE statement_list]
END IF
```

语法中的 search_condition 参数表示条件判断语句，如果该参数值为 TRUE，执行相应的 SQL 语句，如果 search_condition 为 FALSE，则执行 ELSE 子句中的语句。statement_list 参数表示不同条件的执行语句，可以包含一条或多条语句。

【例 11-18】IF 语句的实例。

SQL 语句如下：

```
IF price>=30 then
   SELECT '价格太高';
Else SELECT '价格适中';
End IF;
```

该例判断 price 的值，如果 price 大于等于 30，输出字符串'价格太高'，否则输出字符串'价格适中'。IF 语句都需要 END IF 来结束。

2. CASE 语句

CASE 语句也用来进行条件判断，可以实现比 IF 语句更为复杂的条件判断。CASE 语句有两种基本格式，第一种基本格式如下：

```
CASE case_value
WHEN when_value THEN statement_list
[WHEN when_value THEN statement_list]…
[ELSE statement_list]
END CASE
```

语法中的 case_value 参数表示条件判断的表达式，该表达式的值决定哪个 WHEN 子句被执行。when_value 参数表示表达式可能的取值，如果某个 when_value 表达式与 case_value 表达式的结果相同，则执行对应的 THEN 关键字后的 statement_list 中的语句。statement_list 参数表示不同 when_value 值的执行语句。

CASE 语句的另一种格式如下：

```
CASE
WHEN search_condition THEN statement_list
[WHEN search_condition THEN statement_list]…
[ELSE statement_list]
END CASE
```

语法中的 search_condition 参数表示条件判断语句，statement_list 参数表示不同条件的执行语句。该语句中的 WHEN 语句将被逐条执行，若 search_condition 判断为真，则执行相应的 THEN 关键字后面的 statement_list 语句。如果没有条件匹配，ELSE 子句后的语句将被执行。

【例 11-19】CASE 语句的实例。

SQL 语句如下：

```
CASE did
WHEN 1001 THEN SELECT '一年级';
WHEN 1002 THEN SELECT '二年级';
WHEN 1003 THEN SELECT '三年级';
END CASE;
```

代码也可以是下面的写法：

```
CASE
WHEN did=1001 THEN SELECT '一年级';
WHEN did=1002 THEN SELECT '二年级';
WHEN did=1003 THEN SELECT '三年级';
END CASE;
```

3. LOOP 语句

LOOP 语句可以重复执行特定的语句，实现简单的循环，但是 LOOP 语句本身并不进行条件判断，没有停止循环的语句，必须使用 LEAVE 语句才能停止循环，跳出循环过程。LOOP 语句的基本格式如下：

```
[begin_label:] LOOP
statement_list
 END LOOP [end_label]
```

语法中的 begin_label 参数和 end_label 参数分别表示循环开始和结束的标志，这两个标志必须相同，而且都可以省略；statement_list 参数表示需要循环执行的语句。

【例 11-20】LOOP 语句的实例。

SQL 语句如下：

```
DECLARE aa int default 0;
Add_sum:loop
   Set aa=aa+1;
End loop add_sum;
```

该例中执行的是 aa 加 1 的操作，循环中没有跳出循环的语句，所以该循环为死循环。

4. LEAVE 语句

LEAVE 语句主要用来跳出任何被标注的流程控制语句，其语法格式如下：

```
LEAVE label
```

语法中的 label 参数表示循环的标志。LEAVE 和循环或 BEGIN…END 语句一起使用。

【例 11-21】LEAVE 语句跳出循环的实例。

SQL 语句如下：

```
DECLARE aa int default 0;
  Add_sum:loop
    Set aa=aa+1;
   IF aa>50 then leave add_sum;
   End if;
End loop add_sum;
```

该例在上例的基础上，在循环体内增加了 LEAVE 语句，在 aa 大于 50 后跳出循环。

5. ITERATE 语句

ITERATE 语句也是用来跳出循环的语句，但 ITERATE 只可以出现在 LOOP、REPEAT 和 WHILE 语句内。ITERATE 语句是跳出本次循环，然后直接进入下一次循环。ITERATE 的意思是"再次循环"。

ITERATE 语句的基本语法格式如下：

```
ITERATE label
```

语法中的 label 参数表示循环的标志。

【例 11-22】ITERATE 语句跳出循环语句的实例。

SQL 语句如下：

```
CREATE PROCEDURE pp (a INT)
BEGIN
    La: LOOP
   SET a =a + 1;
IF a < 10 THEN ITERATE la;
END IF;
   LEAVE la;
   END LOOP la;
    SET @x = a;
END
```

该例中的 a 变量为输入参数，在 LOOP 循环中 a 的值加 1，在 IF 条件语句中进行判断，如果 a 的值小于 10，则使用 ITERATE la 跳出本次循环，又一次从头开始 LOOP 循环，a 的值再次加 1；若 a 大于等于

10，则 ITERATE la 语句不执行，执行下面的 LEAVE la 语句跳出整个循环。

6. REPEAT 语句

REPEAT 语句创建的是带条件判断的循环过程。循环语句每次执行完都会对表达式进行判断，若表达式为真，则结束循环，否则再次重复执行循环中的语句。当条件判断为真时就会跳出循环语句。REPEAT 语句的基本语法格式如下：

```
[begin_label:] REPEAT
statement_list
UNTIL search_condition
END REPEAT [end_label]
```

语法中的 begin_label 和 end_label 为开始标记和结束标记，两者均可以省略。statement_list 参数表示循环的执行语句，search_condition 参数表示结束循环的条件，该条件为真时结束跳出循环，该参数为假时再次执行循环语句。

【例 11-23】REPEAT 语句跳出循环语句的实例。

SQL 语句如下：

```
Declare ss int default 0;
REPEAT
   Set ss=ss+1;
  Until ss>=100;
END REPEAT;
```

该例循环中执行 ss 加 1 的操作，当 ss 的值小于 100 时再次重复 ss 加 1 的操作，当 ss 的值大于等于 100 时条件判断表达式为真，结束循环。

7. WHILE 语句

WHILE 语句也是有条件控制的循环语句，但 WHILE 语句和 REPEAT 语句是不同的。WHILE 语句在执行时先对条件表达式进行判断，若该条件表达式为真，则执行循环内的语句，否则退出循环过程。WHILE 语句的基本语法格式如下：

```
[begin_label:] WHILE search_condition DO
statement_list
END WHILE [end_label]
```

语法中的 begin_label 和 end_label 为开始标记和结束标记，两者均可以省略。search_condition 为条件判断表达式，若该条件判断表达式为真，则执行循环中的语句，否则退出循环。

【例 11-24】WHILE 循环语句的实例。

SQL 语句如下：

```
Declare ss int default 0;
WHILE ss<=100 DO
Set ss=ss+1
END WHILE;
```

该循环执行 ss 加 1 的操作，在进入循环过程前先进行 ss 值的判断，若 ss 值小于等于 100，则进入循环过程，执行循环过程中的语句，否则退出循环过程。

11.3.3　光标的使用

在存储过程或自定义函数中的查询可能会返回多条记录，可以使用光标来逐条读取查询结果集中的记录。光标在很多其他书籍中被称为游标。光标的使用包括光标的声明、打开光标、使用光标和关闭光标。

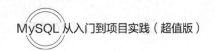
需要注意的是，光标必须在处理程序之前声明，在变量和条件之后声明。

1. 声明光标

在 MySQL 中使用 DECLARE 来声明光标，语法如下：

```
DECLARE cursor_name CURSOR FOR select_statement
```

该语法中 cursor_name 为光标的名称，select_statement 为查询语句，返回一个结果集，声明的光标基于该结果集进行操作。用户可以在子程序中定义多个光标，但是一个块中的每一个光标必须有唯一的名称。

【例 11-25】声明一个名为 cursor_student 的光标。

SQL 语句如下：

```
DECLARE cursor_student CURSOR FOR SELECT sid,sname FROM student
```

该例中的光标名称为 cursor_student，SELECT 语句从 student 表中查询 sid 和 sname 两列的数据。

2. 打开光标

其语法格式如下：

```
OPEN cursor_name
```

该语法中的 cursor_name 为先前声明的光标。

【例 11-26】打开名为 cursor_student 的光标。

SQL 语句如下：

```
OPEN cursor_student;
```

该例打开先前声明的 cursor_student 光标。

3. 使用光标

在 MySQL 中使用 FETCH 语句来操作和使用光标，语法格式如下：

```
FETCH cursor_name INTO var_name [, var_name]…
```

该语法中的 cursor_name 为先前声明并打开的光标名称，var_name 参数表示将光标声明中的 SELECT 语句中的查询信息存储在该参数中，var_name 必须在光标声明前定义好。

【例 11-27】使用名称为 cursor_student 的光标，将查询得到的数据存储在变量 e_no、e_name 中。

SQL 语句如下：

```
FETCH cursor_student INTO e_no,e_name;
```

该例使用 cursor_student，将查询得到的数据存储在变量 e_no、e_name 中。

4. 关闭光标

关闭光标的语法格式如下：

```
CLOSE cursor_name
```

在 MySQL 中使用 CLOSE 关键字来关闭光标，cursor_name 为声明并打开的光标。如果未被明确地关闭，光标在它被声明的复合语句的末尾被关闭。

【例 11-28】关闭 cursor_student 光标。

SQL 语句如下：

```
CLOSE cursor_student;
```

11.3.4 定义条件和处理程序

在程序的运行过程中可能会遇到问题，此时可以通过定义条件和处理程序来事先定义这些问题，并且可以在处理程序中定义在遇到这些问题时应该采用什么样的处理方式，提出解决方法，保证存储过程或自定义函数在遇到警告或错误时能够继续执行，从而增强程序处理问题的能力，避免程序出现异常，被停止执行。在 MySQL 中使用 DECLARE 关键字来定义条件和处理程序。

1. 定义条件

定义条件的语法格式如下：

```
DECLARE condition_name CONDITION FOR condition_value
condition_value:
SQLSTATE [VALUE] sqlstate_value | mysql_error_code
```

语法中的 condition_name 参数为条件的名称，condition_value 参数为条件的类型。

sqlstate_value 和 mysql_error_code 都可以表示 MySQL 的错误。其中，sqlstate_value 为长度为 5 的字符串类型的错误代码，mysql_error_code 为数值类型错误代码。

【例 11-29】定义 ERROR 1110（44000）的错误，名称为 command_not_find。

方法 1：使用 sqlstate_value。

```
DECLARE command_not_find CONDITION FOR sqlstate '44000';
```

方法 2：使用 mysql_error_code。

```
DECLARE command_not_find CONDITION FOR 1110;
```

2. 定义处理程序

其语法格式如下：

```
DECLARE handler_type HANDLER FOR condition_value[,…] sp_statement
```

参数说明：

```
handler_type: CONTINUE | EXIT | UNDO
```

语句中的 handler_type 为错误处理方式，取上述 3 个值中的一个。CONTINUE 表示遇到错误不处理，继续执行；EXIT 表示遇到错误马上退出；UNDO 表示遇到错误后撤销之前的操作。

```
condition_value:
SQLSTATE [VALUE] sqlstate_value
    | condition_name
    | SQLWARNING
    | NOT FOUND
    | SQLEXCEPTION
    | mysql_error_code
```

语法中的 condition_value 表示错误的类型，该参数可以取以下值。

SQLSTATE [VALUE] sqlstate_value：字符串错误值。

condition_name：使用 DECLARE CONDITION 定义的错误条件名称。

SQLWARNING：NOT FOUND 匹配所有以 02 开头的 SQLSTATE 错误代码，SQLEXCEPTION 匹配所有没有被 SQLWARNING 或 NOT FOUND 捕获的 SQLSTATE 错误代码。

【例 11-30】定义处理程序的几种方法。

方法 1：

```
DECLARE CONTINUE HANDLER FOR SQLSTATE '23S00'
SET @x=20;
```

该方法定义捕获 sqlstate_value 值。如果遇到 sqlstate_value 值为 23S00，执行 CONTINUE 操作，并且给变量 x 赋值 20。

方法 2：

```
DECLARE CONTINUE HANDLER FOR 1146
SET @x=20;
```

该方法捕获 mysql_error_code 值。如果 mysql_error_code 值为 1146，执行 CONTINUE 操作，并且给变量 x 赋值 20。

方法 3：

```
DECLARE NO_TABLE CONDITION FOR 1150;
DECLARE CONTINUE HANDLER FOR NO_TABLE
SET @info='NO_TABLE';
```

该方法先定义 NO_TABLE 条件，遇到 1150 错误时执行 CONTINUE 操作，并输出"NO_TABLE"信息。

方法 4：

```
DECLARE EXIT HANDLER FOR SQLWARNING SET @info='ERROR';
```

SQLWARNING 捕获所有以 01 开头的 sqlstate_value 值，然后执行 EXIT 操作，并且输出"ERROR"信息。

方法 5：

```
DECLARE EXIT HANDLER FOR NOT FOUND SET @info='ERROR';
```

NOT FOUND 捕获所有以 02 开头的 sqlstate_value 值，然后执行 EXIT 操作，并且输出"ERROR"信息。

方法 6：

```
DECLARE EXIT HANDLER FOR SQLEXCEPTION SET @info='ERROR';
```

SQLEXCEPTION 捕获所有没有被 SQLWARNING 或 NOT FOUND 捕获的 sqlstate_value 值，然后执行 EXIT 操作，并且输出"ERROR"信息。

11.4　就业面试技巧与解析

11.4.1　面试技巧与解析（一）

面试官：使用存储过程有何好处？

应聘者：存储过程的优点如下。

（1）运行效率高：存储过程在创建时已经对其进行了语法分析及优化工作，并且存储过程一旦执行，在内存中会保留该存储过程，当数据库服务器再次调用该存储过程时可以直接从内存中进行读取，所以执行速度更快。

（2）降低了网络通信量：使用存储过程可以实现客户机只需通过网络向服务器发出存储过程的名字和参数就可以执行许多条 SQL 语句。当存储过程包含上百行 SQL 语句时，该执行性能尤为明显。

（3）业务逻辑可以封装在存储过程中，方便实施企业规则：利用存储过程将企业规则的运算程序存储在数据库服务器中，由 RDBMS 统一来管理，当用户的规则发生变化时可以只修改存储过程，无须修改其他的应用程序，这样不仅容易维护，而且简化了复杂的操作。

11.4.2　面试技巧与解析（二）

　　面试官：存储过程的参数可以使用中文吗？

　　应聘者：在一般情况下可能会出现存储过程中传入中文参数的情况，例如某个存储过程根据用户的名字查找该用户的信息，传入的参数值可能是中文，这需要在定义存储过程的时候在后面加上 character set gbk，否则调用存储过程使用中文参数会出错，比如定义 userInfo 存储过程，SQL 语句如下：

```
CREATE PROCEDURE useInfo(IN u_name VARCHAR(50) character set gbk, OUT u_age INT)
```

11.4.3　面试技巧与解析（三）

　　面试官：存储过程的参数可以使用中文吗？存储过程中的参数有几种？

　　应聘者：存储过程的参数有 3 类，分别是 IN、OUT 和 INOUT，通过 OUT、INOUT 将存储过程的执行结果输出，而且在存储过程中可以有多个 OUT、INOUT 类型的变量，可以输出多个值。

11.4.4　面试技巧与解析（四）

　　面试官：在存储过程体中定义的局部变量和会话变量相同吗？

　　应聘者：在存储过程体中定义的局部变量和会话变量是不同的。在会话变量前面必须要加@符号，且会话变量的作用域是整个会话；存储过程体可以使用 DECLARE 语句来定义局部变量，存储过程的参数也被认作是局部变量，对于局部变量的使用不能在前面加@符号。

第 12 章

使用 MySQL 触发器

◎ 本章教学微视频：6 个　13 分钟

 学习指引

　　MySQL 的触发器和存储过程一样，都是嵌入到 MySQL 中的一段程序。触发器是由事件来触发某个操作，这些事件包括 INSERT、UPDATE 和 DELETE 语句。触发程序是一个功能强大的工具，可以使每个站点在有数据修改时自动强制执行其业务规则。通过触发程序可以使多个不同用户能够在保持数据完整性和一致性的良好环境下进行修改操作。本章通过实例来介绍触发器的含义、如何创建触发器和查看触发器、触发器的使用以及删除触发器。

 重点导读

- 了解触发器的概念。
- 掌握创建触发器的方法。
- 掌握查看触发器的方法。
- 掌握删除触发器的方法。

12.1　触发器的概念

　　触发器（Trigger）是一个特殊的存储过程，不同的是执行存储过程要使用 CALL 语句来调用，而触发器的执行不需要使用 CALL 语句来调用，也不需要手工启动，只要一个预定义的事件发生就会被 MySQL 自动调用。

　　例如，当对一个数据表进行插入、更新或删除等操作时可以激活触发器并执行触发器。触发程序经常用于加强数据的完整性约束和业务规则等。触发程序类似于约束，但比约束更灵活，具有更精细、更强大的数据控制能力。

　　触发程序的优点如下：

　　（1）触发程序的执行是自动的，当对触发程序相关表的数据做出相应的修改后立即执行。

　　（2）触发程序可以通过数据库中相关的表层叠修改另外的表。

（3）触发程序可以实施比 FOREIGN KEY 约束、CHECK 约束更为复杂的检查和操作。

12.2 创建触发器

触发器可以查询其他表，而且可以包含复杂的 SQL 语句。本节将介绍如何创建触发器。

12.2.1 创建单条执行语句触发器

创建一个触发器的语法格式如下：

```
CREATE TRIGGER trigger_name trigger_time trigger_event
ON tbl_name FOR EACH ROW trigger_stmt
```

其中，trigger_name 标识触发器的名称，由用户自行指定；trigger_time 标识触发时机，可以指定为 before 或 after；trigger_event 标识触发事件，包括 INSERT、UPDATE 和 DELETE；tbl_name 标识建立触发器的表名，即在哪张表上建立触发器；trigger_stmt 是触发器程序体。触发器程序可以使用 BEGIN 和 END 作为开始和结束，中间包含多条语句。

【例 12-1】创建一个单条执行语句的触发器。

首先创建数据表 newstudent，表中有两个字段，分别为 id 字段和 name 字段。

```
CREATE TABLE newstudent (id INT, name VARCHAR(50));
```

然后创建一个名为 in_newstu 的触发器，触发的条件是向数据表 newstudent 中插入数据之前对新插入的 id 字段值进行加 1 求和计算。

```
CREATE TRIGGER in_newstu BEFORE INSERT ON newstudent
FOR EACH ROW SET @ss = NEW.id +1;
```

设置变量的初始值为 0：

```
SET @ss =0;
```

插入数据，启动触发器：

```
INSERT INTO newstudent VALUES(1, '李小璐'), (2, '王昆');
```

再次查询变量 ss 的值，结果如图 12-1 所示。

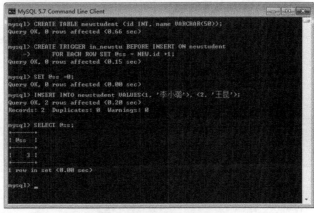

图 12-1　查询变量 ss 的值

从结果可以看出，在插入数据时执行了触发器 in_newstu。

261

【例 12-2】创建一个触发器，当插入的 id 等于 3 时将姓名设置为"童林"。

SQL 语句如下：

```
DELIMITER //

CREATE TRIGGER name_student
BEFORE INSERT
ON newstudent
FOR EACH ROW
BEGIN
IF new.id=3 THEN
set new.name='童林';
END IF;
END //

DELIMITER //
```

执行过程如图 12-2 所示。

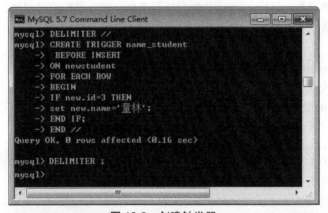

图 12-2　创建触发器

往数据表中插入演示数据，检查触发器是否启动，SQL 语句如下：

```
INSERT INTO newstudent VALUES(3, '童林');
```

查询 newstudent 表中的数据，结果如图 12-3 所示。

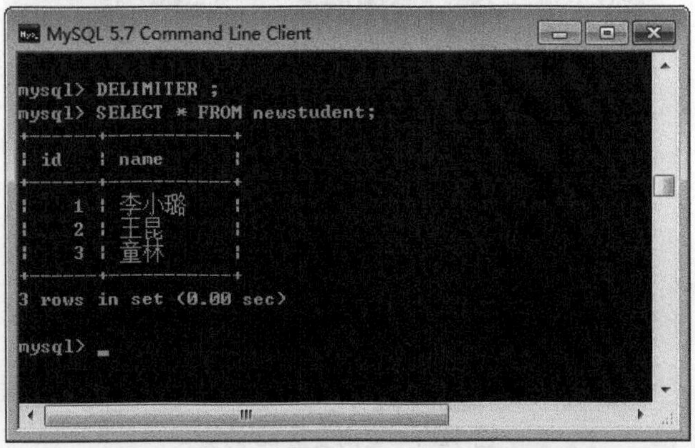

图 12-3　查询 newstudent 表中的数据

可见插入的数据中的 name 字段发生了变化，说明触发器正常执行了。

12.2.2 创建多条执行语句触发器

创建多条执行语句的触发器的语法格式如下：

```
CREATE TRIGGER trigger_name trigger_time trigger_event
ON tbl_name FOR EACH ROW trigger_stmt
```

其中，trigger_name 标识触发器的名称，由用户自行指定；trigger_time 标识触发时机，可以指定为 before 或 after；trigger_event 标识触发事件，包括 INSERT、UPDATE 和 DELETE；tbl_name 标识建立触发器的表名，即在哪张表上建立触发器；trigger_stmt 是触发器程序体。触发器程序可以使用 BEGIN 和 END 作为开始和结束，中间包含多条语句。

【例 12-3】创建一个包含多条执行语句的触发器。

首先创建数据表 test1、test2 和 test3，SQL 语句如下：

```
CREATE TABLE test1(a1 INT);
CREATE TABLE test2(a2 INT);
CREATE TABLE test3(a3 INT);
```

创建触发器，当向 test1 插入数据时将 a1 的值进行加 100 操作，然后将该值插入到 a2 字段中，将 a1 的值进行加 200 操作，然后将该值插入到 a3 字段中。

SQL 语句如下：

```
DELIMITER //

CREATE TRIGGER testmm BEFORE INSERT ON test1
  FOR EACH ROW
BEGIN
    INSERT INTO test2 SET a2 = NEW.a1+100;
    INSERT INTO test3 SET a3 = NEW.a1+200;
  END//

DELIMITER ;
```

执行过程如图 12-4 所示。

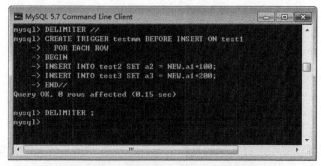

图 12-4 创建多条执行语句的触发器

往数据表 test1 中插入数据：

```
INSERT INTO test1 VALUES(1);
```

查看数据表 test1 中的数据，如图 12-5 所示。
查看数据表 test2 中的数据，如图 12-6 所示。
查看数据表 test3 中的数据，如图 12-7 所示。

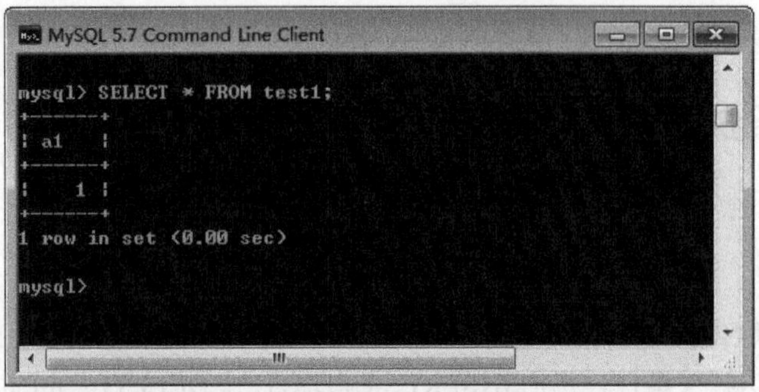

图 12-5　查看数据表 test1 中的数据

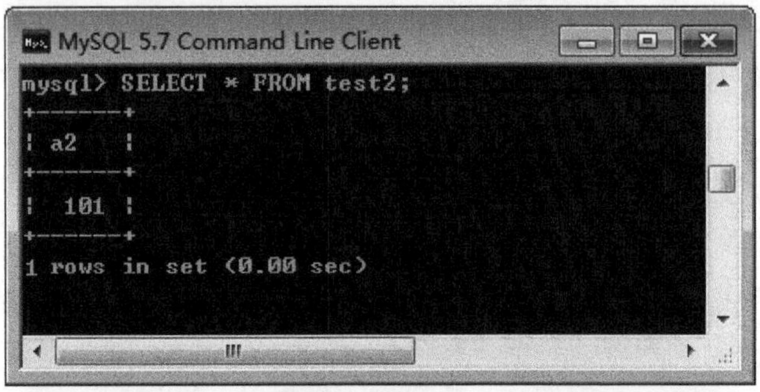

图 12-6　查看数据表 test2 中的数据

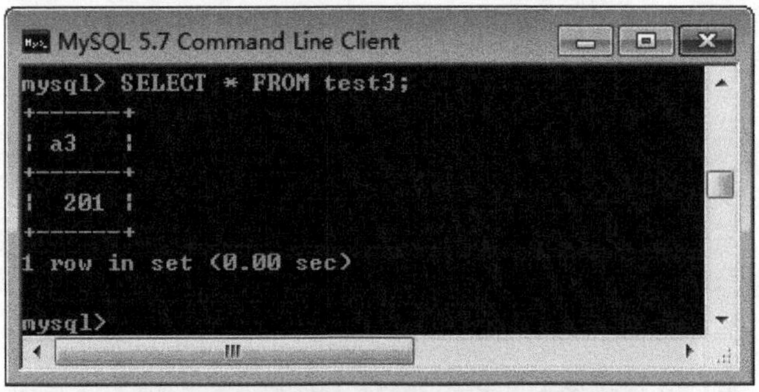

图 12-7　查看数据表 test3 中的数据

执行结果显示，在向 test1 表插入记录的时候 test2 和 test3 表都发生了变化。

12.3　查看触发器

查看触发器是指查看数据库中已存在的触发器的定义、状态和语法信息等，用户可以通过执行语句来查看已经创建的触发器。

12.3.1　通过执行语句查看触发器

通过 SHOW TRIGGERS 查看触发器的语句如下：

```
SHOW TRIGGERS;
```

【例 12-4】通过 SHOW TRIGGERS 查看触发器。

SQL 语句如下：

```
SHOW TRIGGERS;
```

使用 SHOW TRIGGERS 查看触发器，结果如图 12-8 所示。

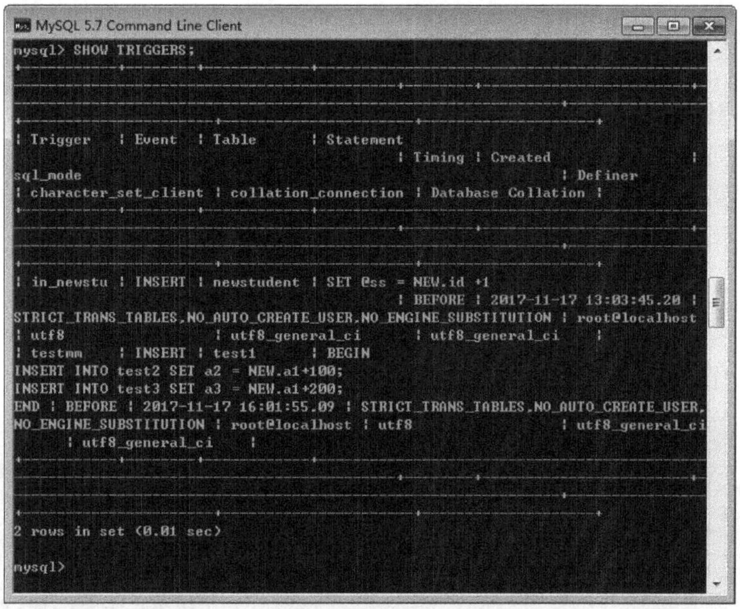

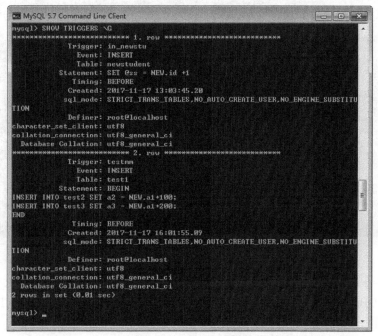

图 12-8　使用 SHOW TRIGGERS 查看触发器

可以看到信息显示比较混乱，如果在 SHOW TRIGGERS 的后面添加上"\G"，显示的信息会比较有条理，执行结果如图 12-9 所示。

图 12-9　优化显示信息

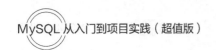

Trigger 表示触发器的名称，在这里两个触发器的名称分别为 in_newstu 和 testmm；Event 表示激活触发器的事件；Table 表示激活触发器的操作对象表；Timing 表示触发器触发的时间；Statement 表示了触发器执行的操作。另外还有一些其他信息，比如 SQL 的模式、触发器的定义账户和字符集等。

12.3.2　通过查看系统表查看触发器

在 MySQL 中所有触发器的定义都存在于 INFORMATION_SCHEMA 数据库的 TRIGGERS 表中，用户可以通过 SELECT 语句来查看，具体的语法格式如下：

```
SELECT * FROM INFORMATION_SCHEMA.TRIGGERS WHERE condition;
```

【例 12-5】通过 SELECT 语句查看触发器。

代码如下：

```
SELECT * FROM INFORMATION_SCHEMA.TRIGGERS
    WHERE TRIGGER_NAME= 'testmm'\G
```

上述代码通过 WHERE 来指定查看特定名称的触发器，查看结果如图 12-10 所示。

```
mysql> SELECT * FROM INFORMATION_SCHEMA.TRIGGERS
    -> WHERE TRIGGER_NAME= 'testmm'\G
*************************** 1. row ***************************
           TRIGGER_CATALOG: def
            TRIGGER_SCHEMA: mytest
              TRIGGER_NAME: testmm
        EVENT_MANIPULATION: INSERT
      EVENT_OBJECT_CATALOG: def
       EVENT_OBJECT_SCHEMA: mytest
        EVENT_OBJECT_TABLE: test1
              ACTION_ORDER: 1
          ACTION_CONDITION: NULL
          ACTION_STATEMENT: BEGIN
INSERT INTO test2 SET a2 = NEW.a1+100;
INSERT INTO test3 SET a3 = NEW.a1+200;
END
        ACTION_ORIENTATION: ROW
            ACTION_TIMING: BEFORE
ACTION_REFERENCE_OLD_TABLE: NULL
ACTION_REFERENCE_NEW_TABLE: NULL
  ACTION_REFERENCE_OLD_ROW: OLD
  ACTION_REFERENCE_NEW_ROW: NEW
                   CREATED: 2017-11-17 16:01:55.09
                  SQL_MODE: STRICT_TRANS_TABLES,NO_AUTO_CREATE_USER,NO_ENGINE_SU
BSTITUTION
                   DEFINER: root@localhost
      CHARACTER_SET_CLIENT: utf8
      COLLATION_CONNECTION: utf8_general_ci
        DATABASE_COLLATION: utf8_general_ci
1 row in set (0.09 sec)

mysql>
```

图 12-10　通过 SELECT 语句查看触发器

在上面的执行结果中，TRIGGER_SCHEMA 表示触发器所在的数据库，TRIGGER_NAME 后面是触发器的名称，EVENT_OBJECT_TABLE 表示在哪个数据表上触发，ACTION_STATEMENT 表示触发器触发的时候执行的具体操作，ACTION_ORIENTATION 是 ROW，表示在每条记录上都触发，ACTION_TIMING 表示了触发的时刻是 BEFORE，其余的是和系统相关的信息。

用户也可以不指定触发器名称，这样将查看所有的触发器，SQL 语句如下：

```
SELECT * FROM INFORMATION_SCHEMA.TRIGGERS \G
```

该语句执行后会显示这个 TRIGGERS 表中所有的触发器信息。

12.4　删除触发器

使用 DROP TRIGGER 语句可以删除 MySQL 中已经定义的触发器，删除触发器的基本语法格式如下：

```
DROP TRIGGER [schema_name.] [IF EXISTS] trigger_name
```

其中，schema_name 表示数据库名称，是可选的，如果省略，将从当前数据库中舍弃触发程序；trigger_name 是要删除的触发器的名称。

使用 IF EXISTS 来阻止不存在的触发程序被删除的错误。如果待删除的触发程序不存在，系统会出现触发程序不存在的提示信息。

【例 12-6】删除一个触发器。

SQL 语句如下：

```
DROP TRIGGER mytest.testmm;
```

在上面语句中 mytest 是触发器所在的数据库，testmm 是一个触发器的名称。语句的执行结果如图 12-11 所示。

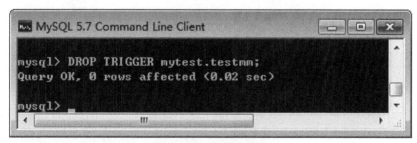

图 12-11　删除触发器

触发器 testmm 删除成功。

12.5　就业面试技巧与解析

12.5.1　面试技巧与解析（一）

面试官：在触发程序中能不能对本表进行更新操作？

应聘者：从前面讲述的案例中，读者会发现触发程序中没有对本表进行插入、修改或删除操作。为了避免触发器无限循环执行，不能对本表进行更新操作。

12.5.2　面试技巧与解析（二）

面试官：在使用触发器时需要注意什么问题？

应聘者：在使用触发器的时候需要注意对相同的表、相同的事件只能创建一个触发器，比如对 student 表创建了一个 BEFORE INSERT 触发器，那么如果对 student 表再次创建一个 BEFORE INSERT 触发器，MySQL 将会报错，此时只可以在 student 表上创建 AFTER INSERT 或者 BEFORE UPDATE 类型的触发器。灵活地运用触发器将为操作省去很多麻烦。

第 3 篇

核心技术

在本篇中将通过案例示范学习 MySQL 数据库的一些核心技术，例如数据库的权限管理与恢复、数据库的复制、MySQL 的日志管理、数据库构建分布式应用、MySQL 查询缓存以及错误代码和消息的使用等。

- 第 13 章　MySQL 数据库的权限管理与恢复
- 第 14 章　MySQL 数据库的复制
- 第 15 章　MySQL 的日志管理
- 第 16 章　利用 MySQL 构建分布式应用
- 第 17 章　MySQL 查询缓存
- 第 18 章　MySQL 错误代码和消息的使用

第13章

MySQL 数据库的权限管理与恢复

◎ 本章教学微视频：18 个　52 分钟

 学习指引

　　MySQL 是一个多用户数据库，具有功能强大的访问控制系统，可以为不同用户指定允许的权限。在前面的章节中默认使用的是 root 用户，该用户是超级管理员，拥有所有权限，包括创建用户、删除用户和修改用户的密码等管理权限。为了实际项目的需要，可以创建拥有不同权限的普通用户。另外，随着企业信息化的不断深入，对信息系统的安全稳定性要求也越来越高。由于发生数据丢失将会造成无法弥补的损失，所以数据库的备份和恢复是信息管理系统中非常重要的内容，备份就是把数据库复制到转储设备的过程。

重点导读

- 了解 MySQL 数据库用户权限表。
- 掌握 MySQL 数据库账户管理的方法。
- 掌握用户权限的管理方法。
- 熟悉备份数据库的原因。
- 掌握数据备份的方法。
- 掌握数据还原的方法。

13.1　MySQL 数据库用户权限表

　　MySQL 服务器通过权限表来控制用户对数据库的访问，权限表存放在 MySQL 数据库里，由 mysql_install_db 脚本初始化。存储账户权限信息表主要有 user、db、host、tables_priv、columns_priv 和 procs_priv。本节将为读者介绍这些表的内容和作用。

13.1.1　user 表

　　user 表是 MySQL 中最重要的一个权限表,记录允许连接到服务器的账号信息,里面的权限是全局级的。例如，一个用户在 user 表中被授予了 DELETE 权限，则该用户可以删除 MySQL 服务器上所有数据库中的任何记录。MySQL 中的 user 表有 42 个字段，这些字段可以分为 4 类，分别是用户列、权限列、安全列和资源控制列。本小节将为读者介绍 user 表中各字段的含义，如表 13-1 所示。

表 13-1　user 表的结构

字　段　名	数　据　类　型	默　认　值
Host	CHAR(60)	
User	CHAR(16)	
Password	CHAR(41)	
Select_priv	ENUM('N','Y')	N
Insert_priv	ENUM('N','Y')	N
Update_priv	ENUM('N','Y')	N
Delete_priv	ENUM('N','Y')	N
Create_priv	ENUM('N','Y')	N
Drop_priv	ENUM('N','Y')	N
Reload_priv	ENUM('N','Y')	N
Shutdown_priv	ENUM('N','Y')	N
Process_priv	ENUM('N','Y')	N
File_priv	ENUM('N','Y')	N
Grant_priv	ENUM('N','Y')	N
References_priv	ENUM('N','Y')	N
Index_priv	ENUM('N','Y')	N
Alter_priv	ENUM('N','Y')	N
Show_db_priv	ENUM('N','Y')	N
Super_priv	ENUM('N','Y')	N
Create_tmp_table_priv	ENUM('N','Y')	N
Lock_tables_priv	ENUM('N','Y')	N
Execute_priv	ENUM('N','Y')	N
Repl_slave_priv	ENUM('N','Y')	N
Repl_client_priv	ENUM('N','Y')	N
Create_view_priv	ENUM('N','Y')	N
Show_view_priv	ENUM('N','Y')	N
Create_routine_priv	ENUM('N','Y')	N

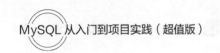

续表

字 段 名	数 据 类 型	默 认 值
Alter_routine_priv	ENUM('N','Y')	N
Create_user_priv	ENUM('N','Y')	N
Event_priv	ENUM('N','Y')	N
Trigger_priv	ENUM('N','Y')	N
Create_tablespace_priv	ENUM('N','Y')	N
ssl_type	ENUM('','ANY','X509','SPECIFIED')	
ssl_cipher	BLOB	NULL
x509_issuer	BLOB	NULL
x509_subject	BLOB	NULL
max_questions	INT(11) unsigned	0
max_updates	INT(11) unsigned	0
max_connections	INT(11) unsigned	0
max_user_connections	INT(11) unsigned	0
plugin	CHAR(64)	
authentication_string	TEXT	NULL

1．用户列

user 表中的用户列包括 Host、User、Password 字段，分别表示主机名、用户名和密码，其中 User 和 Host 为 user 表的联合主键。当用户和服务器之间建立连接时，输入的账户信息中的用户名、主机名和密码必须匹配 user 表中对应的字段，只有 3 个值都匹配的时候才允许连接的建立。这 3 个字段的值就是创建账户时保存的账户信息。在修改用户密码时实际上是修改 user 表中 Password 字段的值。

2．权限列

权限列的字段决定了用户的权限，描述了在全局范围内允许对数据和数据库进行的操作，包括查询权限、修改权限等普通权限，还包括了关闭服务器、超级权限和加载用户等高级权限。普通权限用于操作数据库，高级权限用于数据库管理。

user 表中对应的权限是针对所有用户数据库的。这些字段值的类型为 ENUM，可以取的值只能为 Y 和 N，Y 表示用户有对应的权限，N 表示用户没有对应的权限。查看 user 表的结构可以看到，这些字段的值默认都是 N。如果要修改权限，可以使用 GRANT 语句或 UPDATE 语句更改 user 表中的这些字段来修改用户对应的权限。

3．安全列

安全列只有 6 个字段，其中两个是与 SSL 相关的，两个是与 X509 相关的，另外两个是与授权插件相关的。SSL 用于加密；X509 标准可以用于标识用户；plugin 字段可以用于验证用户身份的插件，如果该字段为空，服务器使用内建授权验证机制验证用户身份。读者可以通过 SHOW VARIABLES LIKE 'have_openssl'语句来查询服务器是否支持 SSL 功能。

4．资源控制列

资源控制列的字段用来限制用户使用的资源，包含以下 4 个字段。

（1）max_questions：用户每小时允许执行的查询操作次数。

（2）max_updates：用户每小时允许执行的更新操作次数。

（3）max_connections：用户每小时允许执行的连接操作次数。

（4）max_user_connections：用户允许同时建立的连接次数。

如果在一个小时内用户查询或者连接的数量超过资源控制限制，用户将被锁定，直到下一个小时才可以在此执行对应的操作，此时可以使用 GRANT 语句更新这些字段的值。

13.1.2　db 表和 host 表

db 表和 host 表是 MySQL 数据中非常重要的权限表。db 表中存储了用户对某个数据库的操作权限，决定用户能从哪个主机存取哪个数据库。host 表中存储了某个主机对数据库的操作权限，配合 db 权限表对给定主机上的数据库级操作权限做更细致的控制。这个权限表不受 GRANT 和 REVOKE 语句的影响。db 表比较常用，host 表一般很少使用。db 表和 host 表的结构相似，字段大致可以分为两类，即用户列和权限列。db 表和 host 表的结构如表 13-2 和表 13-3 所示。

表 13-2　db 表的结构

字　段　名	数　据　类　型	默　认　值
Host	CHAR(60)	
Db	CHAR(64)	
User	CHAR(16)	
Select_priv	ENUM('N','Y')	N
Insert_priv	ENUM('N','Y')	N
Update_priv	ENUM('N','Y')	N
Delete_priv	ENUM('N','Y')	N
Create_priv	ENUM('N','Y')	N
Drop_priv	ENUM('N','Y')	N
Grant_priv	ENUM('N','Y')	N
References_priv	ENUM('N','Y')	N
Index_priv	ENUM('N','Y')	N
Alter_priv	ENUM('N','Y')	N
Create_tmp_table_priv	ENUM('N','Y')	N
Lock_tables_priv	ENUM('N','Y')	N
Create_view_priv	ENUM('N','Y')	N
Show_view_priv	ENUM('N','Y')	N
Create_routine_priv	ENUM('N','Y')	N

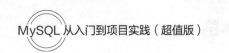

续表

字　段　名	数　据　类　型	默　认　值
Alter_routine_priv	ENUM('N','Y')	N
Execute_priv	ENUM('N','Y')	N
Event_priv	ENUM('N','Y')	N
Trigger_priv	ENUM('N','Y')	N

表 13-3　host 表的结构

字　段　名	数　据　类　型	默　认　值
Host	CHAR(60)	
Db	CHAR(64)	
Select_priv	ENUM('N','Y')	N
Insert_priv	ENUM('N','Y')	N
Update_priv	ENUM('N','Y')	N
Delete_priv	ENUM('N','Y')	N
Create_priv	ENUM('N','Y')	N
Drop_priv	ENUM('N','Y')	N
Grant_priv	ENUM('N','Y')	N
References_priv	ENUM('N','Y')	N
Index_priv	ENUM('N','Y')	N
Alter_priv	ENUM('N','Y')	N
Create_tmp_table_priv	ENUM('N','Y')	N
Lock_tables_priv	ENUM('N','Y')	N
Create_view_priv	ENUM('N','Y')	N
Show_view_priv	ENUM('N','Y')	N
Create_routine_priv	ENUM('N','Y')	N
Alter_routine_priv	ENUM('N','Y')	N
Execute_priv	ENUM('N','Y')	N
Trigger_priv	ENUM('N','Y')	N

1．用户列

db 表的用户列有 3 个字段，分别是 Host、Db、User，表示从某个主机连接的某个用户对某个数据库的操作权限，这 3 个字段的组合构成了 db 表的主键。host 表不存储用户名称，用户列只有两个字段，分别是 Host 和 Db，表示从某个主机连接的用户对某个数据库的操作权限，其主键包括 Host 和 Db 两个字段。host 表很少用到，一般情况下 db 表就可以满足权限控制需求了。

2．权限列

db 表和 host 表的权限列大致相同。

user 表中的权限是针对所有数据库的，如果希望用户只对某个数据库有操作权限，那么需要将 user 表中对应的权限设置为 N，然后在 db 表中设置对应数据库的操作权限。例如有一个名称为 Zhangting 的用户分别从名称为 large.domain.com 和 small.domain.com 的两个主机连接到数据库，并需要操作 books 数据库，这时可以将用户名称 Zhangting 添加到 db 表中，而使 db 表中的 Host 字段值为空，然后将两个主机地址分别作为两条记录的 Host 字段值添加到 host 表中，并将两个表的数据库字段设置为相同的值（books）。当有用户连接到 MySQL 服务器时，若 db 表中没有用户登录的主机名称，则 MySQL 会从 host 表中查找相匹配的值，并根据查询的结果决定用户的操作是否被允许。

13.1.3　tables_priv 表和 columns_priv 表

tables_priv 表用来对表设置操作权限，columns_priv 表用来对表的某一列设置权限。tables_priv 表和 columns_priv 表的结构如表 13-4 和表 13-5 所示。

表 13-4　tables_priv 表的结构

字　段　名	数　据　类　型	默　认　值
Host	CHAR(60)	
Db	CHAR(64)	
User	CHAR(16)	
Table_name	CHAR(64)	
Grantor	CHAR(77)	
Timestamp	TIMESTAMP	CURRENT_TIMESTAMP
Table_priv	SET('Select','Insert','Update','Delete','Create','Drop','Grant','References', 'Index','Alter','Create View','Show view','Tr igger')	
Column_priv	SET('Select','Insert','Update','References')	

表 13-5　columns_priv 表的结构

字　段　名	数　据　类　型	默　认　值
Host	CHAR(60)	
Db	CHAR(64)	
User	CHAR(16)	
Table_name	CHAR(64)	
Column_name	CHAR(64)	
Timestamp	TIMESTAMP	CURRENT_TIMESTAMP
Column_priv	SET('Select','Insert','Update','References')	

tables_priv 表中有 8 个字段，分别是 Host、Db、User、Table_name、Grantor、Timestamp、Table_priv 和 Column_priv，对各个字段的说明如下：

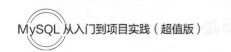

（1）Host、Db、User 和 Table_name 字段分别表示主机名、数据库名、用户名和表名。

（2）Grantor 表示修改该记录的用户。

（3）Timestamp 字段表示修改该记录的时间。

（4）Table_priv 表示对表的操作权限，包括 Select、Insert、Update、Delete、Create、Drop、Grant、References、Index 和 Alter。

（5）Column_priv 字段表示对表中的列的操作权限，包括 Select、Insert、Update 和 References。

columns_priv 表中只有 7 个字段，分别是 Host、Db、User、Table_name、Column_name、Timestamp、Column_priv。Column_name 用来指定对哪些数据列具有操作权限。

13.1.4　procs_priv 表

procs_priv 表可以对存储过程和存储函数设置操作权限，procs_priv 表的结构如表 13-6 所示。

表 13-6　procs_priv 表的结构

字 段 名	数 据 类 型	默 认 值
Host	CHAR(60)	
Db	CHAR(64)	
User	CHAR(16)	
Routine_name	CHAR(64)	
Routine_type	ENUM('FUNCTION','PROCEDURE')	NULL
Grantor	CHAR(77)	
Proc_priv	SET('Execute','Alter Routine','Grant')	
Timestamp	TIMESTAMP	CURRENT_TIMESTAMP

procs_priv 表中包含 8 个字段，分别是 Host、Db、User、Routine_name、Routine_type、Grantor、Proc_priv 和 Timestamp，对各个字段的说明如下：

（1）Host、Db 和 User 字段分别表示主机名、数据库名和用户名。

（2）Routine_name 表示存储过程或函数的名称。

（3）Routine_type 表示存储过程或函数的类型。Routine_type 字段有两个值，分别是 FUNCTION 和 PROCEDURE。FUNCTION 表示这是一个函数，PROCEDURE 表示这是一个存储过程。

（4）Grantor 是插入或修改该记录的用户。

（5）Proc_priv 表示拥有的权限，包括 Execute、Alter Routine、Grant 3 种。

（6）Timestamp 表示记录更新时间。

13.2　MySQL 数据库账户管理

在 MySQL 数据库中通过一些简单的语句即可创建用户、删除用户以及进行密码管理和权限管理等。

13.2.1　登录和退出 MySQL 数据库

读者已经知道登录 MySQL 时使用 mysql 命令并在后面指定登录主机以及用户名和密码。本小节将详细介绍 mysql 命令的常用参数以及登录和退出 MySQL 服务器的方法。

通过 mysql-help 命令可以查看 mysql 命令的帮助信息，mysql 命令的常用参数如下。

（1）-h：主机名，可以使用该参数指定主机名或 ip，如果不指定，默认是 localhost。

（2）-u：用户名，可以使用该参数指定用户名。

（3）-p：密码，可以使用该参数指定登录密码。如果该参数后面有一字段，则该段字符串将作为用户的密码直接登录。如果后面没有内容，则登录的时候会提示输入密码。注意，该参数后面的字符串和-p 之前不能有空格。

（4）-P：端口号，该参数后面接 mysql 服务的端口号，默认为 3306。

（5）数据库名：可以在命令的最后指定数据库名。

（6）-e：执行 SQL 语句。如果指定了该参数，将在登录后执行-e 后面的命令或 SQL 语句并退出。

用户可以使用 mysql --user=monty --password=guess db_name 登录服务器，如果想用较短的选项，命令如下：

```
mysql -u monty-p guess db_name
```

【例 13-1】使用 root 用户登录到本地 MySQL 服务器的 mytest 库中。

命令如下：

```
mysql-u root-h localhost mytest -p
```

在执行命令时会提示 Enter password，如果没有设置密码，可以直接按 Enter 键。如果密码正确就可以直接登录到服务器下的 mytest 数据库中了，如图 13-1 所示。

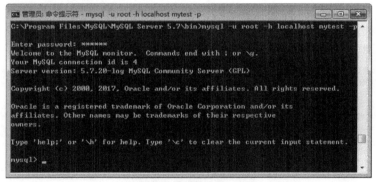

图 13-1　登录 mytest 库

【例 13-2】使用 root 用户登录到本地 MySQL 服务器的 mytest 数据库中，同时执行一条查询语句。

命令如下：

```
mysql-h localhost-u root-p mytest-e "SELECT * FROM student;"
```

命令的执行过程如图 13-2 所示。按照提示输入密码，命令执行完成后查询出 student 表的数据，查询返回之后会自动退出 MySQL。

【例 13-3】使用 root 用户登录到本地 MySQL 服务器中，同时直接将密码添加到 mysql 命令中。

命令如下：

```
mysql -h localhost -u root -p123456
```

命令的执行过程如图 13-3 所示。

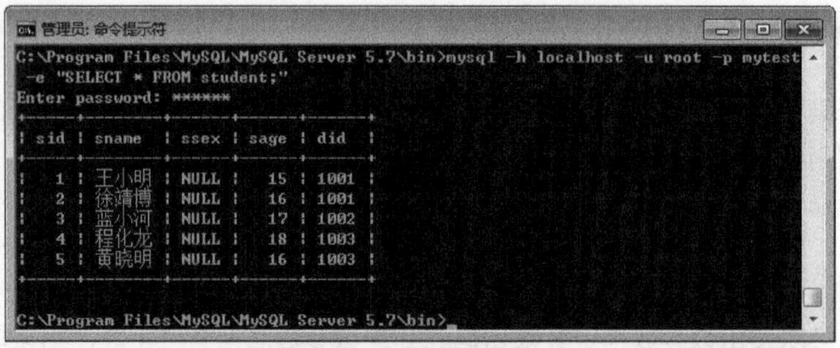

图 13-2　查询数据

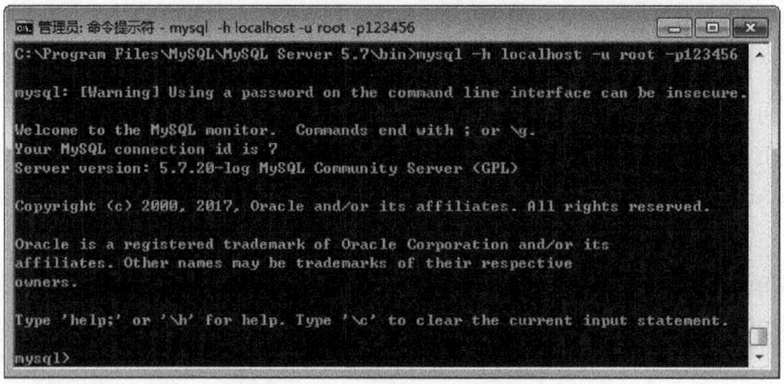

图 13-3　添加密码到数据库

注意：-p 和登录密码之间不能有空格。

【例 13-4】退出 MySQL 服务器。

命令如下：

```
quit;
```

命令的执行过程如图 13-4 所示。

图 13-4　退出数据库服务

13.2.2　创建普通用户账户

在创建普通用户账户前数据库管理员必须具备相应的权限，创建普通用户账户的方法如下。

1. 使用 CREATE USER 语句创建新用户

在执行 CREATE USER 或 GRANT 语句时，服务器会修改相应的用户授权表，添加或者修改用户及其权限。

CREATE USER 语句的基本语法格式如下：

```
CREATE USER user_specification
    [, user_specification]…
```

```
user_specification:
   user@host
   [
      IDENTIFIED BY [PASSWORD] 'password'
    | IDENTIFIED WITH auth_plugin [AS 'auth_string']
   ]
```

各个参数的含义如下：

（1）user 表示创建的用户的名称。

（2）host 表示允许登录的用户主机名称。

（3）IDENTIFIED BY 表示用来设置用户的密码。

（4）[PASSWORD]表示使用哈希值设置密码，该参数可选。

（5）'password'表示用户登录时使用的普通明文密码。

（6）IDENTIFIED WITH 语句用于为用户指定一个身份验证插件。

（7）auth_plugin 是插件的名称，插件的名称可以是一个带单引号的字符串或者带引号的字符串。

（8）auth_string 是可选的字符串参数，该参数将传递给身份验证插件，由该插件解释该参数的意义。

【例 13-5】使用 CREATE USER 语句创建一个用户，用户名是 newuser、密码是 123456、主机名是 localhost。

命令如下：

```
CREATE USER 'newuser'@'localhost' IDENTIFIED BY '123456';
```

执行结果如图 13-5 所示。

图 13-5　添加新用户

如果只指定用户名部分"newuser"，主机名部分则默认为"%"（即对所有的主机开放权限）。

user_specification 告诉 MySQL 服务器当用户登录时怎么验证用户的登录授权，如果指定用户登录不需要密码，可以省略 IDENTIFIED BY 部分：

```
CREATE USER 'newuser'@'localhost';
```

为了避免指定明文密码，如果知道密码的散列值，可以通过 PASSWORD 关键字使用密码的哈希值设置密码。

密码的哈希值可以使用 password()函数获取，例如：

```
SELECT password('123456');
```

执行结果如图 13-6 所示。

图 13-6　获取密码的哈希值

从结果可以看出，123456 的哈希值是*6BB4837EB74329105EE4568DDA7DC67ED2CA2AD9。

【例 13-6】使用 CREATE USER 语句创建一个用户，用户名是 user2、密码是 123456，使用哈希值命名密码，主机名是 localhost。

命令如下：

```
CREATE USER 'user2'@'localhost'
IDENTIFIED BY PASSWORD '*6BB4837EB74329105EE4568DDA7DC67ED2CA2AD9';
```

执行结果如图 13-7 所示。

图 13-7　使用哈希值设置密码

此时，用户 user2 的密码将被设定为 123456。

2. 使用 GRANT 语句创建新用户

使用 CREATE USER 语句创建的新用户没有任何权限，还需要使用 GRANT 语句赋予用户权限，GRANT 语句不仅可以创建新用户，而且可以在创建的同时对用户授权。

使用 GRANT 语句创建新用户时必须有 GRANT 权限。GRANT 语句是添加新用户并授权他们访问 MySQL 对象的首选方法，GRANT 语句的基本语法格式如下：

```
GRANT privileges ON db.table
TO user@host [IDENTIFIED BY 'password'] [, user [IDENTIFIED BY 'password'] ]
[WITH GRANT OPTION];
```

各个参数的含义如下：

（1）privileges 表示赋予用户的权限类型。

（2）db.table 表示用户的权限所作用的数据库中的表。

（3）IDENTIFIED BY 关键字表示用来设置密码。

（4）'password'表示用户密码。

（5）WITH GRANT OPTION 为可选参数，表示对新建立的用户赋予 GRANT 权限，即该用户可以对其他用户赋予权限。

【例 13-7】使用 GRANT 语句创建一个新的用户 user3，密码为 us123456，并授于用户对所有数据表的 SELECT 权限。

GRANT 语句如下：

```
GRANT SELECT ON *.* TO ' user3'@'localhost'
IDENTIFIED BY ' us123456';
```

执行结果如图 13-8 所示。

图 13-8　使用 GRANT 语句赋予权限

结果显示执行成功，使用 SELECT 语句查询用户 user3 的权限：

```
SELECT Host,User,Select_priv FROM mysql.user
     WHERE user='user3';
```

执行结果如图 13-9 所示。

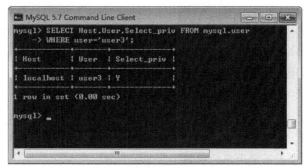

图 13-9　查询用户权限

查询结果显示用户 user3 被成功创建，其 SELECT 权限字段值均为 "Y"。

13.2.3　修改 root 用户账户密码

root 用户的安全对于保证 MySQL 的安全非常重要，因为 root 用户拥有很高的权限。使用 mysqladmin 命令可以在命令行中指定新密码，mysqladmin 命令的基本语法格式如下：

```
mysqladmin -u username -h localhost -p password "newpwd"
```

各个参数的含义如下：

（1）username 为要修改密码的用户名称，在这里指定为 root 用户；参数-h 指需要修改的对应哪个主机的用户的密码，该参数可以不写，默认是 localhost；-p 表示输入当前密码。

（2）password 为关键字，后面双引号内的内容 "newpwd" 为新设置的密码。执行完上面的语句后，root 用户的密码将被修改为 newpwd。

【例 13-8】使用 mysqladmin 将 root 用户的密码修改为 "123456"。

在 Windows 的命令行窗口中执行如下命令：

```
mysqladmin-u root -p password "123456"
```

按照要求输入 root 用户原来的密码，执行完毕后新的密码将被设定，root 用户登录时将使用新的密码。

13.2.4　修改普通用户账户密码

root 用户拥有很高的权限，不仅可以修改自己的密码，还可以修改其他用户的密码。在 root 用户登录 MySQL 服务器后，可以使用 SET 语句和 GRANT 语句修改用户的密码。

1. 使用 SET 语句修改普通用户的密码

使用 SET 语句修改其他用户密码的语法格式如下：

```
SET PASSWORD FOR 'user'@'host' = PASSWORD('somepassword');
```

注意，只有 root 等可以更新 MySQL 数据库的用户，可以更改其他用户的密码。如果使用普通用户连接，省略 FOR 子句更改自己的密码：

```
SET PASSWORD = PASSWORD('somepassword');
```

【例 13-9】使用 SET 语句将 user2 用户的密码修改为 "654321"。

使用 root 用户登录到 MySQL 服务器后执行如下语句：

```
SET PASSWORD FOR 'user2'@'localhost'=PASSWORD("654321");
```

执行结果如图 13-10 所示。

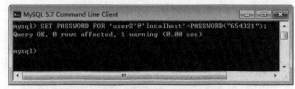

图 13-10　使用 SET 语句修改密码

SET 语句执行成功后 user2 用户的密码被成功设置为 654321。

2. 使用 UPDATE 语句修改普通用户的密码

使用 UPDATE 语句修改 MySQL 数据库的 user 表中的 Password 字段，从而修改普通用户的密码。使用 UPDATA 语句修改用户密码的语法格式如下：

```
UPDATE MySQL.user SET Password=PASSWORD("pwd")
WHERE User="username" AND Host="hostname";
```

PASSWORD()函数用来加密用户密码。在执行 UPDATE 语句后需要执行 FLUSH PRIVILEGES 语句重新加载用户权限。

【例 13-10】使用 UPDATE 语句将 user3 用户的密码修改为 "654321"。

使用 root 用户登录到 MySQL 服务器后执行如下语句：

```
UPDATE MySQL.user SET authentication_string=PASSWORD("654321")
WHERE User="user3" AND Host="localhost";
```

执行结果如图 13-11 所示。

图 13-11　使用 UPDATE 语句修改密码

执行过更新操作后需要使用 FLUSH 命令使修改生效：

```
FLUSH PRIVILEGES;
```

执行结果如图 13-12 所示。

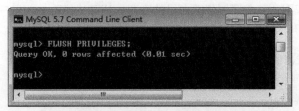

图 13-12　使用 FLUSH 命令使修改生效

执行完 UPDATE 语句后 user3 的密码被修改成了 654321，使用 FLUSH PRIVILEGES 重新加载权限就可以使用新的密码登录 user3 用户了。

3. 使用 GRANT 语句修改普通用户的密码

除了前面介绍的方法以外，还可以在全局级别使用 GRANT USAGE 语句(*.*)指定某个账户的密码且不影响账户当前的权限，使用 GRANT 语句修改密码必须拥有 GRANT 权限。

【例 13-11】使用 GRANT 语句将 user2 用户的密码修改为 "yy123456"。

使用 root 用户登录到 MySQL 服务器后执行如下语句：

```
GRANT USAGE ON *.* TO 'user2'@'%' IDENTIFIED BY 'yy123456';
```

执行结果如图 13-13 所示。

图 13-13　使用 GRANT 语句修改密码

如果使用 GRANT…IDENTIFIED BY 语句或 mysqladmin password 命令设置密码，它们均会加密密码，在这种情况下不需要使用 PASSWORD()函数。

13.2.5　删除用户账户

在 MySQL 数据库中可以使用 DROP USER 语句删除用户，也可以通过使用 DELETE 语句直接从 mysql.user 表中删除对应的记录来删除用户。

1. 使用 DROP USER 语句删除用户

DROP USER 语句的语法格式如下：

```
DROP USER user [, user];
```

DROP USER 语句用于删除一个或多个 MySQL 账户。如果要使用 DROP USER，必须拥有 MySQL 数据库的全局 CREATE USER 权限或 DELETE 权限。使用与 GRANT 或 REVOKE 相同的格式为每个账户命名，例如 "'jeffrey'@'localhost'" 账户名称的用户和主机部分与用户表记录的 User 和 Host 列值相对应。

使用 DROP USER 可以删除一个账户及其权限，语句如下：

```
DROP USER 'user'@'localhost';
DROP USER;
```

第一条语句可以删除 user 在本地登录的权限；第二条语句可以删除来自所有授权表的账户权限记录。

【例 13-12】使用 DROP USER 语句删除账户 "'user2'@'localhost'"。

DROP USER 语句如下：

```
DROP USER 'user2'@'localhost';
```

执行结果如图 13-14 所示。

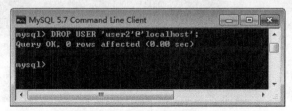

图 13-14　删除账户

283

可以看到语句执行成功，查看执行结果：

```
SELECT host,user, authentication_string FROM mysql.user ;
```

执行结果如图 13-15 所示。

图 13-15　查看删除结果

user 表中已经没有名称为 user2、主机名为 localhost 的账户，即 "'user2'@'localhost'" 的用户账号已经被删除。

2. 使用 DELETE 语句删除用户

DELETE 语句的基本语法格式如下：

```
DELETE FROM MySQL.user WHERE host='hostname' AND user='username'
```

host 和 user 为 user 表中的两个字段，两个字段的组合确定所要删除的账户记录。

【例 13-13】使用 DELETE 语句删除用户'newuser'@'localhost'。

DELETE 语句如下：

```
DELETE FROM mysql.user WHERE host='localhost' and user='newuser';
```

执行结果如图 13-16 所示。

图 13-16　使用 DELETE 语句删除用户

可以看到语句执行成功，'newuser'@'localhost'的用户账号已经被删除。

下面使用 SELECT 语句查询 user 表中的记录，确认删除操作是否成功，查询结果如图 13-17 所示。

图 13-17　查询 user 表中的记录

13.3　用户权限管理

在创建用户之后可以进行权限管理操作，包括授权、查看权限和收回权限等。

13.3.1　对用户进行授权

授权就是为某个用户授予权限，合理的授权可以保证数据库的安全。在 MySQL 中可以使用 GRANT 语句为用户授予权限。

授予的权限可以分为多个层级，例如全局层级、数据库层级、表层级、列层级和程序层级。

1. 全局层级

全局权限适用于一个给定服务器中的所有数据库，这些权限存储在 mysql.user 表中。GRANT ALL ON *.*和 REVOKE ALL ON *.*只授予和撤销全局权限。

2. 数据库层级

数据库权限适用于一个给定数据库中的所有目标，这些权限存储在 mysql.db 和 mysql.host 表中。GRANT ALL ON db_name.和 REVOKE ALL ON db_name.*只授予和撤销数据库权限。

3. 表层级

表权限适用于一个给定表中的所有列，这些权限存储在 mysql.tables_priv 表中。GRANT ALL ON db_name.tbl_name 和 REVOKE ALL ON db_name.tbl_name 只授予和撤销表权限。

4. 列层级

列权限适用于一个给定表中的单一列，这些权限存储在 mysql.columns_priv 表中。当使用 REVOKE 时，用户必须指定与被授权列相同的列。

5. 子程序层级

CREATE ROUTINE、ALTER ROUTINE、EXECUTE 和 GRANT 权限适用于已存储的子程序，这些权限可以被授予全局层级和数据库层级。而且，除了 CREATE ROUTINE 以外，这些权限可以被授予子程序层级，并存储在 mysql.procs_priv 表中。

在 MySQL 中必须是拥有 GRANT 权限的用户才可以执行 GRANT 语句。

如果要使用 GRANT 或 REVOKE，必须拥有 GRANT OPTION 权限，并且必须用于正在授予或撤销的权限。GRANT 的语法格式如下：

```
GRANT priv_type [(columns)] [, priv_type [(columns)]] …
ON [object_type] table1, table2,…, tablen
TO user [IDENTIFIED BY [PASSWORD] 'password']
[, user [IDENTIFIED BY [PASSWORD] 'password']]…
  [WITH GRANT OPTION]

object_type = TABLE | FUNCTION | PROCEDURE

  GRANT OPTION 的取值：
  | MAX_QUERIES_PER_HOUR count
  | MAX_UPDATES_PER_HOUR count
  | MAX_CONNECTIONS_PER_HOUR count
  | MAX_USER_CONNECTIONS count
```

各个参数的含义如下：

（1）priv_type 参数表示权限类型。

（2）columns 参数表示权限作用于哪些列上，如果不指定该参数，表示作用于整个表。

（3）table1,table2,…,tablen 表示授予权限的列所在的表。

（4）object_type 指定授权作用的对象类型，包括 TABLE（表）、FUNCTION（函数）、PROCEDURE（存储过程），当从旧版本的 MySQL 升级时要使用 object_type 子句，必须升级授权表。

（5）user 参数表示用户账户，由用户名和主机名构成，形式为 "'username'@'hostname'"。

（6）IDENTIFIED BY 参数用于设置密码。

WITH 关键字后面可以跟一个或多个 GRANT OPTION。GRANT OPTION 的取值有 4 个，意义如下：

（1）MAX_QUERIES_PER_HOUR count 设置每小时可以执行 count 次查询。

（2）MAX_UPDATES_PER_HOUR count 设置每小时可以执行 count 次更新。

（3）MAX_CONNECTIONS_PER_HOUR count 设置每小时可以建立 count 个连接。

（4）MAX_USER_CONNECTIONS count 设置单个用户可以同时建立 count 个连接。

【例 13-14】使用 GRANT 语句创建一个新的用户 myuser，密码为 "123456"，myuser 用户对所有的数据有查询、插入权限，并授于 GRANT 权限。

GRANT 语句如下：

```
GRANT SELECT,INSERT ON *.* TO 'myuser'@'localhost'
IDENTIFIED BY '123456'
WITH GRANT OPTION;
```

执行结果如图 13-18 所示。

图 13-18　使用 GRANT 语句创建新用户

结果显示执行成功，使用 SELECT 语句查询 myuser 用户的权限：

```
SELECT Host,User,Select_priv,Insert_priv, Grant_priv
FROM mysql.user where user='myuser';
```

执行结果如图 13-19 所示。

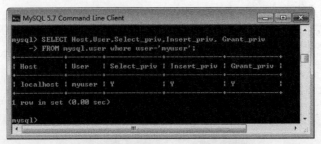

图 13-19　查询 myuser 用户的权限

查询结果显示用户 myuser 被成功创建，并被赋予了 SELECT、INSERT 和 GRANT 权限，其相应字段值均为 Y。

13.3.2　查看用户权限

使用 SHOW GRANTS 语句可以查看指定用户的权限信息，其基本语法格式如下：

```
SHOW GRANTS FOR 'user'@'host' ;
```

各个参数的含义如下：

（1）user 表示登录用户的名称。

（2）host 表示登录的主机名称或者 IP 地址。

在使用该语句时要确保指定的用户名和主机名都要用单引号括起来，并使用 "@" 符号将两个名字分隔开。

【例 13-15】使用 SHOW GRANTS 语句查询 user3 用户的权限信息。

SHOW GRANTS 语句如下：

```
SHOW GRANTS FOR 'user3'@'localhost';
```

执行结果如图 13-20 所示。

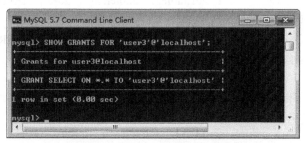

图 13-20　查询 user3 用户的权限信息

返回结果的第 1 行显示了 user3 表中的账户信息，接下来的行以 GRANT SELECT ON 关键字开头，表示用户被授予了 SELECT 权限；*.*表示 SELECT 权限作用于所有数据库的所有数据表。

在前面查看新建的账户时使用了 SELECT 语句，也可以通过 SELECT 语句查看 user 表中的各个权限字段确定用户的权限信息，其基本语法格式如下：

```
SELECT privileges_list FROM mysql.user WHERE User='username', Host='hostname';
```

其中，privileges_list 为想要查看的权限字段，可以为 Select_priv、Insert_priv 等。读者可以根据情况选择需要查询的字段。

【例 13-16】使用 SELECT 语句查询 user3 用户的权限信息。

SELECT 语句如下：

```
SELECT User,Select_priv FROM user where User='user3';
```

查询结果如图 13-21 所示，结果返回为 Y，表示具备查询权限。

图 13-21　使用 SELECT 语句查询用户权限

13.3.3 收回用户权限

收回权限就是取消已经赋予用户的某些权限。在 MySQL 中使用 REVOKE 语句可以收回用户权限。

REVOKE 语句有两种语法格式。第一种是收回所有用户的所有权限，此语法用于取消对于已命名的用户的所有全局层级、数据库层级、表层级和列层级的权限，其语法格式如下：

```
REVOKE ALL PRIVILEGES, GRANT OPTION
FROM 'user'@'host' '[, 'user'@'host'…]
```

REVOKE 语句必须和 FROM 语句一起使用，FROM 语句指明需要收回权限的账户。

另一种为长格式的 REVOKE 语句，基本语法格式如下：

```
REVOKE priv_type [(columns)] [, priv_type [(columns)]]…
ON  table1, table2,…, tablen
FROM 'user'@'host'[, 'user'@' host'…]
```

该语法收回指定的权限。其中，priv_type 参数表示权限类型；columns 参数表示权限作用于哪些列上，如果不指定该参数，表示作用于整个表；table1,table2,…,tablen 表示从哪个表中收回权限；'user'@'host'参数表示用户账户，由用户名和主机名构成。

如果要使用 REVOKE 语句，必须拥有 MySQL 数据库的全局 CREATE USER 权限或 UPDATE 权限。

【例 13-17】使用 REVOKE 语句取消 user3 用户的查询权限。

REVOKE 语句如下：

```
REVOKE SELECT ON *.* FROM ' user3'@'localhost';
```

执行结果如图 13-22 所示。

图 13-22　使用 REVOKE 语句取消查询权限

结果显示执行成功，使用 SELECT 语句查询 user3 用户的权限：

```
SELECT User,Select_priv FROM user where User='user3';
```

执行结果如图 13-23 所示。

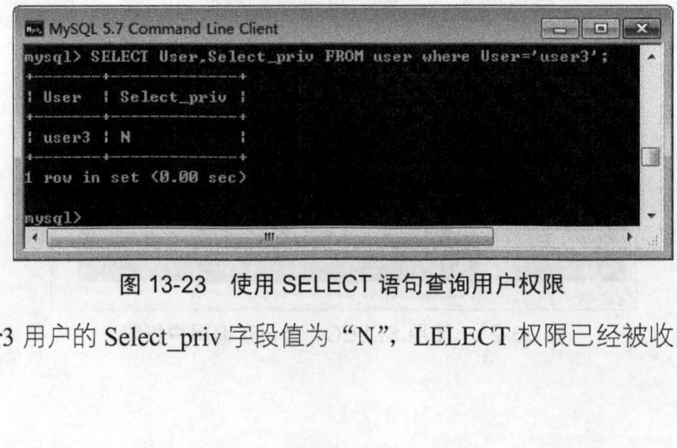

图 13-23　使用 SELECT 语句查询用户权限

查询结果显示 user3 用户的 Select_priv 字段值为"N"，LELECT 权限已经被收回。

13.3.4　重新设置密码

对于 root 用户密码丢失这种特殊情况，MySQL 实现了对应的处理机制，可以通过特殊方法登录到
MySQL 服务器，然后在 root 用户下重新设置密码。执行步骤如下：

1. 使用--skip-grant-tables 选项启动 MySQL 服务

在以--skip-grant-tables 选项启动时，MySQL 服务器将不加载权限判断，任何用户都能访问数据库。在
Windows 操作系统中可以使用 mysqld 或 mysqld-nt 来启动 MySQL 服务进程。如果 MySQL 的目录已经添加
到环境变量中，可以直接使用 mysqld、mysqld-nt 命令启动 MySQL 服务，否则需要先在命令行下切换到
MySQL 的 bin 目录。

mysqld 命令如下：

```
mysqld --skip-grant-tables
```

mysqld-nt 命令如下：

```
mysqld-nt --skip-grant-tables
```

在 Linux 操作系统中使用 mysqld_safe 来启动 MySQL 服务，也可以使用/etc/init.d/mysql 命令来启动
MySQL 服务。

mysqld_safe 命令如下：

```
mysqld_safe --skip-grant-tables user=mysql
```

/etc/init.d/mysql 命令如下：

```
/etc/init.d/mysql start -mysqld --skip-grant-tables
```

启动 MySQL 服务后就可以使用 root 用户登录了。

2. 使用 root 用户登录，重新设置密码

在这里使用的平台为 Windows 7，操作步骤如下。

步骤 1：使用 net stop mysql 命令停止 MySQL 服务进程。

```
C:\Users\Administrator.USER-20171018HY>net stop mysql
MySQL 服务正在停止..
MySQL 服务已成功停止。
```

步骤 2：进入 MySQL 的安装目录，命令如下。

```
cd C:\Program Files\MySQL\MySQL Server 5.7\bin
```

步骤 3：在命令行中输入 mysqld --skip-grant-tables 选项启动 MySQL 服务。

```
mysqld --skip-grant-tables
```

注意，在命令运行之后用户无法输入指令，如果此时在任务管理器中可以看到名称为 mysqld 的进程，
则表示可以使用 root 用户登录 MySQL 了。

步骤 4：打开另外一个命令行窗口，输入不加密码的登录命令。

```
C:\>mysql -u root
Welcome to the MySQL monitor.  Commands end with ; or \g.
Your MySQL connection id is 3
Server version: 5.7.20-log MySQL Community Server (GPL)

Copyright (c) 2000, 2017, Oracle and/or its affiliates. All rights reserved.

Oracle is a registered trademark of Oracle Corporation and/or its
affiliates. Other names may be trademarks of their respective
owners.
```

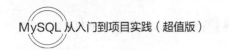

```
Type 'help;' or '\h' for help. Type '\c' to clear the current input statement.
mysql>
```

登录成功以后可以使用 UPDATE 语句或者使用 mysqladmin 命令重新设置 root 密码，设置密码的语句如下：

```
mysql> UPDATE mysql.user SET Password=PASSWORD('newpwd') WHERE User='root' AND Host='localhost';
```

3. 加载权限表

在修改密码完成后必须使用 FLUSH PRIVILEGES 语句加载权限表，只有加载了权限表，新的密码才会生效，同时 MySQL 服务器开始权限验证。输入语句如下：

```
mysql> FLUSH PRIVILEGES;
```

在修改密码完成后将输入 mysqld --skip-grant-tables 命令的命令行窗口关闭，接下来就可以使用新设置的密码登录 MySQL 了。

13.4 为什么要备份数据库

随着服务器海量数据的不断增长，数据的体积变得越来越庞大，同时各种数据的安全性和重要程度也越来越被人们所重视。对数据备份的认同涉及两个主要问题，一是为什么要备份，二是为什么要选择磁带作为备份的介质。首先来认识备份的重要性。

大到自然灾害，小到病毒、电源故障乃至操作员意外操作失误，都会影响系统的正常运行，甚至造成这个系统完全瘫痪。数据备份的任务与意义就在于当灾难发生后通过备份的数据完整、快速、简捷、可靠地恢复原有系统。对于备份，读者必须了解一些典型的误区。

首先，有人认为复制就是备份，其实单纯地复制数据无法使数据留下历史记录，也无法留下系统的 NDS 或者 Registry 等信息。完整的备份包括自动化的数据管理与系统的全面恢复，因此从这个意义上说备份=复制+管理。

其次，以硬件备份代替备份。虽然很多服务器都采取了容错设计，即硬盘备份（双机热备份、磁盘阵列与磁盘镜像等），但这些都不是理想的备份方案。比如双机热备份中，如果两台服务器同时出现故障，那么整个系统便陷入瘫痪状态，因此存在的风险还是相当大的。

此外，只把数据文件作为备份的目标。有人认为备份只是对数据文件的备份，系统文件与应用程序无须进行备份，因为它们可以通过安装盘重新进行安装。事实上，考虑到安装和调试整个系统可能要持续几天，其中花费的投入是十分不必要的，因此最有效的备份方式是对整个 IT 架构进行备份。

数据库备份的意义如下：

（1）提高信息管理系统的风险修复能力，在数据库崩溃的时候能及时找到备份数据。

（2）在 Web 2.0 时代，没有用户数据的应用没有任何意义，数据库的备份是一种防患于未然的强力有效的手段。

（3）使用数据库的备份和还原是数据应急方案中代价花费最小的，是企业数据保护的最优选择。

定制一套合理的备份策略尤为重要，可以让数据库管理员全局掌控数据库的备份与恢复。

以下是数据库管理员可以思考的一些因素：

（1）数据库要定期做备份，备份的周期应当根据应用数据系统可承受的恢复时间而定，而且定期备份的时间应当在系统负载最低的时候进行。对于重要的数据，要保证极端情况下的损失都可以正常恢复。

（2）定期备份后同样需要定期做恢复测试，了解备份的正确、可靠性，确保备份是有意义的、可恢复的。

（3）根据系统需要来确定是否采用增量备份，增量备份只需要备份每天的增量数据，备份花费的时间少，对系统负载的压力也小。其缺点是在恢复的时候需要加载之前所有的备份数据，恢复时间较长。

（4）确保 MySQL 打开了 log-bin 选项，MySQL 在做完整恢复或者基于时间点恢复的时候都需要 BINLOG。

（5）可以考虑异地备份。

13.5　备份数据库

本节介绍 MySQL 中常见的备份数据库的方法。

13.5.1　使用 mysqldump 备份

mysqldump 是 MySQL 提供的一个非常有用的数据库备份工具。在执行 mysqldump 命令时，可以将数据库备份成一个文本文件，该文件中实际上包含了多个 CREATE 和 INSERT 语句，使用这些语句可以重新创建表和插入数据。

mysqldump 语句的基本语法格式如下：

```
mysqldump -u user -h host -p password dbname[tbname, [tbname…]]> filename.sql
```

各个参数的含义如下：

（1）user 表示用户名称。

（2）host 表示登录用户的主机名称。

（3）password 为登录密码。

（4）dbname 为需要备份的数据库名称。

（5）tbname 为 dbname 数据库中需要备份的数据表，可以指定多个需要备份的表。

（6）右箭头符号"＞"告诉 mysqldump 将备份数据表的定义和数据写入到备份文件。

（7）filename.sql 为备份文件的名称。

1．使用 mysqldump 备份单个数据库中的所有表

【例 13-18】使用 mysqldump 命令备份数据库中的所有表。

完成数据的插入后打开操作系统的命令行输入窗口，输入备份命令如下：

```
mysqldump -u root -p mytest > D:/back/mytest_20180101.sql
```

执行过程如图 13-24 所示。

图 13-24　使用 mysqldump 命令备份数据库表

在输入密码之后，MySQL 便对数据库进行了备份。注意，这里将备份后的文件存储在 D 盘下名称为 back 的文件夹中，在执行 mysqldump 备份语句之前要确保 back 文件夹已经存在，否则执行上面的备份语句会出错。

在备份完成之后，在 D 盘的 back 文件夹中可以查看刚才备份过的文件，使用记事本软件打开文件可以看到其部分内容如下：

```
-- MySQL dump 10.13  Distrib 5.7.20, for Win32 (AMD64)
--
-- Host: localhost    Database: mytest
-- ------------------------------------------------------
-- Server version 5.7.20-log

/*!40101 SET @OLD_CHARACTER_SET_CLIENT=@@CHARACTER_SET_CLIENT */;
/*!40101 SET @OLD_CHARACTER_SET_RESULTS=@@CHARACTER_SET_RESULTS */;
/*!40101 SET @OLD_COLLATION_CONNECTION=@@COLLATION_CONNECTION */;
/*!40101 SET NAMES utf8 */;
/*!40103 SET @OLD_TIME_ZONE=@@TIME_ZONE */;
/*!40103 SET TIME_ZONE='+00:00' */;
/*!40014 SET @OLD_UNIQUE_CHECKS=@@UNIQUE_CHECKS, UNIQUE_CHECKS=0 */;
/*!40014 SET @OLD_FOREIGN_KEY_CHECKS=@@FOREIGN_KEY_CHECKS, FOREIGN_KEY_CHECKS=0 */;
/*!40101 SET @OLD_SQL_MODE=@@SQL_MODE, SQL_MODE='NO_AUTO_VALUE_ON_ZERO' */;
/*!40111 SET @OLD_SQL_NOTES=@@SQL_NOTES, SQL_NOTES=0 */;


/*!40101 SET SQL_MODE=@OLD_SQL_MODE */;
/*!40014 SET FOREIGN_KEY_CHECKS=@OLD_FOREIGN_KEY_CHECKS */;
/*!40014 SET UNIQUE_CHECKS=@OLD_UNIQUE_CHECKS */;
/*!40101 SET CHARACTER_SET_CLIENT=@OLD_CHARACTER_SET_CLIENT */;
/*!40101 SET CHARACTER_SET_RESULTS=@OLD_CHARACTER_SET_RESULTS */;
/*!40101 SET COLLATION_CONNECTION=@OLD_COLLATION_CONNECTION */;
/*!40111 SET SQL_NOTES=@OLD_SQL_NOTES */;

-- Dump completed on 2017-11-21 12:59:39
```

可以看到，备份文件中包含了一些信息，文件开头首先表明了备份文件使用的 mysqldump 工具的版本号，然后是备份账户和主机信息，以及备份的数据库的名称，最后是 MySQL 服务器的版本号，这里为 5.7.20。

备份文件中以"--"字符开头的行是注释语句；以"/*!"开头、以"*/"结尾的语句是可执行的 MySQL 注释，这些语句可以被 MySQL 执行，但在其他数据库管理系统中将被作为注释忽略，这可以提高数据库的可移植性。

2. 使用 mysqldump 备份数据库中的某个表

mysqldump 还可以备份数据库中的某个表，其语法格式如下：

```
mysqldump -u user -h host -p dbname [tbname, [tbname…]] > filename.sql
```

tbname 表示数据库中的表名，多个表名之间用空格隔开。

【例 13-19】备份 mytest 数据库中的 student 表。

输入语句如下：

```
mysqldump -u root -p mytest student > D:/back/student_20180101.sql
```

执行过程如图 13-25 所示。

该语句创建名称为 student_20180101.sql 的备份文件，文件中包含了前面介绍的 SET 语句等内容，不同的是该文件只包含 student 表的 CREATE 和 INSERT 语句。

图 13-25　备份单个数据表

使用记事本打开 student_20180101.sql 文件，查看结果如下。

```
-- MySQL dump 10.13  Distrib 5.7.20, for Win32 (AMD64)
--
-- Host: localhost    Database: mytest
-- ------------------------------------------------------
-- Server version 5.7.20-log

/*!40101 SET @OLD_CHARACTER_SET_CLIENT=@@CHARACTER_SET_CLIENT */;
/*!40101 SET @OLD_CHARACTER_SET_RESULTS=@@CHARACTER_SET_RESULTS */;
/*!40101 SET @OLD_COLLATION_CONNECTION=@@COLLATION_CONNECTION */;
/*!40101 SET NAMES utf8 */;
/*!40103 SET @OLD_TIME_ZONE=@@TIME_ZONE */;
/*!40103 SET TIME_ZONE='+00:00' */;

LOCK TABLES 'student' WRITE;
/*!40000 ALTER TABLE 'student' DISABLE KEYS */;
INSERT INTO 'student' VALUES (1,'王小明',NULL,15,1001),(2,'徐靖博',NULL,16,1001),(3,'蓝小河',
NULL,17,1002),(4,'程化龙',NULL,18,1003),(5,'黄晓明',NULL,16,1003);
/*!40101 SET COLLATION_CONNECTION=@OLD_COLLATION_CONNECTION */;
/*!40111 SET SQL_NOTES=@OLD_SQL_NOTES */;

-- Dump completed on 2017-11-21 13:04:32
```

mysqldump 还有一些其他选项可以用来控制备份过程，例如--opt 选项，该选项将打开--quick、--add-locks、--extended-insert 等多个选项，使用--opt 选项可以提供最快速的数据库转储。

下面介绍 mysqldump 的其他常用的选项。

- --add-drop--database：在每个 CREATE DATABASE 语句前添加 DROP DATABASE 语句。
- --add-drop-tables：在每个 CREATE TABLE 语句前添加 DROP TABLE 语句。
- --add-locking：用 LOCK TABLES 和 UNLOCK TABLES 语句引用每个表转储，这样在重载转储文件时插入得更快。
- --all--database、-A：转储所有数据库中的所有表。与使用---database 选项相同，在命令行中命名所有数据库。
- ---comments[=0|1]：如果设置为 0，禁止转储文件中的其他信息，例如程序版本、服务器版本和主机。--skip--comments 与---comments=0 的结果相同。其默认值为 1，即包括额外信息。
- --compact：产生少量输出。该选项禁用注释并启用--skip-add-drop-tables、--no-set-names、--skip-disable-keys 和--skip-add-locking 选项。
- --compatible=name：产生与其他数据库系统或旧的 MySQL 服务器更兼容的输出。其值可以为 ansi、mysql323、mysql40、postgresql、oracle、mssql、db2、maxdb、no_key_options、no_tables_options 或者 no_field_options。
- --complete-insert、-c：使用包括列名的完整的 INSERT 语句。

- ---debug[=debug_options]、-# [debug_options]：写调试日志。
- --delete、-D：在导入文本文件前清空表。
- --default-character-set=charset：使用默认字符集，如果没有指定，mysqldump 使用 utf8。
- --delete-master-logs：在主复制服务器上完成转储操作后删除二进制日志。该选项自动启用 -master-data。
- --extended-insert、-e：使用包括几个 VALUES 列表的多行 INSERT 语法，这样使转储文件更小，在重载文件时可以加速插入。
- --flush-logs、-F：开始转储前刷新 MySQL 服务器日志文件。该选项要求 RELOAD 权限。
- --force、-f：在表转储过程中即使出现 SQL 错误也继续。
- --lock-all-tables、-x：所有数据库中的所有表加锁。在整体转储过程中通过全局读锁定来实现。该选项自动关闭--single-transaction 和--lock-tables。
- --lock-tables、-l：开始转储前锁定所有表。用 READ LOCAL 锁定表以允许并行插入 MyISAM 表。对于事务表（例如 InnoDB 和 BDB），--single-transaction 是一个更好的选项，因为它根本不需要锁定表。
- --no-create-db、-n：该选项禁用 CREATE DATABASE /*!32312 IF NOT EXISTS*/ db_name 语句，如果给出---database 或--all--database 选项，则包含到输出中。
- --no-create-info、-t：不写重新创建每个转储表的 CREATE TABLE 语句。
- --no-data、-d：不写表的任何行信息，只转储表的结构。
- --opt：该选项是速记，等同于指定--add-drop-tables--add-locking、--create-option、--disable-keys--extended-insert、--lock-tables、quick 和--set-charset。它可以给出很快的转储操作，并产生一个可以很快装入 MySQL 服务器的转储文件。该选项默认开启，但可以用--skip-opt 禁用。如果想只禁用使用-opt 启用的选项，使用--skip 形式，例如--skip-add-drop-tables 或--skip-quick。
- --password[=password]、-p[password]：当连接服务器时使用的密码。如果使用短选项形式（-p），选项和密码之间不能有空格。如果在命令行中的--password 或-p 选项后面没有密码值，则提示输入一个密码。
- --port=port_num、-P port_num：用于连接的 TCP/IP 端口号。
- --protocol={TCP | SOCKET | PIPE | MEMORY}：使用的连接协议。
- --replace、-r --replace 和--ignore：控制复制唯一键值已有记录的输入记录的处理。如果指定--replace，新行替换有相同的唯一键值的已有行；如果指定--ignore，复制已有的唯一键值的输入行被跳过。如果不指定这两个选项，当发现一个复制键值时会出现错误，并且忽视文本文件的剩余部分。
- --silent、-s：沉默模式，只有出现错误时才输出。
- --socket=path、-S path：当连接 localhost 时使用的套接字文件（为默认主机）。
- --user=user_name、-u user_name：当连接服务器时 MySQL 使用的用户名。
- --verbose、-v：冗长模式，打印出程序操作的详细信息。
- --version、-V：显示版本信息并退出。
- --xml、-X：产生 XML 输出。

13.5.2　使用 mysqlhotcopy 快速备份

　　mysqlhotcopy 是一个 Perl 脚本，最初由 Tim Bunce 编写并提供。它使用 LOCK TABLES、FLUSH TABLES 和 cp（或 scp）来快速备份数据库。它是备份数据库或单个表的最快的途径，但它只能运行在数据库目录所在的计算机上，并且只可以备份 MyISAM 类型的表。mysqlhotcopy 在 Unix 系统中运行。

mysqlhotcopy 命令的语法格式如下：

```
mysqlhotcopy db_name_1, ... db_name_n  /path/to/new_directory
```

db_name1、…、db_name_n 分别为需要备份的数据库的名称；/path/to/new_directory 指定备份文件目录。

【例 13-20】使用 mysqlhotcopy 备份 mytest 数据库到/usr/backup 目录下。

输入语句如下：

```
mysqlhotcopy -u root -p test /usr /back
```

如果想执行 mysqlhotcopy，必须可以访问备份的表文件具有哪些表的 SELECT 权限、RELOAD 权限（以便能够执行 FLUSH TABLES）和 LOCK TABLES 权限。

注意：mysqlhotcopy 工具不是 MySQL 自带的，需要安装 Perl 的数据库接口包。Perl 的数据库接口包可以在 MySQL 的官方网站下载，网站为 https://dev.mysql.com/downloads/dbi.html。

13.6　数据的还原与恢复

当数据丢失或意外破坏时，可以通过还原已经备份的数据尽量减少数据丢失或破坏造成的损失。本节将介绍数据还原的方法。

13.6.1　使用 mysql 还原

对于已经备份的包含 CREATE、INSERT 语句的文本文件，可以使用 mysql 命令导入到数据库中。下面将介绍使用 mysql 命令导入 SQL 文件的方法。

在备份的 SQL 文件中包含 CREATE、INSERT 语句（有时也会有 DROP 语句）。mysql 命令可以直接执行文件中的这些语句，语法格式如下：

```
mysql -u user -p [dbname] < filename.sql
```

各个参数的含义如下：

（1）user 是执行 backup.sql 中语句的用户名。

（2）-p 表示输入用户密码。

（3）dbname 是数据库名。

（4）如果 filename.sql 文件为 mysqldump 工具创建的包含创建数据库语句的文件，在执行的时候不需要指定数据库名。

【例 13-21】使用 mysql 命令将 D 盘 back 文件夹下 mytest_20180101.sql 文件中的备份导入到数据库中。

输入语句如下：

```
mysql -u root -p mytest < D:/back/mytest_20180101.sql
```

在执行该语句前必须先在 MySQL 服务器中创建 mytest 数据库，如果不存在，恢复过程将会出错，如图 13-26 所示。

图 13-26　创建 mytest 数据库

命令成功执行之后 mytest_20180101.sql 文件中的语句就会在指定的数据库中恢复以前的表。

如果已经登录 MySQL 服务器，还可以使用 source 命令导入 SQL 文件。

source 语句的语法格式如下：

```
source filename
```

【例 13-22】使用 root 用户登录到服务器，然后使用 source 导入本地的备份文件 student_20180101.sql。
输入语句如下：

```
--选择要恢复到的数据库
use mytest;

--使用 source 命令导入备份文件
source D:/back/student_20180101.sql
```

执行过程如图 13-27 所示。

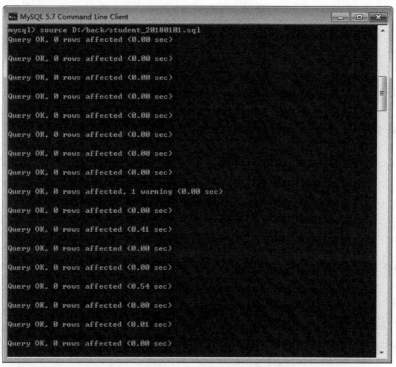

图 13-27　使用 source 命令导入备份数据库

命令执行后会列出备份文件 student_20180101.sql 中每一条语句的执行结果。在 source 命令执行成功
后，student_20180101.sql 中的语句会全部导入到现有数据库中。

13.6.2　使用 mysqlhotcopy 恢复

mysqlhotcopy 备份后的文件也可以用来恢复数据库，在 MySQL 服务器停止运行时将备份的数据库文件
复制到 MySQL 存放数据的位置（MySQL 的 Data 文件夹），重新启动 MySQL 服务即可。如果以根用户执
行该操作，必须指定数据库文件的所有者，输入语句如下：

```
chown -R mysql.mysql /var/lib/mysql/dbname
```

【例 13-23】使用 mysqlhotcopy 复制的备份恢复数据库。

输入语句如下：

```
cp -R /usr/backup/test usr/local/mysql/data
```

执行完该语句，重启服务器，MySQL 将恢复到备份状态。

13.7　就业面试技巧与解析

13.7.1　面试技巧与解析（一）

面试官：备份 MySQL 数据库可以直接复制整个数据库目录吗？

应聘者：因为 MySQL 表保存为文件方式，所以可以直接复制 MySQL 数据库的存储目录及文件进行备份。MySQL 的数据库目录位置不一定相同，在 Windows 平台下 MySQL 5.7 存放数据库的目录通常默认为 "C:\Documents and Settings\All Users\Application Data\MySQL\MySQL Server 5.7\data" 或者其他用户自定义目录；在 Linux 平台下，数据库目录位置通常为 "/var/lib/mysql/"，不同 Linux 版本下目录会有不同，读者应在自己使用的平台下查找该目录。

这是一种简单、快速、有效的备份方式。如果想保持备份的一致性，在备份前需要对相关表执行 LOCK TABLES 操作，然后对表执行 FLUSH TABLES 操作。这样当复制数据库目录中的文件时将允许其他客户继续查询表。在开始备份前需要使用 FLUSH TABLES 语句确保将所有激活的索引页写入硬盘。当然也可以停止 MySQL 服务再进行备份操作。

这种方法虽然简单，但并不是最好的方法，因为这种方法对 InnoDB 存储引擎的表不适用。使用这种方法备份的数据最好还原到相同版本的服务器中，不同的版本可能不兼容。

13.7.2　面试技巧与解析（二）

面试官：不同数据库之间的数据如何迁移？

应聘者：不同类型数据库之间的迁移是指把 MySQL 的数据库转移到其他类型的数据库，例如从 MySQL 迁移到 ORACLE、从 ORACLE 迁移到 MySQL、从 MySQL 迁移到 SQL Server 等。

在迁移之前需要了解不同数据库的架构，比较它们之间的差异。不同数据库中表示定义相同类型的数据的关键字可能会不同，例如 MySQL 中的日期字段分为 DATE 和 TIME 两种，而 ORACLE 中的日期字段只有 DATE 一种。另外，数据库厂商并没有完全按照 SQL 标准来设计数据库系统，导致不同的数据库系统的 SQL 语句有所差别。例如 MySQL 几乎完全支持标准的 SQL 语言，而 Microsoft SQL Server 使用的是 T-SQL 语言，T-SQL 中有些非标准的 SQL 语句，因此在迁移时必须对这些语句进行语句映射处理。

数据库迁移可以使用一些工具，例如在 Windows 系统下可以使用 MyODBC 实现 MySQL 和 SQL Server 之间的迁移，使用 MySQL 官方提供的工具 MySQL Migration Toolkit 也可以在不同数据库间进行数据的迁移。

第 14 章

MySQL 数据库的复制

◎ 本章教学微视频：7 个　14 分钟

 学习指引

MySQL 复制是 MySQL 中一个非常重要的功能，主要用于主服务器和从服务器之间的数据复制操作。数据库的复制技术是提高数据库系统并发性、安全性和容错性的重要技术，是构建大型、高性能应用程序的基础。通过复制可以将数据存储在一个分布式的网络环境中，由多个数据库系统来提供数据访问服务，可以提高数据库的响应速度和并发能力。

 重点导读

- 了解 MySQL 复制的原理。
- 熟悉 MySQL 复制的用途。
- 掌握配置复制的主从机器的方法。
- 了解 MySQL 复制的基本模式。
- 掌握管理和维护复制的方法。

14.1　了解 MySQL 复制

本节学习数据的复制原理以及复制数据库的作用。

14.1.1　复制的原理

MySQL 从 3.25.15 版本开始提供数据库复制（replication）功能。MySQL 复制是指从一个 MySQL 主服务器（Master）将数据复制到另一台或多台 MySQL 从服务器（Slaves）的过程，将主数据库的 DDL 和 DML 操作通过二进制日志传到复制服务器上，然后在从服务器上对这些日志重新执行，从而使主从服务器的数据保持同步。

在 MySQL 中复制操作是异步进行的，Slaves 服务器不需要持续地保持连接接收 Master 服务器的数据。

MySQL 支持一台主服务器同时向多台从服务器进行复制操作，从服务器同时可以作为其他从服务器的主服务器，如果 MySQL 主服务器的访问量比较大，可以复制数据，然后在从服务器上进行查询操作，从而降低主服务器的访问压力，同时从服务器作为主服务器的备份，可以避免主服务器因为故障丢失数据的问题。

MySQL 数据库复制操作大致可以分为以下 3 个步骤：

（1）主服务器将数据的改变记录到二进制日志（binary log）中。

（2）从服务器将主服务器的 binary log events 复制到它的中继日志（relay log）中。

（3）从服务器重做中继日志中的事件，将数据的改变与从服务器保持同步。

首先主服务器会记录二进制日志，在每个事务更新数据之前，主服务器将这些操作的信息记录在二进制日志里面，在事件写入二进制日志后，主服务器通知存储引擎提交事务。

Slave 上面的 I/O 进程连接上 Master，并发出日志请求，Master 接收到来自 Slave 的 I/O 进程的请求后，通过负责复制的 I/O 进程根据请求信息读取制定日志指定位置之后的日志信息，返回给 Slave 的 I/O 进程。返回信息中除了日志所包含的信息之外，还包括本次返回的信息已经到 Master 端的 bin-log 文件的名称以及 bin-log 的位置。

Slave 的 I/O 进程接收到信息后，将接收到的日志内容依次添加到 Slave 端的 relay-log 文件的最末端，并将读取到 Master 端的 bin-log 的文件名和位置记录到 master-info 文件中。

Slave 的 SQL 进程检测到 relay-log 中新增加了内容后，会马上解析 relay-log 的内容成为在 Master 端真实执行时候的那些可执行的内容，并在自身执行。

MySQL 复制环境 90%以上都是一个 Master 带一个或者多个 Slave 的架构模式。如果 Master 和 Slave 的压力不是太大，异步复制的延时一般都很少，尤其是 Slave 端的复制方式改成两个进程处理之后更是减小了 Slave 端的延时。

14.1.2　复制的用途

MySQL 是目前世界上使用最广泛的免费数据库，相信很多从事相关工作的工程师都接触过。在实际的生产环境中，无论是安全性、高并发性以及高可用性等方面，由单台 MySQL 作为独立的数据库是完全不能满足实际需求的，因此一般需要通过主从复制（Master-Slave）的方式来同步数据，再通过读写分离（MySQL-Proxy）来提升数据库的并发负载能力，或者是用来作为主备机的设计，保证当主机 crash 之后在很短的时间内就可以将应用切换到备机上继续运行。

通过复制可以带来以下几个方面的优势：

（1）数据库集群系统具有多个数据库节点，在单个或多个节点出现故障的情况下，其他正常节点可以继续提供服务。

（2）如果主服务器上出现了问题，可以切换到从服务器上。

（3）通过复制可以在从服务器上执行查询操作，降低主服务器的访问压力，实现数据分布和负载平衡。

（4）可以在从服务器上进行备份，以避免备份期间影响主服务器的服务。

14.2　配置复制环境

本节通过案例来学习 MySQL 如何配置主从复制的功能。

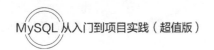

14.2.1　配置复制的主从机器

在 Windows 环境下，如果想实现主从复制功能，需要准备操作环境。选择配置的负责机器如下。

（1）主服务器：Master，IP 地址为 192.168.1.100，操作系统为 Windows 7，MySQL 版本为 mysql-installer-community-5.7.20.msi。

（2）从服务器：Slave，IP 地址为 192.168.1.108，操作系统为 Windows 7，MySQL 版本为 mysql-installer-community-5.7.20.msi。

14.2.2　在 Windows 环境下实现主从复制

准备好两台安装 MySQL 5.7 的计算机，之后即可实现两台 MySQL 服务器的主从复制备份操作。

在 Windows 操作系统下安装好两台主机的 MySQL 服务器，配置好两台主机的 IP 地址，实现两台计算机可以网络连通。

配置 Master 的相关配置信息，在 Master 主机上开启 binlog 日志，首先查看 datadir 的具体路径。

```
mysql> show variables like '%datadir%';
+---------------+--------------------------------------------+
| Variable_name | Value                                      |
+---------------+--------------------------------------------+
| datadir       | C:\ProgramData\MySQL\MySQL Server 5.7\Data\|
+---------------+--------------------------------------------+
1 row in set (0.00 sec)
```

此时需要打开"C:\ProgramData\MySQL\MySQL Server 5.7\Data\MySQL\MySQL Server 5.7"下面的配置文件 my.ini，添加如下代码，开启 binlog 功能。

```
[mysqld]
log_bin="D:/MySQLlog/binlog"
expire_logs_days = 10
max_binlog_size = 100M
```

此时需要在 D 盘中创建 MySQLlog 文件夹，binlog 日志记录在该文件夹里面，该配置中其他参数的含义如下。

（1）expire_logs_days：表示二进制日志文件删除的天数。

（2）max_binlog_size：表示二进制日志文件最大的大小。

在登录 MySQL 之后，可以执行 show variables like '%log_bin%'语句来测试 log_bin 是否成功开启，语句的执行如下：

```
mysql> show variables like '%log_bin%';
+---------------------------------+----------------------------+
| Variable_name                   | Value                      |
+---------------------------------+----------------------------+
| log_bin                         | ON                         |
| log_bin_basename                | D:\MySQLlog\binlog         |
| log_bin_index                   | D:\MySQLlog\binlog.index   |
| log_bin_trust_function_creators | OFF                        |
| log_bin_use_v1_row_events       | OFF                        |
| sql_log_bin                     | ON                         |
+---------------------------------+----------------------------+
6 rows in set (0.00 sec)
```

如果 log_bin 参数的值为 ON，那么表示二进制日志文件已经成功开启；如果为 OFF，那么表示二进制日志文件开启失败。

在 Master 上配置复制所需要的账户，这里创建一个名为 repl 的用户，%表示任何远程地址的 repl 用户都可以连接 Master 主机，语句的执行如下：

```
mysql> grant replication slave on *.* to repl@'%' identified by '123';
Query OK, 0 rows affected (0.06 sec)

mysql> flush privileges;
Query OK, 0 rows affected (0.09 sec)
```

在 my.ini 配置文件中配置 Master 主机的相关信息。

```
[mysqld]
log_bin="D:/MySQLlog/binlog"
expire_logs_days = 10
max_binlog_size = 100M

server-id = 1
binlog-do-db = test
binlog-ignore-db = mysql
```

这些配置语句的含义如下。

（1）server-id：表示服务器标识 id 号，Master 和 Slave 主机的 server-id 不能一样。

（2）binlog-do-db：表示需要复制的数据库，这里以 test 数据库为例。

（3）binlog-ignore-db：表示不需要复制的数据库。

重启 Master 主机的 MySQL5.7 服务，然后输入 show master status 查询 Master 主机的信息。

```
mysql> show master status \G;
*************************** 1. row ***************************
             File: binlog.000003
         Position: 120
     Binlog_Do_DB: test
 Binlog_Ignore_DB: mysql
Executed_Gtid_Set:
1 row in set (0.00 sec)
```

将 Master 主机的数据备份出来，然后导入到 Slave 主机中，具体执行语句如下：

```
C:\Program Files\MySQL\MySQL Server 5.7\bin>mysqldump -u root -p -h localhost test >c:\a.txt
Enter password:
```

将盘中的 a.txt 复制到 Slave 主机中，然后执行以下操作：

```
C:\Program Files\MySQL\MySQL Server 5.7\bin>mysqldump -uroot -proot -hlocalhost
test <c:\a.txt
Warning: Using a password on the command line interface can be insecure.
-- MySQL dump 10.13  Distrib 5.7.20, for Win32 (x86)
--
-- Host: localhost    Database: test
-- ------------------------------------------------------
-- Server version       5.7.20-log

/*!40101 SET @OLD_CHARACTER_SET_CLIENT=@@CHARACTER_SET_CLIENT */;
/*!40101 SET @OLD_CHARACTER_SET_RESULTS=@@CHARACTER_SET_RESULTS */;
/*!40101 SET @OLD_COLLATION_CONNECTION=@@COLLATION_CONNECTION */;
/*!40101 SET NAMES utf8 */;
/*!40103 SET @OLD_TIME_ZONE=@@TIME_ZONE */;
/*!40103 SET TIME_ZONE='+00:00' */;
```

301

```
/*!40014 SET @OLD_UNIQUE_CHECKS=@@UNIQUE_CHECKS, UNIQUE_CHECKS=0 */;
/*!40014 SET @OLD_FOREIGN_KEY_CHECKS=@@FOREIGN_KEY_CHECKS, FOREIGN_KEY_CHECKS=0
*/;
/*!40101 SET @OLD_SQL_MODE=@@SQL_MODE, SQL_MODE='NO_AUTO_VALUE_ON_ZERO' */;
/*!40111 SET @OLD_SQL_NOTES=@@SQL_NOTES, SQL_NOTES=0 */;
/*!40103 SET TIME_ZONE=@OLD_TIME_ZONE */;

/*!40101 SET SQL_MODE=@OLD_SQL_MODE */;
/*!40014 SET FOREIGN_KEY_CHECKS=@OLD_FOREIGN_KEY_CHECKS */;
/*!40014 SET UNIQUE_CHECKS=@OLD_UNIQUE_CHECKS */;
/*!40101 SET CHARACTER_SET_CLIENT=@OLD_CHARACTER_SET_CLIENT */;
/*!40101 SET CHARACTER_SET_RESULTS=@OLD_CHARACTER_SET_RESULTS */;
/*!40101 SET COLLATION_CONNECTION=@OLD_COLLATION_CONNECTION */;
/*!40111 SET SQL_NOTES=@OLD_SQL_NOTES */;

-- Dump completed on 2017-12-03 17:25:17
```

配置 Slave 主机（192.168.1.108）在 "C:\ProgramData\MySQL\MySQL Server 5.7\Data\MySQL\MySQL Server 5.7" 下面的配置文件 my.ini，具体配置信息如下：

```
[mysql]
default-character-set=utf8
log_bin="D:/MySQLlog/binlog"
expire_logs_days=10
max_binlog_size = 100M

[mysqld]
server-id = 2
```

注意，在配置 Slave 主机中的 my.ini 文件的时候需要将 server-id = 2 写到[mysqld]后面，另外，如果配置文件中还有 log_bin 的配置，可以将它注释掉。

```
# Binary Logging.
# log-bin
# log_bin = "D:/MySQLlog/mysql-bin.log"
```

重启 Slave 主机（192.168.1.108），在 Slave 主机（192.168.1.108）的 MySQL 中执行如下命令，关闭 Slave 服务。

```
mysql> stop slave;
Query OK, 0 rows affected (0.05 sec)
```

设置 Slave 从机实现复制的相关信息，命令的执行如下：

```
mysql> change master to
    -> master_host='192.168.1.100',
    -> master_user='repl',
    -> master_password='123',
    -> master_log_file='binglog.000003',
    -> master_log_pos=120;
Query OK, 0 rows affected, 2 warnings (0.34 sec)
```

各个参数代表的具体含义如下。

（1）master_host：表示实现复制的主机的 IP 地址。

（2）master_user：表示实现复制的登录远程主机的用户。

（3）master_password：表示实现复制的登录远程主机的密码。

（4）master_log_file：表示实现复制的 binlog 日志文件。

（5）master_log_pos：表示实现复制的 binlog 日志文件的偏移量。

继续执行操作，显示 Slave 从机的状况，如下所示。

```
mysql> start slave;
```

```
Query OK, 0 rows affected (0.11 sec)

mysql> show slave status \G;
*************************** 1. row ***************************
               Slave_IO_State:
                  Master_Host: 192.168.1.100
                  Master_User: repl
                  Master_Port: 3306
                Connect_Retry: 60
              Master_Log_File: binglog.000003
          Read_Master_Log_Pos: 120
               Relay_Log_File: 2011-20120220JX-relay-bin.000001
                Relay_Log_Pos: 4
        Relay_Master_Log_File: binglog.000003
             Slave_IO_Running: No
            Slave_SQL_Running: Yes
              Replicate_Do_DB:
          Replicate_Ignore_DB:
           Replicate_Do_Table:
       Replicate_Ignore_Table:
      Replicate_Wild_Do_Table:
  Replicate_Wild_Ignore_Table:
                   Last_Errno: 0
                   Last_Error:
                 Skip_Counter: 0
          Exec_Master_Log_Pos: 120
              Relay_Log_Space: 120
              Until_Condition: None
               Until_Log_File:
                Until_Log_Pos: 0
            Master_SSL_Allowed: No
            Master_SSL_CA_File:
            Master_SSL_CA_Path:
               Master_SSL_Cert:
             Master_SSL_Cipher:
                Master_SSL_Key:
         Seconds_Behind_Master: NULL
 Master_SSL_Verify_Server_Cert: No
                 Last_IO_Errno: 1236
                 Last_IO_Error: Got fatal error 1236 from master when reading data
   from binary log: 'Could not find first log file name in binary log index file'

                Last_SQL_Errno: 0
                Last_SQL_Error:
   Replicate_Ignore_Server_Ids:
              Master_Server_Id: 1
                   Master_UUID: a6bd1fa8-8d6b-11e2-97b4-001f3ca9bc3a
              Master_Info_File: C:\ProgramData\MySQL\MySQL Server 5.7\Data\MySQL\MySQL Server
5.7\data\master.info
                     SQL_Delay: 0
           SQL_Remaining_Delay: NULL
       Slave_SQL_Running_State: Slave has read all relay log; waiting for the slave I/O thread to
update it
            Master_Retry_Count: 86400
                   Master_Bind:
       Last_IO_Error_Timestamp: 171203 17:53:15
      Last_SQL_Error_Timestamp:
                 Master_SSL_Crl:
             Master_SSL_Crlpath:
             Retrieved_Gtid_Set:
```

```
           Executed_Gtid_Set:
              Auto_Position: 0
1 row in set (0.00 sec)
```

在上述执行 show slave status \G 命令时很显然存在一些问题，问题如下。

```
Last_IO_Error: Got fatal error 1236 from master when reading dat
a from binary log: 'Could not find first log file name in binary log index file'
```

下面是解决该问题的方法，具体操作步骤如下。

重启 Master（192.168.1.100）主机，执行 show master status \G 命令，记下 File 和 Position 的值，后面 Slave 主机会用到。命令的执行如下：

```
mysql> show master status \G;
*************************** 1. row ***************************
            File: binlog.000004
        Position: 120
    Binlog_Do_DB: test
 Binlog_Ignore_DB: mysql
Executed_Gtid_Set:
1 row in set (0.00 sec)
```

在 Slave（192.168.1.108）主机上重新设置信息，命令的执行如下：

```
mysql> stop slave;
Query OK, 0 rows affected (0.01 sec)

mysql> change master to
    -> master_log_file='binlog.000004',
    -> master_log_pos = 120;
Query OK, 0 rows affected (0.16 sec)

mysql> start slave;
Query OK, 0 rows affected (0.05 sec)

mysql> show slave status\G;
*************************** 1. row ***************************
            Slave_IO_State: Waiting for master to send event
               Master_Host: 192.168.1.100
               Master_User: repl
               Master_Port: 3306
             Connect_Retry: 60
           Master_Log_File: binlog.000004
       Read_Master_Log_Pos: 120
            Relay_Log_File: 2011-20120220JX-relay-bin.000002
             Relay_Log_Pos: 280
     Relay_Master_Log_File: binlog.000004
          Slave_IO_Running: Yes
         Slave_SQL_Running: Yes
           Replicate_Do_DB:
       Replicate_Ignore_DB:
        Replicate_Do_Table:
    Replicate_Ignore_Table:
   Replicate_Wild_Do_Table:
Replicate_Wild_Ignore_Table:
                Last_Errno: 0
                Last_Error:
              Skip_Counter: 0
       Exec_Master_Log_Pos: 120
           Relay_Log_Space: 463
           Until_Condition: None
            Until_Log_File:
             Until_Log_Pos: 0
```

```
            Master_SSL_Allowed: No
            Master_SSL_CA_File:
            Master_SSL_CA_Path:
               Master_SSL_Cert:
             Master_SSL_Cipher:
                Master_SSL_Key:
         Seconds_Behind_Master: 0
Master_SSL_Verify_Server_Cert: No
                 Last_IO_Errno: 0
                 Last_IO_Error:
                Last_SQL_Errno: 0
                Last_SQL_Error:
    Replicate_Ignore_Server_Ids:
              Master_Server_Id: 1
                   Master_UUID: a6bd1fa8-8d6b-11e2-97b4-001f3ca9bc3a
              Master_Info_File: C:\ProgramData\MySQL\MySQL  Server  5.7\Data\MySQL\MySQL  Server
5.7\data\master.info
                     SQL_Delay: 0
           SQL_Remaining_Delay: NULL
       Slave_SQL_Running_State: Slave has read all relay log; waiting for the slave I/O thread to
update it
            Master_Retry_Count: 86400
                   Master_Bind:
       Last_IO_Error_Timestamp:
      Last_SQL_Error_Timestamp:
                Master_SSL_Crl:
            Master_SSL_Crlpath:
            Retrieved_Gtid_Set:
             Executed_Gtid_Set:
                 Auto_Position: 0
1 row in set (0.00 sec)
```

由此可见，问题完全解决。

14.2.3　MySQL 复制的基本模式

在 MySQL 5.1 之后的版本中，在复制方面的改进就是引进了新的复制技术——基于行的复制。这种新技术就是关注表中发生变化的记录，而非以前的照抄 binlog 模式。从 MySQL 5.1.12 开始，可以用以下 3 种模式来实现：

（1）基于 SQL 语句的复制（statement-based replication，SBR）；

（2）基于行的复制（row-based replication，RBR）；

（3）混合模式复制（mixed-based replication，MBR）。

相应地，binlog 的格式也有 3 种，即 STATEMENT、ROW、MIXED。在 MBR 模式中，SBR 模式是默认的。在运行时可以动态地改变 binlog 的格式。设定主从复制模式的方法非常简单，只要在以前设定复制配置的基础上再加一个参数即可：

```
#binlog_format="STATEMENT"
#binlog_format="ROW"
#binlog_format="MIXED"
```

当然，也可以在运行时动态修改 binlog 的格式，例如：

```
mysql> SET SESSION binlog_format = 'STATEMENT';
mysql> SET SESSION binlog_format = 'ROW';
mysql> SET SESSION binlog_format = 'MIXED';
mysql> SET GLOBAL binlog_format = 'STATEMENT';
mysql> SET GLOBAL binlog_format = 'ROW';
mysql> SET GLOBAL binlog_format = 'MIXED';
```

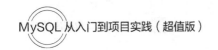

14.3 管理与维护复制

在数据复制环境配置完成后，数据库管理员需要进行日常的监控和管理维护工作，以便能够及时发现问题和解决问题，以此来保证主从数据库能够正常工作。

14.3.1 了解服务器的状态

一般使用 show slave status 命令来检查从服务器，例如：

```
mysql> show slave status\G;
*************************** 1. row ***************************
               Slave_IO_State: Waiting for master to send event
                  Master_Host: 127.0.0.1
                  Master_User: rep1
                  Master_Port: 3306
                Connect_Retry: 60
              Master_Log_File: mysql-bin.000013
          Read_Master_Log_Pos: 98
               Relay_Log_File: mysql2-relay-bin.000035
                Relay_Log_Pos: 235
        Relay_Master_Log_File: mysql-bin.000013
             Slave_IO_Running: Yes
            Slave_SQL_Running: Yes
              Replicate_Do_DB:
          Replicate_Ignore_DB:
           Replicate_Do_Table: test.rep_t1,test.rep_t1
       Replicate_Ignore_Table: test.rep_t2,test.rep_t2
      Replicate_Wild_Do_Table:
  Replicate_Wild_Ignore_Table:
                   Last_Errno: 0
                   Last_Error:
                 Skip_Counter: 0
          Exec_Master_Log_Pos: 98
              Relay_Log_Space: 235
              Until_Condition: None
               Until_Log_File:
                Until_Log_Pos: 0
           Master_SSL_Allowed: No
           Master_SSL_CA_File:
           Master_SSL_CA_Path:
              Master_SSL_Cert:
            Master_SSL_Cipher:
               Master_SSL_Key:
        Seconds_Behind_Master: 0
1 row in set (0.00 sec)
```

在查看从服务器信息时，首先要查看 Slave_IO_Running 和 Slave_SQL_Running 这两个进程状态是否为"Yes"，Slave_IO_Running 表明，此进程是否能够由从服务器到主服务器正确地读取 binlog 日志，并写到从服务器的中继日志中；Slave_SQL_Running 则表明能否读取并执行中继日志中的 bingog 信息。

14.3.2 服务器复制出错的原因

在某些情况下会出现从服务器更新失败，此时首先需要确定是否因为主从服务器的表不同造成的。如果是表结构不同导致的，则修改从服务器上的表与主服务器上的表一致，然后重新执行 start slave 命令。服务器复制出错的常见问题如下。

问题一：出现"log event entry exceeded max_allowed_pack"错误。

如果在应用中出现使用大的 blog 列或者长字符串，那么在从服务器上回复时可能会出现"log event entry exceeded max_allowed_pack"的错误，这是因为含有大文本的记录无法通过网络进行传输而导致错误，解决方法是在主从服务器上添加 max_allowed_packet 参数，该参数默认设置为 1MB，例如：

```
mysql> SHOW VARIABLES LIKE 'MAX_ALLOWED_PACKET';
+--------------------+---------+
| Variable_name      | Value   |
+--------------------+---------+
| max_allowed_packet | 1048576 |
+--------------------+---------+
1 row in set (0.00 sec)

mysql> SET @@global.max_allowed_packet=16777216;
Query OK, 0 rows affected (0.00 sec)
```

同时在 my.cnf 中设置 max_allowed_packet=16MB，数据库重新启动之后该参数将有效。

问题二：多主复制时的自增长变量冲突问题。

大多数情况下使用一台主服务器对一台或者多台从服务器，但是在某些情况下可能会存在多个服务器配置为复制主服务器，在使用 auto_increment 时应采取特殊步骤以防止键值冲突，否则插入行时多个主服务器会试图使用相同的 auto_increment 值。

服务器变量 auto_increment_increment 和 auto_increment_offset 可以协调多主服务器复制和 auto_increment 列。

在多主服务器复制到从服务器的过程中迟早会发生主键冲突，为了解决这种情况，可以将不同的主服务器的这两个参数重新设置，可以在 A 数据库服务器上设置 auto_increment_increment=1、auto_increment_offset=1，此时 B 数据库服务器上设置 auto_increment_increment=1、auto_increment_offset=0。

下面的例子演示修改这两个参数后的效果，具体操作步骤如下。

创建 auto_t 表，系统默认的 auto_increment_increment 和 auto_increment_offset 参数都是 1，增加数据默认的也是以增加幅度为 1 进行增加，命令的执行如下：

```
mysql> create table auto_t( data int primary key auto_increment )engine=myisam default charset=gbk;
Query OK, 0 rows affected (0.05 sec)

mysql> show variables like 'auto_inc%';
+-------------------------+-------+
| Variable_name           | Value |
+-------------------------+-------+
| auto_increment_increment | 1     |
| auto_increment_offset    | 1     |
+-------------------------+-------+
2 rows in set (0.00 sec)

mysql> insert into auto_t values(null),(null),(null);
Query OK, 3 rows affected (0.01 sec)
Records: 3  Duplicates: 0  Warnings: 0

mysql> select * from auto_t;
+------+
| data |
+------+
|    1 |
|    2 |
|    3 |
```

```
+------+
3 rows in set (0.00 sec)
```

重新设置 auto_increment_increment 参数的值为 10，然后插入数据，命令的执行如下：

```
mysql> set @@auto_increment_increment=10;
Query OK, 0 rows affected (0.00 sec)

mysql> show variables like 'auto_inc%';
+------------------------+-------+
| Variable_name          | Value |
+------------------------+-------+
| auto_increment_increment| 10    |
| auto_increment_offset  | 1     |
+------------------------+-------+
2 rows in set (0.00 sec)

mysql> insert into auto_t values(null),(null),(null);
Query OK, 3 rows affected (0.00 sec)
Records: 3  Duplicates: 0  Warnings: 0

mysql> select * from auto_t;
+------+
| data |
+------+
|    1 |
|    2 |
|    3 |
|   11 |
|   21 |
|   31 |
+------+
6 rows in set (0.00 sec)
```

从测试效果来看，每次递增值是 10，下面看 auto_increment_offset 参数的用法。

重新设置 auto_increment_offset 参数的值为 5，再插入数据，命令的执行如下：

```
mysql> set @@auto_increment_offset=5;
Query OK, 0 rows affected (0.00 sec)

mysql> insert into auto_t values(null),(null),(null);
Query OK, 3 rows affected (0.00 sec)
Records: 3  Duplicates: 0  Warnings: 0

mysql> select * from auto_t;
+------+
| data |
+------+
|    1 |
|    2 |
|    3 |
|   11 |
|   21 |
|   31 |
|   35 |
|   45 |
|   55 |
+------+
9 rows in set (0.00 sec)
```

从插入的记录可以看出，auto_increment_increment 参数是每次增加的量，而 auto_increment_offset 参数设置的是每次增加后的偏移量，也就是每次按照 10 累加后还需要增加 5 个偏移量。

14.4　就业面试技巧与解析

14.4.1　面试技巧与解析（一）

面试官：在 Windows 环境下无法开启 binlog 怎么办？

应聘者：有些读者反映 MySQL 5.7 数据库执行 "show variables like 'log_bin';" 语句后不管怎么设置查询的值一直是 OFF 状态。假设用户安装好后是在 "D:/Program Files/MySQL/MySQL Server 5.7" 下面，在将 my-default.ini 文件改成 my.ini 文件后，不管怎么改，环境变量都不能生效，此时读者可以执行 "show variables like 'datadir';"。安装好之后真正生效的 my.ini 文件不在 "D:/Program Files/MySQL/MySQL Server 5.7" 下面，用 "show variables like 'datadir';" 展现的才是真正的配置文件的路径。

14.4.2　面试技巧与解析（二）

面试官：为什么 MySQL 复制会不同步？

应聘者：MySQL 复制是采用 binlog 进行网络传输，所以网络延迟是产生 MySQL 主从不同步的主要原因，通常会给程序进行读写分离带来一定的困惑。

为了避免这种情况，在配置服务器配置文件的时候推荐使用 InnoDB 存储引擎的表，在主机上可以开始 sync_binlog。

如果 Master 主机上的 max_allowed_packet 比较大，但是从机上没有配置该值，该参数默认的值为 1MB，此时很有可能导致同步失败，建议主从两台计算机上都设为 5MB，这样比较合适。

第15章

MySQL 的日志管理

◎ 本章教学微视频：13 个　20 分钟

 学习指引

日志是 MySQL 数据库的重要组成部分，日志文件中记录着 MySQL 数据库运行期间发生的变化。MySQL 有不同类型的日志文件，包括错误日志（log-err）、查询日志（log）、二进制日志（log-bin）、更新日志（log-update）及慢查询日志（log-slow-queries）。对于 MySQL 的管理工作而言，这些日志文件是不可缺少的。本章将介绍 MySQL 各种日志的作用以及日志的管理。

重点导读

- 了解常见的日志种类。
- 掌握错误日志的操作方法。
- 掌握二进制日志的操作方法。
- 掌握查询日志的操作方法。
- 掌握慢查询日志的操作。

15.1　错误日志

在 MySQL 数据库中，错误日志记录着 MySQL 服务器的启动和停止过程中的信息、服务器在运行过程中发生的故障和异常情况的相关信息、事件调度器运行一个事件时产生的信息、在从服务器上启动服务器进程时产生的信息等。

 ### 15.1.1　启用错误日志

错误日志功能在默认情况下是开启的，并且不能被禁止。错误日志信息也可以自行配置，修改 my.ini 文件即可。错误日志所记录的信息是可以通过 log-error 和 log-warnings 来定义的，其中 log-err 定义是否启用错误日志的功能和错误日志的存储位置，log-warnings 定义是否将警告信息也定义到错误日志中。

--log-error=[file-name]用来指定错误日志存放的位置。

如果没有指定[file-name]，默认 hostname.err 为文件名，存放在 datadir 目录中。

注意：错误日志记录的并非全是错误信息，例如 MySQL 如何启动 InnoDB 的表空间文件、如何初始化自己的存储引擎等，这些也记录在错误日志文件中。

15.1.2　查看错误日志

错误日志是以文本文件的形式存储的，可以直接使用普通文本工具打开查看。在 Windows 操作系统下可以使用文本编辑器来查看，在 Linux 操作系统下可以使用 vi 工具或者 gedit 工具来查看。

通过 show 命令可以查看错误日志文件所在的目录及文件名信息。

```
show variables like 'log_error';
```

查看结果如图 15-1 所示。

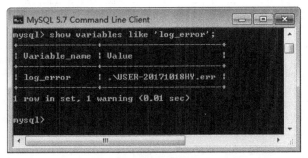

图 15-1　查看错误日志

错误日志信息可以通过记事本打开查看，从上面可以知道错误日志的文件名。该文件在默认的数据路径 "C:\ProgramData\MySQL\MySQL Server 5.7\Data" 下，打开 USER-20171018HY.err 文件，内容如下：

```
2017-11-03T08:17:19.685703Z 0 [Warning] option 'read_buffer_size': unsigned value 0 adjusted to 8192
2017-11-03T08:17:19.685703Z 0 [Warning] option 'read_rnd_buffer_size': unsigned value 0 adjusted to 1
2017-11-03T08:17:19.685703Z 0 [Warning] TIMESTAMP with implicit DEFAULT value is deprecated.
Please use --explicit_defaults_for_timestamp server option (see documentation for more details).
2017-11-03T08:17:19.685703Z 0 [Warning] 'NO_ZERO_DATE', 'NO_ZERO_IN_DATE' and
'ERROR_FOR_DIVISION_BY_ZERO' sql modes should be used with strict mode. They will be merged with strict
mode in a future release.
2017-11-03T08:17:19.691703Z 0 [Note] C:\Program Files\MySQL\MySQL Server 5.7\bin\mysqld.exe
(mysqld 5.7.20-log) starting as process 6104 ...
2017-11-03T08:17:19.715705Z 0 [Note] InnoDB: Mutexes and rw_locks use Windows interlocked
functions
2017-11-03T08:17:19.716705Z 0 [Note] InnoDB: Uses event mutexes
2017-11-03T08:17:19.717705Z 0 [Note] InnoDB: Memory barrier is not used
2017-11-03T08:17:19.717705Z 0 [Note] InnoDB: Compressed tables use zlib 1.2.3
2017-11-03T08:17:19.718705Z 0 [Note] InnoDB: Adjusting innodb_buffer_pool_instances from 8 to
1 since innodb_buffer_pool_size is less than 1024 MiB
2017-11-03T08:17:19.719705Z 0 [Note] InnoDB: Number of pools: 1
2017-11-03T08:17:19.720705Z 0 [Note] InnoDB: Not using CPU crc32 instructions
2017-11-03T08:17:19.726705Z 0 [Note] InnoDB: Initializing buffer pool, total size = 8M, instances
= 1, chunk size = 8M
2017-11-03T08:17:19.726705Z 0 [Note] InnoDB: Completed initialization of buffer pool
2017-11-03T08:17:20.141126Z 0 [Note] InnoDB: Highest supported file format is Barracuda.
2017-11-03T08:17:20.663953Z 0 [Note] InnoDB: Creating shared tablespace for temporary tables
2017-11-03T08:17:20.666953Z 0 [Note] InnoDB: Setting file '.\ibtmp1' size to 12 MB. Physically
writing the file full; Please wait ...
```

```
2017-11-03T08:17:21.461787Z 0 [Note] InnoDB: File '.\ibtmp1' size is now 12 MB.
    2017-11-03T08:17:21.483388Z 0 [Note] InnoDB: 96 redo rollback segment(s) found. 96 redo rollback
segment(s) are active.
    2017-11-03T08:17:21.483388Z 0 [Note] InnoDB: 32 non-redo rollback segment(s) are active.
    2017-11-03T08:17:21.483388Z 0 [Note] InnoDB: 5.7.20 started; log sequence number 2570365
    2017-11-03T08:17:21.483388Z    0    [Note]   InnoDB:   Loading   buffer   pool(s)   from
C:\ProgramData\MySQL\MySQL Server 5.7\Data\ib_buffer_pool
    2017-11-03T08:17:21.483388Z 0 [Note] Plugin 'FEDERATED' is disabled.
    2017-11-03T08:17:21.908205Z 0 [Warning] Failed to set up SSL because of the following SSL library
error: SSL context is not usable without certificate and private key
    2017-11-03T08:17:21.908205Z 0 [Note] Server hostname (bind-address): '*'; port: 3306
    2017-11-03T08:17:21.908205Z 0 [Note] IPv6 is available.
    2017-11-03T08:17:21.908205Z 0 [Note]   - '::' resolves to '::';
    2017-11-03T08:17:21.924805Z 0 [Note] Server socket created on IP: '::'.
    2017-11-22T03:50:45.779270Z 0 [Note] Server hostname (bind-address): '*'; port: 3306
    2017-11-22T03:50:45.779270Z 0 [Note] IPv6 is available.
    2017-11-22T03:50:45.779270Z 0 [Note]   - '::' resolves to '::';
    2017-11-22T03:50:45.779270Z 0 [Note] Server socket created on IP: '::'.
    2017-11-22T03:50:46.340871Z 0 [Note] Event Scheduler: Loaded 0 events
    2017-11-22T03:50:46.356471Z 0 [Note] C:\Program Files\MySQL\MySQL Server 5.7\bin\mysqld.exe:
ready for connections.
    Version: '5.7.20-log'  socket: ''  port: 3306  MySQL Community Server (GPL)
    2017-11-22T03:50:46.356471Z 0 [Note] Executing 'SELECT * FROM INFORMATION_SCHEMA.TABLES;' to get
a list of tables using the deprecated partition engine. You may use the startup option
'--disable-partition-engine-check' to skip this check.
    2017-11-22T03:50:46.356471Z 0 [Note] Beginning of list of non-natively partitioned tables
    2017-11-22T03:50:54.257686Z 0 [Note] End of list of non-natively partitioned tables
```

通过以上信息可以看出错误日志记载了系统的一些错误和警告错误。

15.1.3 删除错误日志

管理员可以删除很久以前的错误日志，这样可以保证 MySQL 服务器上的硬盘空间。通过 show 命令查看错误文件所在的位置，确认能够删除错误日志后可以直接删除文件。

在 MySQL 数据库中可以使用 mysqladmin 命令来开启新的错误日志，语法格式如下：

```
Mysqladmin-u用户名-p flush-logs
```

具体执行命令如下：

```
mysqladmin -u root -p flush-logs
Enter password: ***
```

或者使用以下命令：

```
flush logs;
```

执行结果如图 15-2 所示。执行该命令后系统会自动创建一个新的错误日志文件。

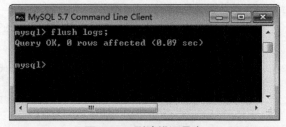

图 15-2 删除错误日志

15.2　二进制日志

MySQL 数据库中的二进制日志文件用来记录所有用户对数据库的操作。当数据库发生意外时可以通过此文件查看在一定时间段内用户所做的操作，结合数据库备份技术即可再现用户操作，使数据库恢复。

15.2.1　启用二进制日志

二进制日志记录了所有用户对数据库数据的修改操作。MySQL 数据库在默认情况下是不开启二进制日志文件的。

下面通过命令查看二进制日志是否开启，命令如下：

```
show variables like 'log_bin';
```

查询结果如图 15-3 所示。

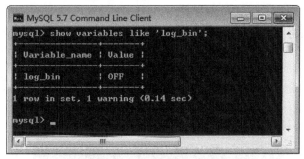

图 15-3　查看二进制日志是否开启

从结果可以看出，二进制日志默认是关闭的。

用户可以通过修改 MySQL 的配置文件来启动和设置二进制日志。

my.ini 中的[mysqld]组下面有几个设置是关于二进制日志的：

```
log-bin [=path/ [filename] ]
expire_logs_days = 10
max_binlog_size = 100M
```

log-bin 定义开启二进制日志，path 表明日志文件所在的目录路径，filename 指定了日志文件的文件名，文件的全名为 filename.000001、filename.000002 等，除了上述文件之外，还有一个名称为 filename.index 的文件，该文件的内容为所有日志的清单，可以使用记事本打开该文件。

expire_logs_day 定义了 MySQL 清除过期日志的时间、二进制日志自动删除的天数。其默认值为 0，表示“没有自动删除”。当 MySQL 启动或刷新二进制日志时可能删除。

max_binlog_size 定义了单个文件的大小限制，如果二进制日志写入的内容大小超出给定值，日志就会发生滚动（关闭当前文件，重新打开一个新的日志文件）。注意，不能将该变量设置为大于 1GB 或小于 4096B（字节）。其默认值是 1GB。

如果正在使用大的事务，二进制日志文件的大小可能会超过 max_binlog_size 定义的大小。

此时，在 my.ini 配置文件中的[mysqld]组下面添加以下几个参数与参数值：

```
[mysqld]
log-bin
expire_logs_days = 10
max_binlog_size = 100M
```

在添加完毕之后关闭并重新启动 MySQL 服务进程，即可启动二进制日志。

如果日志长度超过了 max_binlog_size 的上限（默认是 1GB=1073741824B），也会创建一个新的日志文件，通过 show 命令可以查看二进制日志的上限。

```
show variables like 'max_binlog_size';
```

查询结果如图 15-4 所示。

图 15-4　查看二进制日志的上限

15.2.2　查看二进制日志

在查看二进制日志之前，首先检查二进制日志是否开启，命令如下：

```
show variables like 'log_bin';
```

查看结果如图 15-5 所示。

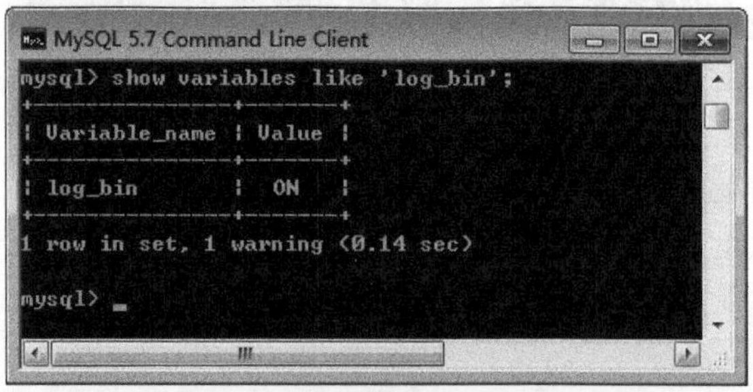

图 15-5　二进制日志已开启

从结果 ON 可以看出已经开启了二进制日志。

```
mysql> show binary logs;
+--------------------+-----------+
| Log_name           | File_size |
+--------------------+-----------+
| binary_log.000001  |       168 |
| binary_log.000002  |       168 |
| binary_log.000003  |       143 |
| binary_log.000004  |      1024 |
| binary_log.000005  |       168 |
| binary_log.000006  |       120 |
| binary_log.000007  |       143 |
| binary_log.000008  |       143 |
| binary_log.000009  |       120 |
+--------------------+-----------+
9 rows in set (0.00 sec)
```

由于 binlog 是以 binary 方式存取，不能直接在 Windows 下查看，可以通过 MySQL 提供的 mysqlbinlog 工具查看。

用户也可以通过 show 命令查看对数据库的操作。

```
mysql> show binlog events in 'binary_log.000004'\G
*************************** 1. row ***************************
Log_name: binary_log.000004
Pos: 4
Event_type: Format_desc
Server_id: 1
End_log_pos: 120
     Info: Server ver: 5.7.20-log, Binlogver: 4
*************************** 2. row ***************************
Log_name: binary_log.000004
Pos: 120
Event_type: Query
Server_id: 1
End_log_pos: 199
     Info: BEGIN
*************************** 3. row ***************************
Log_name: binary_log.000004
Pos: 199
Event_type: Query
Server_id: 1
End_log_pos: 338
 Info: use 'xscj'; insert into fruit values(2,'苹果',21.1)
*************************** 4. row ***************************
Log_name: binary_log.000004
Pos: 338
Event_type: Query
Server_id: 1
End_log_pos: 418
     Info: COMMIT
*************************** 5. row ***************************
Log_name: binary_log.000004
Pos: 418
Event_type: Query
Server_id: 1
End_log_pos: 497
     Info: BEGIN
*************************** 6. row ***************************
Log_name: binary_log.000004
Pos: 640
Event_type: Query
Server_id: 1
End_log_pos: 720
     Info: COMMIT
*************************** 7. row ***************************
Log_name: binary_log.000004
Pos: 720
Event_type: Query
Server_id: 1
End_log_pos: 799
     Info: BEGIN
***************************8. row ***************************
Log_name: binary_log.000004
Pos: 921
Event_type: Query
Server_id: 1
End_log_pos: 1001
     Info: COMMIT
*************************** 9. row ***************************
Log_name: binary_log.000004
```

```
    Pos: 1001
    Event_type: Stop
    Server_id: 1
    End_log_pos: 1024
        Info:
    11 rows in set (0.00 sec)
```

通过二进制日志文件的内容可以看出对数据库操作的记录，给管理员对数据库进行管理或数据恢复提供了依据。

通过 mysqlbinlog 工具查看二进制日志的所有内容：

```
C:\>mysqlbinlog --no-defaults e:\mysql-5.7.20-winx64\data\binary_log.000013
/*!50530 SET @@SESSION.PSEUDO_SLAVE_MODE=1*/;
/*!40019 SET @@session.max_insert_delayed_threads=0*/;
/*!50003 SET @OLD_COMPLETION_TYPE=@@COMPLETION_TYPE,COMPLETION_TYPE=0*/;
DELIMITER /*!*/;
# at 4
#150314 14:39:42 server id 1  end_log_pos 120 CRC32 0xd4463b7a  Start: binlog v
4, server v 5.7.20-log created 150314 14:39:42
# Warning: this binlog is either in use or was not closed properly.
BINLOG '
rtcDVQ8BAAAAdAAAAHgAAAABAAQANS42LjIyLWxvZwAAAAAAAAAAAAAAAAAAAAAAAAAAAAAA
AAAAAAAAAAAAAAAAAAAAAEzgNAAgAEgAEBAQEEgAAXAAEGggAAAAICAgCAAAACgoKGGRkAAXo7
RtQ=
'/*!*/;
# at 120
#150314 14:47:46 server id 1  end_log_pos 199 CRC32 0x5eb36fb3 Query thread_id=11 exec_time=0 error_
code=0
SET TIMESTAMP=1426315666/*!*/;
SET @@session.pseudo_thread_id=11/*!*/;
SET @@session.foreign_key_checks=1, @@session.sql_auto_is_null=0, @@session.unique_checks=1,
@@session.autocommit=1/*!*/;
SET @@session.sql_mode=1075838976/*!*/;
SET @@session.auto_increment_increment=1, @@session.auto_increment_offset=1/*!*/
;
/*!\C utf8 *//*!*/;
SET  @@session.character_set_client=33,@@session.collation_connection=33,@@session.collation_
server=33/*!*/;
SET @@session.lc_time_names=0/*!*/;
SET @@session.collation_database=DEFAULT/*!*/;
BEGIN
/*!*/;
# at 199
#150314 14:47:46 server id 1  end_log_pos 332 CRC32 0xa15ded0d Query   thread_id=11    exec_time=0
error_code=0
use 'xscj'/*!*/;
SET TIMESTAMP=1426315666/*!*/;
insert into kc value("310","Computer English","7","64","4")
/*!*/;
# at 332
#150314 14:47:46 server id 1  end_log_pos 412 CRC32 0xdf2795ef Query   thread_id=11    exec_time=0
error_code=0
SET TIMESTAMP=1426315666/*!*/;
COMMIT
/*!*/;
DELIMITER ;
# End of log file
ROLLBACK /* added by mysqlbinlog */;
```

```
/*!50003 SET COMPLETION_TYPE=@OLD_COMPLETION_TYPE*/;
/*!50530 SET @@SESSION.PSEUDO_SLAVE_MODE=0*/;
```

在二进制日志文件中,对数据库的 DML 和 DDL 操作都记录到了 binlog 中,而 SELECT 查询过程并没有记录。如果用户想记录 SELECT 和 SHOW 操作,只能使用查询日志,而不是二进制日志。此外,二进制日志还包括了执行数据库更改操作的时间等其他额外信息。

15.2.3 删除二进制日志

开启二进制日志会对数据库整体性能有所影响,但是性能的损失十分有限。MySQL 的二进制文件可以配置自动删除,同时 MySQL 也提供了安全的手工删除二进制文件的方法:reset master 删除所有的二进制日志文件;purge master logs 只删除部分二进制日志文件。

下面介绍几种删除二进制日志的方法。

用 reset master 命令删除所有日志,新日志重新从 000001 开始编号。

```
mysql> reset master;
Query OK, 0 rows affected (0.18 sec)
```

用 purge master logs to 'filename.******' 命令删除指定编号前的所有日志。

```
mysql> purge master logs to 'binary_log.000004';
Query OK, 0 rows affected (0.04 sec)
```

执行完毕后通过 show 命令查看二进制日志文件。

```
mysql> show binary logs;
+--------------------+-----------+
| Log_name           | File_size |
+--------------------+-----------+
| binary_log.000004  |      1024 |
| binary_log.000005  |       168 |
| binary_log.000006  |       120 |
| binary_log.000007  |       143 |
| binary_log.000008  |       143 |
| binary_log.000009  |       120 |
+--------------------+-----------+
7 rows in set (0.00 sec)
```

可以看出 binary_log.000004 之前的日志文件已经被删除。

用 purge master logs before 'YYYY-MM-DD HH24:MI:SS'命令删除'YYYY-MM-DD HH24:MI:SS'之前产生的所有日志。

```
mysql> purge master logs before '20170815';
Query OK, 0 rows affected (0.08 sec)

mysql> show binary logs;
+--------------------+-----------+
| Log_name           | File_size |
+--------------------+-----------+
| binary_log.000005  |       168 |
| binary_log.000006  |       120 |
| binary_log.000007  |       143 |
| binary_log.000008  |       143 |
| binary_log.000009  |       120 |
+--------------------+-----------+
5 rows in set (0.00 sec)
```

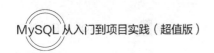

15.2.4　使用二进制日志还原数据库

如果 MySQL 服务器启用了二进制日志，在数据库意外丢失数据时可以使用 mysqlbinlog 工具从指定的时间点开始（例如最后一次备份）直到现在或另一个指定的时间点的日志中恢复数据。

要想从二进制日志恢复数据，需要知道当前二进制日志文件的路径和文件名，一般可以从配置文件（即 my.cnf 或者 my.ini，文件名取决于 MySQL 服务器的操作系统）中找到路径。

mysqlbinlog 恢复数据的语法格式如下：

```
mysqlbinlog [option] filename |mysql-uuser -ppass
```

option 是一些可选的选项，filename 是日志文件名。比较重要的两对 option 参数是--start-date、--stop-date 和--start-position、--stop-position，--start-date、--stop-date 可以指定恢复数据库的起始时间点和结束时间点；--start-position、--stop-position 可以指定恢复数据的开始位置和结束位置。

使用 mysqlbinlog 恢复 MySQL 数据库到 2017 年 8 月 15 日 15:27:48，执行命令如下：

```
mysqlbinlog --stop-date="2017-08-15 15:27:48" D:/MySQL/log/binlog/binlog.000006 | mysql-uuser-ppass
```

该命令执行成功后会根据 binlog.000006 日志文件恢复 2017-08-15 15:27:48 以前的所有操作。这种方法对于意外操作非常有效，比如因操作不当误删了数据表。

15.3　查询日志

查询日志记录了用户的所有操作，包括对数据库的增/删/查/改等信息，在并发操作大的环境下会产生大量的信息，从而导致不必要的磁盘 I/O，会影响 MySQL 的性能。

15.3.1　启用查询日志

在默认情况下查询日志是关闭的。如果需要打开查询日志，可以通过修改 my.ini 文件来启动查询日志。在[mysqld]组下加入 log 选项，语法格式如下：

```
[mysqld]
log[=path/[filename]]
```

path 用来指定错误日志存放的位置，[filename]用来指定查询日志文件名，默认以主机名（hostname）作为文件名，存放在 datadir 目录中。

用户也可以通过命令行来启动查询日志：

```
mysql> set global general_log=on;
Query OK, 0 rows affected (0.08 sec)
```

或者

```
mysql> set global general_log=1;
Query OK, 0 rows affected (0.00 sec)
```

另外也可以通过命令行来设置查询日志存放的位置：

```
mysql> set global general_log_file='D:/log/general_log.log';
Query OK, 0 rows affected (0.04 sec)
```

然后通过 show 命令查看通用查询日志：

```
show variables like 'general%';
```

执行结果如图 15-6 所示。

```
MySQL 5.7 Command Line Client

mysql> show variables like 'general%';
+------------------+-------------------------+
| Variable_name    | Value                   |
+------------------+-------------------------+
| general_log      | ON                      |
| general_log_file | D:/log/general_log.log  |
+------------------+-------------------------+
2 rows in set, 1 warning (0.01 sec)

mysql>
```

图 15-6 查看通用查询日志

从上面的显示结果可以看出查询日志已经启用，并且可以确定通用查询日志所在的位置及文件名。

15.3.2 查看查询日志

用户的所有操作都会记录到查询日志中，该日志是以文本文件的形式存储的，在 Windows 操作系统下可以使用文本编辑器来查看，在 Linux 操作系统下可以使用 vim 工具或者 gedit 工具来查看。

通过 show 命令找到查询日志文件所在的位置及文件名，打开日志文件，可以看到查询日志的内容：

```
MySQL, Version: 5.7.20 (MySQL Community Server (GPL)). started with:
TCP Port: 3306, Named Pipe: MySQL
Time            Id Command    Argument
170815 15:57:24 1 Query      show global variables like '%general%'
170815 18:47:28 1 Query      show variables like 'log_bin'
170815 19:33:57 2 Connect    root@localhost on
2 Query  select @@version_comment limit 1
170815 19:34:11 2 Query      show variables like 'log_bin'
170815 19:34:52 2 Query      flush logs
```

以上记录是通用查询日志的一部分，用户可以从中了解对 MySQL 数据库操作的相关情况。

15.3.3 删除查询日志

由于查询日志记录了用户的所有操作，如果数据库的使用非常频繁，那么查询日志的数据量将会非常大，也会占用很大的磁盘空间。通过 show 命令查看错误文件所在的位置，确认删除通用查询日志后可以直接删除文件。在 MySQL 数据库中可以使用 mysqladmin 命令来开启新的查询日志，语法格式如下：

```
Mysqladmin-u 用户名-p flush-logs
```

例如以下命令删除查询日志：

```
C:\Users\salonshi>mysqladmin -u root -p flush-logs
Enter password: ***
```

或者使用以下命令：

```
mysql> flush logs;
Query OK, 0 rows affected (0.16 sec)
```

执行该命令后，系统会自动创建一个新的错误日志文件。

15.4 慢查询日志

慢查询日志是记录查询时长超过指定时间的日志。慢查询日志主要用来记录执行时间较长的查询语句，通过慢查询日志可以找出执行时间较长、执行效率较低的语句，然后进行优化。本节将讲解慢查询日志的相关内容。

15.4.1 启用慢查询日志

在 MySQL 中慢查询日志默认是关闭的，可以通过配置文件 my.ini 或者 my.cnf 中的 log-slow-queries 选项打开，也可以在 MySQL 服务启动的时候使用--log-slow-queries[=file_name]启动慢查询日志。在启动慢查询日志时需要在 my.ini 或者 my.cnf 文件中配置 long_query_time 选项指定记录阈值，如果某条查询语句的查询时间超过了这个值，这个查询过程将被记录到慢查询日志文件中。

在 my.ini 或者 my.cnf 中开启慢查询日志的配置如下：

```
[mysqld]
log-slow-queries[=path / [filename] ]
long_query_time=n
```

path 为日志文件所在的目录路径，file_name 为日志文件名。如果不指定目录和文件名称，默认存储在数据目录中，文件为 hostname-slow.log，hostname 是 MySQL 服务器的主机名。参数 n 是时间值，单位是秒。如果没有设置 long_query_time 选项，默认时间为 10 秒。

同样，慢查询日志也可以通过命令行来设置：

```
mysql> set global slow_query_log=on;
Query OK, 0 rows affected (0.03 sec)
mysql> set global slow_launch_time=1;
Query OK, 0 rows affected (0.04 sec)
```

在以上命令执行完毕后通过 show 命令查看设置情况。

```
show variables like 'slow_%';
```

查看结果如图 15-7 所示。

图 15-7　用 show 命令查看设置

15.4.2 查看慢查询日志

根据上面对慢查询日志的设置可以看到在默认文件夹下生成了一个名为 USER-20171018HY-slow.log 的慢日志文件，该文件可以使用记事本打开。

慢查询日志的样板如下：

```
C:\Program Files\MySQL\MySQL Server 5.7\bin\mysqld.exe, Version: 5.7.20-log (MySQL Community
Server (GPL)). started with:
TCP Port: 3306, Named Pipe: (null)
Time                 Id Command    Argument
C:\Program Files\MySQL\MySQL Server 5.7\bin\mysqld.exe, Version: 5.7.20-log (MySQL Community
Server (GPL)). started with:
```

```
TCP Port: 3306, Named Pipe: (null)
Time                 Id Command    Argument
# Time: 2017-11-03T08:22:18.521523Z
# User@Host: root[root] @ localhost [::1]  Id:     6
# Query_time: 15.512895  Lock_time: 0.100403 Rows_sent: 0  Rows_examined: 0
use sakila;
SET timestamp=1509697338;
INSERT INTO payment VALUES (1,1,1,76,'2.99','2005-05-25 11:30:37','2006-02-15 22:12:30'),
  (2,1,1,573,'0.99','2005-05-28 10:35:23','2006-02-15 22:12:30'),
  (3,1,1,1185,'5.99','2005-06-15 00:54:12','2006-02-15 22:12:30'),
  (4,1,2,1422,'0.99','2005-06-15 18:02:53','2006-02-15 22:12:30'),
  (5,1,2,1476,'9.99','2005-06-15 21:08:46','2006-02-15 22:12:30'),
  (6,1,1,1725,'4.99','2005-06-16 15:18:57','2006-02-15 22:12:30'),
  (7,1,1,2308,'4.99','2005-06-18 08:41:48','2006-02-15 22:12:30'),
  (8,1,2,2363,'0.99','2005-06-18 13:33:59','2006-02-15 22:12:30'),
  (9,1,1,3284,'3.99','2005-06-21 06:24:45','2006-02-15 22:12:30'),
  (10,1,2,4526,'5.99','2005-07-08 03:17:05','2006-02-15 22:12:30'),
  (11,1,1,4611,'5.99','2005-07-08 07:33:56','2006-02-15 22:12:30'),
C:\Program Files\MySQL\MySQL Server 5.7\bin\mysqld.exe, Version: 5.7.20-log (MySQL Community
Server (GPL)). started with:
TCP Port: 3306, Named Pipe: (null)
Time                 Id Command    Argument
 (GPL)). started with:
TCP Port: 3306, Named Pipe: (null)
Time                 Id Command    Argument
MySQL, Version: 5.7.20 (MySQL Community Server (GPL)). started with:
TCP Port: 3306, Named Pipe: MySQL
Time                 Id Command    Argument
MySQL, Version: 5.7.20 (MySQL Community Server (GPL)). started with:
TCP Port: 3306, Named Pipe: MySQL
Time                 Id Command    Argument
```

该日志记录了慢查询日志发生的时间、连接用户、IP、执行时间、锁定时间、最终发送行数、总计扫描行数、SQL 语句等相关信息。

当查询时间大于所设置的 log_query_time 时，可通过 mysqldumpslow 工具进行汇总、排序，以便找出耗时最高、请求次数最多的慢查询日志。

除了 MySQL 自带的 mysqldumpslow 工具外，还有很多优秀的第三方慢日志分析工具，例如 mysqlsla、myprofi 等，读者可以根据需要自行下载。

15.4.3　删除慢查询日志

如果慢查询日志文件过大，需要回收空间加以利用（或者其他原因），可以删除慢查询日志文件，也可以通过以下命令将慢日志文件重置。

```
mysql> set global slow_query_log=0;
Query OK, 0 rows affected (0.02 sec)
```

删除后需要生成一个新的慢日志文件，可以通过以下命令生成。

```
mysql> set global slow_query_log=1;
Query OK, 0 rows affected (0.06 sec)
```

或者使用 Windows 命令。

```
C:\>mysqladmin -u root -p flush-logs
Enter password: ***
```

15.5　就业面试技巧与解析

15.5.1　面试技巧与解析（一）

面试官：开启二进制日志有什么好处？

应聘者：开启二进制日志可以实现以下几个功能。

（1）恢复（recovery）：某些数据的恢复需要二进制日志，例如在一个数据库全备文件恢复后，用户可以通过二进制日志进行 point-in-time 的恢复。

（2）复制（replication）：其原理与恢复类似，通过复制和执行二进制日志使一台远程的 MySQL 数据库（一般称为 Slave 或 Standby）与一台 MySQL 数据库（一般称为 Master 或 Primary）进行实时同步。

（3）审计（audit）：用户可以通过二进制日志中的信息来进行审计，判断是否有对数据库进行注入的攻击。

15.5.2　面试技巧与解析（二）

面试官：如何暂时停止二进制日志功能？

应聘者：如果在 MySQL 的配置文件中配置启动了二进制日志，MySQL 会一直记录二进制日志。修改配置文件，可以停止二进制日志，但是需要重启 MySQL 数据库。MySQL 提供了暂时停止二进制日志的功能。通过 SET sql_log_bin 语句可以使用 MySQL 暂停或者启动二进制日志。

SET sql_log_bin 的语法格式如下：

```
SET sql_log_bin = {0|1}
```

执行以下语句将暂停记录二进制日志：

```
SET sql_log_bin = 0;
```

执行以下语句将恢复记录二进制日志：

```
SET sql_log_bin = 1;
```

第16章

利用 MySQL 构建分布式应用

◎ 本章教学微视频：9 个　18 分钟

 学习指引

事务管理器（Transaction Manager，TM）用于和每个资源管理器通信，协调并完成事务的处理。一个分布式事务中的各个事务均是分布式事务的"分支事务"，分布式事务和各分支通过一种命名方法进行标识。对于一个大型的数据库应用来讲，设计一个分布式、高可用的架构非常重要。MySQL 支持分布式事务，通过数据切分、读写分离、数据缓存、集群等方式可以更好地构建分布式应用。本章将为大家介绍如何构建 MySQL 的分布式应用。

 重点导读

- 了解分布式的概念。
- 熟悉分布式的优势。
- 掌握分布式事务的语法。
- 掌握 MySQL 分布式应用技术。
- 掌握 MySQL 分布式应用案例。

16.1　了解分布式

在 MySQL 中，使用分布式事务的应用程序涉及一个或多个资源管理器和一个事务管理器，分布式事务的事务参与者、资源管理器、事务管理器等位于不同的节点上，这些不同的节点相互协作共同完成一个具有逻辑完整性的事务。分布式事务的主要作用在于确保事务的一致性和完整性。

16.1.1　分布式的概念

分布式数据库是指利用高速计算机网络将物理上分散的多个数据存储单元连接起来组成一个逻辑上统一的数据库。分布式数据库的基本思想是将原来集中式数据库中的数据分散存储到多个通过网络连接的数据存储节点上，以获取更大的存储容量和更高的并发访问量。近年来，随着数据量的高速增长，分布式数据库技术也得到了快速发展，传统的关系型数据库开始从集中式模型向分布式架构发展，基于关系型的分布式数据库在保留了传统数据库的数据模型和基本特征下从集中式存储走向分布式存储，从集中式计算走向分布式计算。

分布式数据库系统的主要目的是容灾、异地数据备份，并且通过就近访问原则，用户可以就近访问数据库节点，这样就实现了异地的负载均衡。另外，通过数据库之间的数据传输同步可以分布式保持数据的一致性，同时这个过程也完成了数据备份，异地存储数据在单点故障的时候不影响服务的访问，只需要将访问流量切换异地镜像即可。

MySQL 执行分布式事务，首先要考虑网络中涉及多少个事务管理器，MySQL 分布式事务管理简单地讲就是同时管理若干事务管理器事务的一个过程，每个资源管理器的事务当执行到被提交或者被回滚的时候，根据每个资源管理器报告的有关情况决定是否将这些事务作为一个原子性的操作执行全部提交或者全部回滚。因为 MySQL 分布式事务同时涉及多台 MySQL 服务器，所以在管理分布式事务的时候必须要考虑网络可能存在的故障。

用于执行分布式事务的过程使用两个阶段。

（1）第一阶段：所有的分支被预备。它们被事务管理器告知要准备提交，每个分支资源管理器记录分支的行动并指示任务的可行性。

（2）第二阶段：事务管理器告知资源管理器是否要提交或者回滚。如果预备分支时所有的分支指示它们将能够提交，那么所有的分支被告知提交。如果有一个分支出错，那么就要全部都回滚。在特殊情况下，当只要一个分支的时候第二阶段则被省略。

分布式事务的主要作用在于确保事务的一致性和完整性。它利用分布式的计算机环境将多个事务性的活动合并成一个事务单元，这些事务组合在一起构成原子操作，这些事务的活动要么一起执行并提交事务，要么回滚所有的操作，从而保证了多个活动之间的一致性和完整性。

16.1.2　分布式的优势

分布式数据库应用的优势如下：

（1）适合分布式数据管理，能够有效提高系统性能。分布式数据库系统的结构更适合具有地理分布特性的组织或机构使用，允许分布在不同区域、不同级别的各个部门对其自身的数据实行局部控制。

（2）系统经济性和灵活性好。传统的数据库系统一般是通过高端设备（例如小型机或者高端存储）来保证数据库的完整性，或者通过增加内存、CPU 来提高数据库的处理能力。这种集中式的数据库架构越来越不适合海量数据库处理，而且得付出高额的费用。由超级微型计算机或超级小型计算机支持的分布式数据库系统往往具有更高的性价比和实施灵活性。

（3）系统可靠性高、可用性强。由于存在冗余数据，个别场地或个别链路的故障不会导致整个系统崩溃。同时，系统可自动检测故障所在，并利用冗余数据恢复出故障的场地，这种检测和修复是在联机状态下完成的。

16.2　分布式事务的语法

在 MySQL 中执行分布式事务的语法格式如下：

```
XA {START|BEGIN} xid [JOIN|RESUME]
```

XA START xid 表示用于启动一个标识为 xid 的事务。xid 分布式事务表示的值既可以由客户端提供，也可以由 MySQL 服务器生成。

结束分布式事务的语法格式如下：

```
XA END xid [SUSPEND [FOR MIGRATE]]
```

其中 xid 包括 gtrid [, bqual [, formatID]]，含义如下：

（1）gtrid 是一个分布式事务标识符。

（2）bqual 表示一个分支限定符，默认值是空字符串。对于一个分布式事务中的每个分支事务，bqual 值必须是唯一的。

（3）formatID 是一个数字，用于标识由 gtrid 和 bqual 值使用的格式，默认值是 1。

```
XA PREPARE xid
```

该命令使事务进入 PREPARE 状态，也就是两个阶段提交的第一个阶段。

```
XA COMMIT xid [ONE PHASE]
```

该命令用来提交具体的分支事务。

```
XA ROLLBACK xid
```

该命令用来回滚具体的分支事务，也就是两个阶段提交的第二个阶段，分支事务被实际提交或者回滚。

```
XA RECOVER
```

该命令用于返回数据库中处于 PREPARE 状态的分支事务的详细信息。

分布式的关键在于如何确保分布式事务的完整性，以及在某个分支出现问题时如何解决故障。

分布式事务的相关命令就是提供给应用如何在多个独立的数据库之间进行分布式事务的管理，包括启动一个分支事务、使事务进入准备阶段以及事务的实际提交和回滚操作等。

MySQL 分布式事务分为两类，即内部分布式事务和外部分布式事务。内部分布式事务用于同一实例下跨多个数据引擎的事务，由二进制日志作为协调者；而外部分布式事务用于跨多个 MySQL 实例的分布式事务，需要应用层介入作为协调者，是全局提交还是回滚都由应用层决定，对应用层的要求比较高。

MySQL 分布式事务在某些特殊情况下会存在一定的漏洞，若一个事务分支在 PREPARE 状态的时候失去了连接，在服务器重启以后可以继续对分支事务进行提交或者回滚操作，没有写入二进制日志，这将导致事务部分丢失或者主从数据库不一致。

16.3　MySQL 分布式应用技术

在 MySQL 中实现分布式应用的方式有多种，例如数据切分、读写分离、集群等，下面将对这 3 种技术逐一进行介绍。

16.3.1　MySQL 数据切分

数据切分是指通过某种特定的条件，将存放在同一个数据库中的数据分散存放到多个数据库（主机）上面，以达到分散单台设备负载的效果。数据切分还可以提高系统的总体可用性，因为单台设备 Crash 之后，只有总体数据的某部分不可用，而不是所有的数据。

根据切分规则的类型，数据切分可以分为两种切分模式，一种是按照不同的表（或者 Schema）切分到不同的数据库（主机）之上，这种切分称为数据的垂直（纵向）切分；另一种则是根据表中数据的逻辑关系将同一个表中的数据按照某种条件拆分到多台数据库（主机）上面，这种切分称为数据的水平（横向）

切分。垂直切分的最大特点就是规则简单，实施也更为方便，尤其适合各业务之间耦合度低、相互影响小、业务逻辑非常清晰的系统。在这种系统中可以很容易做到将不同业务模块所使用的表拆分到不同的数据库中。根据不同的表进行拆分，对应用程序的影响也更小，拆分规则也会比较简单、清晰。水平切分比垂直切分相对复杂一些。因为要将同一个表中的不同数据拆分到不同的数据库中，对于应用程序来说，拆分规则本身比较复杂，后期的数据维护也会更加复杂一些。

MySQL 5.1 以上的版本都支持数据表分区功能。数据库中的数据在经过垂直和（或）水平切分被存放在不同的数据库主机之后，应用系统面临的最大问题就是如何让这些数据源得到较好的整合，有两种解决思路：

（1）在每个应用程序模块中配置管理自己需要的一个（或者多个）数据源，直接访问各个数据库，在模块内完成数据的整合。

（2）通过中间代理层来统一管理所有的数据源，后端数据库集群对前端应用程序透明。

第二种方案虽然在短期内需要付出的成本可能会相对大一些，但是对整个系统的扩展性来说是非常有帮助的。下面介绍针对第二种方案可以选择的方法。

1. 利用 MySQL Proxy 实现数据切分及整合

MySQL Proxy 是在客户端请求与 MySQL 服务器之间建立一个连接池，所有客户端请求都发送到 MySQL Proxy，由 MySQL Proxy 进行相应的分析，判断是读操作还是写操作，然后分别发送到对应的 MySQL 服务器上。对于多节点 Slave 集群，也可以做到负载均衡的效果。

2. 利用 Amoeba 实现数据切分及整合

Amoeba 是一个基于 Java 开发的、专门解决分布式数据库数据源整合 Proxy 程序的开源框架，Amoeba 已经具有 Query 路由、Query 过滤、读写分离、负载均衡以及 HA 机制等相关内容。Amoeba 主要解决以下几个问题：

- 数据切分后复杂的数据源整合；
- 提供数据切分规则并降低数据切分规则给数据库带来的影响；
- 降低数据库与客户端的连接数；
- 读写分离路由。

Amoeba for MySQL 是专门针对 MySQL 数据库的解决方案，前端应用程序请求的协议以及后端连接的数据源数据库都必须是 MySQL。对于客户端的任何应用程序来说，Amoeba for MySQL 和一个 MySQL 数据库没有什么区别，任何使用 MySQL 协议的客户端请求都可以被 Amoeba for MySQL 解析并进行相应的处理。

Proxy 程序常用的功能（如读写分离、负载均衡等）配置都在 amoeba.xml 中进行。Amoeba 已经支持实现数据的垂直切分和水平切分的自动路由，路由规则可以在 rule.xml 中进行设置。

3. 利用 HiveDB 实现数据切分及整合

HiveDB 同样是一个基于 Java 针对 MySQL 数据库提供数据切分及整合的开源框架，只是目前的 HiveDB 仅仅支持数据的水平切分。其主要解决大数据量下数据库的扩展性及数据的高性能访问问题，同时支持数据的冗余及基本的 HA 机制。

HiveDB 的实现机制与 MySQL Proxy 和 Amoeba 有一定的差异，它并不是借助 MySQL 的 Replication 功能来实现数据的冗余，而是自行实现了数据冗余机制，其底层主要是基于 Hibernate Shards 来实现的数据切分工作。

16.3.2　MySQL 读写分离

读写分离架构是利用数据库的复制技术，将读和写分布在不同的处理节点上，从而达到提高可用性和扩展性的目的。主数据库提供写操作，从数据库提供读操作，在很多系统中更多的是读操作。当主数据库进行写操作时，数据要同步到从数据库，这样才能有效保证数据库的完整性。MySQL 也有自己的同步数据技术。MySQL 通过二进制日志来复制数据，在主数据库同步到从数据库之后，从数据库一般由多台数据库组成，这样才能达到减轻压力的目的。读操作应根据服务器的压力分配到不同服务器，而不是简单的随机分配。MySQL 提供了 MySQL Proxy 来实现读写分离操作。

目前较为常见的 MySQL 读写分离有以下两种。

1. 基于程序代码内部实现

在代码中根据 SELECT、INSERT 进行路由分类，这种方法也是目前生产环境中应用最广泛的。

2. 基于中间代理层实现

代理位于客户端和服务器之间，代理服务器收到客户端请求后通过判断转发到后端数据库。通过 Share Plex 几乎实时的复制数据到其他数据库节点，再通过特定的模块检查数据库状态，并进行负载均衡、读写分离，极大地提高了系统可用性。

16.3.3　MySQL 集群

MySQL Cluster 技术在分布式系统中为 MySQL 数据提供了冗余特性，增强了安全性，使得单个 MySQL 服务器故障不会对系统产生巨大的负面效应，系统的稳定性得到保障。

MySQL Cluster 采用 Shared-nothing 架构。MySQL Cluster 主要利用了 NDB 存储引擎来实现，NDB 存储引擎是一个内存式存储引擎，要求数据必须全部加载到内存之中。数据被自动分布在集群中的不同存储节点上，每个存储节点只保存完整数据的一个分片（fragment）。同时，用户可以设置同一份数据保存在多个不同的存储节点上，以保证单点故障不会造成数据丢失。

MySQL Cluster 需要有一组计算机，每台计算机的角色可能是不一样的。MySQL Cluster 按照节点类型可以分为 3 种，即管理节点（对其他节点进行管理）、数据节点（存放 Cluster 中的数据，可以有多个）和 SQL 节点（存放表结构，可以有多个）。Cluster 中的某计算机可以是某一种节点，也可以是两种或 3 种节点的集合。这 3 种节点只是逻辑上的划分，所以它们和物理计算机不一定是一一对应的关系。多个节点可以分布在不同的地理位置，因此也是一个实现分布式数据库的方案。

MySQL 集群的出现很好地实现了数据库的负载均衡，减少了数据中心节点的压力和大数据量处理，当数据库中心节点出现故障时集群会采取一定的策略切换到其他备份节点上，有效地屏蔽了故障问题，单节点的失效不会影响整个数据库对外提供服务。另外，通过采用数据库集群架构，主从数据库之间时刻都在进行数据的同步冗余，数据库是多点分布式的，良好地完成了数据库数据的备份，避免了数据损失。

16.4　MySQL 分布式应用案例

首先准备 3 台普通的计算机，并全部安装 Fedora 操作系统。本节以 MySQL Cluster 测试环境来介绍 MySQL Cluster 的配置方法，节点的配置表信息如表 16-1 所示。

表 16-1　节点的配置表

节　点	对应的 IP 地址和端口
管理节点（一个）	192.168.0.100
SQL 节点（两个）	192.168.0.101:3331
	192.168.0.102:3331
数据节点（两个）	192.168.0.101
	192.168.0.102

　　下面是安装 MySQL Cluster 之前的准备工作，需要将 3 台普通计算机的网络 IP 地址配置起来，具体操作步骤如下。

　　系统默认的网卡端口是 eth0，这里使用的是 eth2，首先编辑 eth2 的配置文件，设置 IP 地址、子网掩码和网关的配置信息。

```
[root@localhost ~]# cd /etc/sysconfig/network-scripts/
[root@localhost network-scripts]# vi ifcfg-eth2
# Advanced Micro Devices [AMD] 79c970 [PCnet32 LANCE]
DEVICE=eth2
BOOTPROTO=static
HWADDR=00:0c:29:be:34:3a
ONBOOT=yes
DHCP_HOSTNAME=localhost.localdomain
NM_CONTROLLED=no
TYPE=Ethernet
USERCTL=yes
PEERDNS=yes
IPV6INIT=no
IPADDR=192.168.0.100
NETMASK=255.255.255.0
GATEWAY=192.168.0.1
```

　　使用 ifconfig 命令查看 eth2 端口的 IP 地址是否成功设置，然后重新启动网络。

```
[root@localhost network-scripts]# ifconfig eth2
eth2      Link encap:Ethernet  HWaddr 00:0C:29:AD:4D:72
          inet addr:192.168.0.100  Bcast:192.168.0.255  Mask:255.255.255.0
          inet6 addr: fe80::20c:29ff:fead:4d72/64 Scope:Link
          UP BROADCAST RUNNING MULTICAST  MTU:1500  Metric:1
          RX packets:115380 errors:0 dropped:0 overruns:0 frame:0
          TX packets:574 errors:0 dropped:0 overruns:0 carrier:0
          collisions:0 txqueuelen:1000
          RX bytes:14511212 (13.8 MiB)  TX bytes:94140 (91.9 KiB)
          Interrupt:18 Base address:0x1080

[root@localhost network-scripts]# service network restart
Shutting down interface eth2:  Device eth2 has MAC address 00:0C:29:AD:4D:72, instead of
configured address 00:0C:29:BE:34:3A. Ignoring.
                                                           [FAILED]
Shutting down loopback interface:                          [  OK  ]
Bringing up loopback interface:                            [  OK  ]
Bringing up interface eth2:                                [  OK  ]
```

　　使用 chkconfig 命令设置网卡进入系统时启动。如果想每次开机都可以自动获取 IP 地址，此时需要开启服务，使用 chkconfig 命令是让网络服务在系统启动级别为 2345 时默认启动。

```
[root@localhost network-scripts]# chkconfig --level 2345 network on
```

```
[root@localhost network-scripts]# service network start
Bringing up loopback interface:                     [  OK  ]
Bringing up interface eth2:                         [  OK  ]
RTNETLINK answers: File exists
RTNETLINK answers: File exists
RTNETLINK answers: File exists
RTNETLINK answers: File exists
RTNETLINK answers: File exists
RTNETLINK answers: File exists
RTNETLINK answers: File exists
RTNETLINK answers: File exists
[root@localhost network-scripts]# clear
```

使用 service network start 或者 service network restart 命令提示出错，原因主要是 Fedora 除了有个 network 网卡信息外，还有一个 NetworkManager 来管理，可以将 NetworkManager 关闭掉。

将 NetworkManager 服务关闭掉，然后重启网络服务。

```
[root@localhost network-scripts]# chkconfig --level 0123456 NetworkManager off
[root@localhost network-scripts]# service NetworkManager stop
Stopping NetworkManager daemon:                     [  OK  ]
[root@localhost network-scripts]# service network stop
Shutting down loopback interface:                   [  OK  ]
[root@localhost network-scripts]# service network start
Bringing up loopback interface:                     [  OK  ]
Bringing up interface eth2:                         [  OK  ]
```

下面采用相同的方法配置 IP 地址为 192.168.0.101 和 192.168.0.102 的网络地址，配置完成后使用 ping 命令检测网络是否可以成功连接。

```
[root@localhost ~]# ifconfig
eth2      Link encap:Ethernet  HWaddr 00:0C:29:AD:4D:72
          inet addr:192.168.0.100  Bcast:192.168.0.255  Mask:255.255.255.0
          inet6 addr: fe80::20c:29ff:fead:4d72/64 Scope:Link
          UP BROADCAST RUNNING MULTICAST  MTU:1500  Metric:1
          RX packets:348908 errors:0 dropped:0 overruns:0 frame:0
          TX packets:39045 errors:0 dropped:0 overruns:0 carrier:0
          collisions:0 txqueuelen:1000
          RX bytes:339740810 (324.0 MiB)  TX bytes:2179906 (2.0 MiB)
          Interrupt:18 Base address:0x1080

lo        Link encap:Local Loopback
          inet addr:127.0.0.1  Mask:255.0.0.0
          inet6 addr: ::1/128 Scope:Host
          UP LOOPBACK RUNNING  MTU:16436  Metric:1
          RX packets:1225 errors:0 dropped:0 overruns:0 frame:0
          TX packets:1225 errors:0 dropped:0 overruns:0 carrier:0
          collisions:0 txqueuelen:0
          RX bytes:73623 (71.8 KiB)  TX bytes:73623 (71.8 KiB)

[root@localhost ~]# ping 192.168.0.101
PING 192.168.0.101 (192.168.0.101) 56(84) bytes of data.
64 bytes from 192.168.0.101: icmp_seq=1 ttl=64 time=4.45 ms
64 bytes from 192.168.0.101: icmp_seq=2 ttl=64 time=1.10 ms
64 bytes from 192.168.0.101: icmp_seq=3 ttl=64 time=2.14 ms
64 bytes from 192.168.0.101: icmp_seq=4 ttl=64 time=1.02 ms
^C
--- 192.168.0.101 ping statistics ---
4 packets transmitted, 4 received, 0% packet loss, time 3975ms
rtt min/avg/max/mdev = 1.022/2.181/4.459/1.387 ms
```

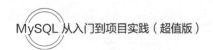

16.4.1 安装 MySQL Cluster 软件

在安装 MySQL Cluster 之前需要将 MySQL Server 卸载掉，如果 MySQL Server 已经卸载，则直接安装 MySQL Cluster。安装 MySQL Cluster 的具体操作步骤如下。

直接把之前源码安装的 MySQL 程序删除掉。

```
[root@localhost mysql]# cd /usr/local
[root@localhost local]# ls
bin doc etc games include lib libexec man mysql sbin share src
[root@localhost local]# rm -rf mysql
```

登录 http://dev.mysql.com/downloads/cluster/#downloads 网址，下载 MySQL Cluster。

下载好 mysql-cluster-gpl-7.2.8-linux2.6-i686.tar.gz 文件之后先对其进行解压缩。

```
[root@localhost ~]# gunzip mysql-cluster-gpl-7.2.8-linux2.6-i686.tar.gz
[root@localhost ~]# tar -xvf mysql-cluster-gpl-7.2.8-linux2.6-i686.tar
```

假设每个节点计算机上都采用 mysql 用户来运行 MySQL Cluster，首先添加 mysql 组，然后添加 mysql 用户。

```
[root@localhost ~]# groupadd mysql
[root@localhost ~]# useradd mysql -g mysql
```

开始安装 MySQL Cluster。

```
[root@localhost ~]# mkdir /usr/local/mysql-cluster
[root@localhost ~]# mv mysql-cluster-gpl-7.2.8-linux2.6-i686/*
  /usr/local/mysql-cluster/
[root@localhost ~]# cd /usr/local/mysql-cluster
[root@localhost mysql-cluster]# chown -R root .
[root@localhost mysql-cluster]# ls
bin     data include      lib mysql-test scripts sql-bench
COPYING docs INSTALL-BINARY man README      share  support-files
[root@localhost mysql-cluster]# chown -R mysql ./data
[root@localhost mysql-cluster]# chown -R mysql .
[root@localhost mysql-cluster]# ./scripts/mysql_install_db --user=mysql
Installing MySQL system tables...
./bin/mysqld: error while loading shared libraries: libaio.so.1: cannot open shared object file:
No such file or directory

Installation of system tables failed! Examine the logs in
./data for more information.

You can try to start the mysqld daemon with:

    shell> ./bin/mysqld --skip-grant &

and use the command line tool ./bin/mysql
to connect to the mysql database and look at the grant tables:

    shell> ./bin/mysql -u root mysql
    mysql> show tables

Try 'mysqld --help' if you have problems with paths. Using --log
gives you a log in ./data that may be helpful.

Please consult the MySQL manual section
'Problems running mysql_install_db', and the manual section that
describes problems on your OS. Another information source are the
MySQL email archives available at http://lists.mysql.com/.
```

```
Please check all of the above before mailing us!  And remember, if
you do mail us, you MUST use the ./bin/mysqlbug script!
```

提示错误信息 "libaio.so.1: cannot open shared object file: No such file or directory"。这是安装过程中可能
缺少 libaio 安装文件而导致的问题，接下来安装该程序，操作如下。

```
[root@localhost ~]# ls
anaconda-ks.cfg  install.log.syslog              network.txt
Desktop          libaio-0.3.96-3.i386.rpm        Pictures
Documents        Music                           Public
Download         Mysql5.5                        Templates
install.log      mysql-cluster-gpl-7.2.8-linux2.6-i686.tar Videos
[root@localhost ~]# rpm -ivh libaio-0.3.96-3.i386.rpm
warning: libaio-0.3.96-3.i386.rpm: Header V3 DSA signature: NOKEY, key ID 73307de6
Preparing...                ########################################### [100%]
   1:libaio                 ########################################### [100%]
```

很顺利 libaio-0.3.96-3.i386.rpm 包安装成功，然后开始初始化 MySQL Server 服务。

```
[root@localhost ~]# cd /usr/local/mysql-cluster/
[root@localhost mysql-cluster]# ./scripts/mysql_install_db --user=mysql
Installing MySQL system tables...
OK
Filling help tables...
OK

To start mysqld at boot time you have to copy
support-files/mysql.server to the right place for your system

PLEASE REMEMBER TO SET A PASSWORD FOR THE MySQL root USER !
To do so, start the server, then issue the following commands:

./bin/mysqladmin -u root password 'new-password'
./bin/mysqladmin -u root -h localhost.localdomain password 'new-password'

Alternatively you can run:
./bin/mysql_secure_installation

which will also give you the option of removing the test
databases and anonymous user created by default. This is
strongly recommended for production servers.

See the manual for more instructions.

You can start the MySQL daemon with:
cd . ; ./bin/mysqld_safe &

You can test the MySQL daemon with mysql-test-run.pl
cd ./mysql-test ; perl mysql-test-run.pl

Please report any problems with the ./bin/mysqlbug script!
```

从上面的安装信息可以发现 "To start mysqld at boot time you have to copy support-files/mysql.server to the
right place for your system"，接下来首先创建 my.cnf 文件，并且开始初始化数据库，接着需要配置 mysql 服
务，然后启动服务。

```
[root@localhost mysql-cluster]# cp ./support-files/my-medium.cnf /etc/my.cnf
cp: overwrite '/etc/my.cnf'? y
[root@localhost mysql-cluster]#
[root@localhost mysql-cluster]# cd /etc/init.d
[root@localhost init.d]# ln -s
 /usr/local/mysql-cluster/support-files/mysql.server /etc/init.d/mysql.server
```

设置 mysql 服务为自动启动服务。

```
[root@localhost ~]# cd /usr/local
[root@localhost local]# ln -s mysql-cluster mysql
```

接下来编辑 etc 下的 profile 环境配置文件，在该文件最后加上如下配置信息。

```
[root@localhost ~]# vi /etc/profile
PATH=$PATH:/usr/local/mysql-cluster/bin
export PATH
```

使用 chkconfig 增加一项新的服务，系统从它之后服务自动运行。

```
[root@localhost ~]# cd /etc/rc.d/init.d/
[root@localhost init.d]# ls -al |grep mysql
lrwxrwxrwx 1 root root   51 2011-10-27 12:35 mysql.server -> /usr/local/mysql-cluster/support-files/
mysql.server
[root@localhost init.d]# chkconfig --add mysql.server
[root@localhost local]# service mysql.server start
Starting MySQL.....................................[ OK ]
```

简单地测试一下当前的 MySQL 版本是否支持 Cluster。

```
[root@localhost init.d]# mysql
Welcome to the MySQL monitor.  Commands end with ; or \g.
Your MySQL connection id is 1
Server version: 5.5.27-ndb-7.2.8-cluster-gpl-log MySQL Cluster Community Server (GPL)

Copyright (c) 2000, 2011, Oracle and/or its affiliates. All rights reserved.

Oracle is a registered trademark of Oracle Corporation and/or its
affiliates. Other names may be trademarks of their respective
owners.

Type 'help; ' or '\h' for help. Type '\c' to clear the current input statement.

mysql> show variables like '%ndb%';
+---------------------+------------+
| Variable_name       | Value      |
+---------------------+------------+
| have_ndbcluster     | DISABLED   |
| ndbinfo_database    | ndbinfo    |
| ndbinfo_max_bytes   | 0          |
| ndbinfo_max_rows    | 10         |
| ndbinfo_offline     | OFF        |
| ndbinfo_show_hidden | OFF        |
| ndbinfo_table_prefix| ndb$       |
| ndbinfo_version     | 459272     |
+---------------------+------------+
8 rows in set (0.03 sec)
```

16.4.2　配置管理节点

MySQL Cluster 管理节点的配置是 Cluster 配置中最关键的一步，下面通过详细的步骤来描述一下如何配置管理节点。

复制/usr/local/mysql-cluster/bin 下的 ndb_mgm 和 ndb_mgmd 两个文件到/usr/local/bin 目录下面。

```
[root@localhost ~]# cd /usr/local/mysql-cluster/bin/
[root@localhost bin]# cp ./ndb_mgm* /usr/local/bin
```

在管理节点服务器 192.168.0.10 的/var/lib/下创建目录 mysql-cluster，并在该目录下面创建配置文件 config.ini。

```
[root@localhost ~]# cd /var/lib
[root@localhost lib]# mkdir mysql-cluster
[root@localhost lib]# cd mysql-cluster/
[root@localhost mysql-cluster]# touch config.ini
```

配置集群的测试环境，config.ini 文件的配置信息如下。

```
[ndbd default]
NoOfReplicas=1                              #每个数据节点的镜像数量
DataMemory=200M                             #每个数据节点中给数据分配的内存
IndexMemory=20M                             #每个数据节点中给索引分配的内存
[ndb_mgmd]                                  #配置管理节点
NodeId=1
hostname=192.168.0.100
datadir=/var/lib/mysql-cluster/             #管理节点数据（日志）目录
[ndbd]                                      #数据节点配置
NodeId=2
hostname=192.168.0.101
datadir=/usr/local/mysql/data/              #数据节点目录
[ndbd]
NodeId=3
hostname=192.168.0.102
datadir=/usr/local/mysql/data/
[mysqld]
hostname=192.168.0.101
[mysqld]
hostname=192.168.0.102
[mysqld]
```

通过 config.ini 文件来配置管理节点、SQL 节点和数据节点的信息，通常人们最关心这 3 类节点的配置，分别定义如下。

（1）[ndbd default]：表示每个数据节点的默认配置，在具体的每个节点[ndbd]中不用再写这些选项。

（2）[ndb_mgmd]：表示配置管理节点信息。

（3）[ndbd]：表示每个数据节点的配置信息，可以配置多个数据节点信息。

（4）[mysqld]：表示 SQL 节点的配置信息，可以有多个，此节点的个数说明了可以用来连接数据节点的 SQL 节点总数。

16.4.3　配置 SQL 节点和数据节点

SQL 节点和数据节点的配置比较简单，只需要在 MySQL Server 的配置文件（my.cnf）中增加如下内容即可。

```
# The MySQL server
[mysql_cluster]
ndb-connectstring=192.168.0.100             #数据节点定位管理节点的 IP 地址

[mysqld]
Ndbcluster                                  #运行 NDB 存储引擎
ndb-connectstring=192.168.0.100             #定位管理节点
port       = 3306
socket     = /tmp/mysql.sock
skip-external-locking
key_buffer_size = 16M
max_allowed_packet = 1M
table_open_cache = 64
sort_buffer_size = 512K
```

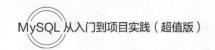

```
net_buffer_length = 8K
read_buffer_size = 256K
read_rnd_buffer_size = 512K
myisam_sort_buffer_size = 8M
```

在 IP 地址为 192.168.0.101 和 192.168.0.102 的计算机上配置数据节点和 SQL 节点的信息，[mysql_cluster] 选项配置数据节点的内容，[mysqld]配置 SQL 节点选项的内容。

16.5 就业面试技巧与解析

16.5.1 面试技巧与解析（一）

面试官：什么是 MySQL 的集群技术？

应聘者：MySQL Cluster 简单地讲是一种 MySQL 集群技术，由一组计算机构成，每台计算机可以存放一个或者多个节点，其中包括 MySQL 服务器、DNB Cluster 的数据节点、管理节点以及专门的数据访问程序，这些节点组合在一起就可以为应用提供高性能、高可用性和可缩放性的 Cluster 数据管理。

MySQL Cluster 的访问过程大致是这样的：应用通常使用一定的负载均衡算法将对数据的访问分散到不同的 SQL 节点，SQL 节点对数据节点进行数据访问并从数据节点返回数据结果，管理节点只是对 SQL 节点和数据节点进行配置管理。

16.5.2 面试技巧与解析（二）

面试官：分布式备份都是什么内容？

应聘者：分布式联机备份主要包含以下 3 个方面的内容。

（1）Metadata（元数据）：所有数据库表的名称和定义。

（2）Table records（表记录）：执行备份时实际保存在数据库表中的数据。

（3）Transaction log（事务日志）：指明如何以及何时将数据保存在数据库中的连续记录。

第 17 章

MySQL 查询缓存

◎ 本章教学微视频：7 个　18 分钟

 学习指引

　　MySQL 查询缓存是非常重要的技术，查询缓存会存储一个 SELECT 查询的文本与被传送到客户端的相应结果。如果执行相同的一个 SQL 语句，MySQL 数据库会将数据缓存起来以供下次直接使用，MySQL 数据库以此优化查询缓存来提高缓存命中率。在 MySQL 服务器高负载的情况下，使用查询缓存可以减轻服务器的压力，减少服务器的 I/O 操作。通过本章的学习，读者能够初步了解 MySQL 的缓存机制，并且能够对 MySQL 的缓存机制进行有效的设置和使用。

重点导读

- 了解查询缓存的基本概念。
- 熟悉查询缓存的工作原理。
- 掌握查看 MySQL 缓存信息的方法。
- 掌握配置查询缓存的方法。
- 掌握监控和维护查询缓存的方法。
- 掌握检查缓存命中的方法。
- 掌握优化查询缓存的方法。

17.1　MySQL 的缓存机制

　　MySQL 的缓存机制可以提高服务器性能，该功能是使用和管理 MySQL 的人员必须掌握的。本节主要学习 MySQL 的查询缓存（Query Cache）的基本概念。

17.1.1　查询缓存概述

　　MySQL 服务器有一个重要特征是查询缓存。缓存机制简单地说就是缓存 SQL 语句和查询的结果，如果运行相同的 SQL 语句，服务器会直接从缓存中取到结果，而不需要再去解析和执行 SQL 语句。查询缓存会存储最新数据，而不会返回过期数据，当数据被修改后，在查询缓存中的任何相关数据均被清除。对于频繁更新的表，查询缓存是不适合的，而对于一些不经常改变数据且有大量相同 SQL 查询的表，查询缓存会提高很大的性能。

在 MySQL 的性能优化方面经常涉及缓冲区（Buffer）和缓存（Cache），MySQL 通过在内存中建立缓冲区（Buffer）和缓存（Cache）来提升 MySQL 的性能。对于 InnoDB 数据库，MySQL 采用缓冲池（Buffer Pool）的方式来缓存数据和索引；对于 MyISAM 数据库，MySQL 采用缓存的方式来缓存数据和索引。

这些缓存能被所有的会话共享，一旦某个客户端建立了查询缓存，其他发送同样 SQL 语句的客户端也可以使用这些缓存。

如果表更改了，那么使用这个表的所有缓冲查询将不再有效，查询缓存值的相关条目被清空。更改指的是表中任何数据或结构的改变，包括 INSERT、UPDATE、DELETE、TRUNCATE、ALTER TABLE、DROP TABLE 或 DROP DATABASE 等，也包括那些映射到改变了的表的使用 MERGE 表的查询。

查询必须是完全相同的（逐字节相同）才能够被认为是相同的，字符的大小写也被认为是不同的。另外，同样的查询字符串由于其他原因可能被认为是不同的。使用不同的数据库、不同的协议版本或者不同 默认字符集的查询被认为是不同的查询并且分别进行缓存。

17.1.2　MySQL 查询缓存的工作原理

需要特别注意的是，以下几种情况不会使用缓存数据。

1. 大小写不同的查询语句

如果两条查询语句的大小写不一样，则它们的缓存不能共享。例如以下语句：

```
select price from fruit;
SELECT price FROM fruit;
```

由于上述两条语句的大小写不同，所以不会使用查询缓存。

2. 子句不会被缓存

在 MySQL 中，SQL 语句的子句不会被缓存。例如以下语句：

```
SELECT price FROM fruit WHERE did IN (
SELECT did FROM fruit2);
```

在上述语句中，SELECT did FROM fruit2 是该语句的子句，不会被缓存。

3. 存储过程、触发器或者事件内部的一条语句

如果 SQL 语句是存储过程、触发器或者事件内部的一条语句，同样也不会被缓存。查询缓存也受到权限的影响，对于没有权限访问数据库中数据的用户，即使输入了同样的 SQL 语句，缓存中的数据也是无权访问的。由于 InnoDB 类型的表是支持事务操作的，当使用 InnoDB 类型的表时，包含在事务中的查询缓存也是会工作的。

4. 包含视图的查询结果不会被缓存

从 MySQL 5.6 版本之后，包含在视图中的查询结果也是会被缓存的。

5. 结果不确定的查询不会被缓存

查询缓存不会存储有不确定结果的查询，因此任何一个包含不确定函数（例如 NOW() 或 CURRENT_DATE()

的查询不会被缓存。同样，CURRENT_USER()或 CONNECTION_ID()这些由不同用户执行将会产生不同结果的查询也不会被缓存。事实上，查询缓存不会缓存引用了用户自定义函数、存储函数、用户自定义变量、临时表、MySQL 数据库中的表、INFORMATION_SCHEMA 数据库中的表、PERFORMANCE_SCHEMA 数据库中的表或者任何一个有列级权限的表的查询。

17.1.3　查看 MySQL 的缓存信息

在 MySQL 数据库设置了查询缓存后，当服务器接收到一个和之前同样的查询时会从查询缓存中检索查询结果，而不是直接分析并检索查询。

在 MySQL 数据库中查看查询缓存功能是否已经开启的命令如下：

```
select @@query_cache_type;
```

查询结果如图 17-1 所示。

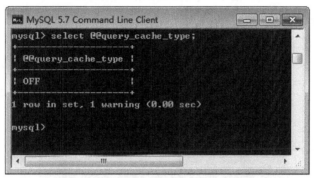

图 17-1　查看查询缓存功能是否开启

从结果可以看出缓存功能没有被开启。

开启查询缓存功能的方法如下：

设置 query_cache_type 为 ON，命令如下：

```
set session query_cache_type=ON;
```

查看查询缓存功能是否被开启，结果如图 17-2 所示。

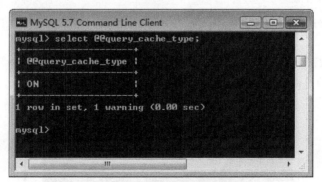

图 17-2　开启了缓存功能

从结果可以看出缓存功能已经被开启。

如果要禁用查询缓存功能，直接执行如下命令：

```
set session query_cache_type=OFF;
```

接着查看系统变量 have_query_cache 是否为 "YES"，该参数表示 MySQL 的查询缓存是否可用，查看命令如下：

```
show variables like 'have_query_cache';
```

查看结果如图 17-3 所示。

图 17-3 查询缓存功能是否可用

如果 SQL 语句的结果被缓存，系统会修改 MySQL 的状态变量 qcache_hits，并将其值增加 1，可以运行语句来查看 qcache_hits 的值，命令如下：

```
show status like '%qcache_hits%';
```

查询结果如图 17-4 所示。

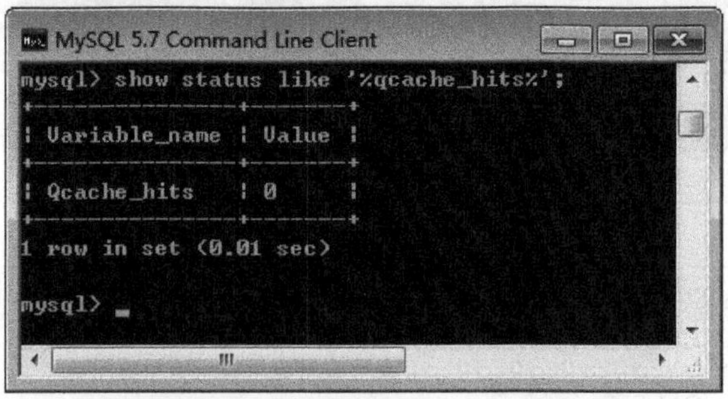

图 17-4 查看 qcache_hits 的值

从结果可以看出 qcache_hits 的值为 0，表示查询缓存累计命中的数是 0。

下面先输入以下语句：

```
SELECT * FROM fruit;
```

再次输入该语句：

```
SELECT * FROM fruit;
```

查询 qcache_hits 的值是否发生变化，结果如图 17-5 所示。

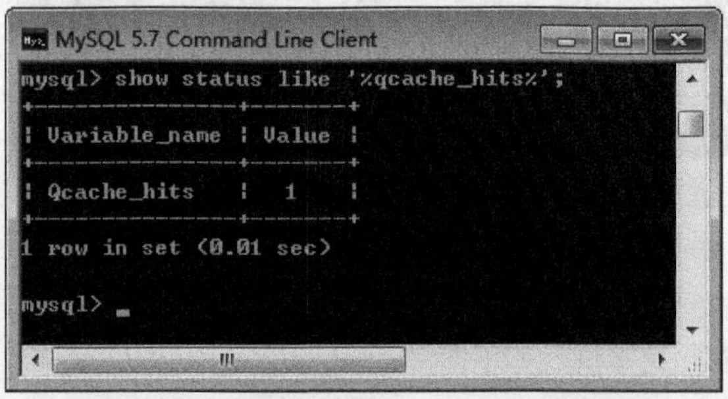

图 17-5 查询 qcache_hits 的值的变化

从结果可知，第二次查询后发现该缓存累计命中数已经发生了变化，此时查询出参数 qcache_hits 的值是 1，表示查询直接从缓存中获取结果，不需要再去解析 SQL 语句。

17.2　MySQL 查询缓存的配置和维护

本节主要讲解如何配置 MySQL 查询缓存的参数，以及如何维护和使用查询缓存。

17.2.1　配置查询缓存

设置系统变量 query_cache_size 的大小，命令如下：

```
set @@global.query_cache_size=999424;
```

查询系统变量 query_cache_size 设置后的大小，命令如下：

```
select @@global.query_cache_size;
```

查询结果如图 17-6 所示。

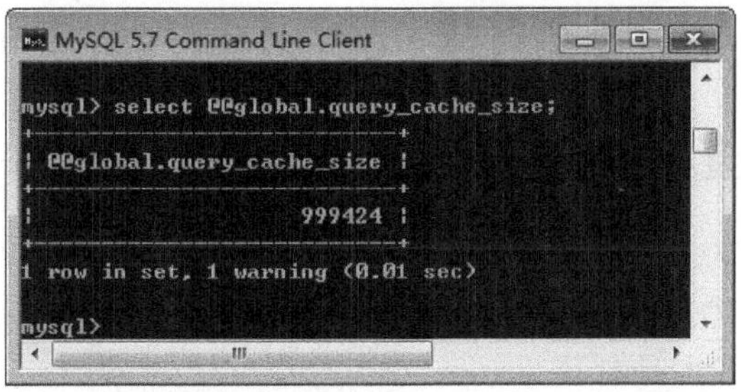

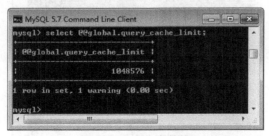

图 17-6　设置系统变量 query_cache_size 的大小

如果需要将该参数永久修改，需要修改/etc/my.cnf 配置文件，添加该参数的选项，添加如下：

```
    [mysqld]
port = 3306
query_cache_size = 1000000
...
```

如果查询结果很大，也可能缓存不了，需要设置 query_cache_limit 参数的值，该参数用来设置查询缓存的最大值。

查询该参数的值的命令如下：

```
select @@global.query_cache_limit;
```

查询结果如图 17-7 所示。

图 17-7　查询参数值

设置 query_cache_limit 参数值的大小，命令如下：

```
set @@global.query_cache_limit=2000000;
```

查询结果如图 17-8 所示。

图 17-8　设置 query_cache_limit 参数值的大小

如果需要将该参数永久修改，需要修改/etc/my.cnf 配置文件，添加该参数的选项，添加如下：

```
    [mysqld]
port = 3306
query_cache_size=1000000
query_cache_limit=2000000
...
```

通过以上步骤的设置，MySQL 数据库已经成功开启查询缓存功能。

17.2.2　监控和维护查询缓存

在日常工作中经常使用以下命令监控和维护查询缓存。

（1）flush query cache：该命令用于整理查询缓存，以便更好地利用查询缓存的内存，这个命令不会从缓存中移除任何查询结果。命令运行如下：

```
mysql> flush query cache;
Query OK, 0 rows affected (0.00 sec)
```

（2）reset query cache：该命令用于移除查询缓存中所有的查询结果。命令运行如下：

```
mysql> reset query cache;
Query OK, 0 rows affected (0.00 sec)
```

（3）show variables like '%query_cache%'：该命令可以监视查询缓存的使用状况，可以计算出缓存命中率。命令运行如下：

```
show variables like '%query_cache%';
```

查询结果如图 17-9 所示。

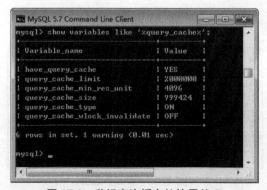

图 17-9　监视查询缓存的使用状况

下面具体介绍查询缓存功能相关参数的含义。

（1）have_query_cache：用来设置是否支持查询缓存区，"YES"表示支持查询缓存区。

（2）query_cache_limit：用来设置 MySQL 可以缓存的最大结果集，大于此值的结果集不会被缓存。

（3）query_cache_min_res_unit：用来设置分配内存块的最小体积。每次给查询缓存结果分配内存的大小，默认分配 4096 个字节。如果此值较小，那么会节省内存，但是这样会使系统频繁分配内存块。

（4）query_cache_size：用来设置查询缓存使用的总内存字节数，必须是 1024 字节的倍数。

（5）query_cache_type：用来设置是否启用查询缓存。如果设置为 OFF，表示不进行缓存；如果设置为 ON，表示除了 SQL_NO_CACHE 的查询以外，缓存所有的结果；如果设置为 DEMAND，表示仅缓存 SQL_CACHE 的查询。

（6）query_cache_wlock_invalidate：用来设置是否允许在其他连接处于 lock 状态时使用缓存结果，默认是 OFF，不会影响大部分应用。在默认情况下，一个查询中使用的表即使被 LOCK TABLES 命令锁住了，查询也能被缓存下来。用户可以通过设置该参数来关闭这个功能。

17.3　如何检查缓存命中

MySQL 检查缓存命中的方式十分简单、快捷。缓存就是一个查找表（Lookup Table），查找的键就是查询文本、当前数据库、客户端协议的版本，以及其他少数会影响实际查询结果的因素之哈希值。

下面主要学习 MySQL 数据库中缓存的管理技巧，以及如何合理配置 MySQL 数据库缓存，提高缓存命中率。

首先，在配置数据库客户端或者第三方工具与服务器连接时应该保证数据库客户端的字符集跟服务器的字符集保持一致。在实际工作中经常发现客户端配置的字符集和服务器字符集兼容没有完全一致，即使此时客户端没有出现乱码情况，查询数据可能就因为字符集不同的原因而没有被数据库缓存起来。

其次，为了提高数据库缓存的命中率，应该在客户端和服务器端采用一样的 SQL 语句。从数据库缓存的角度考虑，数据库查询的 SQL 语句是不区分大小写的，比如第一个查询语句采用大写语句，第二个查询语句采用小写语句，但对于缓存来讲，大小写不同的 SQL 语句会被当作不同的查询语句。

查询缓存只是发生在服务器第一次接收到 SQL 查询语句时，然后把查询结果缓存起来，对于查询中的子查询、视图查询和存储过程查询都不能缓存结果，对于预存储语句同样也不能使用缓存。

使用查询缓存有利也有弊，一方面，查询缓存可以使查询变得更加高效，改善了 MySQL 服务器的性能；另一方面，查询缓存本身也需要消耗系统 I/O 资源。所以说查询缓存增加了服务器额外的开销，主要体现在以下几个方面。

（1）MySQL 服务器在进行查询之前首先会检测查询缓存是否存在相同的查询条目。

（2）MySQL 服务器在进行查询操作时，如果缓存中没有相同的查询条目，会将查询的结果缓存到查询缓存，这个过程也需要消耗系统资源。

（3）如果数据库表发生增加操作，MySQL 服务器查询缓存中相对应的查询结果将会无效，这时同样需要消耗系统资源。

除了注意以上问题可以提高查询缓存的命中率外，通过分区表也可以提高缓存的命中率。通常用户会遇到这样的问题，对于某张表某个时间段内的数据更新比较频繁，其他时间段查询和更新比较多，一旦数据表的数据执行更新操作，那么查询缓存中的信息将会清空，此时查询缓存的命中率不会很高。此时可以考虑采用分区表，把某个时间段的数据存放在一个单独的分区表中，这样可以提高服务器的查询缓存的命中率。

17.4 优化查询缓存

MySQL 查询缓存优化方案的大致步骤如图 17-10 所示。

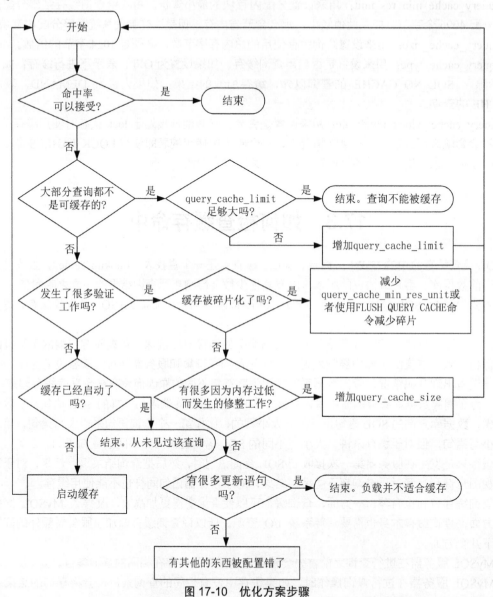

图 17-10 优化方案步骤

优化查询缓存通常需要注意以下几点。

（1）在进行数据库设计的时候尽量不要使用一张比较大的表，可以使用很多小的表，这样可以提高数据查询缓存的效率。

（2）在对数据库进行写操作的时候尽量一次性写入，因为如果逐个写入，每次写操作都会让数据库的缓存功能失效或清理缓存数据，此时服务器可能会挂起相当长时间。

（3）尽量不要在数据库或者表的基础上控制查询缓存，可以采用 SQL_CACHE 和 SQL_NO_CACHE 来决定是否使用缓存查询。

（4）可以基于某个连接来运行或禁止缓存，可以通过用适当的值设定 query_cache_size 来开启或关闭对某个连接的缓存。

（5）对于包含很多写入任务的应用程序，关闭查询缓存功能可以改进服务器性能。

（6）在禁用查询缓存的时候可以将 query_cache_size 参数设置为 0，这样就不会消耗内存了。

（7）如果想让少数查询使用缓存，而多数查询不使用缓存，此时可以将全局变量 query_cache_type 设置为 DEMAND，然后在想使用缓存功能的语句后面加上 SQL_CACHE，在不想使用缓存查询的语句后面加上 SQL_NO_CACHE，这样可以通过语句来控制查询缓存，提高缓存的使用率。

17.5　就业面试技巧与解析

17.5.1　面试技巧与解析（一）

面试官：在启用缓存时应该注意什么问题？

应聘者：查询缓存可以明显地改善性能，但在使用缓存时还要注意以下两点。

（1）当缓存非常大的时候，为了维持缓存的开销，服务器的性能会下降。在一般情况下，缓存维持在几十兆字节时，缓存的性能不错，一旦缓存达到几百兆字节，性能未必有所提升，甚至会下降。

（2）使用缓存的服务器性能会有很明显的改善，但是，如果在某个表上经常出现更新操作，甚至是把查询和更新操作一起使用，缓存的性能会下降，这时候可以通过关闭查询缓存来减少服务器的开销。

17.5.2　面试技巧与解析（二）

面试官：碎片很少，但是缓存命中率很低，为什么？

应聘者：如果空闲内存块是总内存块的一半左右，则表示存在很多的内存碎片。通常使用 flush query cache 命令整理碎片，然后使用 reset query cache 命令清理查询缓存。

如果碎片很少，但是缓存命中率很低，则说明设置的缓存内存空间过小，服务器频繁删除旧的查询缓存，腾出空间，以保存新的查询缓存。此时参数 qcache_lowmem_prunes 状态值将会增加，如果此值增加过快，可能是由以下原因造成的：

（1）如果存在大量空闲块，则是因为碎片的存在而引起的。

（2）如果空闲内存块较少，可以适当地增加缓存大小。

第18章

MySQL 错误代码和消息的使用

◎ 本章教学微视频：2个 4分钟

 学习指引

在管理 MySQL 数据库的过程中经常会遇到各种类型的错误代码，在 MySQL 中错误代码可以分为两类，即服务器错误代码和客户端错误代码。本章将讲述如何查看 MySQL 错误代码。

 重点导读

- 掌握查看 MySQL 服务器错误代码的方法。
- 掌握查看 MySQL 客户端错误代码的方法。
- 了解常见的 MySQL 服务器错误代码的含义。
- 了解常见的 MySQL 客户端错误代码的含义。

18.1　MySQL 服务器端错误代码和消息

MySQL 是根据 MySQL 安装目录下 share 中的 errmsg.txt 文件来生成 include 下 mysqld_err or.h 和 include 下 mysqld_ername.h 中的错误定义的。另外，SQLSTATE 的值也是根据 share 下 errmsg.txt 文件中的内容来生成 include 下的 sql_state.h 的。

在默认情况下服务器出错代码都是以 1 开头的，例如 "1004 SQLSTATE: HY000 (ER_CANT_CREATE_FILE)"，该消息的错误代码为 1004，该消息表示 "无法创建文件"。

在查看 share 下的 errmsg.txt 文件时会发现消息信息中包含%d、%ld 和%s，%d 和%ld 代表数值，%s 代表字符串，在显示具体信息时它们将被消息值取代。例如错误代码为 1146 的错误信息在 share 下的 errmsg.txt 中显示为 "Table '%-.192s.%-.192s' doesn't exist"，即 "表' '%-.192s.%-.192s"不存在"。其中 "%-.192s" 可表示左对齐 192 个字符宽度，可理解为此处输出为占位字符串，在显示具体信息时回避字符串消息替换。

例如以下查询操作：

```
use mytest;
show tables;
```

查询结果如图 18-1 所示。

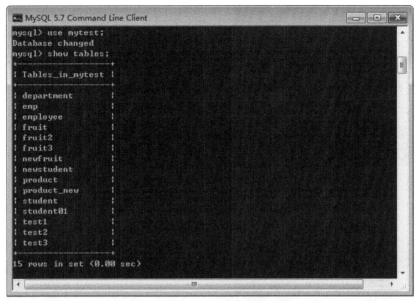

图 18-1　查询消息

查询数据表 student 中的数据的命令如下：

```
SELECT * FROM student;
```

查询结果如图 18-2 所示。

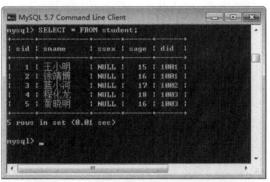

图 18-2　查询数据表 student 中的数据

查询数据表 oldstudent 中的数据的命令如下：

```
SELECT * FROM oldstudent;
```

查询结果如图 18-3 所示。

图 18-3　查询数据表 oldstudent 中数据时的错误代码

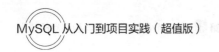

从结果可以看出，在 mytest 数据库中不存在 oldstudent 数据库，服务器错误代码为 1146。

18.2 MySQL 客户端错误代码和消息

本节主要讲解 MySQL 客户端错误代码和消息的生成方式和查看方法。MySQL 是根据 MySQL 安装目录下 include 中的 errmsg.h 文件来生成错误代码的。errmsg.h 文件的位置如图 18-4 所示。

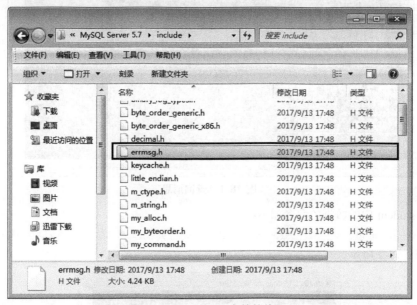

图 18-4 errmsg.h 文件的位置

下面是 errmsg.h 文件中的代码片段。

```
#ifndef ERRMSG_INCLUDED
#define ERRMSG_INCLUDED

/* Copyright (c) 2000, 2015, Oracle and/or its affiliates. All rights reserved.

   This program is free software; you can redistribute it and/or modify
   it under the terms of the GNU General Public License as published by
   the Free Software Foundation; version 2 of the License.
/* Error messages for MySQL clients */
/* (Error messages for the daemon are in sql/share/errmsg.txt) */

#ifdef __cplusplus
extern "C" {
#endif
void   init_client_errs(void);
void   finish_client_errs(void);
extern const char *client_errors[]; /* Error messages */
#ifdef __cplusplus
}
```

```
#endif

#define CR_MIN_ERROR        2000 /* For easier client code */
#define CR_MAX_ERROR        2999
#if !defined(ER)
#define ER(X) (((X) >= CR_ERROR_FIRST && (X) <= CR_ERROR_LAST)? \
            client_errors[(X)-CR_ERROR_FIRST]: client_errors[CR_UNKNOWN_ERROR])

#endif
#define CLIENT_ERRMAP       2    /* Errormap used by my_error() */

/* Do not add error numbers before CR_ERROR_FIRST. */
/* If necessary to add lower numbers, change CR_ERROR_FIRST accordingly. */
#define CR_ERROR_FIRST      2000 /*Copy first error nr.*/
#define CR_UNKNOWN_ERROR    2000
#define CR_NAMEDPIPEWAIT_ERROR  2016
#define CR_NAMEDPIPEOPEN_ERROR  2017
#define CR_NAMEDPIPESETSTATE_ERROR 2018
#define CR_CANT_READ_CHARSET    2019
#define CR_NET_PACKET_TOO_LARGE 2020
#define CR_EMBEDDED_CONNECTION 2021
#define CR_PROBE_SLAVE_STATUS   2022
#define CR_PROBE_SLAVE_HOSTS    2023
#define CR_PROBE_SLAVE_CONNECT 2024
#define CR_PROBE_MASTER_CONNECT 2025
#define CR_SSL_CONNECTION_ERROR 2026
#define CR_MALFORMED_PACKET     2027
#define CR_WRONG_LICENSE   2028

/* new 4.1 error codes */
/* Add error numbers before CR_ERROR_LAST and change it accordingly. */
```

消息值与 libmysql 下 errmsg.c 文件中列出的错误消息对应。 %d 和%s 分别代表数值和字符串，在显示时它们将被消息值取代，这一点和服务器端错误代码显示的方式一样。

在默认情况下客户端出错代码都是以 2 开头的，例如 2025 CR_PROBE_MASTER_CONNECT 表示连接到主服务器时出错。

18.3　就业面试技巧与解析

18.3.1　面试技巧与解析（一）

面试官：常见的服务器错误代码有哪些？

应聘者：常见的服务器错误代码的含义。

- 1004：无法创建文件。
- 1005：无法创建数据表。
- 1006：无法创建数据库。

- 1007：无法创建数据库，数据库已存在。
- 1008：无法撤销数据库，数据库不存在。
- 1009：撤销数据库时出错。
- 1010：撤销数据库时出错。
- 1011：删除时出错。
- 1012：无法读取系统表中的记录。
- 1013：无法获取的状态。
- 1014：无法获得工作目录。
- 1015：无法锁定文件。
- 1016：无法打开文件。
- 1017：无法找到文件。
- 1018：无法读取的目录。
- 1019：无法为更改目录。

18.3.2　面试技巧与解析（二）

面试官：常见的客户端错误代码有哪些？

应聘者：常见的客户端错误代码的含义如下。

- 2000：未知 MySQL 错误。
- 2001：不能创建 UNIX 套接字（%d）。
- 2002：不能通过套接字"%s"（%d）连接到本地 MySQL 服务器，self 服务未启动。
- 2003：不能连接到"%s"（%d）上的 MySQL 服务器，未启动 mysql 服务。
- 2004：不能创建 TCP/IP 套接字（%d）。
- 2005：未知的 MySQL 服务器主机"%s"（%d）。
- 2006：MySQL 服务器不可用。
- 2007：协议不匹配，服务器版本=%d，客户端版本=%d。
- 2008：MySQL 客户端内存溢出。
- 2009：错误的主机信息。
- 2010：通过 UNIX 套接字连接的本地主机。
- 2012：服务器握手过程中出错。
- 2013：查询过程中丢失了与 MySQL 服务器的连接。
- 2014：命令不同步，现在不能运行该命令。
- 2024：连接到从服务器时出错。
- 2025：连接到主服务器时出错。
- 2026：SSL 连接错误。

第 4 篇

高级应用

在本篇中将综合前面所学的各种基础知识以及高级应用技巧来实际开发应用程序。通过本篇的学习，读者将学会在 C#软件开发、Java 软件开发、PHP 软件中实现 MySQL 数据库的连接，为日后在软件项目开发中具备协同技能积累经验。

第19章

在 C#中实现 MySQL 数据库的连接

◎ 本章教学微视频: 6 个　11 分钟

 学习指引

　　C#语言是微软公司推出的一种精确、简单、类型安全、面向对象的编程语言,它是继 java 流行起来后所诞生的一种新语言。C#语言可以通过 MySQL 数据库的接口访问 MySQL 数据库。本章主要学习在 C#中如何操作 MySQL 数据库。

 重点导读

- 了解 C#语言。
- 掌握安装 Connector/NET 驱动程序的方法。
- 掌握使用 Connector/NET 驱动程序的方法。
- 掌握建立与 MySQL 数据库服务器的连接方法。
- 掌握选择数据库的方法。
- 掌握执行数据库基本操作的方法。
- 掌握关闭对象的方法。

19.1　C#概述

　　C#(C sharp)是微软公司设计的一种面向对象的编程语言,它是基于.NET 平台快速编写开发应用程序的。C#语言体系都是构建在.NET 的框架之上,它是由 C 和 C++派生来的一种简单、现代、面向对象和类型的编程语言,是微软公司专门为使用.NET 平台而创建的,它不仅继承了 C 和 C++的灵活性,而且更能够提供高效的编写与开发。

　　C#是微软公司专门为.NET 量身打造的编程语言,是一种全新的语言,它与.NET 有着密不可分的关系,C#就是.NET 框架所提供的类型,C#本身并无库类,而是直接使用.NET 框架所提供的库类,并且类型安全检查、结构优化异常处理也是交给 CLR 处理的,因此 C#是最适合.NET 开发的编程语言。

　　总的来说 C#具有以下特性:

1. 语法简洁

C#不允许直接操作内存，去掉了 C/C++语言中的指针操作。

2. 彻底的面向对象设计

C#是一种完全面向对象语言，不像 C++语言，既支持面向过程程序设计，又支持面向对象程序设计。在 C#语言中不再存在全局函数、全局变量，所有的函数、变量和常量都必须定义在类中，避免了命名冲突。C#具有面向对象语言编程的一切特性，例如封装、继承、多态等。在 C#的类型系统中，每种类型都可以看作是一个对象，但 C#只允许单继承，即一个类只能有一个基类，即单一类的单一继承性，这样避免了类型定义的混乱。

3. 与 Web 紧密结合

C#与 Web 紧密结合，支持绝大多数的 Web 标准，例如 HTML、XML、SOAP 等。利用简单的 C#组件，程序设计人员能够快速地开发 Web 服务，并通过 Internet 使这些服务能被运行于任何操作系统上的应用所调用。

4. 强大的安全性机制

C#具有强大的安全机制，可以消除软件开发中的许多常见错误，并能够帮助程序设计人员使用最少的代码来完成功能，这不仅减轻了程序设计人员的工作量，同时有效地避免了错误的发生。另外，.NET 提供的垃圾回收器能够帮助程序设计人员有效地管理内存资源。

5. 兼容性

C#遵守.NET 的通用语言规范（Common Language Specification，CLS），从而保证能够与其他语言开发的组件兼容。

6. 灵活的版本处理技术

在大型工程的开发中，升级系统的组件非常容易出现错误。为了处理这个问题，C#在语言本身内置了版本控制功能，使程序设计人员更加容易地开发和维护各种商业应用。

7. 完善的错误、异常处理机制

对错误的处理能力的强弱是衡量一种语言是否优秀的重要标准。在开发中，即使最熟练的程序设计人员也会出现错误。C#提供了完善的错误和异常触发机制，使程序在交付应用时更加健壮。

19.2　安装 Connector/NET 驱动程序

在使用 C#语言连接 MySQL 时需要安装 Connector/NET 驱动程序。下面讲述如何安装 Connector/NET 驱动程序。

在 MySQL 5.7 的安装程序中，默认已经继承了 Connector/NET 驱动程序，在安装的时候选择相应的组件选项即可。下面讲述单独安装的方法。

步骤 1：单击"开始"按钮，选择"所有程序"→MySQL→MySQL Installer – Community 命令，如图 19-1 所示。

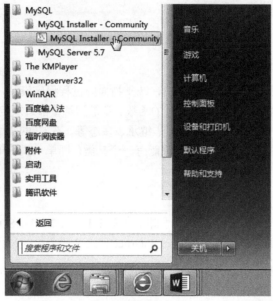

图 19-1　执行命令

步骤 2：打开 MySQL Installer 窗口，单击 Add 按钮，如图 19-2 所示。

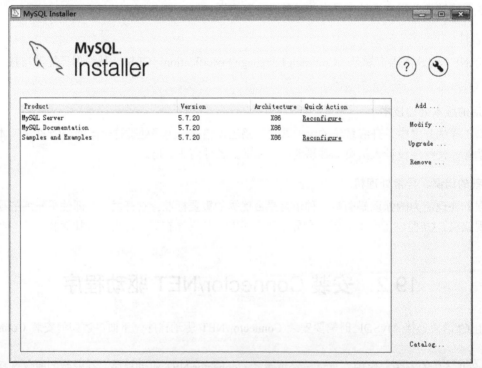

图 19-2　MySQL Installer 窗口

步骤 3：打开 Select Products and Features 窗口，选择 Connector/NET 6.9.9-×86，然后单击"添加"按钮 ，即可选择安装 Connector/NET 驱动程序，如图 19-3 所示。

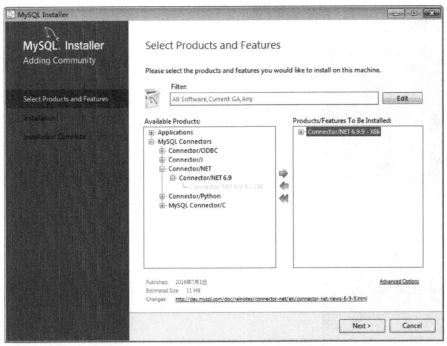

图 19-3　选择 Connector/NET 驱动程序

步骤 4：单击 Next 按钮，即可开始准备安装，如图 19-4 所示，然后单击 Execute 按钮。

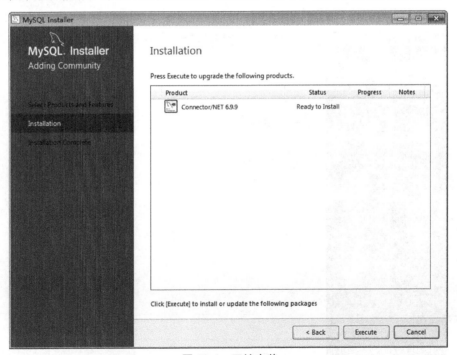

图 19-4　开始安装

步骤 5：安装完成后显示状态为 Complete，如图 19-5 所示。

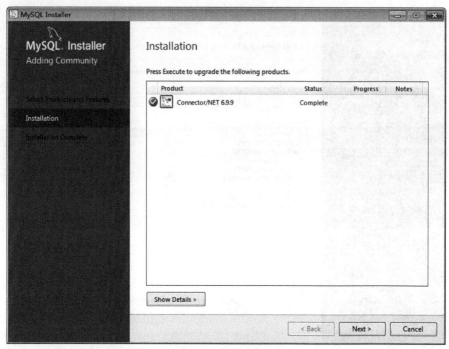

图 19-5　安装完成

步骤 6：单击 Next 按钮，打开 Installation Complete 窗口，如图 19-6 所示，然后单击 Finish 按钮，即可完成 Connector/NET 驱动程序的安装操作。

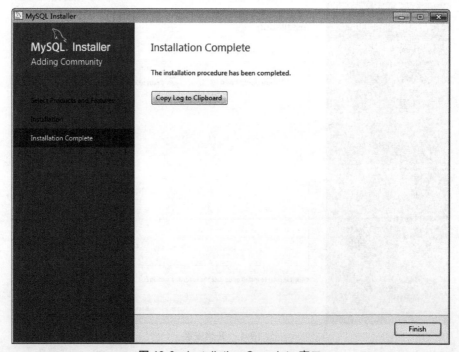

图 19-6　Installation Complete 窗口

步骤 7：返回到 MySQL Installer 窗口，即可看到新安装的 Connector/NET 驱动程序，如图 19-7 所示。

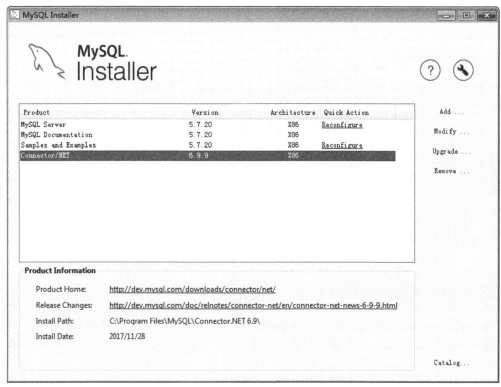

图 19-7　MySQL Installer 窗口

19.3　使用 C#语言连接 MySQL 数据库

在完成 Connector/NET 驱动程序的安装后，即可在 C#语言编程中连接 MySQL 数据库，并对数据库进行各种操作。

19.3.1　建立与 MySQL 数据库服务器的连接

在使用 Connector 驱动程序时，通过 MySql.Connection 对象来连接 MySQL 数据库。在连接 MySQL 数据库之前需要引用 MySql.Data.MySqlClient，语句如下：

```
using MySql.Data.MySqlClient;
```

在连接 MySQL 数据库时需要提供主机名或者 IP 地址、连接的数据库名、数据库用户名和用户密码等信息。每个信息之间用分号 ";" 隔开。下面是创建 MySqlConnection 对象的语句：

```
MySqlConnection db = null;         //创建 MySqlConnection 对象，连接 MySQL 数据库
db = new MySqlConnection("Data Source=主机名或者 IP 地址;Initial Catalog=数据库名;User ID=用户名;Password=用户密码");
```

语句中的参数如下。

- Data Source：表示 MySQL 数据库所在计算机的主机名或者 IP。
- Initial Catalog：表示需要连接的数据库。Initial Catalog 可以用 Database 替代。
- User ID：表示登录数据库的用户名。

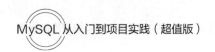

- Password：表示登录数据库的密码。

19.3.2　选择数据库

在创建 MySqlConnection 对象后，需要调用 Open()函数来执行连接操作。

下面是连接本地计算机中的 MySQL 数据库。MySQL 使用默认端口 3306，连接的数据库是 mytest，使用 root 用户来连接，用户的密码是 123456。连接 MySQL 的语句如下：

```
MySqlConnection  db= null;              //创建 MySqlconnecion 对象，连接 MySQL 数据库
db=new MySqlConnection ("Data Source=localhost;Initial Catalog=mytest:User ID=mytest
Password=123456");
db.Open();                              //调用 Open()，打开对象
if (db.StateTostring() = "Open")        //判断 db 的状态是否为 Open
{
    Console.WriteLine("数据库连接成功! ");
}
else
{
    Console.WriteLine("数据库连接失败! ");
}
```

创建 MySqlConnection 对象 db，通过 db.Open()来连接 MySQL 数据库。如果 db.Open()执行成功，那么 db 的状态就是 Open。执行成功后，在控制台输出连接成功的信息。如果连接失败，则在控制台输出连接失败的信息。

19.3.3　执行数据库的基本操作

在连接 MySQL 数据库之后，通过 MySqlCommand 对象来获取 SQL 语句，然后对数据库进行操作，常见方法如下：

- 通过 ExecuteNonquery()方法对数据库进行插入、更新和删除等操作。
- 通过 ExecuteReader()方法或 ExecuteScalar()方法查询数据。
- 通过 MySqlDataReader()方法获取 SELECT 语句的查询结果。

1. 创建 MySqlCommand 对象

MySqlCommand 对象主要用来管理 MySqlConnector 对象和 SQL 语句。MySqlCommand 对象的创建方法如下：

```
MySqlCommand com new MySqlCommand("SQL 语句", conn);
```

"SOL 语句"可以是 INSERT 语句、UPDATE 语句、DELETE 语句和 SELECT 语句等。com 为 MySqlConnector 对象。

在 C#中也可以使用以下方法创建 MySqlCommand 对象：

```
MySqlCommand com = new MySqlCommand();
com.Connection= db;
com.CommandText="SQL 语句";
```

使用这种方式可以为 MySqlCommand 对象添加不同的 SQL 语句。

2. 插入、更新或者删除数据

如果需要对 MySQL 数据库执行插入、更新和删除等操作，那么需要使用 MySqlCommand 对象调用

ExecuteNonquery()方法来实现。ExecuteNonquery()方法的语法格式如下：

```
int i = db.ExecuteNonquery() ;
```

该方法将返回一个整型数字，其中 db 为 MySqlCommand 对象。

例如使用 ExecuteNonquery()方法执行一个插入命令，向 fruits 数据表中插入两条记录，语句如下：

```
MySqlCommand com = new MySqlCommand();      //创建 MySqlCommand 对象
com.Connection = db;//将 db 赋值给 com 的 Connection 属性
com.CommandText="INSERT INTO fruits values(1,'苹果',6.52,'天津'),( 2,'香蕉',4.52,'天津') ";
int i = db.ExecuteNonquery() ;
if(i>0)
{
    Console.writeline("成功插入了记录数为:"+i);
}
```

在 INSERT 语句执行成功后，控制台上会输出"成功插入了记录数为:2"的信息，这表示插入了两条记录。

3. 使用 SELECT 语句查询数据

如果需要执行 SELECT 语句，则需要使用 MySqlCommand 对象调用 ExecuteReader()方法来实现。

调用 ExecuteReader ()方法的代码如下：

```
MySqlDataReader dr;
dr=com.ExecuteReader():
```

其中，dr 是 ExecuteReader()方法返回的一个 MySqlDataReader 对象，查询的记录都会被保存在 dr 中。然后通过 Read()方法读取数据，如果读取到数据，则 Read()方法返回 true；如果没有读取到记录，Read()方法返回 true；如果没有读取到数据，Read()方法返回 false。通过 dr["columnName"] 或者 dr[n]来读取相应字段的数据。

例如，以下命令将查询 fruits 表中的数据。

```
MySqlCommand com=null;
MySqlDataReader dr=null;
com=new MySqlCommand("SELECT * FROM fruits",conn);   //将 MySqlDataReader 对象实例化
dr=com.ExecuteReader();
while (dr.Read())
{
    Console.WriteLine(dr["id"]+ " " +dr ["name"]+ " "+dr ["price"]+ " " +dr ["city"]);
}
```

19.4 关闭创建的对象

在数据库操作完成后需要关闭 MySQLConnection 对象和 MySqlDataReader 对象，从而避免这些对象再次占用资源。

在关闭这些对象时需要使用 Close()方法，命令如下：

```
conn.Close();                    //conn 是 MySqlConnection 对象
dr.Close();                      //dr 是 MySqlDataReader 对象
```

在执行上述命令后可以关闭 MySqlConnection 对象和 MySqlDataReader 对象，它们所占据的内存资源和其他资源都被释放掉了。

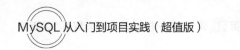

19.5   就业面试技巧与解析

19.5.1   面试技巧与解析（一）

面试官：C#如何备份 MySQL 数据库？

应聘者：在 C#中可以通过调用 mysqldump 命令来备份 MySQL 数据库。因为 mysqldump 命令需要在 DOS 窗口中执行，所以需要使用 Start()命令调用 cmd 命令打开 DOS 窗口。

例如将 MySQL 数据库备份到 D 盘下的 mytest.sql 文件中。

```
Process.Start("cmd.exe", "/c mysqldump -h localhost -u root -p123456 mytest >D:/mytest.sql");
```

19.5.2   面试技巧与解析（二）

面试官：C#如何一次执行多个查询语句？

应聘者：在一次执行多个 SELECT 语句时，ExecuteReader()将所有查询结果都返回给 MySqlDataReader 对象，但是 MySqlDataReader 对象一次只能读取一个 SELECT 语句的查询结果。如果需要读取下一个查询结果，需要调用 NextResult()方法，如果成功，返回 true，否则返回 false。

第 20 章
在 Java 中实现 MySQL 数据库的连接

◎ 本章教学微视频：10 个　16 分钟

 学习指引

随着网络的发展和技术的进步，各种编程语言应运而生，Java 语言便是目前最为流行的编程语言之一。Java 语言解决了网络的程序安全、健壮、与平台无关、可移植性等多个难题，而且 Java 语言的应用领域非常广泛，包括信息技术、科学研究、军事工业、航天航空等领域。本章将学习在 Java 中如何连接 MySQL 数据库。

 重点导读

- 了解 Java 语言。
- 熟悉 Java 语言的特性。
- 理解 Java 语言的核心技术。
- 理解 Java 语言的工作原理。
- 掌握连接 MySQL 数据库的方法。
- 掌握数据库连接接口的方法。
- 掌握数据库常用接口的使用方法。

20.1　Java 概述

通常所说的 Java 语言既是一门编程语言，也是一种网络程序设计语言。本节将向读者简单地介绍 Java 语言的基础知识，包括其运行过程、语言特性和核心技术等。

20.1.1　了解 Java 语言

Java 是 Sun 公司推出的新一代面向对象程序设计语言，特别适于 Internet 应用程序开发。首先，Java 作为一种程序设计语言，它简单、面向对象、不依赖于机器的结构、具有跨平台性和安全性，并且提供了多线程机制；其次，它最大限度地利用了网络，Java 的小应用程序（Applet）可在网络上传输而不受 CPU 和环境的限制。另外，Java 还提供了丰富的类库，使程序设计者可以很方便地建立自己的系统。

Java 语言可以编写两种程序，一种是应用程序（Application），另一种是小应用程序（Applet）。应用程序可以独立运行，可以用于网络、多媒体等。小应用程序自己不可以独立运行，是嵌入到 Web 网页中由带有 Java 插件的浏览器解释运行，主要使用在 Internet 上。

目前 Java 主要有 3 个版本，即 J2SE、J2EE 和 J2ME。本书中主要介绍的是 J2SE，也就是 Java 的标准版本。

1. J2SE（即 Java 2 Platform，Standard Edition）

J2SE 是 Java 的标准版，是各应用平台的基础，主要用于桌面应用软件的开发，包含了构成 Java 语言核心的类，例如面向对象等。Java SE 可以分为 4 个主要部分，即 JVM、JRE、JDK 和 Java 语言。

2. J2EE（即 Java 2 Platform，Enterprise Edition）

J2EE 是 Java 的企业版，Java EE 以 Java SE 为基础，定义了一系列的服务、API、协议等，主要用于分布式网络程序的开发，例如 JSP 和 ERP 系统等。

3. J2ME（即 Java 2 Platform，Micro Edition）

Java ME 即 Java 的微缩版，是 Java 平台版本中最小的一个，主要用于小型数字设备上应用程序的开发，例如手机和 PDA 等。

20.1.2　Java 语言的特性

Java 语言不仅吸收了 C++语言的各种优点，还摒弃了 C++中难以理解的多继承、指针等概念，因此 Java 语言具有如下特性。

1. 简单性

Java 语言的结构与 C 语言和 C++类似，但是 Java 语言摒弃了 C 语言和 C++语言的许多特征，例如运算符重载、多继承、指针等。Java 提供了垃圾回收机制，使程序员不必为内存管理问题烦恼。

2. 面向对象

目前，日趋复杂的大型程序只有面向对象的编程语言才能有效地实现，而 Java 就是一门纯面向对象的语言。在一个面向对象的系统中，类（class）是数据和操作数据的方法的集合。数据和方法一起描述对象（object）的状态和行为。每一个对象是其状态和行为的封装。类是按一定的体系和层次安排的，使得子类可以从超类继承行为。在这个类层次体系中有一个根类，它是具有一般行为的类。Java 程序是用类来组织的。

Java 还包括一个类的扩展集合，分别组成各种程序包（Package），用户可以在自己的程序中使用。例如，Java 提供产生图形用户接口部件的类（Java.awt 包），这里 awt 是抽象窗口工具集（abstract windowing toolkit）的缩写，还提供处理输入输出的类（Java.io 包）和支持网络功能的类（Java.net 包）。

Java 语言的开发主要集中于对象及其接口，它提供了类的封装、继承及多态，更方便程序的编写。

3. 分布性

Java 语言是面向网络的编程语言，它是分布式语言。Java 既支持各种层次的网络连接，又以 Socket 类支持可靠的流（stream）网络连接，所以用户可以产生分布式的客户机和服务器。网络变成软件应用的分布运载工具。Java 应用程序可以像访问本地文件系统那样通过 URL 访问远程对象。Java 程序只要编写一次就可到处运行。

4. 可移植性

Java 语言的与平台无关性使得 Java 应用程序可以在配备了 Java 解释器和运行环境的任何计算机系统上运行，这成为 Java 应用软件便于移植的良好基础。Java 编译程序也用 Java 编写，而 Java 运行系统用 ANSIC 语言编写。

5. 高效解释执行

Java 语言是一种解释型语言，用 Java 语言编写出来的程序通过在不同的平台上运行 Java 解释器对 Java 代码进行解释执行。Java 编译程序生成字节码（byte-code）文件，而不是通常的机器码。Java 字节码文件提供体系结构中的目标文件的格式，代码设计成的程序可有效地传送到多个平台。Java 程序可以在任何实现了 Java 解释程序和运行系统（run-time system）的系统上运行。

在一个解释性的环境中，程序开发的标准"链接"阶段几乎消失了。如果说 Java 还有一个链接阶段，则只是把新类装进环境的过程，它是增量式的、轻量级的过程。因此，Java 支持快速原型和容易试验，它将导致快速的程序开发。这是一个与传统的、耗时的"编译、链接和测试"形成鲜明对比的精巧的开发过程。

6. 安全性

Java 语言的存储分配模型是它防御恶意代码的主要方法之一。Java 语言没有指针，所以程序员不能得到隐蔽起来的内幕和伪造指针去指向存储器。更重要的是，Java 编译程序不处理存储安排决策，所以程序员不能通过查看声明去猜测类的实际存储安排。编译的 Java 代码中的存储引用在运行时由 Java 解释程序决定实际存储地址。

Java 运行系统使用字节码验证过程来保证装载到网络上的代码不违背任何 Java 语言限制。这个安全机制部分包括类如何从网上装载。例如，装载的类是放在分开的名字空间而不是局部类，预防恶意的小应用程序用它自己的版本来代替标准 Java 类。

7. 高性能

Java 语言是一种先编译后解释的语言，所以它不如全编译性语言快。但是在有些情况下性能是很要紧的，为了支持这些情况，Java 设计者制作了"及时"编译程序，它能在运行时把 Java 字节码文件翻译成特定 CPU（中央处理器）的机器代码，也就是实现全编译了。

Java 字节码文件格式在设计时考虑到这些"及时"编译程序的需要，所以生成机器代码的过程相当简单，它能产生相当好的代码。

8. 多线程

Java 是多线程语言，它提供支持多线程的执行（也称为轻便过程），能处理不同任务，使具有线程的程序设计很容易。Java 的 lang 包提供一个 Thread 类，它支持开始线程、运行线程、停止线程和检查线程状态的方法。

Java 语言的线程支持也包括一组同步原语，这些原语是基于监督程序和条件变量风格，由 C.A.R.Haore 开发的广泛使用的同步化方案。在 Java 中用关键字 synchronized，程序员可以说明某些方法在一个类中不能并发地运行。这些方法在监督程序控制之下确保变量维持一个一致的状态。

多线程实现了使应用程序可以同时进行不同的操作，处理不同的事件，互不干涉，很容易地实现了网

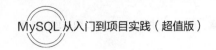
络上的实时交互操作。

9. 动态性

Java 语言具有动态特性。Java 动态特性是其面向对象设计方法的扩展，允许程序动态地调整服务器端库中的方法和变量数目，而客户端不需要进行任何修改。这是 C++进行面向对象程序设计所无法实现的。Java 语言设计成适应于变化的环境，它是一个动态的语言。例如，Java 语言中的类是根据需要载入的，甚至有些是通过网络获取的。

20.1.3 Java 语言的核心技术

Java 语言的核心技术就在于它提供了跨平台性和垃圾回收机制。Java 语言的跨平台性主要是由 JDK 中提供的 Java 虚拟机来实现的。

1. Java 的虚拟机

Java 虚拟机（Java Virtual Machine，JVM）是一种用于计算设备的规范，它是一个虚构出来的计算机，是通过在实际的计算机上仿真模拟各种计算机功能来实现的。

Java 语言的重要特点是与平台无关性，而 Java 虚拟机是实现这一特点的关键。一般的高级语言如果要在不同的平台上运行，至少需要编译成不同的目标代码。而引入 Java 虚拟机后，Java 语言在不同平台上运行时不需要重新编译。Java 语言使用 Java 虚拟机屏蔽了与具体平台相关的信息，使得 Java 语言编译程序只需生成在 Java 虚拟机上运行的目标代码（字节码）就可以在多种平台上不加修改地运行。Java 虚拟机在执行字节码文件时把字节码文件解释成具体平台上的机器指令执行。这就是 Java 能够"一次编译，到处运行"的原因。

2. 垃圾回收机制

垃圾回收机制是 Java 语言的一个显著特点，使 C++程序员最头疼的内存管理问题迎刃而解，它使得 Java 程序员在编写程序的时候不再需要考虑内存管理。由于有个垃圾回收机制，Java 语言中的对象不再有"作用域"的概念，只有对象的引用才有"作用域"。垃圾回收可以有效地防止内存泄露，有效地使用可以使用的内存。垃圾回收器通常是作为一个单独的低级别的线程运行，在不可预知的情况下对内存堆中已经死亡的或者长时间没有使用的对象进行清除和回收，程序员不能实时地调用垃圾回收器对某个对象或所有对象进行垃圾回收。垃圾回收机制有分代复制垃圾回收和标记垃圾回收、增量垃圾回收。

Java 程序员不用担心内存管理，因为垃圾回收器会自动进行管理。当要请求垃圾回收时，可以调用下面的方法之一：

```
1   System.gc()
2   Runtime.getRuntime().gc()
```

20.1.4 Java 语言的工作原理

Java 程序的运行必须经过编写、编译和运行 3 个步骤。

（1）编写指在 Java 开发环境中编写代码，保存成扩展名为.java 的源文件。

（2）编译指用 Java 编译器对源文件进行编译，生成扩展名为.class 的字节码文件，不像 C 语言那样生成可执行文件。

（3）运行指使用 Java 解释器将字节码文件翻译成机器代码，然后执行并显示结果。

Java 程序运行流程图如图 20-1 所示。

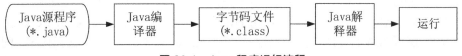

图 20-1　Java 程序运行流程

字节码文件是一种二进制文件，它是一种与机器环境及操作系统无关的中间代码，是 Java 源程序由 Java 编译器编译后生成的目标代码文件。编程人员和计算机都无法直接读懂字节码文件，它必须由专用的 Java 解释器来解释执行。

Java 解释器负责将字节码文件解释成具体硬件环境和操作系统平台下的机器代码，然后再执行。因此，Java 程序不能直接运行在现有的操作系统平台上，它必须运行在相应操作系统的 Java 虚拟机上。

Java 虚拟机是运行 Java 程序的软件环境，Java 解释器是 Java 虚拟机的一部分。在运行 Java 程序时，首先启动 Java 虚拟机，由 Java 虚拟机负责解释执行 Java 的字节码（*.class）文件，并且 Java 字节码文件只能运行在 Java 虚拟机上。这样利用 Java 虚拟机就可以把 Java 字节码文件与具体的硬件平台及操作系统环境分割开来，只要在不同的计算机上安装了针对特定具体平台的 Java 虚拟机，Java 程序就可以运行，而不用考虑当前具体的硬件及操作系统环境，也不用考虑字节码文件是在何种平台上生成的。Java 虚拟机把在不同硬件平台上的具体差别隐藏起来，从而实现了真正地跨平台运行。Java 的这种运行机制可以通过图 20-2 来说明。

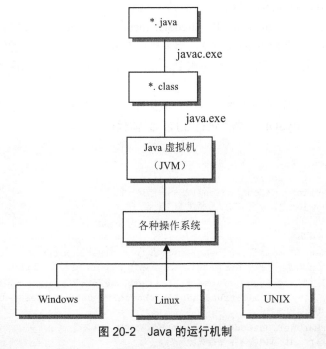

图 20-2　Java 的运行机制

Java 语言采用"一次编译，到处运行"的方式，有效地解决了目前大多数高级程序设计语言需要针对不同系统来编译产生不同机器代码的问题，即硬件环境和操作平台异构问题。

数据库是应用程序开发中非常重要的一部分，但是由于数据库的种类很多，不同数据库对数据的管理不同，为了方便地开发应用程序，Java 平台提供了一个访问数据库的标准接口，即 JDBC API。在 Java 语言中使用 JDBC 来连接数据库与应用程序，这是使用最广泛的一种技术。本章将介绍如何使用 JDBC 连接

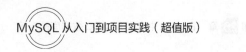

数据库、获取数据以及操作数据等。

JDBC（Java Data Base Connectivity，Java 数据库连接）是一种用于执行 SQL 语句的 Java API，可以为多种关系数据库提供统一访问的接口，它由一组用 Java 语言编写的类和接口组成。JDBC 提供了一种标准，根据这个标准可以构建更高级的工具和接口，使数据库开发人员能够编写数据库应用程序，同时 JDBC 也是一个商标名。

20.2　连接 MySQL 数据库的步骤

在 MyEclipse 中创建 Java 项目，并创建 Java 类。在类中使用 JDBC 连接和操作数据库。连接数据库的操作步骤一般是固定的，详细步骤如下。

步骤 1：加入 jar 包，直接将 MySQL 数据库的 jar 包复制到 Web 项目的 lib 包下即可。

步骤 2：加载数据库驱动。使用 Class 类的 forName()方法将驱动程序加载到虚拟机内存中，只需要在第一次访问数据时加载一次即可。

步骤 3：为 JDBC 连接数据库提供 URL。URL 中包含连接数据库的协议、子协议，以及数据库名、数据库账户和密码等信息。

步骤 4：创建与数据库的连接。通过 java.sql.DriverManager 类提供的 getConnection()方法获取与 URL 指定数据库连接的接口 Connection 的对象。

步骤 5：操作数据库。通过 Statement、PreparedStatement、ResultSet 3 个接口完成。利用数据库连接对象获得一个 PreparedStatement 或 Statement 对象，用来执行 SQL 语句。对连接的数据库通过 SQL 语句进行操作。操作结果一种是执行更新返回本次操作影响到的记录数，一种是执行查询返回一个结果集（ResultSet）对象。

步骤 6：关闭 JDBC 对象。在实际开发过程中，数据库资源非常有限，操作完之后必须关闭资源。

在 Java 中使用 JDBC 与 MySQL 数据库进行连接，具体代码如下。

```java
import java.sql.*;
public class DbConnect {
public static Connection con;
public static Connection getConnection(){
    //1.在项目中加入 jar 包，以及 JDBC 数据库连接驱动
    try {
        //2.加载数据库驱动
        Class.forName("org.gjt.mm.mysql.Driver").newInstance();
        //3.数据库连接地址，数据库名是 mysql，数据库账户为 root，密码为 123456
        String url ="jdbc:mysql://localhost/mysql?user=root&password=123456"
                + "&useUnicode=true&characterEncoding=8859_1&useSSL=true";
        //4.创建与数据库的连接
        con=DriverManager.getConnection(url);
        System.out.println("数据库连接成功! ");
    } catch (Exception e) {
        e.printStackTrace();
    }
    return con;
    }
}
```

在本案例中定义一个 Java 类，在类中定义静态成员变量 con，静态成员方法 getConnection()获取与

MySQL 数据库的连接。在静态方法中通过 Class 类的 forName()方法加载数据库驱动，并通过 DriverManager 类的 getConnection()方法获取与数据库的连接对象。

20.3　数据库连接接口

JDK 1.8 中的 java.sql 包提供了代表与数据库连接的 Connection 接口，它在上下文中执行 SQL 语句并返回结果。

20.3.1　常用方法

使用 DriverManager 类的 getConnection()方法返回的就是一个 Connection 接口的对象。一个 Connection 接口的对象代表一个数据库连接。Connection 接口的常用方法如表 20-1 所示。

表 20-1　Connection 接口的常用方法

返 回 类 型	方 法 名	说　　明
DatabaseMetaData	getMetaData()	获取一个 DatabaseMetaData 对象，该对象包含当前 Connection 对象所连接的数据库的元数据
Statement	createStatement()	创建一个 Statement 对象，将 SQL 语句发送到数据库
PreparedStatement	preparedStatement(String sql)	创建一个 PreparedStatement 对象，将参数 SQL 语句发送到数据库
void	commit()	使所有上一次提交或回滚后进行的更改成为持久更改，并释放此 Connection 对象当前持有的所有数据库锁
void	rollback()	取消在当前事务中进行的所有更改，并释放此 Connection 对象当前持有的所有数据库锁

20.3.2　处理元数据

Java 通过 JDBC 获得连接以后得到一个 Connection 接口的对象，用户可以从这个对象获得有关数据库管理系统的各种信息，包括数据库名称、数据库版本号、数据库登录账户、驱动名称、驱动版本号、数据类型、触发器以及存储过程等方面的信息，这样使用 JDBC 就访问了一个事先并不了解的数据库。

使用 Connection 接口提供的 getMetaData()方法可以获取一个 DatabaseMetaData 类的对象。DatabaseMetaData 类中提供了许多方法用于获得数据源的各种信息，通过这些方法可以非常详细地了解数据库的信息。DatabaseMetaData 类提供的常用方法如表 20-2 所示。

表 20-2　DatabaseMetaData 类提供的常用方法

返 回 类 型	方 法 名	说　　明
String	getURL()	数据库的 URL
String	getUserName()	返回连接当前数据库管理系统的用户名
boolean	isReadOnly()	指示数据库是否只允许读操作

续表

返 回 类 型	方 法 名	说　明
String	getDatabaseProductName()	返回数据库的产品名称
String	getDatabaseProductVersion()	返回数据库的版本号
String	getDriverName()	返回驱动程序的名称
String	getDriverVersion()	返回驱动程序的版本号

20.4　数据库常用接口

在建立与数据库的连接之后，与数据库的通信是通过执行 SQL 语句实现的，但是 Connection 接口不能执行 SQL 语句，需要使用专门的对象。在 JDK 的 java.sql 包中提供了用于在已经建立连接的数据库上向数据库发送 SQL 语句的 Statement 接口，以及存储数据库中查询结果的 ResultSet 接口。本节详细介绍 Statement 接口、PreparedStatement 接口和 ResultSet 接口的使用。

20.4.1　Statement 接口

Statement 接口的对象用于执行不带参数的 SQL 语句。通过 Connection 接口提供的 CreateStatement()方法创建 Statement 对象。Statement 接口的常用方法如表 20-3 所示。

表 20-3　Statement 接口的常用方法

返 回 类 型	方 法 名	说　明
boolean	execute(String sql)	执行 SQL 语句，该语句可能返回多个结果
ResultSet	executeQuery(String sql)	执行 SQL 语句，该语句返回单个 ResultSet 对象
int	executeUpdate(String sql)	执行给定的 SQL 语句，该语句可能为 INSERT、UPDATE 或 DELETE 语句，或者不返回任何内容的 SQL 语句（例如 SQL DDL 语句）
ResultSet	getResultSet()	以 ResultSet 对象的形式获取当前结果
int[]	executeBatch()	将一批命令提交给数据库来执行，如果全部命令执行成功，则返回更新计数组成的数组
void	close()	立即释放 Statement 对象的数据库和 JDBC 资源，而不是等待该对象自动关闭时发生此操作
Connection	getConnection()	获取生成 Statement 对象的 Connection 对象

20.4.2　PreparedStatement 接口

Statement 接口每次执行 SQL 语句时都将 SQL 语句传递给数据库，在多次执行相同的 SQL 语句时效率非常低，因此使用 PreparedStatement 接口，它是 Statement 接口的子接口，采用预处理的方式，是在实际开发中使用最广泛的一个接口。

PreparedStatement 接口用来执行动态的 SQL 语句，被编译的 SQL 语句保存到 PreparedStatement 对象中，系统可以反复并且高效地执行该 SQL 语句。PreparedStatement 接口的常用方法如表 20-4 所示。

表 20-4　PreparedStatement 接口的常用方法

返回类型	方法名	说明
ResultSet	executeQuery(String sql)	在 PreparedStatement 对象中执行 SQL 查询,并返回该查询生成的 ResultSet 对象
int	executeUpdate(String sql)	在 PreparedStatement 对象中执行 SQL 语句,该语句必须是一个 SQL 数据操作语言语句,比如 INSERT、UPDATE 或 DELETE 语句;或者是无返回内容的 SQL 语句,比如 DDL 语句
void	setInt(int index, int x)	将指定参数值设置为给定 Java int 值,index 值从 1 开始
void	setLong(int index, long x)	将指定参数值设置为给定 Java long 值,index 值从 1 开始

20.4.3　ResultSet 接口

ResultSet 接口类似于一个数据表，通过该接口的对象可以获取结果集，它具有指向当前数据行的指针。最初指针指向第 1 行之前，通过调用该对象的 next()方法使指针指向下一行；next()方法在 ResultSet 接口的对象中，若存在下一行，则返回 true，若不存在下一行，则返回 false。因此，可以通过 while 循环迭代结果集。

ResultSet 接口的常用方法如表 20-5 所示。

表 20-5　ResultSet 接口的常用方法

返回类型	方法名	说明
boolean	absolute(int row)	将光标移动到指定行
void	close()	立即释放 ResultSet 对象的数据库和 JDBC 资源,而不是等待该对象自动关闭时发生此操作
boolean	getBoolean(int columnIndex)	以 boolean 的形式获取 ResultSet 对象的当前行中指定列的值
int	getInt(int columnIndex)	以 int 的形式获取 ResultSet 对象的当前行中指定列的值
long	getLong(int columnIndex)	以 long 的形式获取 ResultSet 对象的当前行中指定列的值
Date	getDate(int columnIndex)	以 java.sql.Date 对象的形式获取 ResultSet 对象的当前行中指定列的值
String	getString(int columnIndex)	以 String 的形式获取 ResultSet 对象的当前行中指定列的值
Object	getObject(int columnIndex)	以 Object 的形式获取 ResultSet 对象的当前行中指定列的值
boolean	last()	将光标移动到 ResultSet 对象的最后一行
boolean	isFirst()	判断光标是否位于 ResultSet 对象的第 1 行
boolean	isLast()	判断光标是否位于 ResultSet 对象的最后一行
boolean	next()	将光标从当前行移动到下一行

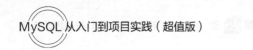

20.5 就业面试技巧与解析

20.5.1 面试技巧与解析（一）

面试官：JDBC 的原理什么？

应聘者：JDBC 是一个低级接口，用于直接调用 SQL 命令。JDBC 的主要作用是与数据库建立连接、操作数据库的数据并处理结果。

1. JDBC 接口包括两层

面向应用的 API 即 Java API，它是一种抽象接口，供应用程序开发人员使用（连接数据库，执行 SQL 语句，获得结果）。

面向数据库的 API 即 Java Driver API，供开发商开发数据库驱动程序使用。

2. JDBC 的作用

JDBC 对 Java 程序员而言是 API，对实现与数据库连接的服务提供商而言是接口模型。作为 API，JDBC 为程序开发提供标准的接口，并为数据库厂商以及第三方中间厂商实现与数据库的连接提供了标准方法。JDBC 使用已有的 SQL 标准并支持与其他数据库连接标准（例如 ODBC）之间的桥接。JDBC 实现了所有这些面向标准的目标，具有简单、严格类型定义且高性能实现的接口。

JDBC 扩展了 Java 的功能。例如，用 Java 和 JDBC API 可以发布含有 Applet 的网页，而该 Applet 使用的信息可能来自远程数据库。企业也可以用 JDBC 通过 Intranet 将所有职员连到一个或多个内部数据库中。随着越来越多的程序员开始使用 Java 编程语言，对从 Java 中便捷地访问数据库的要求也在日益增加。

JDBC API 存在之后，只需要用 JDBC API 编写一个程序向相应数据库发送 SQL 调用即可。同时将 Java 语言和 JDBC 结合起来，可以使程序在任何平台上运行，从而实现 Java 语言"编写一次，到处运行"的优势。

3. 连接 DBMS（数据库管理系统）

首先装载驱动程序，使用 Class 类提供的 forName()方法。

其次是建立与 DBMS 的连接，使用 DriverManager 类提供的 getConnection()方法获取与数据库的连接接口 Connection，使用此接口连接创建 JDBC statements 并发送 SQL 语句到数据库。

20.5.2 面试技巧与解析（二）

面试官：JDBC 驱动有几种类型？

应聘者：第一次使用 MySQL Command Line Client 有可能会出现闪一下然后窗口就消失的情况。

下面讲述如何处理这种情况。

打开路径 "C:\Program Files\MySQL\MySQL Server 5.7"，复制文件 my-default.ini，然后将副本命名为 my.ini，完成上面的操作后即可解决窗口闪一下就消失的问题。

20.5.3 面试技巧与解析（三）

面试官：在 MySQL 数据库中查询出的中文数据是乱码，怎么解决？

应聘者：JDBC 驱动分为 4 种类型，即 JDBC-ODBC 桥、网络协议驱动、本地 API 驱动和本地协议驱动。

1. JDBC-ODBC 桥

JDBC-ODBC 桥是 Sun 公司提供的,是 JDK 提供的标准 API。这种类型的驱动实际上是利用 ODBC 驱动程序提供 JDBC 访问。这种类型的驱动程序最适合于企业网或者是用 Java 编写的三层结构的应用程序服务器代码,因为它将 ODBC 二进制代码加载到使用该驱动程序的每个客户机上。

JDBC-ODBC 桥的执行效率并不高,因此更适合作为开发应用时的一种过渡方案。对于那些需要大量数据操作的应用程序,则应该考虑其他类型的驱动。

2. 网络协议驱动

这种驱动程序首先将 JDBC 转换为与 DBMS 无关的网络协议,之后这种协议又被某个服务器转换为一种 DBMS 协议。这种网络服务器中间件能够将它的纯 Java 客户机连接到多种不同的数据库上,所用的具体协议取决于提供者。通常,这是最为灵活的 JDBC 驱动程序。

有可能所有这种解决方案的提供者都提供适合于 Intranet 的产品。为了同时支持 Internet 访问,提供者必须处理 Web 所提出的安全性、通过防火墙的访问等方面的额外要求。

3. 本地 API 驱动

本地 API 驱动程序把客户机 API 上的 JDBC 调用转换为 Oracle、Sybase、Informix、DB2 或其他 DBMS 的调用。需要注意的是,和桥驱动程序一样,本地 API 驱动程序要求将某些二进制代码加载到每台客户机上。

由于这种类型的驱动可以把多种数据库驱动都配置在中间层服务器上,因此它最适合那种需要同时连接多个不同种类的数据库并且对并发连接要求高的应用。

4. 本地协议驱动

这种类型的驱动程序将 JDBC 调用直接转换为 DBMS 所使用的网络协议,允许从客户机上直接调用 DBMS 服务器,是 Intranet 访问的一个很实用的解决方法。由于许多这样的协议都是专用的,因此其主要来源是数据库提供者。

这种类型的驱动主要适合那些连接单一数据库的工作组应用。

第 21 章

在 PHP 中实现 MySQL 数据库的连接

◎ 本章教学微视频：14 个　20 分钟

 学习指引

　　PHP 是一种简单的、面向对象的、解释型的、健壮的、安全的、性能非常之高的、独立于架构的、可移植的和动态的脚本语言，而 MySQL 是快速和开源的网络数据库系统。PHP 和 MySQL 的结合是目前 Web 开发中的黄金组合，那么 PHP 是如何操作 MySQL 数据库的呢？本章将学习 PHP 操作 MySQL 数据库的各种函数和技巧。

 重点导读

- 了解 PHP 的概念。
- 熟悉 PHP 的发展历程。
- 熟悉 PHP 语言的优势。
- 掌握 PHP 访问 MySQL 数据库的步骤。
- 掌握设置 PHP 配置文件的方法。
- 掌握 PHP 操作 MySQL 数据库的方法。

21.1　了解 PHP

　　如果要了解 PHP 语言和其他语言有什么不同，读者首先需要了解 PHP 的概念和发展历程。

21.1.1　PHP 概述

　　PHP 的全名为 Personal Home Page，是英文 Hypertext Preprocessor（超级文本预处理语言）的缩写。PHP 是一种 HTML 内嵌式的语言，在服务器端执行嵌入 HTML 文档的脚本语言，语言的风格类似于 C 语言，被广泛运用于动态网站的制作中。PHP 语言借鉴了 C 和 Java 等语言的部分语法，并有自己独特的特性，使 Web 开发者能够快速地编写动态生成页面的脚本。对于初学者而言，PHP 的优势是可以快速入门。

与其他的编程语言相比，PHP 是将程序嵌入到 HTML 文档中去执行，执行效率比完全生成 HTML 标记的方式要高许多。PHP 还可以执行编译后的代码，编译可以达到加密和优化代码运行的作用，使代码运行得更快。另外，PHP 具有非常强大的功能，所有的 CGI 的功能 PHP 都能实现，而且支持几乎所有流行的数据库以及操作系统。最重要的是，PHP 还可以用 C、C++进行程序的扩展。

21.1.2　PHP 的发展历程

　　目前有很多 Web 开发语言，其中 PHP 是比较出众的一种 Web 开发语言。与其他脚本语言不同，PHP 是全世界免费代码开发者共同努力才发展到今天的规模。如果想了解 PHP，首先要从它的发展历程开始。

　　在 1994 年，Rasmus Lerdorf 首次设计出了 PHP 程序设计语言。1995 年 6 月，Rasmus Lerdorf 在 Usenet 新闻组 comp.infosystems.www.authoring.cgi 上发布了 PHP 1.0 声明。在这个早期版本中提供了访客留言本、访客计数器等简单的功能。

　　1995 年，第二版的 PHP 问市，定名为 PHP/FI（Form Interpreter）。在这一版本中加入了可以处理更复杂的嵌入式标签语言的解析程序，同时加入了对数据库 MySQL 的支持，奠定了 PHP 在动态网页开发上的影响力。自从 PHP 加入了这些强大的功能，它的使用量猛增。据初步统计，在 1996 年底，有 15000 个 Web 网站使用了 PHP/FI；而在 1997 年中期，这一数字超过了 50000。

　　前两个版本的成功让 PHP 的设计者和使用者对 PHP 的未来充满了信心。在 1997 年，PHP 开发小组又加入了 Zeev Suraski 及 Andi Gutmans，他们自愿重新编写了底层的解析引擎，另外很多人也自愿加入了 PHP 的其他部分而工作，从此 PHP 成为真正意义上的开源项目。

　　在 1998 年 6 月发布了 PHP 3.0 声明。在这一版本中 PHP 可以跟 Apache 服务器紧密结合，再加上它不断更新及加入新的功能，并且几乎支持所有主流与非主流数据库，而且拥有非常高的执行效率，这些优势使 1999 年使用 PHP 的网站超过了 150000。

　　PHP 经过了 3 个版本的演化，已经变成一种非常强大的 Web 开发语言。这种语言非常易用，而且它拥有一个强大的类库，类库的命名规则也十分规范，即使用户对一些函数的功能不了解，也可以通过函数名猜测出来，这使得 PHP 十分容易学习，而且 PHP 程序可以直接使用 HTML 编辑器来处理，因此 PHP 变得非常流行，有很多大的门户网站都使用 PHP 作为自己的 Web 开发语言，例如新浪网等。

　　在 2000 年 5 月推出了划时代的版本 PHP4，使用了一种"编译—执行"模式，核心引擎更加优越，提供了更高的性能，而且还包含了其他一些关键功能，比如支持更多的 Web 服务器、HTTP Sessions 支持、输出缓存、更安全的处理用户输入的方法以及一些新的语言结构。

　　PHP 目前的最新版本是 PHP5，在 PHP4 的基础上做了进一步的改进，功能更强大，执行效率更高。本书将以 PHP5 版本讲解 PHP 的实用技能。

21.1.3　PHP 语言的优势

　　PHP 能够迅速发展并得到广大使用者的喜爱，主要原因是 PHP 不仅有一般脚本所具有的功能，而且有它自身的优势，具体特点如下。

　　（1）源代码完全开放：所有的 PHP 源代码事实上都可以得到。读者可以通过 Internet 获得需要的源代码，快速修改利用。

　　（2）完全免费：和其他技术相比，PHP 本身是免费的。读者使用 PHP 进行 Web 开发无须支付任何费用。

　　（3）语法结构简单：因为 PHP 结合了 C 语言和 Perl 语言的特色，编写简单，方便易懂，可以被嵌入于

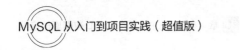

HTML 语言，它相对于其他语言编辑简单、实用性强，更适合初学者。

（4）跨平台性强：由于 PHP 是运行在服务器端的脚本，可以运行在 UNIX、Linux、Windows 系统上。

（5）效率高：PHP 消耗相当少的系统资源，并且程序开发快、运行快。

（6）强大的数据库支持：支持目前所有的主流和非主流数据库，使 PHP 的应用对象非常广泛。

（7）面向对象：在 PHP 5.5 中，对面向对象方面有了很大的改进，现在 PHP 完全可以用来开发大型商业程序。

21.2 PHP 访问 MySQL 数据库的流程

对于一个通过 Web 访问数据库的工作过程，一般分为以下几个流程。

（1）用户使用浏览器对某个页面发出 HTTP 请求。

（2）服务器端接收到请求，并发送给 PHP 程序进行处理。

（3）PHP 解析代码。在代码中有连接 MySQL 数据库的命令和请求特定数据库的某些特定数据的 SQL 命令。根据这些代码，PHP 打开一个和 MySQL 的连接，并且发送 SQL 命令到 MySQL 数据库。

（4）MySQL 接收到 SQL 语句之后加以执行，执行完毕后返回执行结果到 PHP 程序。

（5）PHP 执行代码，根据 MySQL 返回的请求结果数据生成特定格式的 HTML 文件，并且传递给浏览器。HTML 经过浏览器渲染，就是用户请求的展示结果。

21.3 设置 PHP 的配置文件

在默认情况下，PHP 没有自动开启对 MySQL 的支持，而是放到扩展函数库中，所以用户需要在扩展函数库中开启 MySQL 函数库。

首先打开 php.ini，找到 ";extension=php_mysql.dll"，去掉该语句前的分号 ";"，如图 21-1 所示，然后保存 php.ini 文件，重新启动 IIS 或 Apache 服务器。

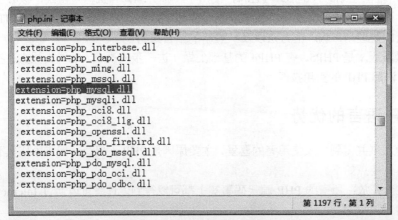

图 21-1 开启 MySQL 函数库

在配置文件设置完成后，可以通过 phpinfo()函数来检查是否配置成功，如果显示出的 PHP 的环境配置信息中有名为 mysql 的项目，表示已经开启了对 MySQL 数据库的支持，如图 21-2 所示。

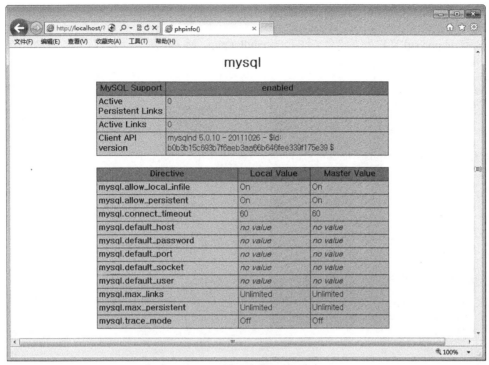

图 21-2　检查是否配置成功

21.4　在 PHP 中操作 MySQL 数据库

下面介绍 PHP 操作 MySQL 数据库所使用的各个函数的含义和使用方法。

21.4.1　通过 mysqli 类库访问 MySQL 数据库

PHP 操作 MySQL 数据库是通过 PHP 的 mysqli 类库完成的。这个类是 PHP 专门针对 MySQL 数据库的扩展接口。

下面以通过 Web 向 user 数据库请求数据为例介绍使用 PHP 函数处理 MySQL 数据库中的数据，具体步骤如下。

步骤 1：在网址主目录下创建 phpmysql 文件夹。

步骤 2：在 phpmysql 文件夹下建立文件 htmlform.html，输入代码如下：

```html
<html>
<head>
  <title>Finding User</title>
</head>
<body>
 <h2>Finding users from mysql database.</h2>
 <form action="formhandler.php" method="post">
    Fill user name:
    <input name="username" type="text" size="20"/> <br />
    <input name="submit" type="submit" value="Find"/>
 </form>
```

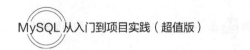

```
</body>
</html>
```

步骤 3：在 phpmysql 文件夹下建立文件 formhandler.php，输入代码如下：

```
<html>
<head>
  <title>User found</title>
</head>
<body>
  <h2>User found from mysql database.</h2>
<?php
  $username = $_POST['username'];
  if(!$username){
    echo "Error: There is no data passed.";
    exit;
  }

  if(!get_magic_quotes_gpc()){
    $username = addslashes($username);
  }
    @ $db = mysqli_connect('localhost','root','123456','adatabase');

    if(mysqli_connect_errno()){
     echo "Error: Could not connect to mysql database.";
     exit;
    }

    $q = "SELECT * FROM user WHERE name = '".$username."'";

    $result = mysqli_query($db,$q);
    $rownum = mysqli_num_rows($result);

    for($i=0; $i<$rownum; $i++){
      $row = mysqli_fetch_assoc($result);
      echo "Id:".$row['id']."<br />";
      echo "Name:".$row['name']."<br />";
      echo "Age:".$row['age']."<br />";
      echo "Gender:".$row['gender']."<br />";
      echo "Info:".$row['info']."<br />";
    }
    mysqli_free_result($result);

    mysqli_close($db);

?>
</body>
</html>
```

步骤 4：运行 htmlform.html，结果如图 21-3 所示。

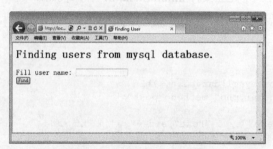

图 21-3　运行 htmlform.html

步骤 5：在输入框中输入用户名 "lilili"，单击 Find 按钮，页面跳转至 formhandler.php，并且返回请求结果，如图 21-4 所示。

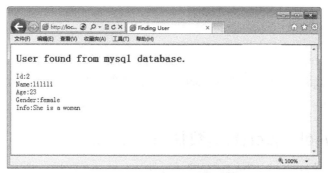

图 21-4　返回请求结果页面

在运行本实例前，用户可以参照前面章节的知识在 MySQL 服务器上创建 adatabase 数据库，添加数据表 user，然后添加一些演示数据。

在下面的小节中将详细分析此案例中所用函数的含义和使用方法。

21.4.2　使用 mysqli_connect()函数连接 MySQL 服务器

PHP 使用 mysqli_connect()函数连接到 MySQL 数据库。

mysqli_connect()函数的格式如下：

```
mysqli_connect('MySQL 服务器地址', '用户名', '用户密码', '要连接的数据库名')
```

例如上例的语句如下：

```
$db=mysqli_connect('localhost','root','123456','adatabase');
```

该语句就是通过此函数连接到 MySQL 数据库，并且把此连接生成的对象传递给名为$db 的变量，也就是对象$db。其中 "MySQL 服务器地址" 为'localhost'，"用户名" 为'root'，"用户密码" 为本环境 root 设定密码'123456'，"要连接的数据库名" 为'adatabase'。

在默认情况下，MySQL 服务的端口号为 3360，如果采用默认的端口号，可以不用指定，如果采用了其他的端口号，比如采用了 1066 端口，则需要特别指定，例如 127.0.0.1:1066，表示 MySQL 服务于本地计算机的 1066 端口。

提示：其中 localhost 换成本地地址或者 127.0.0.1 都能实现同样的效果。

21.4.3　使用 mysqli_select_db()函数选择数据库文件

在连接到数据库以后就需要选择数据库，只有选择了数据库才能对数据表进行相关的操作，这里需要使用 mysqli_select_db()函数来选择，它的格式如下：

```
mysqli_select_db(数据库服务器连接对象,目标数据库名)
```

在 21.4.1 节实例中的 "$db = mysqli_connect('localhost','root','123456','adatabase');" 语句已经通过传递参数值'adatabase'确定了需要操作的数据库。如果不传递此参数，mysqli_connect()函数只提供 "MySQL 服务器地址" 以及 "用户名" 和 "用户密码"，一样可以连接到 MySQL 数据库服务器并且以相应的用户登录。例如上例的语句变为 "$db = mysqli_connect('localhost','root','123456');"，一样是可以成立的。

但是，在这样的情况下就必须继续选择具体的数据库来进行操作。

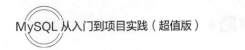

如果把上例中的 formhandler.php 文件中的语句：

```
@ $db = mysqli_connect('localhost','root','123456','adatabase');
```

修改为以下两个语句替代：

```
@ $db = mysqli_connect('localhost','root','123456');
mysqli_select_db($db,'adatabase');
```

程序的运行效果将完全一样。

在新的语句中，"mysqli_select_db($db,'adatabase');" 语句确定了 "数据库服务器连接对象" 为$db、"目标数据库名" 为'adatabase'.

21.4.4　使用 mysqli_query()函数执行 SQL 语句

使用 mysqli_query()函数执行 SQL 语句，需要向此函数中传递两个参数，一个是 MySQL 数据库服务器连接对象，一个是以字符串表示的 SQL 语句。mysqli_query()函数的格式如下：

```
mysqli_query(数据库服务器连接对象,SQL 语句)
```

在 21.4.1 节的实例中 "mysqli_query($db,$q);" 语句表明了 "数据库服务器连接对象" 为$db、"SQL 语句" 为$q，而$q 用 "$q = "SELECT * FROM user WHERE name = '".$username."'";" 语句赋值。

更重要的是，mysqli_query()函数执行 SQL 语句之后会把结果返回。在上例中就是返回结果并且赋值给$result 变量。

21.4.5　使用 mysqli_fetch_assoc()函数从数组结果集中获取信息

使用 mysqli_fetch_assoc()函数从数组结果集中获取信息，只要确定 SQL 请求返回的对象就可以了。

所以 "$row = mysqli_fetch_assoc($result);" 语句直接从$result 结果中取得一行，并且以关联数组的形式返回给$row。

由于获得的是关联数组，所以在读取数组元素的时候要通过字段名称确定数组元素。在上例中 "echo "Id: ".$row['id']. "<br />";" 语句就是通过 "id" 字段名确定数组元素的。

21.4.6　使用 mysqli_fetch_object()函数从结果中获取一行作为对象

使用 mysqli_fetch_object()函数从结果中获取一行作为对象，同样是确定 SQL 请求返回的对象就可以了。

把 21.4.1 节中实例的程序：

```
for($i=0; $i<$rownum; $i++){
 $row = mysqli_fetch_assoc($result);
 echo "Id:".$row['id']."<br />";
 echo "Name:".$row['name']."<br />";
 echo "Age:".$row['age']."<br />";
 echo "Gender:".$row['gender']."<br />";
 echo "Info:".$row['info']."<br />";
 }
```

修改如下：

```
for($i=0; $i<$rownum; $i++){
 $row = mysqli_fetch_object($result);
 echo "Id:".$row->id."<br />";
 echo "Name:".$row->name."<br />";
```

```
echo "Age:".$row->age."<br />";
echo "Gender:".$row->gender."<br />";
echo "Info:".$row->info."<br />";
}
```

之后，程序的整体运行结果相同。不同的是，修改之后的程序采用了对象和对象属性的表示方法。但是最后输出的数据结果是相同的。

21.4.7　使用 mysqli_num_rows()函数获取查询结果集中的记录数

使用 mysqli_num_rows()函数获取查询结果包含的数据记录的条数，只需要给出返回的数据对象就可以了。

例如 21.4.1 节实例中 "$rownum = mysqli_num_rows($result);" 语句查询了 $result 的记录的条数，并且赋值给$rownum 变量，然后程序利用这个条数的数值实现了一个 for 循环，遍历所有记录。

21.4.8　使用 mysqli_free_result()函数释放资源

释放资源的函数为 mysqli_free_result()，该函数的格式如下：

```
mysqli_free_result(SQL 请求所返回的数据库对象)
```

在一切操作都基本完成以后，21.4.1 节实例中的程序通过 "mysqli_free_result($result);" 语句释放了 SQL 请求所返回的对象$result 占用的资源。

21.4.9　使用 mysqli_close()函数关闭连接

在连接数据库时可以使用 mysqli_connect()函数。与之相对应，在完成一次对服务器使用的情况下需要关闭此连接，以免对 MySQL 服务器中的数据误操作并对资源进行释放，使用 mysqli_close()函数。一个服务器的连接也是一个对象型的数据类型。

mysqli_close()函数的格式如下：

```
mysqli_close(需要关闭的数据库连接对象)
```

在 21.4.1 节实例的程序中 "mysqli_close($db);" 语句关闭的 "需要关闭的数据库连接对象" 为 $db 对象。

21.5　就业面试技巧与解析

21.5.1　面试技巧与解析（一）

面试官：修改 php.ini 文件后仍然不能调用 MySQL 数据库怎么办？

应聘者：有时候修改 php.ini 文件不能保证一定可以加载 MySQL 函数库，此时如果使用 phpinfo()函数不能显示 MySQL 的信息，说明配置失败了。重新检查配置是否正确，如果正确，则把 PHP 安装目录下的 libmysql.dll 库文件直接复制，然后复制到系统的 system32 目录下，重新启动 IIS 或 Apache，最好再次使用 phpinfo()进行验证，若看到 MySQL 信息，表示此时已经配置成功。

21.5.2　面试技巧与解析（二）

面试官：为什么尽量省略 MySQL 语句中的分号？

应聘者：在 MySQL 语句中，每一行的命令都是用分号（;）作为结束，但是当一行 MySQL 被插入到 PHP 代码中时，最好把后面的分号省略掉。这主要是因为 PHP 也是以分号作为一行的结束，额外的分号有时会让 PHP 的语法分析器搞不明白，所以还是省略掉为好。在这种情况下，虽然省略了分号，但是 PHP 在执行 MySQL 命令时会自动加上。

另外还有一种不要加分号的情况。当用户想把字段竖着排列显示出来，而不是像通常那样横着排列时，可以用 G 来结束一行 SQL 语句，这时就不用分号了，例如：

```
SELECT * FROM paper WHERE USER_ID =1G
```

第 5 篇

行业应用

在本篇中将贯通前面所学的各项知识和技能来学习 MySQL 在不同行业开发中的应用技能。通过本篇的学习，读者将熟悉软件工程师的必备素养与技能，并具备 MySQL 数据库在金融银行、互联网以及信息资讯等行业开发的应用能力，同时为日后进行软件开发积累下行业开发经验。

- **第 22 章** 软件工程师必备素养与技能
- **第 23 章** MySQL 在金融银行行业开发中的应用
- **第 24 章** MySQL 在互联网行业开发中的应用
- **第 25 章** MySQL 在信息资讯行业开发中的应用

第 22 章

软件工程师必备素养与技能

◎ 本章教学微视频：10 个　13 分钟

 学习指引

在现代软件企业中，软件工程师的主要职责是帮助企业或个人用户应用计算机实现各种功能，满足用户的各种需求，要想成为一名合格的软件工程师，需要具备基本的素养和技能。本章就来介绍软件工程师必备的一些素养和技能。

 重点导读

- 熟悉软件工程师的基本素养。
- 熟悉个人素质必修课程。

22.1　软件工程师的基本素养

如何成为一名合格的软件工程师？软件工程师的发展前景在哪里？在 IT 信息技术飞速发展的今天，一名优秀的软件工程师不仅要具有一定的软件编写能力，而且要经常问自己未来的方向，这样才能不断补充新的知识体系，应对即将到来的各种挑战。如果用一句话总结软件工程师的基本状态，那恐怕就是"学习学习再学习"。但是除了不断学习，还有一些基本素养是成为一个软件工程师的前提，如图 22-1 所示。下面介绍几种基本的素养。

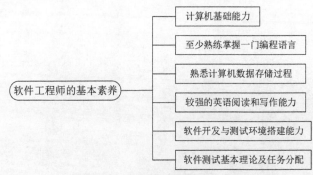

图 22-1　软件工程师的基本素养

22.1.1　计算机基础能力

计算机基础能力包括计算机软件工作的基本原理和计算机的操作能力。

软件工程师要熟悉了解计算机操作系统的工作过程，例如要知道计算机操作系统如何分配内存资源、调度作业、控制输入/输出设备等。计算机程序的工作过程包括告诉计算机要做哪些事，按什么步骤去做。

过硬的计算机操作能力是软件工程师的基本功，例如对计算机的相关知识有基本的了解，包括软/硬件、操作系统、常用键的功能等。

具体来讲，包括对 Windows、Linux、UNIX 等大型主流操作系统的使用和应用开发的熟练掌握；对操作系统中常用命令（如 Ping 等）的使用；对 Office 或 WPS 等办公软件的应用能力；对常用办公设备要熟悉，例如打印机、复印机、传真机的使用等。

22.1.2　掌握一门编程语言

软件工程师的一个重要职责是把用户的需求功能用某种计算机语言予以实现，编码能力直接决定了项目开发的效率。这就要求软件工程师至少掌握一门编程语言，例如计算机端常用的 C/C++、C#和 Java、PHP 语言，移动端常用的 Object C、HTML5，熟悉它们的基本语法、作业调度过程、资源分配过程，这是成为一个软件工程师的前提和要求。通俗地讲计算机好比是一块农田，软件工程师就是农夫，要使用一定的编程语言这个工具才能生产出我们的软件作品，熟练掌握一门编程语言是顺利生产软件作品的基石。

22.1.3　熟悉计算机数据存储过程

在软件工作的过程中要产生一定的数据输出，如何管理这些数据也是软件工程师必须要掌握的知识。数据输出可以是一个文本文件也可以是 Excel 文件，还可以是其他存储格式。通常要通过数据库软件去管理这些输出的数据，因此与数据库的交互在所有软件中都是必不可少的，了解数据库操作和编程是软件工程师需要具备的基本素质之一。数据库管理软件又有机构化数据管理和非机构化数据管理，目前常用的机构化数据库软件有甲骨文公司的 Oracle 数据库和微软公司的 SQL Server 等，非机构化数据库管理软件有 MangDB、Redis 等。

22.1.4　较强的英语阅读和写作能力

程序世界的主导语言是英文，编写程序开发文档和开发工具帮助文件离不开英文，了解业界的最新动向、阅读技术文章离不开英文，就是与世界各地编程高手交流、发布帮助请求同样离不开英文。作为软件工程师，具有一定的英语基础对于提升自身的学习和工作能力极有帮助。

22.1.5　软件开发与测试环境搭建能力

搭建良好的软件开发与测试环境是软件工程师需要具备的专业技能，也是完成开发与测试任务的保证。测试环境大体可分为硬件环境和软件环境，硬件环境包括必需的计算机、服务器、网线、分配器等设备；软件环境包括数据库、操作系统、被测试软件、共存软件等；在特殊条件下还要考虑网络环境，例如网络带宽、IP 地址设置等。

在搭建软件开发与测试环境前后要注意以下几点：

（1）在搭建软件开发与测试环境前确定软件开发与测试目的。软件开发与测试目的不同，在搭建环境时也会有所不同。

（2）软件开发与测试环境尽可能模拟真实环境。通过对技术支持人员和销售人员了解，尽可能模拟用户使用环境，选用合适的操作系统和软件平台。

（3）确保软件开发与测试环境无毒。通过对环境的杀毒以及安全的设置，可以很好地防止病毒感染测试环境，确保环境无毒。

（4）营造独立的测试环境。在测试过程中要确保测试环境的独立，避免测试环境被占用，影响测试进度及测试结果。

（5）构建可复用的测试环境。在搭建好测试环境后对操作系统及测试环境进行备份是必要的，这样一来可以在下轮测试时直接恢复测试环境，避免重新搭建测试环境花费时间；二来在测试环境遭到破坏时可以恢复测试环境，避免测试数据丢失。

22.1.6 熟悉软件测试基本理论及任务分配

在软件投入生产前必须经过一个过程，就是测试，只要有开发就会有测试。软件工程师不一定要做程序测试，但要熟悉软件测试过程，要能接到测试工程师的测试 bug 准确定位程序问题所在，这就注定了软件测试在软件开发过程中是不可或缺的，因此精通软件测试的基本理论以及工作任务是软件工程师必备的基本素养和技能。常用的软件测试技术包括黑盒测试、白色测试等。

22.2 个人素质必修课程

作为一名优秀的软件工程师，首先要对工作有兴趣，软件开发与测试等工作在很多时候都显得有些枯燥，因此热爱软件开发或测试工作才更容易做好这类工作。所以，软件工程师除了要具有专业技能和行业知识以外，还应具有一些基本的个人素质，如图 22-2 所示。

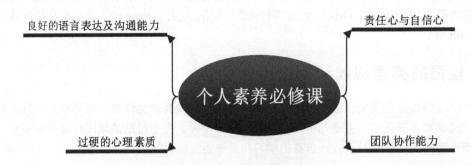

图 22-2 个人素养必修课

22.2.1 良好的语言表达及沟通能力

良好的语言表达能力及沟通能力是软件工程师应该具备的一个很重要的素质，在公司内部，团队要经常讨论解决问题，对于客户，通过沟通分析客户的正确需求，否则软件输出错误，给公司和客户都造成不必要的损失。

22.2.2 过硬的心理素质

开发软件本身就是一项艰苦的脑力和体力劳动，软件工程师开发完成一个软件要经过反复修改，要花费大量的时间和精力，这些都要求软件工程师有较好的心理承受能力以及过硬的心理素质。

22.2.3 责任心与自信心

责任心是做好工作必备的素质之一，软件工程师更应该将其发扬光大。如果在工作中没有尽到责任，甚至敷衍了事，把工作交给后面的工作人员甚至用户来完成，这很可能引起非常严重的后果。

自信心是现在大多数软件工程师都缺少的一项素质，尤其在面对需要编写测试代码等工作时往往认为自己做不到。因此，要想获得更好的职业发展，软件工程师应该努力学习，建立能"解决一切问题"的信心。

22.2.4 团队协作能力

团队协作贯穿软件开发的整个过程，从项目立项到项目需求分析、项目概要设计、数据库设计、功能模块编码、测试整个软件开发过程，可以说软件开发离不开团队协作，如果没有良好的团队协作能力，软件开发过程只能事倍功半。

第 23 章

MySQL 在金融银行行业开发中的应用

◎ 本章教学微视频：5 个　8 分钟

 学习指引

MySQL 在金融银行行业开发中也被广泛应用，例如银行交易系统中常见的用户登录及验证、查询余额、存款和取款等功能都是通过 PHP 配合 MySQL 数据库实现的。本章就以一个银行系统为例来介绍 MySQL 在金融银行行业开发中的应用。

 重点导读

- 了解银行交易系统的功能。
- 熟悉银行交易系统功能的分析方法。
- 熟悉银行交易系统的数据流程。
- 掌握创建银行交易系统数据库的方法。
- 掌握银行交易系统的代码实现过程。

23.1　系统功能描述

这里介绍一个基于 PHP+MySQL 的银行交易系统，该系统的功能包括银行交易系统的全部功能，以登录界面为起始界面，在用户输入用户名和密码后系统通过查询数据库验证该用户是否存在，如图 23-1 所示。

验证成功则进入系统主菜单，用户可以选择查询余额、取款或存款，进行相应的功能操作，如图 23-2 所示。

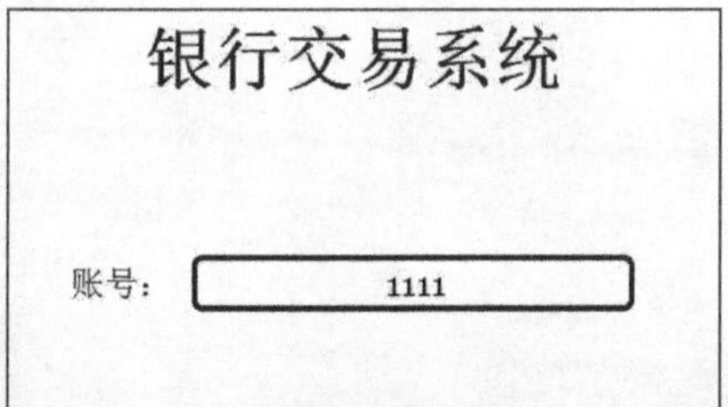

银行交易系统

账号：　1111

密码：　••••

登录

图 23-1　登录界面

图 23-2　主菜单界面

23.2　系统功能分析与数据流程

一个简单的银行交易系统包括登录界面以及查询余额、取款、存款和退出等界面。本节就来学习银行交易系统的功能以及实现方法。

23.2.1　系统功能分析

整个系统的功能结构如图 23-3 所示。

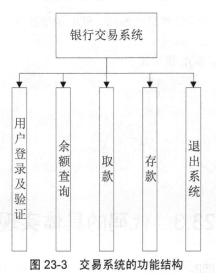

图 23-3　交易系统的功能结构

整个项目包含以下 5 个功能。

（1）用户登录及验证：在登录界面中用户输入用户名和密码后，系统通过查询数据库验证是否存在该用户，如果验证成功显示主菜单，否则提示"无效的用户名和密码"，并返回登录界面。

（2）余额查询：用户登录系统后，在主菜单界面中选择"查询余额"，系统会查询数据库，显示当前登录用户的账号余额。

（3）取款：在主菜单界面中用户选择"取款"，进入取款菜单界面，用户可以进一步选择 100、500、1000或 5000 进行取款，系统提示交易成功，再次进行余额查询，可显示取款后的账号余额；也可以选择"返回主菜单"，返回到主菜单界面。

（4）存款：在主菜单界面中用户选择"存款"，进入存款界面，输入金额，之后系统进行银行存款流程，提示用户交易成功，同时在查询余额界面中可显示存款后的账号余额。

（5）退出系统：在主菜单界面中用户选择"退出"，退出整个系统。

23.2.2 系统数据流程

整个系统的数据流程如图 23-4 所示。

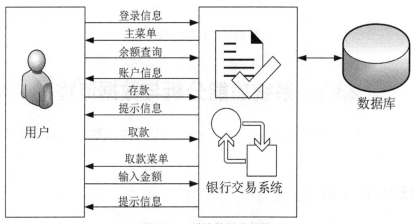

图 23-4 系统数据流程图

根据系统功能和数据库设计原则设计数据库 bank。SQL 语法如下：

```
CREATE DATABASE IF NOT EXISTS 'bank';
```

设计数据表 users 并插入数据，SQL 语法如下：

```
CREATE TABLE IF NOT EXISTS 'users' (
  'userid' bigint(15) DEFAULT NULL, #用户账号
  'pssw' int(4) NOT NULL,           #用户密码
  'balance' bigint(7) NOT NULL      #用户金额
) ENGINE=InnoDB DEFAULT CHARSET=latin1;

INSERT INTO 'users' ('userid', 'pssw', 'balance') VALUES(1111, 1111, 295700);
```

23.3 代码的具体实现

该案例的代码清单包含 13 个 php 文件和两个 css 文件，实现了银行交易系统的用户登录及验证、查询余额、存款、取款等主要功能。

下面介绍网站中文件的含义和代码。

1. index.php

该文件是案例的 Web 访问入口，对应用户的登录界面，代码如下：

```html
<html>
<head>
<title>登录
</title>
<link rel="stylesheet" type="text/css" href="css/login.css">
</head>
<body>
<h1 class="header">银行交易系统</h1>
<table width="100%">
<tr>
<form action="log.php" method="post">
<td width="60%" class="sub1">
<p class="sub">账号：<input type="text" name="userid" align="center" class="txttop"></p>
<p class="sub"> 密 码 : <input type="password" name="pssw" align="center" maxlength="4"
class="txtbot"></p>
<button name="button" class="button" type="submit">登录</button>
</form>
</td>
</tr>
</table>
</body>
</html>
```

2. conn.php

该文件对应数据库连接界面，代码如下：

```php
<?php
//数据库连接
        $conn = mysqli_connect("localhost", "root", "")or die("无法连接到数据库");
        mysqli_select_db($conn,"bank") or die(mysqli_error($conn));

?>
```

3. log.php

该文件对用户登录进行验证，代码如下：

```php
<html>
<head>
<title></title>
<link rel="stylesheet" type="text/css" href="css/main.css">
</head>
<body><h1 class="header">银行交易系统</h1></body>
<p class="sub">
<?php
//连接数据库
require_once("conn.php");
//账号
$userid=$_POST['userid'];
//密码
$pssw=$_POST['pssw'];
//查询数据库
$qry=mysqli_query($conn,"SELECT * FROM bank.users WHERE userid='$userid'");
$row=mysqli_fetch_array($qry,MYSQL_ASSOC);
//验证用户
```

```
if($userid==$row['userid'] && $pssw==$row['pssw']&&$userid!=null&&$pssw!=null)
    {
        session_start();
        $_SESSION["login"] =$userid;
        header("Location: menu.php");
    }
else{
        echo "无效的账号或密码!";
        header('refresh:1; url= index.php');
    }
}
?>
</p>
</body>
</html>
```

4. menu.php

该文件对应系统的主界面，代码如下：

```
<html>
<head>
<title>登录
</title>
<link rel="stylesheet" type="text/css" href="css/main.css">
</head>
<body>
<h1 class="header">银行交易系统</h1>
<p class="sub">主菜单</p>
<p class="top"> <a href="balance.php">查询余额</a></p>
<p class="top"> <a href="checkmenu.php">取款</a></p>
<p class="top"> <a href="savemenu.php">存款</a></p>
<p class="top"> <a href="logout.php">退出</a></p>
<?php
session_start();
?>
</body>
</html>
```

5. balance.php

该文件对应余额显示界面，代码如下：

```
<html>
<head>
<title>查询余额
</title>
<link rel="stylesheet" type="text/css" href="css/main.css">
</head>
<body>
<h1 class="header">银行交易系统</h1>
<?php
session_start();
//连接数据库
require_once("conn.php");
$id=($_SESSION["login"]);
//查询数据库
$qry=mysqli_query($conn,"SELECT * FROM bank.users WHERE userid= $id");
```

```
$row=mysqli_fetch_array($qry,MYSQLI_ASSOC);
//查询余额
$balance=$row['balance'];

?>
<p class="sub"><?php echo "</br>您的账户余额是:</br>"?></p>
<p class="sub"><?php echo "$balance 元" ?></p>;
<p class="top"> <a href="menu.php">继续交易</a></p>
<p class="top"> <a href="logout.php">退出</p>
</body>
</html>
```

6. checkmenu.php

该文件对应取款主界面，代码如下：

```
<html>
<head>
<meta charset="UTF-8">
<title>取款
</title>
<link rel="stylesheet" type="text/css" href="css/main.css">
</head>
<body>
<h1 class="header">银行交易系统</h1>
<p class="sub">请选择: </p>
<p class="top"><a href="checkhun.php">100</a></p>
<p class="top"><a href="checkfhun.php">500</a></p>
<p class="top"> <a href="checkthou.php">1000</a></p>
<p class="top"><a href="checkfthou.php">5000</a></p>
<p class="top"> <a href="menu.php">返回主菜单</a></p>
<?php
session_start();
?>
</body>
</html>
```

7. checkhun.php、checkfhun.php、checkthou.php、checkfthou.php

这 4 个文件分别对应取款 100、500、1000 和 5000 的链接页面，它们之间的区别主要在于对取款数目的判断。例如 checkthou.php 文件对应取款 1000 的链接页面，代码如下：

```
<html>
<head>
<title>取款</title>
<link rel="stylesheet" type="text/css" href="css/main.css">
</head>
<body><h1 class="header">银行交易系统</h1></body>
<p class="dsc">
<?php
session_start();
//连接数据库
require_once("conn.php");
$id=($_SESSION["login"]);
//查询数据库
$qry=mysqli_query($conn,"SELECT * FROM bank.users WHERE userid= $id");
$row=mysqli_fetch_array($qry,MYSQLI_ASSOC);
```

```
$balance=$row['balance'];

if(($balance-1000)<0 || $balance<1000)
    {
        echo "交易失败";
    }
else{
        //账户减去1000
        $f=mysqli_query($conn,"UPDATE bank.users SET balance=$balance -1000 WHERE userid=$id");
        echo "交易成功";
}

?> </p>
<p class="top"> <a href="menu.php">继续交易</a></p>
<p class="top"> <a href="logout.php">退出</p>
</body>
</html>
```

8. savemenu.php

该文件对应存款输入主界面，代码如下：

```
<html>
<head>
<meta charset="UTF-8">
<title>存款
</title>
<link rel="stylesheet" type="text/css" href="css/main.css">
</head>
<body>
<h1 class="header">银行交易系统</h1>
<form method="post" action="save.php">
<p class="sub">请输入金额：</p>
<p>
<input class="txt" type="text" name="amount" align="center">
<p class="right" >
<input type="submit" value="确定" class="button">
</p>
</form>
</p>
<?php
session_start();
?>
</body>
</html>
```

9. savemenu.php

该文件对应金额存储界面，代码如下：

```
<html>
<head>
<title>存款</title>
<link rel="stylesheet" type="text/css" href="css/main.css">
</head>
<body><h1 class="header">银行交易系统</h1></body>
<p class="sub">
```

```php
<?php
session_start();
//连接数据库
require_once("/conn.php");
$id=($_SESSION["login"]);
//查询数据库
$qry=mysqli_query($conn,"SELECT * FROM bank.users WHERE userid= $id");
$row=mysqli_fetch_array($qry,MYSQLI_ASSOC);
$balance=$row['balance'];
$amount=$_POST['amount'];
//存款，账号加上存款额
if(is_numeric($amount)&&$amount>0)
    {
    $f=mysqli_query($conn,"UPDATE bank.users SET balance=$balance +$amount WHERE userid=$id ");
    echo "交易成功";
    }
else{
    echo "输入有误，交易失败";
    }
?>
</p>
<p class="top"> <a href="menu.php">继续交易</a></p>
<p class="top"> <a href="logout.php">退出</p>
</body>
</html>
```

10. logout.php

该文件实现退出系统的功能，代码如下：

```html
<html>
<head>
<title>退出
</title>
<link rel="stylesheet" type="text/css" href="css/main.css">
</head>
<body>
<h1 class="header">银行交易系统</h1>
<p class="sub">感谢您的使用!</p>
<?php
header('refresh:1; url= index.php');
?>
</body>
</html>
```

另外，login.css 主要实现用户登录界面的样式设置，main.css 是整个系统通用的样式设置。

23.4　程序的运行

（1）银行交易系统主界面：成功登录到银行交易系统后主菜单的显示结果如图 23-5 所示。

（2）银行交易系统查询功能：单击"查询余额"按钮即可进入账户余额界面，如图 23-6 所示。

图 23-5　主菜单显示结果

图 23-6　账户余额界面

（3）进入交易金额选择界面：在主菜单中单击"取款"按钮进入交易金额选择界面，如图 23-7 所示。

根据需要选择不同的金额后进入交易成功界面，如图 23-8 所示。

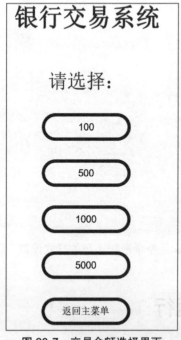

图 23-7　交易金额选择界面

图 23-8　取款交易成功界面

（4）进入存款界面：在主菜单中单击"存款"按钮进入存款界面，如图 23-9 所示。

根据需要输入存款金额后进入交易成功界面，如图 23-10 所示。

图 23-9　存款界面

图 23-10　存款交易成功界面

（5）退出银行交易系统：单击"退出"按钮即可退出银行交易系统，如图 23-11 所示。

图 23-11　退出系统界面

第 24 章

MySQL 在互联网行业开发中的应用

◎ 本章教学微视频：5 个 9 分钟

学习指引

MySQL 在互联网行业也被广泛应用。互联网的发展让各个产业突破传统的发展领域，产业功能不断进化，实现同一内容的多领域共生，前所未有地扩大了传统产业链，目前整个文化创意产业掀起跨界融合浪潮，不断释放出全新生产力，激发产业活力。本章以一个网上餐厅系统为例来介绍 MySQL 在互联网行业开发中的应用。

重点导读

- 了解网上餐厅系统的功能。
- 熟悉网上餐厅系统功能的分析方法。
- 熟悉网上餐厅系统的数据流程。
- 掌握创建网上餐厅系统数据库的方法。
- 掌握网上餐厅系统的代码实现过程。

24.1 系统功能描述

该案例介绍一个基于 PHP+MySQL 的网上餐厅系统，该系统主要包括用户登录及验证、菜品管理、删除菜品、订单管理、修改订单状态等功能。

整个项目以登录界面为起始，在用户输入用户名和密码后系统通过查询数据库验证该用户是否存在，如图 24-1 所示。

验证成功则进入系统主菜单，用户可以选择在网上餐厅进行相应的功能操作，如图 24-2 所示。

图 24-1 网上餐厅登录界面

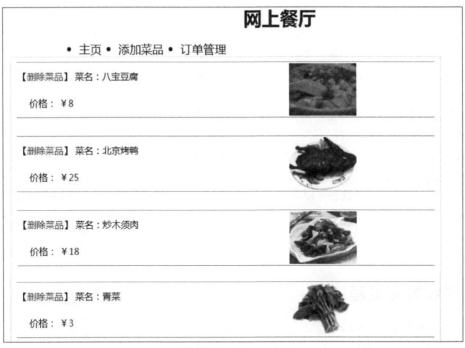

图 24-2　网上餐厅功能界面

24.2　系统功能分析与数据流程

　　一个简单的网上餐厅系统包括用户登录及验证、菜品管理、删除菜品、添加菜品、订单管理、修改订单状态等功能。本节就来学习网上餐厅系统的功能以及实现方法。

24.2.1　系统功能分析

　　整个系统的功能结构如图 24-3 所示。

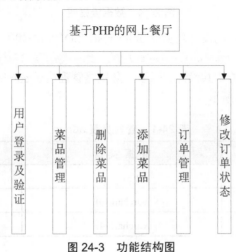

图 24-3　功能结构图

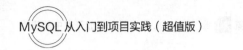

整个项目包含以下 6 个功能。

（1）用户登录及验证：用户在登录界面输入用户名和密码后，系统通过查询数据库验证是否存在该用户，如果验证成功显示菜品管理界面，否则提示"无效的用户名和密码"，并返回登录界面。

（2）菜品管理：用户登录系统后进入菜品管理界面，用户可以查看所有菜品，系统会查询数据库显示菜品记录。

（3）删除菜品：在菜品管理界面中用户单击"删除菜品"后，系统会从数据库中删除此条菜品记录，并提示删除成功，返回到菜品管理界面。

（4）添加菜品：用户登录系统后可以单击"添加菜品"，进入添加菜品界面，可以输入菜品的基本信息，上传菜品图片，之后系统会向数据库中新增一条菜品记录。

（5）订单管理：用户登录系统后可以单击"订单管理"，进入订单管理界面，可以查看所有订单，系统会查询数据库显示订单记录。

（6）修改订单状态：在订单管理界面，用户单击"修改状态"后进入订单状态修改界面，选择订单状态进行提交，系统会更新数据库中该条记录的订单状态。

24.2.2　系统数据流程

整个系统的数据流程如图 24-4 所示。

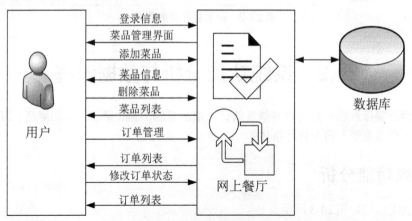

图 24-4　数据流程图

根据系统功能和数据库设计原则设计数据库 onlinerest，SQL 语法如下：

```
CREATE DATABASE IF NOT EXISTS 'onlinerest';
```

根据系统功能和数据库设计原则共设计 3 张表，分别是管理员表 admin、菜品表 caidan、订单表 form，各个表的结构如表 24-1～表 24-3 所示。

表 24-1　管理员表 admin

字 段 名	数 据 类 型	字 段 说 明
id	int(3)	管理员编码，主健
user	varchar(30)	用户名
pwd	varchar(64)	密码

表 24-2　菜品表 caidan

字 段 名	数 据 类 型	字 段 说 明
cid	int(255)	菜品编码，自增
cname	varchar(100)	菜品名
cprice	int(3)	价格
cspic	varchar(255)	图片
cpicpath	varchar(255)	图片路径

表 24-3　订单表 form

字 段 名	数 据 类 型	字 段 说 明
oid	int(255)	订单编码，自增
user	varchar(30)	用户昵称
canlei	int(1)	种类
name	varchar(20)	菜名
price	int(3)	价钱
num	int(3)	数量
rice	int(1)	米饭
call	varchar(15)	电话
address	text	地址
ip	varchar(15)	ip 地址
btime	datetime	下单时间
addons	text	备注
state	tinyint(1)	订单状态

创建管理员表 admin，SQL 语句如下：

```
CREATE TABLE IF NOT EXISTS 'admin' (
    'id' int(3) unsigned NOT NULL,
    'user' varchar(30) NOT NULL,
    'pwd' varchar(64) NOT NULL,
    PRIMARY KEY ('id')
);
```

插入演示数据，SQL 语句如下：

```
INSERT INTO 'admin' ('id', 'user', 'pwd') VALUES
    (1, 'admin', 'admin');
```

创建菜品表 caidan，SQL 语句如下：

```
CREATE TABLE IF NOT EXISTS 'caidan' (
    'cid' int(255) unsigned NOT NULL AUTO_INCREMENT,
    'cname' varchar(100) NOT NULL,
    'cprice' int(3) unsigned NOT NULL,
    'cspic' varchar(255) NOT NULL,
    'cpicpath' varchar(255) NOT NULL,
```

```
        PRIMARY KEY ('cid')
);
```

插入演示数据，SQL 语句如下：

```
INSERT INTO 'caidan' ('cid', 'cname', 'cprice', 'cspic', 'cpicpath') VALUES
    (1, '豆腐', 7, '', '925b21fd3f5deaa6f692f3644705fe15.png'),
    (2, '烤鸭', 24, '', '1f81c86f91f0797bf2cad894032a5029.png'),
    (3, '木须肉', 20, '', 'ad95cc0520cb6e98718cb1e8ec6b3e54.png'),
    (4, '紫菜蛋花汤', 6, '', 'a9e94a02b2eec556c5b853b6311bcff0.png');
```

创建订单表 form，SQL 语句如下：

```
CREATE TABLE IF NOT EXISTS 'form' (
    'oid' int(255) unsigned NOT NULL AUTO_INCREMENT,
    'user' varchar(30) NOT NULL,
    'canlei' int(1) unsigned NOT NULL,
    'name' varchar(20) NOT NULL,
    'price' int(3) unsigned NOT NULL,
    'num' int(3) unsigned NOT NULL,
    'rice' int(1) unsigned NOT NULL,
    'call' varchar(15) NOT NULL,
    'address' text NOT NULL,
    'ip' varchar(15) NOT NULL,
    'btime' datetime NOT NULL,
    'addons' text NOT NULL,
    'state' tinyint(1) NOT NULL,
    PRIMARY KEY ('oid')
) ;
```

插入演示数据，SQL 语句如下：

```
INSERT INTO 'form' ('oid', 'user', 'canlei', 'name', 'price', 'num', 'rice', 'call', 'address',
'ip', 'btime', 'addons', 'state') VALUES
    (1, '哈哈', 3, '烤鸭', 24, 1, 1, '67781234', '西门', '128.1.1.1', '2017-10-18 23:07:39', '多点', 0),
    (2, '222', 3, '紫菜蛋花汤', 1, 1, 0, '67975555', '东路', '128.1.2.4', '2017-10-18 23:23:45', '无语', 0),
    (3, '吃饭那', 1, '豆腐', 7, 1, 1, '46333333', '5楼', '128.0.0.1', '2017-10-18 23:55:47', '微辣', 0);
```

24.3　代码的具体实现

该案例的代码清单包含 9 个 php 文件和两个文件夹，实现了网上餐厅的用户登录及验证、菜品管理、删除菜品、订单管理、修改订单状态等主要功能。

下面介绍网站中文件的含义和代码。

1. index.php

该文件是案例的 Web 访问入口，对应用户的登录界面，代码如下：

```
<html>
<head>
<title>登录
</title>
</head>

<body>
<h1 align="center">网上餐厅</h1>
<table width="100%" style="text-align:center">
<tr>
```

```
<form action="login.php" method="post">
<td width="60%" class="sub1">
<p class="sub">账号: <input type="text" name="userid" align="center" class="txttop"></p>
<p class="sub">密码: <input type="password" name="pssw" align="center" class="txtbot"></p>
<button name="button" class="button" type="submit">登录</button>
</form>
</td>
</tr>
</table>
</body>
</html>
```

2. conn.php

该文件对应数据库连接界面，代码如下：

```php
<?php
//创建数据库连接
        $con = mysqli_connect("localhost", "root", "")or die("无法连接到数据库");
        mysqli_select_db($con,"onlinerest") or die(mysqli_error($con));
            mysqli_query($con,'set NAMES utf8');
?>
```

3. log.php

该文件对用户登录进行验证，代码如下：

```php
<html>
<head>
<title></title>
<link rel="stylesheet" type="text/css" href="css/main.css">
<head>
<title>
</title>
<link rel="stylesheet" type="text/css" href="css/main.css">
</head>
<body><h1 align="center">网上餐厅</h1></body>
<p align="center">
<?php
//连接数据库
require_once("conn.php");
//账号
$userid=$_POST['userid'];
//密码
$pssw=$_POST['pssw'];
//查询数据库
$qry=mysqli_query($con,"SELECT * FROM admin WHERE user='$userid'");
$row=mysqli_fetch_array($qry,MYSQLI_ASSOC);
//验证用户
if($userid==$row['user'] && $pssw==$row['pwd']&&$userid!=null&&$pssw!=null)
    {
        session_start();
        $_SESSION["login"] =$userid;
        header("Location: menu.php");
    }
else{
        echo "无效的账号或密码!";
        header('refresh:1; url= index.php');
    }
}
```

```
?>
</p>
</body>
</html>
```

4. menu.php

该文件对应系统的主界面，代码如下：

```php
<?php
//打开 session
session_start();
include("conn.php");
?>
<html>
<head>
<meta http-equiv="Content-Type" content="text/html; charset=utf-8" />
<link type="text/css" rel="stylesheet" href="css/main.css" media="screen" />
<title>网上餐厅</title>
</head>
<h1 align="center">网上餐厅</h1>
<div style="margin-left:30%;margin-top:20px;">
<ul style="float:left;margin-left:30px;font-size:20px;">
<li ><a href="#">主页</a></li>
</ul>
<ul style="float:left;margin-left:30px;font-size:20px;">
<li ><a href="add.php">添加菜品</a></li>
</ul>
<ul style="float:left;margin-left:30px;font-size:20px;">
<li ><a href="search.php">订单管理</a></li>
</ul>
</div>
</div>
<div id="contain">
<div id="contain-left">
<?php
$result=mysqli_query($con," SELECT * FROM 'caidan' " );
while($row=mysqli_fetch_row($result))
  {
?>

<table class="intable" width="543" border="0">
  <tr>
    <td class="td1" >
     <?php
     if(true)
     {
        echo '[<a href="del.php?id='.$row[0].'" onclick=return(confirm("你确定要删除此条菜品吗？
"))><font color=#ff00ff>删除菜品</font></a>]';
     }
     ?>
    菜名：<?=$row[1]?></td>
    <td class="showimg" width="173" rowspan="2"><img src='upload/<?=$row[4]?>' width="120"
height="90" border="0" /><span><img src="upload/<?=$row[4]?>" alt="big" /></span></td>
  </tr>
  <tr>
    <td class="td2">价格：￥<font color="#ff0000" ><?=$row[2]?></font></td>
  </tr>
</table>
<TD bgColor=#ffffff><br>
```

```
</TD>
<?php
  }
mysqli_free_result($result);
?>

</div>
</div>
<body>
</body>
</html>
```

5. add.php

该文件对应添加菜品界面，代码如下：

```
<?php

  session_start();
  //设置中国时区
 date_default_timezone_set("PRC");
 $cname = $_POST["cname"];
 $cprice = $_POST["cprice"];
 if (is_uploaded_file($_FILES['upfile']['tmp_name']))
 {
$upfile=$_FILES["upfile"];
}
$type = $upfile["type"];
$size = $upfile["size"];
$tmp_name = $upfile["tmp_name"];
switch ($type) {
    case 'image/jpg' :$tp='.jpg';
        break;
    case 'image/jpeg' :$tp='.jpeg';
        break;
    case 'image/gif' :$tp='.gif';
        break;
    case 'image/png' :$tp='.png';
        break;
}

$path=md5(date("Ymdhms").$name).$tp;
$res = move_uploaded_file($tmp_name,'upload/'.$path);
include("conn.php");
if($res){
  $sql = "INSERT INTO 'caidan' ('cid' ,'cname' ,'cprice' ,'cspic' ,'cpicpath' )VALUES (NULL ,
'$cname', '$cprice', '', '$path')";
  $result = mysqli_query($con,$sql);
  $id = mysqli_insert_id($con);
echo "<script >location.href='menu.php'</script>";
  }

?>
<!DOCTYPE html>
<html>
<head>
<meta http-equiv="Content-Type" content="text/html; charset=utf-8" />
<link type="text/css" rel="stylesheet" href="css/main.css" media="screen" />
<title>网上餐厅</title>
</head>
<h1 align="center">网上餐厅</h1>
```

```
<div style="margin-left:35%;margin-top:20px;">
<ul style="float:left;margin-left:30px;font-size:20px;">
<li ><a href="menu.php">主页</a></li>
</ul>
<ul style="float:left;margin-left:30px;font-size:20px;">
<li ><a href="add.php">添加菜品</a></li>
</ul>
<ul style="float:left;margin-left:30px;font-size:20px;">
<li ><a href="search.php">订单管理</a></li>
</ul>
</div>
<div style="margin-top:100px;margin-left:35%;">
<div>
<form action="add.php" method="post" enctype="multipart/form-data" name="add">
菜名：<input name="cname" type="text" size="40"/><br /><br />
价格：<input name="cprice" type="text" size="10"/>元<br/><br />
缩略图上传：<input name="upfile" type="file" /><br /><br />
<input type="submit" value="添加菜品" style="margin-left:10%;font-size:16px"/>
</form>
</div>
</div>
<body>
</body>
</html>
```

6. del.php

该文件对应删除菜单界面，代码如下：

```
<?php
    session_start();
    include("conn.php");
    $cid=$_GET['id'];
    $sql = "DELETE FROM 'caidan' WHERE cid = '$cid'";
    $result = mysqli_query($con,$sql);
    $rows = mysqli_affected_rows($con);
    if($rows >=1){
        alert("删除成功");
    }else{
        alert("删除失败");
    }
    //跳转到主页
    href("menu.php");
    function alert($title){
        echo "<script type='text/javascript'>alert('$title');</script>";
    }
    function href($url){
        echo "<script type='text/javascript'>window.location.href='$url'</script>";
    }
?>
<!DOCTYPE html>
<html>
<head>
<meta http-equiv="Content-Type" content="text/html; charset=utf-8" />
<link type="text/css" rel="stylesheet" href="include/main.css" media="screen" />
<title>网上餐厅</title>
</head>
<h1 align="center">网上餐厅</h1>
```

```
<div id="contain">
 <div align="center">

 </div>
<body>
</body>
</html>
```

7. editDo.php

该文件对应修改订单界面，代码如下：

```php
<?php
//打开 session
session_start();
include("conn.php");
$state=$_POST['state'];
?>
<html>
<head>
<meta http-equiv="Content-Type" content="text/html; charset=utf-8" />
<style type="text/css">
table.gridtable {
    font-family: verdana,arial,sans-serif;
    font-size:11px;
    color:#333333;
    border-width: 1px;
    border-color: #666666;
    border-collapse: collapse;
}
table.gridtable th {
    border-width: 1px;
    padding: 8px;
    border-style: solid;
    border-color: #666666;
    background-color: #dedede;
}
table.gridtable td {
    border-width: 1px;
    padding: 8px;
    border-style: solid;
    border-color: #666666;
    background-color: #ffffff;
}
</style>
<link type="text/css" rel="stylesheet" href="css/main.css" media="screen" />
<title>网上餐厅</title>
</head>
<h1 align="center">网上餐厅</h1>
<div style="margin-left:30%;margin-top:20px;">
<ul style="float:left;margin-left:30px;font-size:20px;">
<li ><a href="menu.php">主页</a></li>
</ul>
<ul style="float:left;margin-left:30px;font-size:20px;">
<li ><a href="add.php">添加菜品</a></li>
</ul>
<ul style="float:left;margin-left:30px;font-size:20px;">
<li ><a href="search.php">订单查询</a></li>
</ul>
</div>
```

```
<div id="contain">
  <div id="contain-left">
  <?php
  if(''==$state or null==$state)
  {
          echo "请选择订单状态!";
          header('refresh:1; url= edit.php');
  }else
  {
          $oid=$_GET['id'];
          $sql = "UPDATE 'form' SET state='$state' WHERE oid = '$oid'";
          $result = mysqli_query($con,$sql);
          echo "订单状态修改成功。";
          header('refresh:1; url= search.php');
  }
  ?>

  </div>

</div>
<body>
</body>
</html>
```

8. edit.php

该文件对应订单修改状态界面，代码如下：

```
<?
//打开 session
session_start();
include("conn.php");
$id=$_GET['id'];
?>
<html>
<head>
<meta http-equiv="Content-Type" content="text/html; charset=utf-8" />
<style type="text/css">
table.gridtable {
    font-family: verdana,arial,sans-serif;
    font-size:11px;
    color:#333333;
    border-width: 1px;
    border-color: #666666;
    border-collapse: collapse;
}
table.gridtable th {
    border-width: 1px;
    padding: 8px;
    border-style: solid;
    border-color: #666666;
    background-color: #dedede;
}
table.gridtable td {
    border-width: 1px;
    padding: 8px;
    border-style: solid;
    border-color: #666666;
    background-color: #ffffff;
}
</style>
```

```
<link type="text/css" rel="stylesheet" href="css/main.css" media="screen" />
<title>网上餐厅</title>
</head>
<h1 align="center">网上餐厅</h1>
<div style="margin-left:30%;margin-top:20px;">
<ul style="float:left;margin-left:30px;font-size:20px;">
<li ><a href="menu.php">主页</a></li>
</ul>
<ul style="float:left;margin-left:30px;font-size:20px;">
<li ><a href="add.php">添加菜品</a></li>
</ul>
<ul style="float:left;margin-left:30px;font-size:20px;">
<li ><a href="search.php">订单管理</a></li>
</ul>
</div>
<div id="contain">
  <div id="contain-left">
<form name="input" method="post" action="editDo.php?id=<?=$id?>">
  <p>修改状态: <br/>
    <input name="state" type="radio" value="0" />
    已经提交! <br/>
    <input name="state" type="radio" value="1" />
    已经接纳! <br/>
    <input name="state" type="radio" value="2" />
    正在派送! <br/>
    <input name="state" type="radio" value="3" />
    已经签收! <br/>
    <input name="state" type="radio" value="4" />
  意外, 不能供应! </p>
    </p>
    <button name="button" class="button" type="submit">提交</button>
</form>
  </div>
</div>
<body>
</body>
</html>
```

9. search.php

该文件对应订单搜索界面, 代码如下:

```
<?php
//打开 session
session_start();
include("conn.php");
?>
<html>
<head>
<meta http-equiv="Content-Type" content="text/html; charset=utf-8" />
<style type="text/css">
table.gridtable {
    font-family: verdana,arial,sans-serif;
    font-size:11px;
    color:#333333;
    border-width: 1px;
    border-color: #666666;
    border-collapse: collapse;
}
```

```
table.gridtable th {
    border-width: 1px;
    padding: 8px;
    border-style: solid;
    border-color: #666666;
    background-color: #dedede;
}
table.gridtable td {
    border-width: 1px;
    padding: 8px;
    border-style: solid;
    border-color: #666666;
    background-color: #ffffff;
}
</style>
<link type="text/css" rel="stylesheet" href="css/main.css" media="screen" />
<title>网上餐厅</title>
</head>
<h1 align="center">网上餐厅</h1>
<div style="margin-left:30%;margin-top:20px;">
<ul style="float:left;margin-left:30px;font-size:20px;">
<li ><a href="menu.php">主页</a></li>
</ul>
<ul style="float:left;margin-left:30px;font-size:20px;">
<li ><a href="add.php">添加菜品</a></li>
</ul>
<ul style="float:left;margin-left:30px;font-size:20px;">
<li ><a href="search.php">订单管理</a></li>
</ul>
</div>
<div id="contain">
  <div id="contain-left">
    <?php
    $result=mysqli_query($con," SELECT * FROM 'form' ORDER BY 'oid' DESC " );
     while($row=mysqli_fetch_row($result))
   {
     $x = $row[0];
   ?>

  <table width="640" border="1" cellspacing="0" cellpadding="3" class="gridtable">
  <tr>
   <td width="116">
    编号:<?=$row[0]?></td>
    <td width="82">昵称:<?=$row[1]?></td>

    <td width="135">送餐种类:   <?
      switch ($row[2]) {
    case '0' :$tp='午餐A';echo $tp;
      break;
    case '1' :$tp='午餐B';echo $tp;
      break;
    case '2' :$tp='晚餐A';echo $tp;
      break;
    case '3' :$tp='晚餐B';echo $tp;
      break;
}
    ?></td>
    <td width="160">下单时间:<?=$row[10]?></td>
```

```
    </tr>
    <tr>
      <td colspan="2">菜名:<?=$row[3]?></td>
      <td>价格:<?=$row[4]?>元</td>
      <td>数量:<?=$row[5]?></td>
    </tr>
    <tr>
      <td colspan="2">附加米饭: <?
        switch ($row[6]) {
      case '0' :$tp='0 份';echo $tp;
        break;
      case '1' :$tp='1 份';echo $tp;
        break;
      case '2' :$tp='2 份';echo $tp;
        break;
      case '3' :$tp='3 份';echo $tp;
        break;
}
      ?></td>
      <td >总价:<?
      $all = $row[4]*$row[5]+$row[6];
      echo '<font color=red>&yen;</font>'.$all;
      ?></td>
      <td >联系电话:<?=$row[7]?></td>
    </tr>
    <tr>
      <td colspan="4" bgcolor="#eeeeee">附加说明:<?=$row[11]?></td>
    </tr>
    <tr>
      <td colspan="4" bgcolor="#eeeeee">地址:<?=$row[8]?></td>
    </tr>
    <tr>
      <td colspan="3" bgcolor="#eeeeee">下单 ip:<?=$row[9]?></td>
      <td bgcolor="#eeeeee">下单状态: <?
        switch ($row[12]) {
      case '0' :$tp='已经下单';echo $tp;
        break;
      case '1' :$tp='已经接纳';echo $tp;
        break;
      case '2' :$tp='正在派送';echo $tp;
        break;
      case '3' :$tp='<font color=red>已经签收</font>';echo $tp;
        break;
      case '4' :$tp='意外,不能供应! ';echo $tp;
        break;
}

      echo "<a href=edit.php?id=".$x."><font color=red>修改状态</font></a>";
      ?>
<a name="<?=$row[0]?>" ></a>
</td>
  </tr>
</table>
<hr />
  <?php
  }
  mysqli_free_result($result);
```

```
  ?>
 </div>

</div>
<body>
</body>
</html>
```

另外，upload 文件夹用来存放上传的菜品图片，css 文件夹是整个系统通用的样式设置。

24.4　程序的运行

（1）用户登录及验证：在数据库中默认初始化了一个账号为 admin、密码为 admin 的账户。

图 24-5　登录程序

（2）菜品管理界面：用户登录成功后进入菜品管理界面，显示菜品列表，如图 24-6 所示。

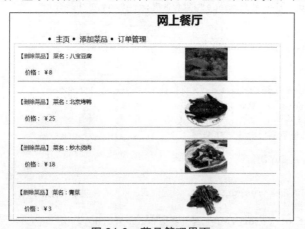

图 24-6　菜品管理界面

（3）添加菜品功能：用户登录系统后可以单击"添加菜品"，进入添加菜品界面，如图 24-7 所示。

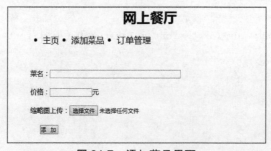

图 24-7　添加菜品界面

（4）删除菜品功能：在菜品管理界面中单击"删除菜品"后，系统会从数据库中删除相应菜品记录，并提示删除成功，如图 24-8 所示。

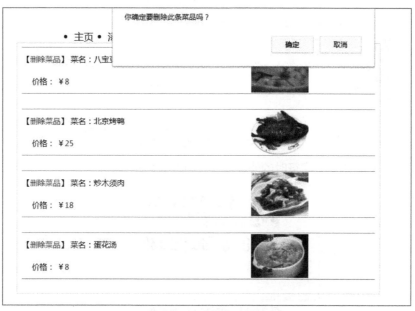

图 24-8　删除菜品界面

（5）订单管理功能：用户登录系统后可以单击"订单管理"，进入订单管理界面，如图 24-9 所示。

图 24-9　订单管理界面

409

（6）修改订单状态：在订单管理界面中单击"修改状态"，进入订单状态修改界面，如图 24-10 所示。

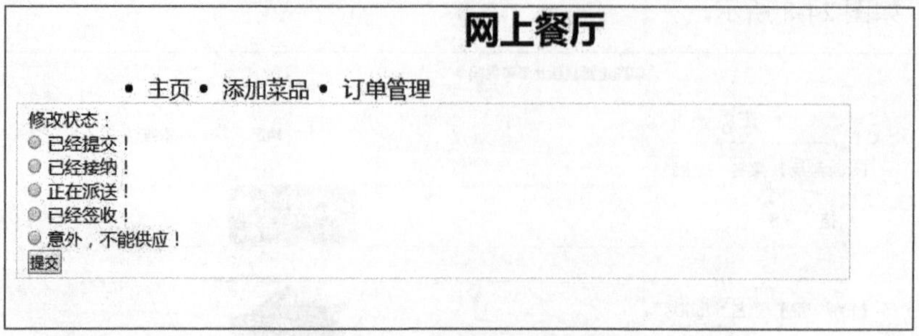

网上餐厅

• 主页 • 添加菜品 • 订单管理

修改状态：
◎ 已经提交！
◎ 已经接纳！
◎ 正在派送！
◎ 已经签收！
◎ 意外，不能供应！
提交

图 24-10　订单状态修改界面

（7）登录错误提示：输入非法字符时的处理流程如图 24-11 所示。

网上餐厅
无效的账号或密码!

图 24-11　非法字符时的处理

第 25 章

MySQL 在信息资讯行业开发中的应用

◎ 本章教学微视频：6 个　10 分钟

 学习指引

MySQL 数据库的使用非常广泛，很多网站和管理系统使用 MySQL 数据库存储数据。本章主要讲述信息资讯管理系统的数据库设计过程，通过本章的学习，读者可以在信息资讯管理系统的设计过程中学会如何应用 MySQL 数据库。

 重点导读

- 了解信息资讯管理系统的功能。
- 熟悉信息资讯管理系统的功能模块。
- 掌握如何设计信息资讯管理系统的表。
- 掌握如何设计信息资讯管理系统的索引。
- 掌握如何设计信息资讯管理系统的视图。
- 掌握如何设计信息资讯管理系统的触发器。

25.1　系统功能描述

本章介绍的是一个小型信息发布系统，管理员可以通过该系统发布信息资讯、管理信息资讯。一个典型的信息资讯管理系统网站至少应该包含信息资讯管理、信息资讯显示和信息资讯查询 3 种功能。

信息发布系统所要实现的功能具体包括信息资讯的添加、信息资讯的修改、信息资讯的删除、显示全部信息资讯、按类别显示信息资讯、按关键字查询信息资讯、按关键字进行站内查询。

本站为一个简单的信息资讯管理系统，该系统具有以下特点。

- 实用：该系统实现了一个完整的信息查询过程。
- 简单易用：为用户尽快掌握和使用整个系统，系统结构简单但功能齐全，简洁的页面设计使操作非常简便。
- 代码规范：作为一个实例，文中的代码规范简洁、清晰易懂。

本系统主要用于发布信息资讯、管理用户、管理权限、管理评论等。这些信息的输入、查询、修改和删除等操作是该系统要重点解决的问题。

本系统包括以下主要功能：

（1）具有用户注册及个人信息管理功能。

（2）管理员可以发布信息资讯、删除信息资讯。

（3）用户注册后可以对信息资讯进行评论、发表留言。

（4）管理员可以管理留言和对用户进行管理。

25.2　系统功能模块

信息发布系统分为 5 个管理部分，即用户管理、管理员管理、权限管理、信息资讯管理和评论管理。本系统的功能模块如图 25-1 所示。

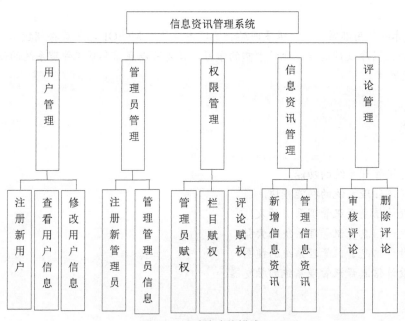

图 25-1　系统功能模块

该图中模块的详细介绍如下。

（1）用户管理模块：实现新增用户，查看和修改用户信息的功能。

（2）管理员管理模块：实现新增管理员，查看、修改和删除管理员信息的功能。

（3）权限管理模块：实现对管理员、对管理的模块和管理的评论赋权的功能。

（4）信息资讯管理模块：实现有相关权限的管理员对信息资讯的增加、查看、修改和删除功能。

（5）评论管理模块：实现有相关权限的管理员对评论的审核和删除功能。

通过本节的介绍，读者对这个信息发布系统的主要功能有了一定的了解，下一节会向读者介绍本系统所需要的数据库和表。

25.3　数据库设计和实现

数据库设计是开发管理系统最重要的一个步骤。如果数据库设计得不够合理，将会为后续的开发工作带来很大的麻烦。本节为读者介绍信息发布系统的数据库开发过程。

在设计数据库时要确定设计哪些表、表中包含哪些字段以及字段的数据类型和长度。通过本章的学习，读者能够对 MySQL 数据库知识有个全面的了解。

25.3.1　设计表

本系统所有的表都放在 webnews 数据库下，创建和选择 webnews 数据库的 SQL 代码如下：

```
CREATE DATABASE webnews;
USE webnews;
```

在这个数据库下共存放 9 张表，分别是 user、admin、roles、news、category、comment、admin_Roles、news_Comment 和 users_Comment。

1. user 表

user 表中存储用户 ID、用户名、密码和用户 Email 地址，所以 user 表设计了 4 个字段。user 表中每个字段的信息如表 25-1 所示。

表 25-1　user 表的内容

列　　名	数 据 类 型	允许 NULL 值	说　　明
userID	int	否	用户编号
userName	varchar(20)	否	用户名称
userPassword	varchar(20)	否	用户密码
userEmail	varchar(20)	否	用户 Email

根据表 25-1 的内容创建 user 表。创建 user 表的 SQL 语句如下：

```
CREATE TABLE user(
    userID int PRIMARY KEY UNIQUE NOT NULL,
    userName varchar(20) NOT NULL,
    userPassword varchar(20) NOT NULL,
    userEmail varchar(20) NOT NULL
    );
```

在创建完成之后，可以使用 DESC 语句查看 user 表的基本结构，也可以通过 SHOW CREATE TABLE 语句查看 user 表的详细信息。

2. admin 表

管理员信息表（admin）主要用来存放用户账号信息，如表 25-2 所示。

表 25-2　admin 表的内容

列　　名	数 据 类 型	允许 NULL 值	说　　明
adminID	int	否	管理员编号
adminName	varchar(20)	否	管理员名称
adminPassword	varchar(20)	否	管理员密码

根据表 25-2 的内容创建 admin 表，创建 admin 表的 SQL 语句如下：

```
CREATE TABLE admin(
        adminID int PRIMARY KEY UNIQUE NOT NULL,
        adminName varchar(20) NOT NULL,
        adminPassword varchar(20) NOT NULL
        );
```

在创建完成之后，可以使用 DESC 语句查看 admin 表的基本结构，也可以通过 SHOW CREATE TABLE 语句查看 admin 表的详细信息。

3. roles 表

权限信息表（roles）主要用来存放权限信息，如表 25-3 所示。

表 25-3　roles 表的内容

列　　名	数 据 类 型	允许 NULL 值	说　　明
roleID	int	否	权限编号
roleName	varchar(20)	否	权限名称

根据表 25-3 的内容创建 roles 表，创建 roles 表的 SQL 语句如下：

```
CREATE TABLE roles(
        roleID int PRIMARY KEY UNIQUE NOT NULL,
        roleName varchar(20) NOT NULL
        );
```

在创建完成之后，可以使用 DESC 语句查看 roles 表的基本结构，也可以通过 SHOW CREATE TABLE 语句查看 roles 表的详细信息。

4. news 表

信息资讯信息表（news）主要用来存放信息资讯，如表 25-4 所示。

表 25-4　news 表的内容

列　　名	数 据 类 型	允许 NULL 值	说　　明
newsID	int	否	信息资讯编号
newsTitle	varchar(50)	否	信息资讯标题
newsContent	text	否	信息资讯内容
newsDate	timestamp	是	发布时间
newsDesc	varchar(50)	否	信息资讯描述
newsImagePath	varchar(50)	是	信息资讯图片路径
newsRate	int	否	信息资讯级别
newsIsCheck	bit	否	信息资讯是否检验
newsIsTop	bit	否	信息资讯是否置顶

根据表 25-4 的内容创建 news 表，创建 news 表的 SQL 语句如下：

```
CREATE TABLE news(
        newsID int PRIMARY KEY UNIQUE NOT NULL,
        newsTitle varchar(50) NOT NULL,
        newsContent text NOT NULL,
```

```
    newsDate timestamp,
    newsDesc varchar(50) NOT NULL,
    newsImagePath varchar(50),
    newsRate int,
    newsIsCheck bit,
    newsIsTop bit
    );
```

在创建完成之后，可以使用 DESC 语句查看 news 表的基本结构，也可以通过 SHOW CREATE TABLE 语句查看 news 表的详细信息。

5. category 表

栏目信息表（category）主要用来存放信息资讯栏目信息，如表 25-5 所示。

表 25-5　category 表的内容

列　　名	数 据 类 型	允许 NULL 值	说　　明
categoryID	int	否	栏目编号
categoryName	varchar(50)	否	栏目名称
categoryDesc	varchar(50)	否	栏目描述

根据表 25-5 的内容创建 category 表，创建 category 表的 SQL 语句如下：

```
CREATE TABLE category (
    categoryID int PRIMARY KEY UNIQUE NOT NULL,
    categoryName varchar(50) NOT NULL,
    categoryDesc varchar(50) NOT NULL
    );
```

在创建完成之后，可以使用 DESC 语句查看 category 表的基本结构，也可以通过 SHOW CREATE TABLE 语句查看 category 表的详细信息。

6. comment 表

评论信息表（comment）主要用来存放信息资讯评论信息，如表 25-6 所示。

表 25-6　comment 表的内容

列　　名	数 据 类 型	允许 NULL 值	说　　明
commentID	int	否	评论编号
commentTitle	varchar(50)	否	评论标题
commentContent	varchar(50)	否	评论内容
commentDate	datetime	是	评论时间

根据表 25-6 的内容创建 comment 表。创建 comment 表的 SQL 语句如下：

```
CREATE TABLE comment (
    commentID int PRIMARY KEY UNIQUE NOT NULL,
    commentTitle varchar(50) NOT NULL,
    commentContent text NOT NULL,
    commentDate datetime
    );
```

在创建完成之后，可以使用 DESC 语句查看 comment 表的基本结构，也可以通过 SHOW CREATE TABLE 语句查看 comment 表的详细信息。

7. admin_Roles 表

管理员_权限表（admin_Roles）主要用来存放管理员和权限的关系，如表 25-7 所示。

表 25-7　admin_Roles 表的内容

列　　名	数 据 类 型	允许 NULL 值	说　　明
aRID	int	否	管理员_权限编号
adminID	int	否	管理员编号
roleID	int	否	权限编号

根据表 25-7 的内容创建 admin_Roles 表，创建 admin_Roles 表的 SQL 语句如下：

```
CREATE TABLE admin_Roles (
    aRID int PRIMARY KEY UNIQUE NOT NULL,
    adminID int NOT NULL,
    roleID int NOT NULL
    );
```

在创建完成之后，可以使用 DESC 语句查看 admin_Roles 表的基本结构，也可以通过 SHOW CREATE TABLE 语句查看 admin_Roles 表的详细信息。

8. news_Comment 表

信息资讯_评论表（news_Comment）主要用来存放信息资讯和评论的关系，如表 25-8 所示。

表 25-8　news_Comment 表的内容

列名	数据类型	允许 NULL 值	说明
nCommentID	int	否	信息资讯_评论编号
newsID	int	否	信息资讯编号
commentID	int	否	评论编号

根据表 25-8 的内容创建 news_Comment 表，创建 news_Comment 表的 SQL 语句如下：

```
CREATE TABLE news_Comment (
    nCommentID int PRIMARY KEY UNIQUE NOT NULL,
    newsID int NOT NULL,
    commentID int NOT NULL
    );
```

在创建完成之后，可以使用 DESC 语句查看 news_Comment 表的基本结构，也可以通过 SHOW CREATE TABLE 语句查看 news_Comment 表的详细信息。

9. users_Comment 表

用户_评论表（users_Comment）主要用来存放用户和评论的关系，如表 25-9 所示。

表 25-9　users_Comment 表的内容

列　　名	数 据 类 型	允许 NULL 值	说　　明
uCID	int	否	用户_评论编号
userID	int	否	用户编号
commentID	int	否	评论编号

根据表 25-9 的内容创建 users_Comment 表，创建 users_Comment 表的 SQL 语句如下：

```
CREATE TABLE users_Comment (
        uCID int PRIMARY KEY UNIQUE NOT NULL,
        userID int NOT NULL,
        commentID int NOT NULL
        );
```

在创建完成之后，可以使用 DESC 语句查看 users_Comment 表的基本结构，也可以通过 SHOW CREATE TABLE 语句查看 users_Comment 表的详细信息。

25.3.2　设计索引

索引是创建在表上的，是对数据库中一列或者多列的值进行排序的一种结构。索引可以提高查询的速度。信息发布系统需要查询信息资讯的信息，这就需要在某些特定字段上建立索引，以便提高查询速度。

1. 在 news 表上建立索引

在信息发布系统中需要按照 newsTitle 字段、newsDate 字段和 newsRate 字段查询信息资讯。在本书前面的章节中介绍了几种创建索引的方法，本节将使用 CREATE INDEX 语句和 ALTER TABLE 语句创建索引。

下面使用 CREATE INDEX 语句在 newsTitle 字段上创建名为 index_new_title 的索引，SQL 语句如下：

```
CREATE INDEX index_new_title ON news(newsTitle);
```

然后使用 CREATE INDEX 语句在 newsDate 字段上创建名为 index_new_date 的索引，SQL 语句如下：

```
CREATE INDEX index_new_date ON news(newsDate);
```

最后使用 ALTER TABLE 语句在 newsRate 字段上创建名为 index_new_rate 的索引，SQL 语句如下：

```
ALTER TABLE news ADD INDEX index_new_rate (newsRate);
```

2. 在 category 表上建立索引

在信息发布系统中需要通过栏目名称查询该栏目下的信息资讯，因此需要在这个字段上创建索引。创建索引的语句如下：

```
CREATE INDEX index_category_name ON category (categoryName);
```

在代码执行完成后，读者可以使用 SHOW CREATE TABLE 语句查看 category 表的详细信息。

3. 在 comment 表上建立索引

信息发布系统需要通过 commentTitle 字段和 commentDate 字段查询评论内容，因此可以在这两个字段上创建索引。创建索引的语句如下：

```
CREATE INDEX index_ comment _title ON comment (commentTitle);
CREATE INDEX index_ comment _date ON comment (commentDate);
```

在代码执行完成后，读者可以通过 SHOW CREATE TABLE 语句查看 comment 表的结构。

25.3.3　设计视图

视图是由数据库中的一个表或者多个表导出的虚拟表，其作用是方便用户对数据的操作。在这个信息发布系统中也设计了一个视图改善查询操作。

在信息发布系统中，如果直接查询 news_Comment 表，在显示信息时会显示信息资讯编号和评论编号。这种显示不直观，为了以后查询方便，可以建立一个视图 news_view。这个视图显示评论编号、信息

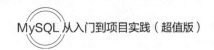

资讯编号、信息资讯级别、信息资讯标题、信息资讯内容和信息发布时间。创建 news_view 视图的 SQL 代码如下：

```
CREATE VIEW news_view
AS SELECT c.commentID,n.newsID,n.newsRate,n.newsTitle,n.newsContent,n.newsDate
FROM news_Comment c,news n
WHERE news_Comment.newsID=news.newsID;
```

在 SQL 语句中给每个表取了别名，news_Comment 表的别名为 c，news 表的别名为 n，这个视图从这两个表中取出相应的字段。在视图创建完成之后，可以使用 SHOW CREATE VIEW 语句查看 news_view 视图的详细信息。

25.3.4　设计触发器

触发器由 INSERT、UPDATE 和 DELETE 等事件来触发某种特定的操作。当满足触发器的触发条件时，数据库系统就会执行触发器中定义的程序语句，这样可以保证某些操作之间的一致性。为了使信息发布系统的数据更新更加快速、合理，可以在数据库中设计几个触发器。

1. 设计 UPDATE 触发器

在设计表时，news 表和 news_Comment 表的 newsID 字段的值是一样的。如果 news 表中的 newsID 字段的值更新了，那么 news_Comment 表中的 newsID 字段的值也必须同时更新，这可以通过一个 UPDATE 触发器来实现。创建 UPDATE 触发器 update_newsID 的 SQL 代码如下：

```
DELIMITER &&
CREATE TRIGGER update_newsID AFTER UPDATE
       ON news FOR EACH ROW
       BEGIN
          UPDATE news_Comment SET newsID=NEW.newsID
       END
       &&
DELIMITER ;
```

其中，NEW.newsID 表示 news 表中更新的记录的 newsID 值。

2. 设计 DELETE 触发器

如果从 user 表中删除一个用户的信息，那么这个用户在 users_Comment 表中的信息也必须同时删除，这可以通过触发器来实现。在 user 表上创建 delete_user 触发器，只要执行 DELETE 操作，那么就会删除 users_Comment 表中相应的记录。创建 delete_user 触发器的 SQL 语句如下：

```
DELIMITER &&
CREATE TRIGGER delete_user AFTER DELETE
       ON user FOR EACH ROW
       BEGIN
          DELETE FROM users_Comment WHERE userID=OLD. userID
       END
       &&
DELIMITER ;
```

其中，OLD.userID 表示新删除的记录的 userID 值。

第 6 篇

项目实战

在本篇中将综合前面所学的各种知识技能以及高级开发技巧来实际开发论坛管理系统、企业会员管理系统以及新闻发布系统等应用程序数据库。通过本篇的学习，读者将对 MySQL 数据库在项目开发中的实际应用有切身的体会，为日后进行项目数据库开发积累下项目管理及实战开发经验。

- 第 26 章　项目实战统筹阶段——项目开发与规划
- 第 27 章　项目实战入门阶段——论坛管理系统数据库开发
- 第 28 章　项目实战提高阶段——企业会员管理系统数据库开发
- 第 29 章　项目实战高级阶段——新闻发布系统数据库开发

第26章

项目实战统筹阶段——项目开发与规划

◎ 本章教学微视频：20 个　34 分钟

 学习指引

　　一个项目系统从无到有要经历策划、分析、开发、测试和维护等阶段，具体来讲，包括设计软件的功能和实现的算法与方法、软件的总体结构设计和模块设计、编程和调试、程序联调和测试以及编写、提交程序等一系列操作，通常将这样的一个阶段过程称为项目的生命周期。

 重点导读

- 了解项目的开发流程。
- 熟悉项目开发团队的建设方法。
- 掌握项目的实际运作方法。
- 掌握项目规划中常见问题的解决方法。

26.1　项目开发流程

　　每一个项目的开发都不是一帆风顺的。为了避免软件开发过程中产生混乱，也为了提高软件的质量，需要按照项目开发的流程操作。下面从项目整体划分阐述在项目开发过程中各阶段的主要任务。

26.1.1　策划阶段

　　项目策划草案和风险管理策划往往作为一个项目开始的第 1 步。在确定项目开发之后，则需要制订项目开发计划、人员组织结构定义及配备、过程控制计划等。

1. 项目策划草案
项目策划草案应包括产品简介、产品目标及功能说明、开发所需的资源、开发时间等。

2. 风险管理计划

风险管理计划也就是把有可能出错或现在还不能确定的东西列出来，并制定出相应的解决方案。风险发现得越早对项目越有利。

3. 软件开发计划

软件开发计划的目的是收集控制项目时所需的所有信息，项目经理根据项目策划来安排资源需求，并根据时间表跟踪项目进度。项目团队成员则根据项目策划了解自己的工作任务、工作时间以及所要依赖的其他活动。

除此之外，软件开发计划还应包括项目的应收标准及应收任务（包括确定需要制订的测试用例）。

4. 人员组织结构定义及配备

常见的人员组织结构有垂直方案、水平方案和混合方案 3 种。垂直方案中每个成员会充当多重角色，而水平方案中每个成员只充当 1～2 个角色，混合方案则包括了经验丰富的人员与新手的相互融合。具体方案应根据公司人员的实际技能情况选择。

5. 过程控制计划

制订过程控制计划的目的是收集项目计划正常执行所需的所有信息，用来指导项目进度的监控、计划的调整，以确保项目能按时完成。

26.1.2　需求分析阶段

需求分析是指理解用户的需求，就软件的功能与客户达成一致，估计软件风险和评估项目代价，最终形成开发计划的一个复杂过程。需求分析阶段主要完成以下任务。

1. 需求获取

需求获取是指开发人员与用户多次沟通并达成协议，对项目所要实现的功能进行的详细说明。需求获取过程是进行需求分析过程的基础和前提，其目的在于产生正确的用户需求说明书，从而保证需求分析过程产生正确的软件需求规格说明书。

需求获取工作做得不好，会导致需求频繁变更，影响项目的开发周期，严重的可导致整个项目的失败。开发人员应首先制订访谈计划，然后准备提问单进行用户访谈，获取需求，并记录访谈内容以形成用户需求说明书。

2. 需求分析

需求分析过程主要是对所获取的需求信息进行分析，及时排除错误和弥补不足，确保需求文档正确地反映用户的真实意图，最终将用户的需求转化为软件需求，形成软件需求规格说明书，同时针对软件需求规格说明书中的界面需求以及功能需求制作界面原型。

所形成的界面原型可以有 3 种表示方法，即图纸（书面形式）、位图（图片形式）和可执行文件（交互式）。在进行设计之前应当对开发人员进行培训，以使开发人员能更好地理解用户的业务流程和产品的需求。

26.1.3 设计阶段

设计阶段的主要任务就是将软件项目分解成多个细小的模块，这个模块是指能实现某个功能的数据和程序说明、可执行程序的程序单元等。具体可以是一个函数、过程、子程序或一段带有程序说明的独立程序和数据，也可以是可组合、可分解和可更换的功能单元等。

26.1.4 开发阶段

软件开发阶段是具体实现项目目标的一个阶段。项目开发阶段可分为以下两个阶段。

1. 软件概要设计阶段

设计人员在软件需求规格说明书的指导下需完成以下任务。

（1）通过软件需求规格说明书对软件功能需求进行体系结构设计，确定软件结构及组成部分，编写《体系结构设计报告》。

（2）进行内部接口和数据结构设计，编写《数据库设计报告》。

（3）编写《软件概要设计说明书》。

2. 软件详细设计阶段

软件详细设计阶段的任务如下。

（1）通过《软件概要设计说明书》了解软件的结构。

（2）确定软件部分各组成单元，进行详细的模块接口设计。

（3）进行模块内部数据结构设计。

（4）进行模块内部算法设计，例如可采用流程图、伪代码等方式详细描述每一步的具体加工要求及种种实现细节，编写《软件详细设计说明书》。

26.1.5 编码阶段

编码阶段的任务主要有两个，分别如下。

1. 编写代码

开发人员通过《软件详细设计说明书》对软件结构及模块内部数据结构和算法进行代码编写，并保证编译通过。

2. 单元测试

代码编写完成后可对代码进行单元测试、集成测试，记录、发现并修改软件中的问题。

26.1.6 系统测试阶段

系统测试的目的在于发现软件的问题，通过与系统定义的需求做比较，发现软件与系统定义不符合或与其矛盾的地方。系统测试过程一般包括制订系统测试计划，进行测试方案设计、测试用例开发，进行测试，最后要对测试活动和结果进行评估。

1. 测试的时间安排

测试中各阶段的实施时间如下。

（1）系统测试计划在项目计划阶段完成。

（2）测试方案设计、测试用例开发和项目开发活动同时开展。

（3）编码结束之后对软件进行系统测试。

（4）完成测试后要对整个测试活动和软件产品质量进行评估。

2. 测试注意事项

测试应注意以下几个方面。

（1）系统测试人员应根据《软件需求规格说明书》设计系统测试方案，编写《系统测试用例》，进行系统测试，反馈缺陷问题报告，完成系统测试报告。如果需要进行相应的回归测试，则开展回归测试的相关活动。

（2）系统测试是反复迭代的过程，软件经过缺陷更正、功能改动、需求增加后均需反复进行系统测试，包括专门针对软件版本的功能改动或增加部分而撰写的文档等，以此回归测试来验证修改后的系统或产品的功能是否符合规格说明。

（3）测试人员对问题记录并通知开发组。

26.1.7　系统验收阶段

系统验收阶段是指从系统测试完毕到客户验收签字的阶段。在该阶段，双方相互配合确认软件已达到合同的要求，并要求客户在《客户验收报告》上签字。

26.1.8　系统维护阶段

系统维护是指在已完成对项目的研制（分析、设计、编码和测试）工作并交付使用以后对项目产品所开展的一些项目工程的活动，即根据软件运行的情况对软件进行适当的修改，以适应新的要求，并纠正运行中发现的错误等，同时还需要编写软件问题报告和软件修改报告。

26.2　项目开发团队

应根据实际项目来组建项目团队，一般应控制在 5~7 人，要尽量做到少而精。在组建项目团队时首先需要定岗，就是确定项目需要完成什么目标，完成这些目标需要哪些职能岗位，然后选择合适的人员组成。

26.2.1　项目团队的组成

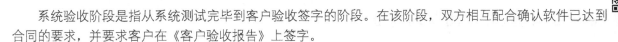

项目团队主要有以下几个角色。

1. 项目经理

项目经理要具有领导才能，主要负责团队的管理，对出现的问题能正确且迅速地做出决定，能充分利用各种渠道和方法来解决问题，能跟踪任务，有很好的日程观念，能在压力下工作。

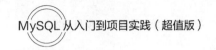
2. 系统分析师

系统分析师主要负责系统分析，了解用户需求，写出《软件需求规格说明书》，建立用户界面原型等。担任系统分析师的人员应该善于协调，并且具有良好的沟通技巧。担任此角色的人员必须是具备业务和技术领域知识的人才。

3. 设计员

设计员主要负责系统的概要设计、详细设计和数据库设计，要求熟悉分析与设计技术，熟悉系统的架构。

4. 程序员

程序员负责按项目的要求进行编码和单元测试，要求有良好的编程和测试技术。

5. 测试人员

测试人员负责进行测试，描述测试结果，提出问题解决方案，要求了解要测试的系统，具备诊断和解决问题的技能。

6. 其他人员

一个成功的项目团队是一个高效、协作的团队，除具有一些软件开发人员以外，还需要一些其他人员，例如美工、文档管理人员等。

26.2.2　高效开发团队的特征

一个高效的软件开发团队是需要建立在合理的开发流程及团队成员密切合作的基础之上的。每一个成员共同迎接挑战，有效地计划、协调和管理各自的工作以完成明确的目标。高效的开发团队具有以下几个特征。

1. 具有明确且有挑战性的共同目标

一个具有明确且有挑战性共同目标的团队，其工作效率会很高。因为在通常情况下，技术人员往往会为完成了某个具有挑战性的任务而感到自豪，而反过来，技术人员为了获得这种自豪的感觉会更加积极地工作，从而带来团队开发的高效率。

2. 团队具有很强的凝聚力

在一个高效的软件开发团队中，成员的凝聚力表现为相互支持、相互交流和相互尊重，而不是相互推卸责任、保守、指责。例如，某个成员明明知道其他模块中需要用到一段自己已经编写完成且有些难度的程序代码，但他就是不愿拿出来给其他成员共享，也不愿与系统设计人员交流，这样就会给项目的顺利开展带来不良的影响。

3. 具有融洽的交流环境

在一个开发团队中，每个开发小组人员行使各自的职责，例如系统设计人员做系统概要设计和详细设计，需求分析人员制定需求规格说明，项目经理配置项目开发环境并且制订项目计划等。但是由于种种原因，每个组员的工作不可能一次性做到位，例如系统概要设计的文档可能有个别地方会词不达意，这样在做详细设计的时候就有可能会造成误解。因此高效的软件开发团队是具有融洽的交流环境的，而不是那种简单的命令执行式的。

4. 具有共同的工作规范和框架

高效软件开发团队具有工作的规范性及共同框架，对于项目管理具有规范的项目开发计划，对于分析设计具有规范和统一框架的文档及审评标准，对于代码具有程序规范条例，对于测试具有规范且可推理的测试计划及测试报告，等等。

5. 采用合理的开发过程

软件项目的开发不同于一般商品的研发和生产，在开发过程中面临着各种难以预测的风险，比如客户需求的变化、人员的流失、技术的瓶颈、同行的竞争，等等。高效的软件开发团队往往会采用合理的开发过程去控制开发过程中的风险，提高软件的质量，降低开发的费用等。

26.3　项目的实际运作

软件开发一般是按照软件生命周期分阶段进行的，开发阶段的运作过程一般如下。

1. 可行性分析

做可行性分析，从而确定项目的目标和范围。在开发一个新项目或新版本时，首先是和用户一起确认需求，进行项目的范围规划。当用户对项目进度的要求和优先级高的时候，往往要缩小项目范围，对用户需求进行优先级排序，排除优先级低的需求。

另外，做项目范围规划的一个重要依据就是开发者的经验和对项目特征的清楚认识。在项目范围规划初期需要进行一个宏观的估算，否则很难判断清楚，或对用户承诺在现有资源情况下需要多长时间完成需求。

2. 确定项目进度

在项目的目标和范围确定之后，接下来开始确定项目的过程，比如项目整个过程中采用何种生命周期模型？项目过程是否需要对组织级定义的标准过程进行裁剪等？项目过程定义是进行 WBS（Work Breakdown Structure，工作分解结构）分解前必须确定的一个环节。WBS 就是把一个项目按一定的原则分解成任务，把任务再分解成一项项工作，再把一项项工作分配到每个人的日常活动中，直到分解不下去为止。

3. 项目风险分析

风险管理是项目管理的一个重要知识领域，整个项目管理的过程就是不断地去分析、跟踪和减轻项目风险的过程。风险分析的一个重要内容就是分析风险的根源，然后根据根源去制定专门的应对措施。风险管理贯穿整个项目管理过程，需要定期对风险进行跟踪和重新评估，对于转变成了问题的风险还需要事先制订相关的应急计划。

4. 确定开发项目

确定项目开发过程中需要使用的方法、技术和使用的工具。在一个项目中除了使用到常用的开发工具以外，还会使用到需求管理、设计建模、配置管理、变更管理、IM 沟通（及时沟通）等诸多工具，使用到面向对象分析和设计，以及开发语言、数据库、测试等多种技术，在这里都需要分析和定义清楚，这将成为后续技能评估和培训的一个重要依据。

5. 项目开发阶段

根据开发计划进度进行开发，项目经理跟进开发进度，严格控制项目需求变动的情况。在项目开发过程中不可避免地会出现需求变动的情况，当需求发生变更时可根据实际情况实施严格的需求变更管理。

6. 项目测试验收

测试验收阶段主要是在项目投入使用前查找项目中的运行错误。在需求文档基础之上核实每个模块能否正常运行，核实需求是否被正确实施。根据测试计划，由项目经理安排测试人员，根据项目开展计划分配进行项目的测试工作，通过测试确保项目的质量。

7. 项目过程总结

测试验收完成紧接着应开展项目过程的总结，主要是对项目开发过程的工作成果进行总结，以及进行相关文件的归档、备份等。

26.4　项目规划常见问题及解决

项目的开发并不是一天两天就可以做好的，对于一个复杂的项目来说，其开发过程更是充满了曲折和艰辛，问题也是层出不穷，接连不断。

26.4.1　如何满足客户需求

满足客户的需求也就是在项目开发流程中所提到的需求分析。如果一个项目经过大量的人力、物力、财力和时间的投入后所开发出的软件没人要，这种遭遇是很让人痛心疾首的。

需求分析之所以重要，就因为它具有决策性、方向性和策略性的作用，它在软件开发的过程中占据着举足轻重的地位。在一个大型软件系统的开发中，它的作用要远远大于程序设计。那么该如何做才能满足客户的需求呢？

1. 了解客户业务目标

只有在进行需求分析时更好地了解客户的业务目标才能使产品更好地满足需求，充分了解客户的业务目标有助于程序开发人员设计出真正满足客户需要并达到期望的优秀软件。

2. 撰写高质量的需求分析报告

需求分析报告是分析人员对从客户那里获得的所有信息进行整理，主要用于区分业务需求及规范、功能需求、质量目标、解决方法和其他信息，使程序开发人员和客户之间针对要开发的产品内容达成共识和协议。

需求分析报告应以一种客户认为易于翻阅和理解的方式组织编写，同时程序分析师可能会采用多种图表作为文字性需求分析报告的补充说明，虽然这些图表很容易让客户理解，但是客户可能对此并不熟悉，因此对需求分析报告中的图表进行详细的解释说明也是很有必要的。

3. 使用符合客户语言习惯的表达方式

在与客户进行需求交流时要尽量站在客户的角度去使用术语，而客户却不需要懂得计算机行业方面的术语。

4. 要多尊重客户的意见

客户与程序开发人员偶尔也会碰到一些难以沟通的问题。如果客户与开发人员之间产生了不能相互理解的问题，要尽量多听听客户方的意见，当能满足客户的需求时就要尽可能地满足客户的需求，如果实在因为某些技术方面的原因而无法实现，应当合理地向客户说明。

5. 划分需求的优先级

绝大多数项目没有足够的时间或资源实现功能性上的每一个细节。如果需要对哪些特性是必要的、哪些是重要的等问题做出决定，那么最好询问一下客户所设定的需求优先级。程序开发人员不可以猜测客户的观点，然后去决定需求的优先级。

26.4.2　如何控制项目进度

大量的软件错误通常只有到了项目后期，在进行系统测试时才会被发现，解决问题所花的时间也是很难预料的，经常导致项目进度无法控制。同时在整个软件开发的过程中，项目管理人员由于缺乏对软件质量状况的了解和控制，也加大了项目管理的难度。

面对这种情况，较好的解决方法是尽早进行测试，当软件的第 1 个过程结束后，测试人员要马上基于它进行测试脚本的实现，按项目计划中的测试目的执行测试用例，对测试结果做出评估报告。这样就可以通过各种测试指标实时监控项目质量状况，提高对整个项目的控制和管理能力。

26.4.3　如何控制项目预算

在整个项目开发的过程中，错误发现得越晚，单位错误的修复成本就会越高，错误的延迟解决必然会导致整个项目成本的急剧增加。

解决这个问题的较好方法是采取多种测试手段，尽早发现潜在的问题。

第27章

项目实战入门阶段——论坛管理系统数据库开发

◎ 本章教学微视频：7个　11分钟

 学习指引

　　随着论坛的出现，人们的交流有了新的变化。在论坛里，人们之间的交流打破了空间、时间的限制。在论坛系统中，用户可以注册成为论坛会员，取得发表言论的资格，也需要论坛信息管理工作系统化、规范化、自动化，通过这样的系统可以做到信息的规范管理、科学统计和快速地发表言论。为了实现论坛系统规范和运行稳健，需要数据库的设计非常合理。本章主要讲述论坛管理系统数据库的设计方法。

重点导读

- 了解论坛系统的功能。
- 熟悉论坛系统的功能模块。
- 掌握如何设计论坛系统的表的 E-R 图。
- 掌握如何设计论坛系统的表。
- 掌握如何设计论坛系统的索引。
- 掌握如何设计论坛系统的视图。
- 掌握如何设计论坛系统的触发器。

27.1　系统功能描述

　　论坛又名 BBS，全称为 Bulletin Board System（电子公告板）或者 Bulletin Board Service（公告板服务）。它是 Internet 上的一种电子信息服务系统。它提供一块公共电子白板，每个用户都可以在上面书写，可发布信息或提出看法。

　　论坛是一种交互性强、内容丰富且及时的电子信息服务系统。用户在 BBS 站点上可以获得各种信息服务、发布信息、进行讨论、聊天等。和日常生活中的黑板报一样，论坛按不同的主题分为许多版块，版面的设立依据是大多数用户的要求和喜好，用户可以阅读别人关于某个主题的看法，也可以将自己的想法毫无保留地贴到论坛中。随着计算机网络技术的不断发展，BBS 论坛的功能越来越强大，目前 BBS 的主要功能有以下几点。

（1）供用户自我选择阅读若干感兴趣的专业组和讨论组内的信息。

（2）可随意检查是否有新消息发布并选择阅读。

（3）用户可在站点内发布消息或文章供他人查阅。

（4）用户可就站点内其他人的消息或文章进行评论。

（5）同一站点内的用户互通电子邮件，设定好友名单。

现实生活中的交流存在时间和空间上的局限性，交流人群范围的狭小以及间断的交流不能保证信息的准确性和可取性。因此，用户需要通过网上论坛（也就是 BBS 的交流）扩大交流面，同时可以从多方面获得自己的及时需求。同时信息时代迫切要求信息传播速度加快，局部范围的信息交流只会减缓前进的步伐。

BBS 系统的开发能为分散于五湖四海的人提供一个共同交流、学习、倾吐心声的平台，实现来自不同地方用户的极强的信息互动性，用户在获得自己所需要的信息的同时也可以广交朋友拓宽自己的视野和扩大自己的社交面。

论坛系统的基本功能包括用户信息的录入、查询、修改和删除，用户留言及头像的前台显示功能，其中还包括管理员的登录信息。

27.2　系统功能模块

论坛管理系统的重要功能是管理论坛帖子的基本信息。通过论坛管理系统可以提高论坛管理员的工作效率。本节将详细介绍该系统的功能。

论坛系统主要分为 5 个管理部分，包括用户管理、管理员管理、版块管理、主帖管理和回复帖管理。本系统的功能模块如图 27-1 所示。

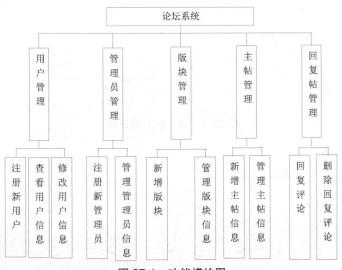

图 27-1　功能模块图

该图中模块的详细介绍如下。

（1）用户管理模块：实现新增用户，查看和修改用户信息功能。

（2）管理员管理模块：实现新增管理员，查看、修改和删除管理员信息功能。

（3）版块管理模块：实现对管理员、对管理的模块和管理的评论赋权功能。

（4）主帖管理模块：实现对主帖的增加、查看、修改和删除功能。

（5）回复帖管理模块：实现有相关权限的管理员对回复帖的审核和删除功能。

通过本节的介绍，读者对论坛系统的主要功能有了一定的了解，下一节会向读者介绍本系统所需要的数据库和表。

27.3　数据库设计和实现

在进行数据库设计时要确定设计哪些表、表中包含哪些字段、字段的数据类型和长度。本节主要讲述论坛数据库的设计和实现过程。

27.3.1　设计表的 E-R 图

在设计表之前，用户可以先设计出其 E-R 图。

1. 用户表的 E-R 图

用户表为 user，其 E-R 图如图 27-2 所示。

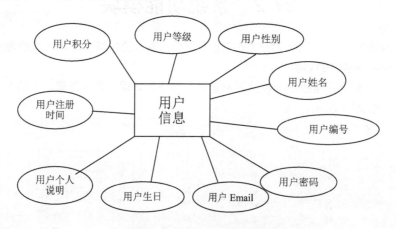

图 27-2　用户表的 E-R 图

2. 管理员表的 E-R 图

管理员表为 admin，其 E-R 图如图 27-3 所示。

图 27-3　管理员表的 E-R 图

3. 版块表的 E-R 图

版块表为 section，其 E-R 图如图 27-4 所示。

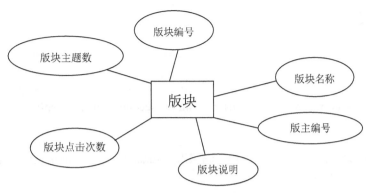

图 27-4　版块表的 E-R 图

4. 主帖表的 E-R 图

主帖表为 topic，其 E-R 图如图 27-5 所示。

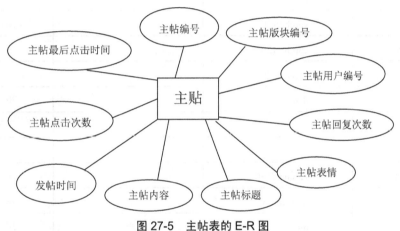

图 27-5　主帖表的 E-R 图

5. 回复帖表的 E-R 图

回复帖表为 reply，其 E-R 图如图 27-6 所示。

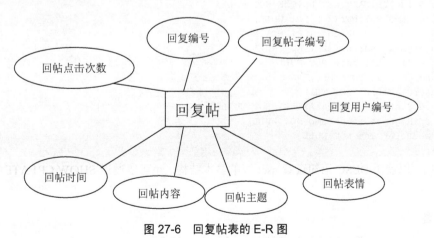

图 27-6　回复帖表的 E-R 图

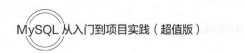

27.3.2 设计表

本系统所有的表都放在 bbs 数据库下，创建和选择 bbs 数据库的 SQL 代码如下：

```
CREATE DATABASE bbs;
USE bbs;
```

在这个数据库中共存放 5 张表，分别是 user、admin、section、topic 和 reply。

1. user 表

user 表中存储用户编号、用户姓名、用户密码和用户 Email 等，所以 user 表设计了 10 个字段。user 表中每个字段的信息如表 27-1 所示。

表 27-1　user 表的内容

列　　名	数 据 类 型	允许 NULL 值	说　　明
uID	int	否	用户编号
userName	varchar(20)	否	用户姓名
userPassword	varchar(20)	否	用户密码
userEmail	varchar(20)	否	用户 Email
userBirthday	date	否	用户生日
userSex	bit	否	用户性别
userClass	int	否	用户等级
userStatement	varchar(150)	否	用户个人说明
userRegDate	timestamp	否	用户注册时间
userPoint	int	否	用户积分

根据表 27-1 的内容创建 user 表。创建 user 表的 SQL 语句如下：

```
CREATE TABLE user(
        uID int PRIMARY KEY UNIQUE NOT NULL,
        userName varchar(20) NOT NULL,
        userPassword varchar(20) NOT NULL,
        userEmail varchar(20) NOT NULL,
        userBirthday date NOT NULL,
        userSex bit NOT NULL,
        userClass int NOT NULL,
        userStatement varchar(150) NOT NULL,
        userRegDate timestamp NOT NULL,
        userPoint int NOT NULL
        );
```

创建完成后可以使用 DESC 语句查看 user 表的基本结构，也可以通过 SHOW CREATE TABLE 语句查看 user 表的详细信息。

2. admin 表

管理员表（admin）主要用来存放用户账号信息，如表 27-2 所示。

表 27-2　admin 表的内容

列　　名	数 据 类 型	允许 NULL 值	说　　明
adminID	int	否	管理员编号
adminName	varchar(20)	否	管理员姓名
adminPassword	varchar(20)	否	管理员密码

根据表 27-2 的内容创建 admin 表。创建 admin 表的 SQL 语句如下：

```
CREATE TABLE admin(
      adminID int PRIMARY KEY UNIQUE NOT NULL,
      adminName varchar(20) NOT NULL,
      adminPassword varchar(20) NOT NULL
      );
```

创建完成后可以使用 DESC 语句查看 admin 表的基本结构，也可以通过 SHOW CREATE TABLE 语句查看 admin 表的详细信息。

3. section 表

版块表（section）主要用来存放版块信息，如表 27-3 所示。

表 27-3　section 表的内容

列　　名	数 据 类 型	允许 NULL 值	说　　明
sID	int	否	版块编号
sName	varchar(20)	否	版块名称
sMasterID	int	否	版主编号
sStatement	varchar	否	版块说明
sClickCount	int	否	版块点击次数
sTopicCount	int	否	版块主题数

根据表 27-3 的内容创建 section 表。创建 section 表的 SQL 语句如下：

```
CREATE TABLE section (
      sID int PRIMARY KEY UNIQUE NOT NULL,
      sName varchar(20) NOT NULL,
      sMasterID int NOT NULL,
      sStatement varchar NOT NULL,
      sClickCount int NOT NULL,
      sTopicCount int NOT NULL
      );
```

创建完成后可以使用 DESC 语句查看 section 表的基本结构，也可以通过 SHOW CREATE TABLE 语句查看 section 表的详细信息。

4. topic 表

主帖表（topic）主要用来存放主帖信息，如表 27-4 所示。

表 27-4　topic 表的内容

列　　名	数 据 类 型	允许 NULL 值	说　　明
tID	int	否	主帖编号
tsID	int	否	主帖版块编号
tuID	int	否	主帖用户编号
tReplyCount	int	否	主帖回复次数
tEmotion	varchar	否	主帖表情
tTopic	varchar	否	主帖标题
tContents	text	否	主帖内容
tTime	timestamp	否	发帖时间
tClickCount	int	否	主帖点击次数
tLastClickT	timestamp	否	主帖最后点击时间

根据表 27-4 的内容创建 topic 表。创建 topic 表的 SQL 语句如下：

```
CREATE TABLE topic (
        tID int PRIMARY KEY UNIQUE NOT NULL,
        tsID int NOT NULL,
        tuID int NOT NULL,
        tReplyCount int NOT NULL,
        tEmotion varchar NOT NULL,
        tTopic varchar NOT NULL,
        tContents text NOT NULL,
        tTime timestamp NOT NULL,
        tClickCount int NOT NULL,
        tLastClickT timestamp NOT NULL
    );
```

创建完成后可以使用 DESC 语句查看 topic 表的基本结构，也可以通过 SHOW CREATE TABLE 语句查看 topic 表的详细信息。

5. reply 表

回复帖表（reply）主要用来存放回复帖的信息，如表 27-5 所示。

表 27-5　reply 表的内容

列　　名	数 据 类 型	允许 NULL 值	说　　明
rID	int	否	回复编号
rtID	int	否	回复帖子编号
ruID	int	否	回复用户编号
rEmotion	char	否	回帖表情
rTopic	varchar(20)	否	回帖主题
rContents	text	否	回帖内容
rTime	timestamp	否	回帖时间
rClickCount	int	否	回帖点击次数

根据表 27-5 的内容创建 reply 表。创建 reply 表的 SQL 语句如下：

```
CREATE TABLE reply (
        rID int PRIMARY KEY UNIQUE NOT NULL,
        rtID int NOT NULL,
        ruID int NOT NULL,
        rEmotion char NOT NULL,
        rTopic varchar(20)NOT NULL,
        rContents text NOT NULL,
        rTime timestamp NOT NULL,
        rClickCount int NOT NULL
        );
```

创建完成后可以使用 DESC 语句查看 reply 表的基本结构，也可以通过 SHOW CREATE TABLE 语句查看 reply 表的详细信息。

27.3.3　设计索引

索引是创建在表上的，是对数据库中一列或者多列的值进行排序的一种结构。索引可以提高查询的速度。论坛系统需要查询论坛的信息，这就需要在某些特定字段上建立索引，以便提高查询速度。

1. 在 topic 表上建立索引

在新闻发布系统中需要按照 tTopic 字段、tTime 字段和 tContents 字段查询新闻信息。在本书前面的章节中介绍了几种创建索引的方法。本节将使用 CREATE INDEX 语句和 ALTER TABLE 语句创建索引。

下面使用 CREATE INDEX 语句在 tTopic 字段上创建名为 index_topic_title 的索引，SQL 语句如下：

```
CREATE INDEX index_topic_title ON topic(tTopic);
```

然后使用 CREATE INDEX 语句在 tTime 字段上创建名为 index_topic_time 的索引，SQL 语句如下：

```
CREATE INDEX index_topic_date ON topic(tTime);
```

最后使用 ALTER TABLE 语句在 tContents 字段上创建名为 index_topic_contents 的索引，SQL 语句如下：

```
ALTER TABLE topic ADD INDEX index_topic_contents (tContents);
```

2. 在 section 表上建立索引

在论坛系统中需要通过版块名称查询该版块下的帖子信息，因此需要在这个字段上创建索引。创建索引的语句如下：

```
CREATE INDEX index_section_name ON section (sName);
```

代码执行完成后，读者可以使用 SHOW CREATE TABLE 语句查看 section 表的详细信息。

3. 在 reply 表上建立索引

论坛系统需要通过 rTime 字段、rTopic 字段和 rtID 字段查询回复帖子的内容，因此可以在这 3 个字段上创建索引。创建索引的语句如下：

```
CREATE INDEX index_reply_rtime ON comment (rTime);
CREATE INDEX index_reply _rtopic ON comment (rTopic);
CREATE INDEX index_reply _rtid ON comment (rtID);
```

代码执行完成后，读者可以通过 SHOW CREATE TABLE 语句查看 reply 表的结构。

27.3.4　设计视图

在论坛系统中如果直接查询 section 表，显示信息时会显示版块编号和版块名称等信息。这种显示不直观显示主帖的标题和发布时间，为了以后查询方便，可以建立一个视图 topic_view。这个视图显示版块的编号、版块的名称、同一版块下主帖的标题、主帖的内容和主帖的发布时间。创建视图 topic_view 的 SQL 代码如下：

```
CREATE VIEW topic_view
AS SELECT s.ID,s.Name,t.tTopic,t.tContents,t.tTime
FROM section s,topic t
WHERE section.sID=topic.sID;
```

上面 SQL 语句中给每个表都取了别名，section 表的别名为 s，topic 表的别名为 t，该视图从这两个表中取出相应的字段。在视图创建完成后，可以使用 SHOW CREATE VIEW 语句查看 topic_view 视图的详细信息。

27.3.5　设计触发器

触发器由 INSERT、UPDATE 和 DELETE 等事件来触发某种特定的操作。当满足触发器的触发条件时，数据库系统就会执行触发器中定义的程序语句，这样做可以保证某些操作之间的一致性。为了使论坛系统的数据更新更加快速、合理，可以在数据库中设计几个触发器。

1. 设计 INSERT 触发器

如果向 section 表中插入记录，说明版块的主题数目要相应增加，这可以通过触发器来完成。在 section 表上创建名为 section_count 的触发器，其 SQL 语句如下：

```
DELIMITER &&
CREATE TRIGGER section_count AFTER UPDATE
        ON section FOR EACH ROW
        BEGIN
           UPDATE section SET sTopicCount= sTopicCount+1
           WHERE sID=NEW.sID;
        END
        &&
DELIMITER;
```

其中，NEW.sID 表示 section 表中增加的记录的 sID 值。

2. 设计 UPDATE 触发器

在设计表时，user 表和 reply 表的 uID 字段的值是一样的。如果 user 表中的 uID 字段的值更新了，那么 reply 表中的 uID 字段的值也必须同时更新，这可以通过一个 UPDATE 触发器来实现。创建 UPDATE 触发器 update_userID 的 SQL 代码如下：

```
DELIMITER &&
CREATE TRIGGER update_userID AFTER UPDATE
        ON user FOR EACH ROW
        BEGIN
           UPDATE reply SET uID=NEW.uID
        END
        &&
DELIMITER;
```

其中，NEW.uID 表示 user 表中更新的记录的 uID 值。

3. 设计 DELETE 触发器

如果从 user 表中删除一个用户的信息，那么这个用户在 topic 表中的信息也必须同时删除，这也可以通过触发器来实现。在 user 表上创建 delete_user 触发器，只要执行 DELETE 操作，那么就删除 topic 表中相应的记录。创建 delete_user 触发器的 SQL 语句如下：

```
DELIMITER &&
CREATE TRIGGER delete_user AFTER DELETE
        ON user FOR EACH ROW
        BEGIN
            DELETE FROM top WHERE uID=OLD.uID
        END
        &&
DELIMITER;
```

其中，OLD.uID 表示新删除的记录的 uID 值。

第 28 章

项目实战提高阶段——企业会员管理系统数据库开发

◎ 本章教学微视频：5 个　9 分钟

 学习指引

在动态网站中，用户管理系统是非常必要的，因为网站会员的收集与数据使用不仅可以让网站累积会员人脉，利用这些会员的数据也可能为网站带来无穷的商机。本章就以一个企业会员管理系统为例来介绍 MySQL 在开发中的应用。

 重点导读

- 了解企业会员管理系统的功能。
- 熟悉企业会员管理系统功能的分析方法。
- 熟悉企业会员管理系统的数据流程。
- 掌握创建企业会员管理系统数据库的方法。
- 掌握企业会员管理系统的代码实现过程。

28.1　系统功能描述

该案例介绍一个基于 PHP+MySQL 的企业会员管理系统。该系统主要包括管理员登录及验证、增加会员、删除会员、修改会员信息、查看会员详情等功能。

整个项目以登录界面为起始，在管理员输入用户名和密码后，系统通过查询数据库验证该管理员是否存在，如图 28-1 所示。

验证成功则进入会员管理界面，可以查看会员列表、增加会员、删除会员、修改会员信息、查看会员详情，进行相应的功能操作，如图 28-2 所示。

图 28-1　会员管理系统登录界面

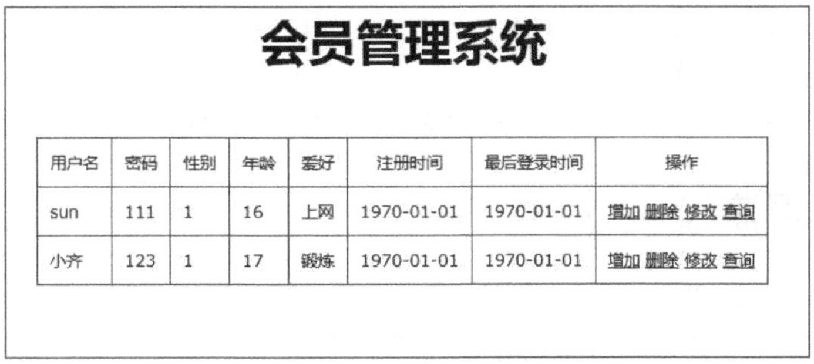

会员管理系统
用户名 密码 性别 年龄 爱好 注册时间 最后登录时间 操作
sun 111 1 16 上网 1970-01-01 1970-01-01 增加 删除 修改 查询
小齐 123 1 17 锻炼 1970-01-01 1970-01-01 增加 删除 修改 查询

图 28-2 系统管理界面

28.2 系统功能分析与数据流程

一个典型的企业会员管理系统包括管理员登录及验证、增加会员、删除会员、修改会员信息、查看会员详情等功能。本节就来学习企业会员管理系统的功能以及实现方法。

28.2.1 系统功能分析

整个系统的功能结构如图 28-3 所示。

会员管理系统
管理员登录及验证
增加会员
删除会员
修改会员信息
查看会员详情

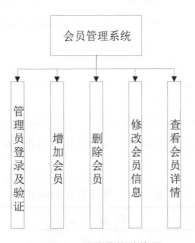

图 28-3 系统功能结构图

整个项目包含 5 个功能。

（1）管理员登录及验证：在登录界面中管理员输入用户名和密码后，系统验证通过查询数据库验证是否存在该管理员，如果验证成功显示会员管理界面，否则提示“无效的用户名和密码”，并返回登录界面。

（2）增加会员：管理员登录系统后可以查看会员列表，然后在对应会员操作中单击“增加”，系统进入增加会员界面，在输入相应信息后单击“增加会员”按钮，系统会向数据库插入一条记录，并提示成功，返回会员管理界面。

（3）删除会员：在对应会员操作中单击“删除”，系统会向数据库删除此条记录，并提示成功，返回会员管理界面。

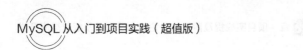

（4）修改会员信息：在对应会员操作中单击"修改"，系统进入修改会员界面，在修改相应信息后单击"确定修改"按钮，系统会向数据库更新一条记录，并提示成功，返回会员管理界面。

（5）查看会员详情：在对应会员操作中单击"查询"，系统向数据库查询并显示该会员的详细信息。

28.2.2　系统数据流程

整个系统的数据流程如图 28-4 所示。

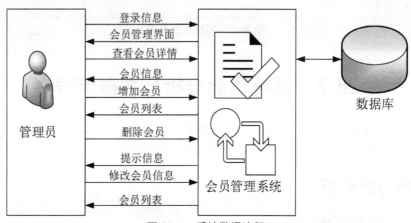

图 28-4　系统数据流程

根据系统功能和数据库设计原则设计数据库 usermanagement，SQL 语法如下：

```
CREATE DATABASE IF NOT EXISTS ' usermanagement ';
```

设计数据表 admin 并插入数据，SQL 语法如下：

```
CREATE TABLE IF NOT EXISTS 'admin' (
    'userid' char(15) DEFAULT NULL,
    'pssw' char(10) NOT NULL
);
```

根据系统功能和数据库设计原则设计两张表，分别是管理员表 admin、会员表 user，如表 28-1 和表 28-2 所示。

表 28-1　管理员表 admin

字　段　名	数　据　类　型	字　段　说　明
userid	char(15)	管理员编码
pssw	char(10)	密码

表 28-2　会员表 user

字　段　名	数　据　类　型	字　段　说　明
id	int(11)	用户编码，自增
name	varchar(32)	用户名
pswd	char(10)	密码
sex	char(4)	性别

续表

字 段 名	数 据 类 型	字 段 说 明
age	char(50)	年龄
hobby	char(50)	爱好
addtime	datetime	注册时间
logintime	datetime	最后登录时间
detail	varchar(100)	个人简介

创建管理员表 admin，SQL 语句如下：

```
CREATE TABLE IF NOT EXISTS 'admin' (
    'userid' char(15) DEFAULT NULL,
    'pssw' char(10) NOT NULL
);
```

插入演示数据，SQL 语句如下：

```
INSERT INTO 'admin' ('userid', 'pssw') VALUES
('test', '123');
```

创建会员表 user，SQL 语句如下：

```
CREATE TABLE IF NOT EXISTS 'user' (
    'id' int(11) NOT NULL AUTO_INCREMENT,
    'name' varchar(32) COLLATE utf8_unicode_ci NOT NULL,
    'pswd' char(10) COLLATE utf8_unicode_ci NOT NULL,
    'sex' char(4) COLLATE utf8_unicode_ci DEFAULT NULL,
    'age' char(50) COLLATE utf8_unicode_ci DEFAULT NULL,
    'hobby' char(50) COLLATE utf8_unicode_ci DEFAULT NULL,
    'addtime' datetime DEFAULT NULL,
    'logintime' datetime DEFAULT NULL,
    'detail' varchar(100) COLLATE utf8_unicode_ci DEFAULT NULL,
    PRIMARY KEY ('id')
);
```

插入演示数据，SQL 语句如下：

```
INSERT INTO 'user' ('id', 'name', 'pswd', 'sex', 'age', 'hobby', 'addtime', 'logintime', 'detail') VALUES
    (1, 'sun', '111', '1', '16', '上网', '2017-10-24 20:51:15', '2017-10-24 20:51:17', ' 111 '),
    (2, '小齐', '123', '1', '17', '锻炼', '2017-10-24 20:56:17', '2017-10-24 20:56:18', '运动快乐'),
    (6, '小花', '123456', '2', '15', '购物shopping', '0000-00-00 00:00:00', '0000-00-00 00:00:00', '
买买买');
```

28.3　代码的具体实现

该案例的代码清单包含 10 个 php 文件，实现了企业会员管理系统的管理员登录及验证、查看会员列表、增加会员、删除会员、修改会员信息、查看会员详情等主要功能。

网站中文件的含义和代码如下：

1. index.php

该文件是本案例的 Web 访问入口，是用户的登录界面，代码如下：

```html
<html>
<head>
<title>登录
</title>
</head>

<body>
<h1 align="center">会员管理系统</h1>
<table width="100%" style="text-align:center">
<tr>
<form action="login.php" method="post">
<td width="60%" class="sub1">
<p class="sub">账号: <input type="text" name="userid" align="center" class="txttop"></p>
<p class="sub"> 密 码 : <input type="password" name="pssw" align="center" maxlength="4"
class="txtbot"></p>
<button name="button" class="button" type="submit">登录</button>
</form>
</td>
</tr>
</table>
</body>
</html>
```

2. conn.php

该文件对应数据库连接界面，代码如下：

```php
<?php
//创建数据库连接
$con = mysqli_connect("localhost", "root", "")or die("无法连接到数据库");
mysqli_select_db($con,"usermanagement") or die(mysqli_error($con));
mysqli_query($con,'set NAMES utf8');
?>
```

3. log.php

该文件对用户登录进行验证，代码如下：

```php
<html>
<head>
<title>
</title>
<link rel="stylesheet" type="text/css" href="css/main.css">
</head>
<body><h1 align="center">会员管理系统</h1></body>
<p align="center">
<?php
//连接数据库
require_once("conn.php");
//账号
$userid=$_POST['userid'];
//密码
$pssw=$_POST['pssw'];
//查询数据库
```

```php
$qry=mysqli_query($con,"SELECT * FROM admin WHERE userid='$userid'");
$row=mysqli_fetch_array($qry,MYSQLI_ASSOC);
//验证用户
if($userid==$row['userid'] && $pssw==$row['pssw']&&$userid!=null&&$pssw!=null)
    {
        session_start();
        $_SESSION["login"] =$userid;
        header("Location: userlist.php");
    }
else{
        echo "无效的账号或密码!";
        header('refresh:1; url= index.php');
    }
}
?>
</p>
</body>
</html>
```

4. list.php

该文件对应系统的主界面，代码如下：

```html
<html>
<head>
<meta http-equiv="Content-Type" content="text/html; charset=utf-8">
<style type="text/css">
table.gridtable {
    font-family: verdana,arial,sans-serif;
    font-size:11px;
    color:#333333;
    border-width: 1px;
    border-color: #666666;
    border-collapse: collapse;
}
table.gridtable th {
    border-width: 1px;
    padding: 8px;
    border-style: solid;
    border-color: #666666;
    background-color: #dedede;
}
table.gridtable td {
    border-width: 1px;
    padding: 8px;
    border-style: solid;
    border-color: #666666;
    background-color: #ffffff;
}
</style>
<title>会员信息列表</title>
</head>
  <body>
  <h1 align="center">会员管理系统</h1>
    <table   class="gridtable"   border="1"  cellspacing="0"   cellpadding="0"   id="userList"
align="center">
    <tr align="center">
    <td>用户名</td>
    <td>密码</td>
    <td>性别</td>
```

443

```
      <td>年龄</td>
      <td>爱好</td>
      <td>注册时间</td>
      <td>最后登录时间</td>
      <td>操作</td>
    </tr>
<?php
  //连接数据库
  require_once 'conn.php';
  //设置中国时区
  date_default_timezone_set("PRC");
  //查询数据库
  $sql = "select * from user";
  $result = mysqli_query($con,$sql);
  $userList = '';
  while($rs = mysqli_fetch_array($result,MYSQLI_ASSOC)){
      $userList[] = $rs;
  }
      // 循环用户列表
      foreach ($userList as $user){
        echo "
          <tr>
          <td> ".$user['name']."</td>
          <td> ".$user['pswd']."</td>
          <td> ".$user['sex']."</td>
          <td> ".$user['age']."</td>
          <td> ".$user['hobby']."</td>
          <td> ".date("Y-m-d",$user['addtime'])."</td>
          <td> ".date("Y-m-d",$user['logintime'])."</td>
          <td> <a href='addUser.php'>增加</a>
          <a href='deleteUser.php?id=".$user['id']."');\"> 删除</a>
          <a href='editUser.php?id=".$user['id']."');\"> 修改</a>
          <a href='detailUser.php?id=".$user['id']."');\"> 查询</a>
          </td>
          </tr>
        ";
      }
?>
  </table>
  </body>
</html>
```

5. addUser.php 和 add.php

这两个文件对应添加会员界面。

addUser.php 的代码如下：

```
<!DOCTYPE html>
<html>
<head>
<meta http-equiv="Content-Type" content="text/html; charset=utf-8" />
<title>新增用户</title>
</head>
<body>
<h1 align="center">会员管理系统</h1>
<form action="add.php" method="post">
    <input type="hidden" name="user_id" value=" " />
    <table width="444" align="center">
```

```
        <tr>
         <td>用户名：</td>
         <td> <input type="text" name="name" size="10" /></td>
        </tr>
        <tr>
         <td>密码：</td>
         <td> <input type="pswd" name="pswd" size="10" /></td>
        </tr>
        <tr>
         <td>性别：</td>
         <td> <input type="radio" name="sex" value="男" checked="checked" /> 男<input type="radio"
name="sex" value="女" /> 女 </td>
        </tr>
        <tr>
         <td>年龄：</td>
         <td> <input type="text" name="age" size="3" /></td>
        </tr>
        <tr>
         <td>爱好：</td>
         <td> <input type="text" name="hobby" size="44" /></td>
        </tr>
        <tr>
         <td style="height:148px;display:block;vetical-align:top;float:left;">个人简介：</td>
         <td> <textarea name="detail" rows="10" cols="30"></textarea></td>
        </tr>
        <tr>
           <td colspan="2" align="center"><input type="submit" value="增加会员" /></td>
    </tr>
   </table>
      <p> </p>
      <p> </p>
      <p> </p>
</form>
</body>
</html>
```

add.php 的代码如下：

```php
<?php
require_once 'conn.php';
//获取用户信息
$id = $_POST['id'];
$name = $_POST['name'];
echo $name;
$pswd= $_POST['pswd'];
if($_POST['sex']=='男')
{
  $sex=1;
}
else if($_POST['sex']=='女')
{
    $sex=2;
}
else $sex=3;
;
//设置中国时区
date_default_timezone_set("PRC");
$age = $_POST['age'];
$hobby = $_POST['hobby'];
```

```
$detail = $_POST['detail'];
$addtime=mktime(date("h"),date("m"),date("s"),date("m"),date("d"),date("Y"));
$logintime=$addTime;
  $sql = "insert into user (name,pswd,sex,age,hobby,detail,addtime,logintime) ".
  "values('$name','$pswd','$sex','$age','$hobby','$detail','$addtime','$logintime')";
  echo $sql;
  //执行 SQL 语句
  mysqli_query($con,$sql);
  //获取影响的行数
  $rows = mysqli_affected_rows($con);
  //返回影响行数
  //如果影响行数≥1，则判断添加成功，否则失败
  if($rows >= 1){
    alert("添加成功");
    href("userList.php");
  }else{
    alert("添加失败");
    }
function alert($title){
  echo "<script type='text/javascript'>alert('$title');</script>";
}
function href($url){
  echo "<script type='text/javascript'>window.location.href='$url'</script>";
}
?>
```

6. editUser.php 和 edit.php

这两个文件对应修改会员界面。

editUser.php 的代码如下：

```html
<!DOCTYPE html>
<html>
<head>
<meta http-equiv="Content-Type" content="text/html; charset=utf-8" />
<style type="text/css">
table.gridtable {
    font-family: verdana,arial,sans-serif;
    font-size:11px;
    color:#333333;
    border-width: 1px;
    border-color: #666666;
    border-collapse: collapse;
}
table.gridtable th {
    border-width: 1px;
    padding: 8px;
    border-style: solid;
    border-color: #666666;
    background-color: #dedede;
}
table.gridtable td {
    border-width: 1px;
    padding: 8px;
    border-style: solid;
    border-color: #666666;
    background-color: #ffffff;
}
</style>
<title>查看会员详情</title>
```

```
</head>
<body>
<h1 align="center">会员管理系统</h1>
<?php
//连接数据库
require_once 'conn.php';
$id=$_GET['id'];
//设置中国时区
date_default_timezone_set("PRC");
//查询数据库
  $sql = "select * from user where id=".$id;
  $result = mysqli_query($con,$sql);
  $user = mysqli_fetch_array($result,MYSQLI_ASSOC);
?>
   <table class="gridtable" width="444" align="center">
     <tr>
      <td>用户 ID </td>
      <td> <?php echo $id ?> </td>
     </tr>
     <tr>
      <td>用户名 </td>
      <td> <?php echo $user['name'] ?> </td>
     </tr>
     <tr>
      <td>密码</td>
      <td> <?php echo $user['pswd'] ?> </td>
     </tr>
     <tr>
      <td>性别</td>
      <td> <?php if($user[sex]=='1') echo "男"; else if($user[sex]=='2') echo "女"; else "保
密"; ?>
      </td>
     </tr>
     <tr>
      <td>年龄</td>
      <td> <?php echo $user['age'] ?> </td>
     </tr>
     <tr>
      <td>爱好</td>
      <td> <?php echo $user['hobby'] ?> </td>
     </tr>
     <tr>
      <td>个人简介</td>
      <td> <?php echo $user['detail'] ?> </td>
     </tr>
     <tr>
        <td colspan="2" align="center"><a href="userList.php" >返回用户列表</a></td>
     </tr>
 </table>
     <p> </p>
     <p> </p>
     <p> </p>
</body>
</html>
```

edit.php 的代码如下：

```
<?php
require_once 'conn.php';
```

```php
//设置中国时区
date_default_timezone_set("PRC");
//获取用户信息
$id = $_POST['id'];
$name = $_POST['name'];
$pswd= $_POST['pswd'];
if($_POST['sex']=='男')
{
  $sex=1;
}
else if($_POST['sex']=='女')
{
    $sex=2;
}
else $sex=3;
;
$age = $_POST['age'];
$hobby = $_POST['hobby'];
$detail = $_POST['datail'];
$addtime=mktime(date("h"),date("m"),date("s"),date("m"),date("d"),date("Y"));
$loginTime=$addTime;
    $sql = "update user set name='$name',pswd='$pswd',sex='$sex',age='$age',hobby='$hobby',detail=
'$detail' where id='$id'";
    echo $sql;
    //执行 SQL 语句
    mysqli_query($con,$sql);
    //获取影响的行数
    $rows = mysqli_affected_rows($con);
    //返回影响行数
    //如果影响行数≥1，则判断添加成功，否则失败
    if($rows >= 1)
    {
      alert("编辑成功");
      href("userList.php");
    }else{
      alert("编辑失败");
    }
function alert($title){
  echo "<script type='text/javascript'>alert('$title');</script>";
}
function href($url){
  echo "<script type='text/javascript'>window.location.href='$url'</script>";
}
?>
```

7. deleteUser.php

该文件对应用户删除界面，代码如下：

```php
<?php
//包含数据库文件
require_once 'conn.php';
//获取删除的 id
$id = $_GET['id'];
$row = delete($id,$con);
if($row >=1){
  alert("删除成功");
}else{
  alert("删除失败");
```

```
}
//跳转到用户列表页面
href("userList.php");
function delete($id,$con){
  $sql = "delete from user where id='$id'";
  //执行删除
  mysqli_query($con,$sql);
  //获取影响的行数
  $rows = mysqli_affected_rows($con);
  //返回影响行数
  return $rows;
}
function alert($title){
  echo "<script type='text/javascript'>alert('$title');</script>";
}
function href($url){
  echo "<script type='text/javascript'>window.location.href='$url'</script>";
}
?>
```

8. detailUser.php

该文件对应查看会员详情页面，代码如下：

```
<!DOCTYPE html>
<html>
<head>
<meta http-equiv="Content-Type" content="text/html; charset=utf-8" />
<style type="text/css">
table.gridtable {
    font-family: verdana,arial,sans-serif;
    font-size:11px;
    color:#333333;
    border-width: 1px;
    border-color: #666666;
    border-collapse: collapse;
}
table.gridtable th {
    border-width: 1px;
    padding: 8px;
    border-style: solid;
    border-color: #666666;
    background-color: #dedede;
}
table.gridtable td {
    border-width: 1px;
    padding: 8px;
    border-style: solid;
    border-color: #666666;
    background-color: #ffffff;
}
</style>
<title>查看会员详情</title>
</head>
<body>
<h1 align="center">会员管理系统</h1>
<?php
//连接数据库
require_once 'conn.php';
```

```
$id=$_GET['id'];
//设置中国时区
date_default_timezone_set("PRC");
//查询数据库
  $sql = "select * from user where id=".$id;
  $result = mysqli_query($con,$sql);
  $user = mysqli_fetch_array($result,MYSQLI_ASSOC);
?>
   <table class="gridtable" width="444" align="center">
     <tr>
      <td>用户 ID </td>
      <td> <?php echo $id ?> </td>
     </tr>
     <tr>
      <td>用户名 </td>
      <td> <?php echo $user['name'] ?> </td>
     </tr>
     <tr>
      <td>密码</td>
      <td> <?php echo $user['pswd'] ?> </td>
     </tr>
     <tr>
      <td>性别</td>
      <td> <?php if($user[sex]=='1') echo "男"; else if($user[sex]=='2') echo "女"; else "保
密"; ?>
      </td>
     </tr>
     <tr>
      <td>年龄</td>
      <td> <?php echo $user['age'] ?> </td>
     </tr>
     <tr>
      <td>爱好</td>
      <td> <?php echo $user['hobby'] ?> </td>
     </tr>
     <tr>
      <td>个人简介</td>
      <td> <?php echo $user['detail'] ?> </td>
     </tr>
     <tr>
       <td colspan="2" align="center"><a href="userList.php" >返回用户列表</a></td>
     </tr>
 </table>
     <p> </p>
     <p> </p>
     <p> </p>
</body>
</html>
```

28.4 程序的运行

（1）管理员登录及验证：在数据库中默认初始化了一个账号为 test、密码为 123 的账户，如图 28-5 所示。

会员管理系统
账号：
密码：
登录

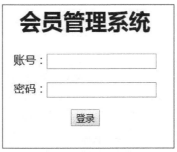

图 28-5 登录系统

（2）会员管理界面：管理员登录成功后进入会员管理界面，显示会员列表，如图 28-6 所示。

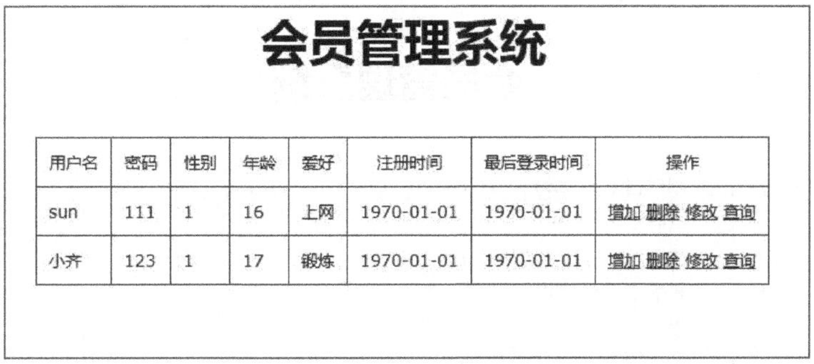
会员管理系统
用户名
密码
性别
年龄
爱好
注册时间
最后登录时间
操作
sun
111
1
16
上网
1970-01-01
1970-01-01
增加 删除 修改 查询
小齐
123
1
17
锻炼
1970-01-01
1970-01-01
增加 删除 修改 查询

图 28-6 会员管理界面

（3）增加会员功能：管理员登录系统后可以查看会员列表，然后在对应会员操作中单击“增加”链接，系统进入增加会员界面，如图 28-7 所示。

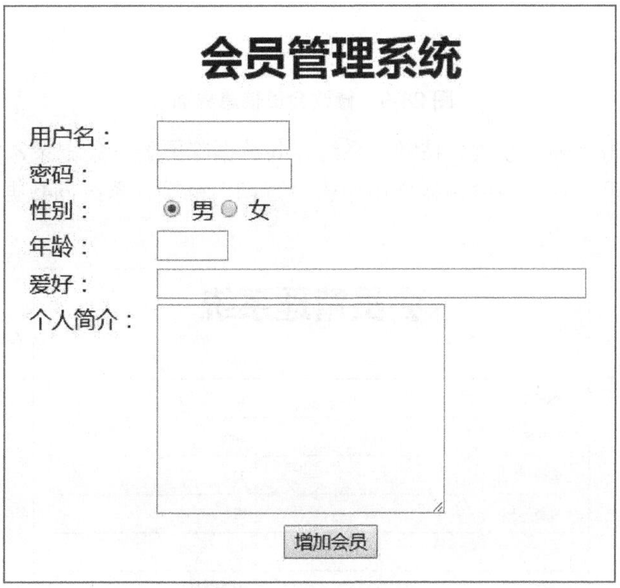
会员管理系统
用户名：
密码：
性别：
男 女
年龄：
爱好：
个人简介：
增加会员

图 28-7 增加会员界面

（4）删除会员功能：在对应会员操作中单击“删除”链接，进入删除会员界面，系统会向数据库删除此条记录，并提示成功，返回会员管理界面，如图 28-8 所示。

图 28-8　删除会员功能

（5）修改会员信息功能：在对应会员操作中单击"修改"链接，系统进入修改会员界面，如图 28-9 所示。

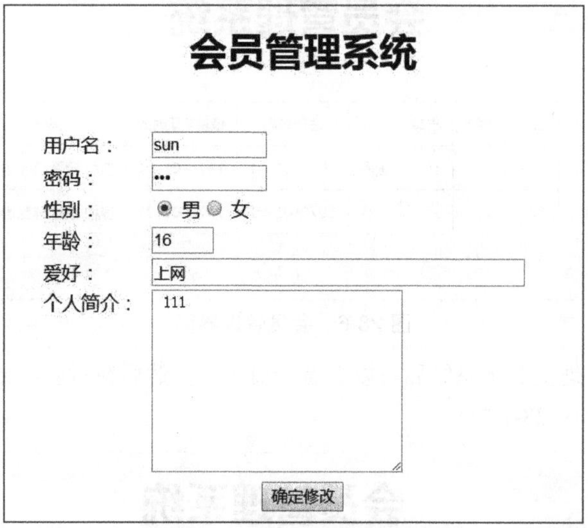

图 28-9　修改会员信息界面

在修改相应信息后单击"确定修改"按钮，系统会向数据库更新一条记录，并返回会员管理界面。

（6）查看会员详情功能：在对应会员操作中单击"查询"链接，系统向数据库查询并显示该会员的详细信息，如图 28-10 所示。

图 28-10　会员详情界面

（7）登录错误提示：输入非法字符时的处理流程如图 28-11 所示。

图 28-11　登录错误提示

第29章

项目实战高级阶段——新闻发布系统数据库开发

◎ 本章教学微视频：5个 7分钟

 学习指引

新闻发布系统是动态网站建设中最常见的系统，几乎每一个网站都有新闻发布系统，尤其是政府部门、教育系统或企业网站。新闻发布系统的作用就是在网上发布新闻，通过对新闻的不断更新让用户及时了解行业信息、企业状况。本章就以一个新闻发布系统为例来介绍 MySQL 在开发中的应用。

 重点导读

- 了解新闻发布系统的功能。
- 熟悉新闻发布系统功能的分析方法。
- 熟悉新闻发布系统的数据流程。
- 掌握创建新闻发布系统数据库的方法。
- 掌握新闻发布系统的代码实现过程。

29.1　系统功能描述

该案例介绍一个基于 PHP+MySQL 的银行交易系统。该系统主要包括用户登录及验证、发布新闻、删除新闻、修改新闻等功能。

整个项目以登录界面为起始，在用户输入用户名和密码后系统通过查询数据库验证该用户是否存在，如图 29-1 所示。

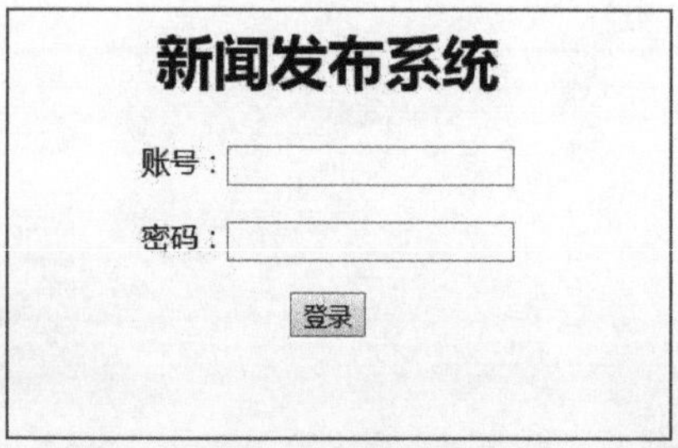

验证成功则进入新闻管理界面，可以查看新闻列表、发布新闻、删除新闻、修改新闻，进行相应的功能操作。

新闻发布系统

账号：　[　　　　　]

密码：　[　　　　　]

[登录]

图 29-1　登录界面

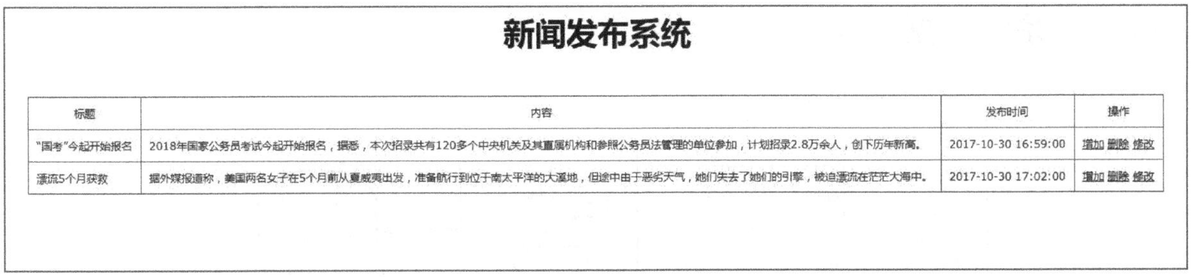

新闻发布系统
标题
内容
发布时间
操作
"国考"今起开始报名
2018年国家公务员考试今起开始报名，据悉，本次招录共有120多个中央机关及其直属机构和参照公务员法管理的单位参加，计划招录2.8万余人，创下历年新高。
2017-10-30 16:59:00
增加 删除 修改
漂流5个月获救
据外媒报道称，美国两名女子在5个月前从夏威夷出发，准备航行到位于南太平洋的大溪地，但途中由于恶劣天气，她们失去了她们的引擎，被迫漂流在茫茫大海中。
2017-10-30 17:02:00
增加 删除 修改

图 29-2 新闻管理界面

29.2 系统功能分析与数据流程

一个简单的新闻发布系统包括用户登录及验证、发布新闻、删除新闻、修改新闻等功能。本节就来学习新闻发布系统的功能以及实现方法。

29.2.1 系统功能分析

整个系统的功能结构如图 29-3 所示。

新闻发布系统
用户登录及验证
发布新闻
删除新闻
修改新闻

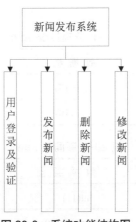

图 29-3 系统功能结构图

整个项目包含 4 个功能。

（1）用户登录及验证：在登录界面中用户输入用户名和密码后，系统验证通过查询数据库验证是否存在该用户，如果验证成功显示新闻管理界面，否则提示“无效的用户名和密码”，并返回登录界面。

（2）发布新闻：用户登录系统后可以查看新闻列表，然后在对应新闻操作中单击“增加”，系统进入发布新闻界面，在输入相应信息后单击“发布新闻”按钮，系统会向数据库插入一条记录，并提示成功，返回新闻管理界面。

（3）删除新闻：在对应新闻操作中单击“删除”，系统会向数据库删除此条记录，并提示成功，返回新闻管理界面。

（4）修改新闻：在对应新闻操作中单击“修改”，系统进入修改新闻界面，在修改相应信息后单击“修改新闻”按钮，系统会向数据库更新一条记录，并提示成功，返回新闻管理界面。

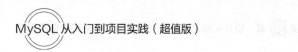
29.2.2　系统数据流程

整个系统的数据流程如图 29-4 所示。

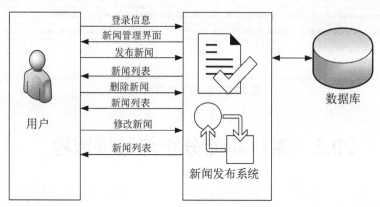

图 29-4　数据流程图

根据系统功能和数据库设计原则设计数据库 newsreport，SQL 语法如下：

```
CREATE DATABASE IF NOT EXISTS 'newsreport';
```

根据系统功能和数据库设计原则设计两张表，分别是管理员表 admin 和新闻表 news，如表 29-1 和表
29-2 所示。

表 29-1　管理员表 admin

字　段　名	数　据　类　型	字　段　说　明
userid	char(15)	管理员编码
pssw	char(10)	密码

表 29-2　新闻表 news

字　段　名	数　据　类　型	字　段　说　明
id	int(11)	新闻编码，自增
title	varchar(50)	标题
content	varchar(500)	内容
reporttime	datetime	发布时间

创建管理员表 admin，SQL 语句如下：

```
CREATE TABLE IF NOT EXISTS 'admin' (
    'userid' char(15) DEFAULT NULL,
    'pssw' char(10) NOT NULL
);
```

插入演示数据，SQL 语句如下：

```
INSERT INTO 'admin' ('userid', 'pssw') VALUES
    ('test', '123');
```

创建会员表 news，SQL 语句如下：

```
CREATE TABLE IF NOT EXISTS 'news' (
    'id' int(11) NOT NULL AUTO_INCREMENT,
    'title' varchar(50) DEFAULT NULL,
    'content' varchar(500) DEFAULT NULL,
    'reporttime' datetime NOT NULL DEFAULT '0000-00-00 00:00:00',
    PRIMARY KEY ('id')
);
```

插入演示数据，SQL 语句如下：

```
INSERT INTO 'news' ('id', 'title', 'content', 'reporttime') VALUES
    (1, '"国考"今起开始报名', '2018 年国家公务员考试今起开始报名，据悉，本次招录共有 120 多个中央机关及其直
属机构和参照公务员法管理的单位参加，计划招录 2.8 万余人，创下历年新高。', '2017-10-30 16:59:00'),
    (2, '漂流 5 个月获救', '据外媒报道称，美国两名女子在 5 个月前从夏威夷出发，准备航行到位于南太平洋的大溪地，
但途中由于恶劣天气，她们失去了她们的引擎，被迫漂流在茫茫大海中。', '2017-10-30 17:02:00');
```

29.3　代码的具体实现

该案例的代码清单包含 9 个 php 文件，实现了新闻发布系统的用户登录及验证、查看新闻列表、发布
新闻、删除新闻、修改新闻等主要功能。

网站中文件的含义和代码如下。

1. index.php

该文件是本案例的 Web 访问入口，是用户的登录界面，代码如下：

```
<html>
<head>
<title>登录
</title>
</head>


<body>
<h1 align="center">新闻发布系统</h1>
<table width="100%" style="text-align:center">
<tr>
<form action="login.php" method="post">
<td width="60%" class="sub1">
<p class="sub">账号: <input type="text" name="userid" align="center" class="txttop"></p>
<p class="sub">密码: <input type="password" name="pssw" align="center" maxlength="4"
class="txtbot"></p>
<button name="button" class="button" type="submit">登录</button>
</form>
</td>
</tr>
</table>
</body>
</html>
```

2. conn.php

该文件对应数据库连接界面，代码如下：

```php
<?php
//创建数据库连接
$con = mysqli_connect("localhost", "root", "")or die("无法连接到数据库");
mysqli_select_db($con,"newsreport") or die(mysqli_error($con));
mysqli_query($con,'set NAMES utf8');
?>
```

3. log.php

该文件对用户登录进行验证，代码如下：

```php
<html>
<head>
<title>
</title>
<link rel="stylesheet" type="text/css" href="css/main.css">
</head>
<body><h1 align="center">新闻发布系统</h1></body>
<p align="center">
<?php
//连接数据库
require_once("conn.php");
//账号
$userid=$_POST['userid'];
//密码
$pssw=$_POST['pssw'];
//查询数据库
$qry=mysqli_query($con,"SELECT * FROM admin WHERE userid='$userid'");
$row=mysqli_fetch_array($qry,MYSQLI_ASSOC);
//验证用户
if($userid==$row['userid'] && $pssw==$row['pssw']&&$userid!=null&&$pssw!=null)
    {
        session_start();
        $_SESSION["login"] =$userid;
        header("Location: newslist.php");
    }
else{
        echo "无效的账号或密码!";
        header('refresh:1; url= index.php');
    }
}
?>
</p>
</body>
</html>
```

4. list.php

该文件对应系统的主界面，代码如下：

```php
<html>
<head>
<meta http-equiv="Content-Type" content="text/html; charset=utf-8">
<style type="text/css">
```

```
table.gridtable {
    font-family: verdana,arial,sans-serif;
    font-size:11px;
    color:#333333;
    border-width: 1px;
    border-color: #666666;
    border-collapse: collapse;
}
table.gridtable th {
    border-width: 1px;
    padding: 8px;
    border-style: solid;
    border-color: #666666;
    background-color: #dedede;
}
table.gridtable td {
    border-width: 1px;
    padding: 8px;
    border-style: solid;
    border-color: #666666;
    background-color: #ffffff;
}
</style>
<title>新闻列表</title>
</head>
  <body>
  <h1 align="center">新闻发布系统</h1>
    <table   class="gridtable"  border="1"  cellspacing="0"  cellpadding="0"  id="newsList"
align="center">
    <tr align="center">
     <td>标题</td>
     <td>内容</td>
     <td>发布时间</td>
     <td>操作</td>
    </tr>
<?php
  //连接数据库
  require_once 'conn.php';
  //设置中国时区
  date_default_timezone_set("PRC");
  //查询数据库
  $sql = "select * from news";
  $result = mysqli_query($con,$sql);
  $newsList = '';
  while($rs = mysqli_fetch_array($result,MYSQLI_ASSOC)){
      $newsList[] = $rs;
    }
        //循环用户列表
      foreach ($newsList as $news){
       echo "
        <tr>
         <td> ".$news['title']."</td>
         <td> ".$news['content']."</td>
         <td> ".$news['reporttime']."</td>
```

```
        <td> <a href='addNews.php'>增加</a>
        <a href='deleteNews.php?id=".$news['id']."');\"> 删除</a>
        <a href='editNews.php?id=".$news['id']."');\"> 修改</a>
        </td>
        </tr>
    ";
    }
?>
    </table>
    </body>
</html>
```

5. addNews.php 和 add.php

这两个文件对应添加新闻界面。

addNews.php 的代码如下：

```
<!DOCTYPE html>
<html>
<head>
<meta http-equiv="Content-Type" content="text/html; charset=utf-8" />
<title>新闻发布</title>
</head>
<body>
<h1 align="center">新闻发布系统</h1>
<form action="add.php" method="post" style="margin-left:41%">
    <input type="hidden" name="id" value=" " />
    标题: <input type="text" name="title"/><br/>
    <span style="height:148px;display:block;vetical-align:top;float:left;">内容: </span>
    <textarea cols=30 rows=5 name="content"></textarea><br/><br/>
    <input type="submit" value="发布新闻" style="margin-left:10%"/>
</form>
</body>
</html>
```

add.php 的代码如下：

```
<?php
require_once 'conn.php';
//设置中国时区
date_default_timezone_set("PRC");
$title=trim($_POST['title']);
$content=trim($_POST['content']);
$reporttime= date('Y-m-d H:i:s');
  $sql = "insert into news (title,content,reporttime)".
  "values('$title','$content','$reporttime')";
  echo $sql;
  //执行 SQL 语句
  mysqli_query($con,$sql);
  //获取影响的行数
  $rows = mysqli_affected_rows($con);
  //返回影响行数
  //如果影响行数≥1, 则判断添加成功, 否则失败
  if($rows >= 1){
    alert("添加成功");
    href("newsList.php");
```

```
    }else{
      alert("添加失败");
      }
function alert($title){
  echo "<script type='text/javascript'>alert('$title');</script>";
}
function href($url){
  echo "<script type='text/javascript'>window.location.href='$url'</script>";
}
?>
```

6. editNews.php 和 edit.php

这两个文件对应修改新闻界面。

editNews.php 的代码如下：

```
<!DOCTYPE html>
<html>
<head>
<meta http-equiv="Content-Type" content="text/html; charset=utf-8" />
<title>编辑用户</title>
</head>
<body>
<h1 align="center">新闻发布系统</h1>
<?php
//连接数据库
require_once 'conn.php';
$id=$_GET['id'];
//设置中国时区
date_default_timezone_set("PRC");
//查询数据库
  $sql = "select * from news where id=".$id;
  $result = mysqli_query($con,$sql);
  $news = mysqli_fetch_array($result,MYSQLI_ASSOC);
?>
<form action="edit.php" method="post" style="margin-left:41%">
    <input type="hidden" name="id" value="<?php echo $news['id']?>"/><br/>
  标题:<input type="text" name="title" value="<?php echo $news['title']?>"/><br/>
  <span style="height:148px;display:block;vetical-align:top;float:left;">内容:</span>
  <textarea cols=30 rows=5 name="content"><?php echo $news['content']?></textarea><br/><br/>
    <input type="submit" value="修改新闻" style="margin-left:10%"/>
</form>
</body>
</html>
```

edit.php 的代码如下：

```
<?php
require_once 'conn.php';
//设置中国时区
date_default_timezone_set("PRC");
//获取用户信息
$id = $_POST['id'];
$title=trim($_POST['title']);
$content=trim($_POST['content']);
$reporttime= date('Y-m-d H:i:s');
  $sql = "update news set title='$title',content='$content',reporttime='$reporttime' where
```

```
id='$id'";
    echo $sql;
    //执行 SQL 语句
    mysqli_query($con,$sql);
    //获取影响的行数
    $rows = mysqli_affected_rows($con);
    //返回影响行数
    //如果影响行数≥1，则判断添加成功，否则失败
    if($rows >= 1)
    {
      alert("编辑成功");
      href("newsList.php");
    }else{
      alert("编辑失败");
      }
function alert($title){
  echo "<script type='text/javascript'>alert('$title');</script>";
}
function href($url){
  echo "<script type='text/javascript'>window.location.href='$url'</script>";
}
?>
```

7. deleteNews.php

该文件对应新闻删除界面，代码如下：

```
<?php
//包含数据库文件
require_once 'conn.php';
//获取删除的 id
$id = $_GET['id'];
$row = delete($id,$con);
if($row >=1){
  alert("删除成功");
}else{
  alert("删除失败");
}
//跳转到用户列表页面
href("newsList.php");
function delete($id,$con){
  $sql = "delete from news where id='$id'";
  //执行删除
  mysqli_query($con,$sql);
  //获取影响的行数
  $rows = mysqli_affected_rows($con);
  //返回影响行数
  return $rows;
}
function alert($title){
  echo "<script type='text/javascript'>alert('$title');</script>";
}
function href($url){
  echo "<script type='text/javascript'>window.location.href='$url'</script>";
}
?>
```

29.4　程序的运行

（1）用户登录及验证：在数据库中默认初始化了一个账号为 test、密码为 123 的账户，如图 29-5 所示。

新闻发布系统
账号：
密码：
登录

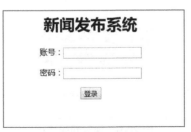

图 29-5　用户登录及验证

（2）新闻管理界面：用户登录成功后进入新闻管理界面，显示新闻列表，如图 29-6 所示。

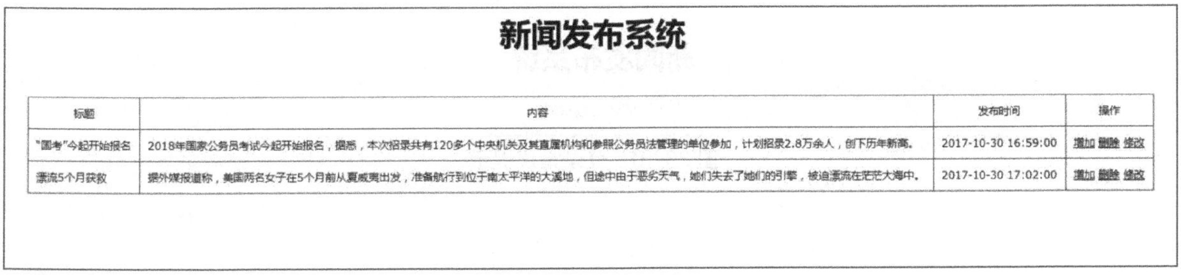

新闻发布系统
标题
内容
发布时间
操作
"国考"今起开始报名
2018年国家公务员考试今起开始报名，据悉，本次招录共有120多个中央机关及其直属机构和参照公务员法管理的单位参加，计划招录2.8万余人，创下历年新高。
2017-10-30 16:59:00
增加 删除 修改
漂流5个月获救
据外媒报道称，美国两名女子在5个月前从夏威夷出发，准备航行到位于南太平洋的大溪地，但途中由于恶劣天气，她们失去了她们的引擎，被迫漂流在茫茫大海中。
2017-10-30 17:02:00
增加 删除 修改

图 29-6　新闻管理界面

（3）发布新闻功能：用户登录系统后可以查看新闻列表，然后在对应新闻操作中单击“增加”链接，系统进入发布新闻界面，如图 29-7 所示。

新闻发布系统
标题：
内容:
发布新闻

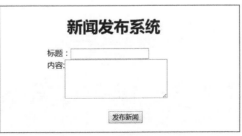

图 29-7　发布新闻界面

（4）删除新闻功能：在对应新闻操作中单击“删除”链接，系统进入删除新闻界面，系统会向数据库删除此条记录，并提示成功，返回新闻管理界面，如图 29-8 所示。

删除成功
确定
标题
发布时间
操作
"国考"今起开始报名
2018年国家公务员考试今起开始报名，据悉，本次招录共有120多个中央机关及其直属机构和参照公务员法管理的单位参加，计划招录2.8万余人，创下历年新高。
2017-10-30 16:59:00
增加 删除 修改
漂流5个月获救
据外媒报道称，美国两名女子在5个月前从夏威夷出发，准备航行到位于南太平洋的大溪地，但途中由于恶劣天气，她们失去了她们的引擎，被迫漂流在茫茫大海中。
2017-10-30 17:02:00
增加 删除 修改
test
123
0000-00-00 00:00:00
增加 删除 修改

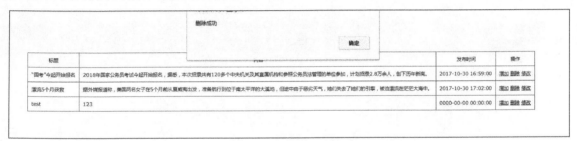

图 29-8　删除新闻界面

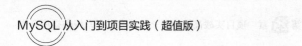

（5）修改新闻功能：在对应新闻操作中单击"修改"链接，系统进入修改新闻界面，如图 29-9 所示。

图 29-9　修改新闻界面

在修改相应信息后单击"修改新闻"按钮，系统会向数据库更新一条记录，并返回新闻管理界面。

（6）登录错误提示：输入非法字符时的处理流程如图 29-10 所示。

新闻发布系统

无效的账号或密码！

图 29-10　登录错误提示